21世纪高等学校数字媒体专业规划教材

数字媒体导论

闫兴亚　刘　韬　郑海昊　编著

清华大学出版社
北　京

内容简介

本书由四大部分组成，包括数字媒体的基础篇、技术篇、艺术篇和产业篇。基础篇由媒体概论、传播学基础和数字媒体概述三章组成；技术篇由数字音频处理技术、数字图像处理技术、数字视频处理技术、数字动画技术、数字压缩技术、网络多媒体技术、数字游戏技术和虚拟现实技术八章组成；艺术篇由近现代数字艺术的发展和数字媒体艺术的美学及表征两章组成；产业篇由数字媒体产业综述和数字媒体与文化创意产业两章组成。

本书在内容上，深入浅出地介绍了数字媒体的相关定义、概念、技术及应用领域，提供了一种循序渐进式的知识体系；在结构上，首先以构建数字媒体基础知识为基石，其次从技术和艺术两个维度展开对数字媒体的介绍，最后结合数字媒体产业化应用的特点加以选材，为读者全面而深刻地认识数字媒体搭建了合理、科学的理论架构。

本书可以作为高等院校数字媒体艺术、数字媒体技术、影视新媒体、网络多媒体等相关专业师生的教学、自学教材，亦可作为广大读者认识和学习数字媒体知识的入门及提高参考书。

图书在版编目(CIP)数据

数字媒体导论/闫兴亚等编著. —北京：清华大学出版社，2012（2024.7重印）
21世纪高等学校数字媒体专业规划教材
ISBN 978-7-302-29634-8

Ⅰ. ①数…　Ⅱ. ①闫…　Ⅲ. ①数字技术—多媒体技术　Ⅳ. ①TP37

中国版本图书馆 CIP 数据核字(2012)第 185176 号

责任编辑：魏江江　薛　阳
封面设计：杨　兮
责任校对：时翠兰
责任印制：宋　林

出版发行：清华大学出版社
网　　址：https://www.tup.com.cn，https://www.wqxuetang.com
地　　址：北京清华大学学研大厦 A 座　　**邮　　编**：100084
社 总 机：010-83470000　　**邮　　购**：010-62786544
投稿与读者服务：010-62776969，c-service@tup.tsinghua.edu.cn
质量反馈：010-62772015，zhiliang@tup.tsinghua.edu.cn
课件下载：https://www.tup.com.cn，010-83470236
印 装 者：北京鑫海金澳胶印有限公司
经　　销：全国新华书店
开　　本：185mm×260mm　　**印　　张**：23.75　　**字　　数**：562 千字
版　　次：2012 年 11 月第 1 版　　**印　　次**：2024 年 7 月第 11 次印刷
印　　数：12501～13100
定　　价：39.00 元

产品编号：041568-01

出版说明

数字媒体专业作为一个朝阳专业，其当前和未来快速发展的主要原因是数字媒体产业对人才的需求增长。当前数字媒体产业中发展最快的是影视动画、网络动漫、网络游戏、数字视音频、远程教育资源、数字图书馆、数字博物馆等行业，它们的共同点之一是以数字媒体技术为支撑，为社会提供数字内容产品和服务，这些行业发展所遇到的最大瓶颈就是数字媒体专门人才的短缺。随着数字媒体产业的飞速发展，对数字媒体技术人才的需求将成倍增长，而且这一需求是长远的、不断增长的。

正是基于对国家社会、人才的需求分析和对数字媒体人才的能力结构分析，国内高校掀起了建设数字媒体专业的热潮，以承担为数字媒体产业培养合格人才的重任。教育部在2004年将数字媒体技术专业批准设置在目录外新专业中(专业代码：080628S)，其培养目标是"培养德智体美全面发展的、面向当今信息化时代的、从事数字媒体开发与数字传播的专业人才。毕业生将兼具信息传播理论、数字媒体技术和设计管理能力，可在党政机关、新闻媒体、出版、商贸、教育、信息咨询及IT相关等领域，从事数字媒体开发、音视频数字化、网页设计与网站维护、多媒体设计制作、信息服务及数字媒体管理等工作"。

数字媒体专业是个跨学科的学术领域，在教学实践方面需要多学科的综合，需要在理论教学和实践教学模式与方法上进行探索。为了使数字媒体专业能够达到专业培养目标，为社会培养所急需的合格人才，我们和全国各高等院校的专家共同研讨数字媒体专业的教学方法和课程体系，并在进行大量研究工作的基础上，精心挖掘和遴选了一批在教学方面具有潜心研究并取得了富有特色、值得推广的教学成果的作者，把他们多年积累的教学经验编写成教材，为数字媒体专业的课程建设及教学起一个抛砖引玉的示范作用。

本系列教材注重学生的艺术素养的培养，以及理论与实践的相结合。为了保证出版质量，本系列教材中的每本书都经过编委会委员的精心筛选和严格评审，坚持宁缺毋滥的原则，力争把每本书都做成精品。同时，为了能够让更多、更好的教学成果应用于社会和各高等院校，我们热切期望在这方面有经验和成果的教师能够加入到本套丛书的编写队伍中，为数字媒体专业的发展和人才培养做出贡献。

21世纪高等学校数字媒体专业规划教材

联系人：魏江江　weijj@tup.tsinghua.edu.cn

前言

随着数字化进程的不断推进和网络技术的发展与普及，数字媒体应用已经逐渐深度融入到人们的工作、生活当中。目前，国家的文化创意产业正蓬勃兴起，构建文化强国的战略正在实施，社会需要大量人才储备以完成对文化软实力的综合提升。数字媒体艺术、数字媒体技术等相关专业旨在培养懂技术、通艺术、晓市场规律的人才。基于此，本书的编写团队萌生了这本《数字媒体导论》教材的编写计划。

本书结构清晰，规划得当，立足教学实践，从教学的角度对"数字媒体导论"这门课程进行设计和架构。作为一线的教学团队，编者通过教学实践总结本课程的教学成果以及数字媒体领域广泛的发展经验，力争做到精、准、全。

全书内容分为基础篇、技术篇、艺术篇和产业篇 4 个篇章，注重基础理论知识、秉持技术与艺术两条教学主线相结合，从产业应用的范畴对数字媒体进行市场化分析，遵循初学者的认知层次。由浅及深、全面、系统地介绍了数字媒体的基本原理、知识架构与产业化应用。

本书较全面地介绍了数字媒体的相关基本概念、原理，从技术和艺术两个维度进行概述，并对数字媒体产业的最新发展动态加以分析。本书的特点是重视系统性，又兼顾实用性。

本书可以作为高等院校数字媒体艺术、数字媒体技术、影视新媒体、网络多媒体及相关专业的本科生、研究生的教材或教学参考书，亦可作为广大读者学习数字媒体的阅读参考素材。

本书的具体编写分工如下。基础篇由闫兴亚、刘韬负责编写，技术篇由闫兴亚、郑海昊负责编写，艺术篇由刘韬负责编写，产业篇由郑海昊、刘韬负责编写。研究生吴加贺承担了本书的部分信息收集及课件制作工作。

在编写过程中，编者参阅了大量的书籍、文献和网络资料，在此向所有资源的作者表示衷心的感谢，同时感谢所有对本书写作和出版提供帮助的人。

本书虽经多次勘校，限于时间与精力，加之编者水平有限，书中定有未尽与不妥之处，希望广大读者不吝指正，我们将伺再版时予以修正。

编者

2012 年 3 月

目录

基础篇

技 术 篇

艺 术 篇

产　业　篇

基 础 篇

第1章　媒体概论

1.1　媒体的定义

媒体的英文单词是Medium，源自拉丁文的Medius，其基本含义是中介、中间的意思，常用作复数形式Media。汉语言中，媒为形声字，从“女”旁，源“某”声。本义为婚姻介绍的中介人、媒人。现如今的媒体主要指信息交流和传播的载体、传播信息的媒介，通俗地说就是宣传的载体或平台，能够为信息的传播提供平台的即可称为媒体。

人类处于不同传播时期，对于媒体的理解也不尽相同。20世纪50年代，被誉为“现代大众传播学之父”的美国传播学奠基人和集大成者威尔伯·L·施拉姆(Wilbur Schramm)曾提出：“媒介就是插入传播过程之中，用以扩大并延伸信息传送的工具。”随后，被誉为信息社会、电子世界的“圣人”、“先驱”和“先知”的加拿大著名传播学家马歇尔·麦克卢汉(Marshall McLuhan，1911—1980)则认为“媒介就是信息”。

总结传播学中对于媒体的探究与剖析，一般而言，将媒体赋予两层含义：一是指存储信息的载体，如磁带、磁盘、光盘和半导体存储器等介质，载体包括实物载体，或由人类发明创造的承载信息的实体，也称物理媒体；一是指信息的表示形式，如文字(Text)、声音(Audio，即音频)、图形(Graphics)、图像(Image)、动画(Animation)和视频(Video，即活动图像)等，由人类发明创造的记录和表述信息的抽象载体，也称为逻辑载体。本书中所说的媒体为后者，即信息的表示形式。

关于媒体与媒介的异同：英语中的Medium和Media是一对单复数名词，翻译成汉语，前者是指作为单一个体的媒介，即传播信息的具体形式或途径。如我们所熟知的报纸、广播、电视等信息传播的形式均属于大众传播媒介的种类之一。后者则解释为不同类型的“媒介聚合物”，它是集所有传统与现代媒介、社会生活与经济活动、文化艺术与科学技术为一体的综合性媒体，如我们所熟知的多媒体工作平台、国际互联网等一般都具有这样的综合属性。从性质上讲，它们都是多种媒介的聚合体，故译为“媒体”。

对于媒体与媒介的区分，有助于我们理解和探索数字媒体艺术的表现形式与发展方向，是数字媒体艺术这个交叉学科中十分基础、又切实重要的基本概念之一。

1.2　媒体的分类

1.2.1　从技术角度分类

国际电信联盟(International Telecommunication Union，ITU)将媒介从技术角度划分为以下五种。

(1) 感觉媒体(Perception Medium):感觉媒体是指直接作用于人的感觉器官,能使人产生直接感觉的媒体,例如引起人听觉反应的各种语言、音乐,引起人视觉反应的绘画、符号、数据、图形和图像等都属于感觉媒体。

(2) 表述媒体(Representation Medium):表述媒体是指为了收集、加工、处理和传输某种感觉媒体而制定的信息编码,如语音编码,文本常采用 ASCII、GB2312 编码以及图像所采用的 JPEG 编码等。

(3) 表现媒体(Presentation Medium):表现媒体是指用于信息输入和输出的设备,如键盘、鼠标、扫描仪等为计算机系统中的输入媒体,显示器、打印机等为输出媒体。

(4) 存储媒体(Storage Medium):存储媒体是指存储信息的物理介质,如软盘、硬盘、光盘等。

(5) 传输媒体(Transmission Medium):传输媒体是指能够将媒体在不同时空传送数据信息的物理介质或载体,如双绞线、电缆、光缆等。

1.2.2 从感官角度分类

由于媒体主要通过作用于人的感官来进行信息的传达,因此这里主要将媒体分为视觉类媒体、听觉类媒体和触觉类媒体三类。

1. 视觉类媒体

1) 位图图像

将所观察的图像按行列方式进行数字化,对图像的每个点都数字化为一个值,所有这些值就组成了位图图像(Bitmap)。位图图像是所有视觉表示方法的基础。

2) 图形

图形(Graphics)是图像的抽象,它反映了图像的关键特征,如点、线、面等。图形表示并不直接描述图像的每一点,而是描述产生这些点的过程和方法,即用函数和参数表示。

3) 符号

符号(Symbols)中包括文字和文本。由于符号是人类创造用来表示某种含义的,所以它与使用者的知识有关,是比图形更高一级的抽象。只有具备特定的知识,才能解释特定的符号和特定的文本,例如语言。符号是由特定值表示的,如 ASCII 码、中文国际码等。

4) 视频

视频(Video)又称动态图像,是一组图像按时序的连续表现。视频的表示与图像序列、时间等因素有关。

5) 动画

动画(Animation)也是动态图像的一种,包括二维动画、三维动画、真实感三维动画等多种形式。与视频的不同之处在于,动画采用的是计算机产生出来的图像或图形,而不像视频采用的则是直接采集的真实图像。

6) 其他

其他类型的视觉类媒体形式还包括符号表示的数值、图形表示的某种数据曲线等。

2. 听觉类媒体

1) 波形声音

波形声音(Wave)是自然界中所有声音的拷贝,是声音数字化的基础。

2）语音

语音(Voice)也可以表示为波形声音，但波形声音表示不出语音的内在语言、语音学的内涵。语音是对讲话者声音的一次抽象。

3）音乐

音乐(Music)与语音相比更规范一些，是符号化的声音，但音乐不能对所有的声音进行符号化。乐谱是符号化声音的符号组，表示比单个符号更复杂的声音信息内容。

3. 触觉类媒体

1）指点

指点包括间接指点和直接指点。通过指点可以确定对象的位置、大小、方向和方位，执行特定的过程和相应的操作。

2）位置跟踪

为了与系统交互，系统必须了解参与者的身体动作，包括头、眼、手、肢体等部位的位置和运动方向。系统将这些位置与运动的数据转变为特定的模式，并以对应的动作进行表示。

3）力反馈与运动反馈

它与位置跟踪正好相反，是指系统参与者反馈的运动及力的信息。这些媒体信息的表现必须借助一定的电子、机械的伺服机构才能实现。

1.2.3 从表现形式角度分类

根据各类媒体的表现形式，我们可将其划分为平面、电波、网络三大类媒体。

1）平面媒体

报纸、杂志等传统媒体通过单一的视觉、单一的维度传递信息，相对于电视、互联网等媒体通过视觉、听觉等多维度进行信息传递，故称作平面媒体。平面媒体和立体媒体并没有严格的界限，只是从信息传递、传播的维度和方式上加以区分。以纸张为载体发布新闻或者资讯的媒体，比如报纸、杂志等，通常被我们称为“平面媒体”。这里的“平面”是广告界借用了美术构图中的“平面”概念，因此报纸、杂志上的广告都属于平面广告。①

2）电波媒体

电波类型媒体，广告学专业术语，媒体类型划分方式之一。通常情况下，电波媒体可以理解成电视、广播媒体的总称，主要包括广播、电视广告(字幕、标版、影视)等。

3）网络媒体

网络媒体是依赖于IT设备，并使用开发商们提供的技术和设备进行传输、存储和处理音视频信号的媒体形式。主要包括门户网络、视频网络、动画、论坛等。网络媒体是当今最为流行、普及范围最广的新型媒体。它以其方便、快捷、友好等特性被广大用户所青睐。

1.2.4 从出现的先后顺序分类

(1) 报纸刊物为第一媒体。报纸(Newspaper(s))是以刊载新闻和时事评论为主的定期向公众发行的印刷出版物。它是大众传播的重要载体，具有反映和引导社会舆论的功能。现代报纸的直接起源是德国15世纪开始出现的印刷新闻纸(单张单条的新闻传单)。一般

① http://baike.baidu.com/view/91149.htm.

把1615年创刊的《法兰克福新闻》视为第一张“真正的”报纸。

(2) 广播为第二媒体。广播是指通过无线电波或导线传送声音的新闻传播工具。通过无线电波传送节目的称无线广播,通过导线传送节目的称有线广播。广播诞生于20世纪20年代。广播的优势是对象广泛、传播迅速、功能多样、感染力强;缺点是一瞬即逝、顺序收听、不能选择、语言不通造成收听困难。

(3) 电视为第三媒体。电视(Television,TV)指利用电子技术及设备传送活动的图像画面和音频信号,即电视接收机,它也是重要的广播和视频通信工具。

(4) 互联网为第四媒体。互联网,即广域网、局域网及单机按照一定的通信协议所组成的国际计算机网络。互联网是指将两台计算机或者是两台以上的计算机终端、客户端、服务端通过计算机信息技术的手段互相联系起来的结果,人们可以与远在千里之外的朋友相互发送邮件、共同完成一项工作、共同娱乐。

(5) 移动网络为第五媒体。即Mobile Web的中文称呼。移动网络指基于浏览器的Web服务,如万维网、WAP和i-mode(日本),使用移动设备如手机、掌上电脑或其他便携式工具连接到公共网络。使用过程中不需要台式计算机,也没有一个固定的连接。

当下,报纸、广播、电视属于传统媒体范畴,而互联网、移动网络则属于新媒体范畴。新媒体是在数字技术普及的形势下产生的相对于传统媒体而言的新型媒体形式。就目前的影响力来看,新媒体已逐渐成为“第一媒体”,并吸纳传统媒体中的精华,借鉴其成功模式,形成一种独特的复合式媒体。而传统媒体也配以更具说服力与亲和力的新媒体形式,拓宽其传播范围。可以说,新的世纪里,新旧媒体的融合为世人带来全方位、多样式的传播体验。

1.3 媒体的特性

对于不同的媒体形式而言,所具特性既有相似点,又各有差异。现今的媒体信息一般是集数据、文字、图形与图像等多种媒体于一体的综合媒体信息。这里,我们将媒体集为一类广义媒体概念,并对其进行特性分析。

(1) 集成性。主要表现为多种媒体信息(文字、图形、图像、语音、视频等信息)的集成,就是将各种信息媒体按照一定的数据模型和组织结构集成为一个有机的整体,来传情达意,更形象地实现信息的传播。

(2) 多样性。主要表现为信息媒体的多样化。多样性使得媒体信息能够被处理的空间范围扩展和放大了,而不再局限于数值、文本或特定的图形和图像。可以借助于视觉、听觉、触觉等多感觉形式实现信息的接收、交流和传递。

(3) 便捷性。可以按照自己的需要、兴趣爱好、任务要求和认知特点来使用信息,及时快捷地获取图、文、声等各种信息表现形式。

(4) 实时性。各类媒体都是与时间轴紧密相关的。人们可以对媒体进行实时地操作和处理。因此实时性是指在人的感官系统允许的情况下实时地进行多媒体的处理和交互。当人们给出操作命令时,相应的多媒体信息都能够得到实时控制。

(5) 交互性。这是媒体区别于其他传统媒体的主要特点之一。传统信息交流媒体只能单向地、被动地传播信息,而多媒体技术引入交互性后则可实现人对信息的主动选择、使用、加工和控制。通过交互与反馈，更加有效地控制和使用信息，为人们提供发挥创造力的环境，增强了人们的参与感。

（6）共享性。可以达到信息全方位分享的目的，使得用户最大程度地共享各类信息资源。

（7）非线性。一般而言，使用者对非线性的信息存取需求多于线性信息的存取需求。以前的查询系统都按线性方式检索信息，不符合人类的联想记忆方式。而在新媒体时代，以非线性结构组成特定内容的信息网络，使得人们可以有选择地查询自己感兴趣的媒体信息。

第2章 传播学基础

2.1 传播概述

2.1.1 传播的定义

人类的文明之所以能够得以传承，传播发挥了不可忽视的重要作用。无论是知识的积累，还是思想的传递都离不开传播。传播可以存在于一个人的内在心灵、可以通过沟通协作、还可以借助其他介质得以传达。当然，传播有时具有显著的意向性，例如传播可以进行目的性的选择，包括传播的对象、内容、方式等。但有些时候传播却在下意识的状态中将传播者的内心某些想要掩饰的东西表现了出来。因此，传播实际上探讨的就是人类的文化以及人与世界的关系。尽管传播学作为一门学科，在西方只不过几十年历史，但是传播学却与许多学科门类结下不解之缘。

“传播”一词的英文是 Communication，源于拉丁语的 Commnuis，这个词的意思是指由两个或两个以上的人或事物共有或共享的信息。

对传播的定义，诸多学者都有不同的认识和理解。控制论的创始人诺伯特·维纳曾说过，传播是社会的黏合剂，传播是传递、输送、沟通、交流信息的意思。格伯纳说：“传播可以定义为通过信息进行的社会互动。”威尔伯·施拉姆说：“所谓传播，即是指人与人、人与社会通过共享符号而建立关系的行为。”可以看出，传播有两个重要的组成要素：信息，也即传播的材料；流动，即传播的方式。简言之，传播就是在信息的流动过程中获得共享。

正是因为传播的普遍性和重要性，对于传播行为及其相关因素的研究也越来越受到人们的重视，传播学作为专门的学科也应运而生。作为传播学领域的集大成者威尔伯·施拉姆不仅对传播学给出了具体而详尽的阐述，对传播学的研究对象也加以概括，他认为，传播学是“研究人的学问”，“人类传播是人做的某种事”。因此在研究传播时，我们需要研究的是人与人之间的关系以及其所属的组织、社会的关系，研究人们主动和被动的影响、告知、娱乐等。

作为人类生活中最普遍、最重要和最复杂的活动，单纯从某个传播模式或公式出发去考虑问题，在某些特定的情况下可能有用，但是在情况变得复杂多变时，它们就会失去作用。因此，对传播过程的理解极为重要。随着信息技术的进步和网络数字化进程的发展，人们唯有具备相应的媒介传播理论常识才能去辨认所处的虚拟环境，进而对自己进行准确定位，有效抵御某些传播造成的负面影响，积极提高应变能力和适应性。

2.1.2 传播的类型

传播学的分类有狭义和广义之分。广义的传播学是以人类的一切传播行为为研究对象的，而狭义的传播学则是以大众传播为研究对象，故而也称为大众传播学。

从普遍意义上来讲，传播可以分为两大类，即人类传播和非人类传播。而我们更关心的是与人类相关的传播。具体地说，人类传播又分为社会传播和非社会传播两大类。非社会传播主要指自我传播，又称内向传播。社会传播中包含大众传播、组织传播和人际传播三类，如图 2-1 所示。

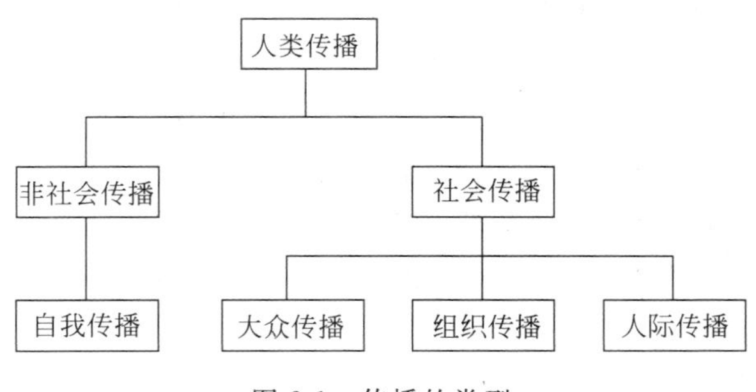

图 2-1　传播的类型

1. 自我传播

自我传播又称为内向传播或自身传播，这种传播主要是发生在主我和客我之间进行信息交流的过程中，整个信息交流活动都是在一个人自身内部进行的。通过人的视觉、听觉、味觉及触觉的协调，对客体进行回顾、记忆、推理、判断。例如一个人看电影，当看到影片的高潮部分，他整个人不得不专注起来，于是目不转睛、神情专一，沉浸在电影的情节当中，仿佛身临其境。大脑模拟自身进入电影情节的场景时，他会不断从大脑信息库中提取各种情节发生的可能性信息，以供大脑选择和猜测，传播者是“他”，受传者也是“他”，而信息是“电影故事的进一步发展和结果”。人的内向传播一般表现为自言自语、自问自答、自我反省、自我陶醉、自我发泄、自我安慰和自我消遣等多种形式。这种传播形式既是人的自我需要，也是人的社会需要，是人类为了适应周围环境而进行的自我调节。

自我传播过程实质就是人的思维过程，自我传播具有明显的心理学特性。人的思维活动建立在全人类所掌握的知识平台上，根据自身的实践经历对客观世界加以认识并采取符合目的的措施和行动。

笛卡儿曾说过：“只有人类才具有理性，而人类理性就表现于只有人类才有语言这一点。”更早的亚里士多德则认为：“思维是通过语言而实现并存在下来的，语言代表心灵的经验。”思想与语言之间这种相互依存的关系，注定了人的内在传播将以语言为媒介。与此同时，语言也反作用于人的内在传播，决定着这一传播的效果。

影响内在传播的因素除了语言之外，还有人的想象力、注意力、记忆力等非物质因素。通常认为，人的思维过程其实就是想象的过程。想象不仅仅局限于对新的具体形象的创造，更贯穿于抽象思维的全过程。人在进行想象活动的过程中，脑中随时产生着相关的语言。通过形象和语言的协作，使形象思维得以顺利地进行。而抽象思维的过程同样也包含着想象过程，即人脑按思维规律在脑中想象出言语的组合改变，从而获得思维结果。注意力在自我传播中占据着十分重要的地位。记忆力在观察回忆、思维的认识过程中起着引导作用。

通过对自我传播的了解，可以让我们更好地进行自我管理。自我管理是自我传播的核心。做好人类对自身的管理，首先需要正确地认识、评价自我，建立信心，迎接挑战。其次，要经常性地完善自己，通过分析、反思、鉴定来重估自己，提升自己。鉴于个体的差异性，人的内在传播的情形往往不尽相同，过程极其纷繁复杂。对其进行深入探讨有助于我们更好地研究人的其他传播行为。

2. 大众传播

1945 年 11 月，在伦敦发表的联合国教科文组织宪章中首次提出了"大众传播"的概念，其后西方学者对大众传播的界定进行了许多研究。大众传播（Mass Communication）是一种信息传播方式，是特定社会集团组织采用现代机器设备，如报纸、杂志、书籍、广播、电影、电视等大众媒介，通过大批复制向社会大多数成员传送消息、知识，从而影响受众的过程。

大众传播中的传播者是一个有组织的、有一定规范的、专业群体的全部或部分，它们通常不仅具备传播的功能，也可有其他多种能动功能。受传者通常是个人，但经常被传播组织视作是一个具有某种相同特性的群体或集体。故而大众传播往往是单向传播的过程，没有反馈或交互的环节。

1）大众传播的特性

（1）组织性

大众传播与人际传播、群体传播不同，不是任何人都可以进行的，必须要经过社会认可的专业新闻机构才有资格发布。即传播者应是职业传播者，是一个传播组织化的整体或个人。这些人大多受过专门的职业教育，以传播为职业。他们借助于专门的媒体向社会发布所收集、管理和传送各种类型的信息，如新闻、娱乐、教育的信息。其中，被组织化了的个体传播者在整个传播过程中扮演着不同的角色。而组织化的媒介应包括专门的传播机构和职业的传播者，并受其他社会组织的作用与影响。

（2）广泛性

根据大众传播的媒介覆盖特性，其受众具有数量多、范围广、类型杂等特点。可以说，在大众传播中，受众的成分十分复杂，不仅年龄层次不同、文化程度不同、兴趣爱好不同、风俗习惯不同，而且人种也可能不同。受众分散在不同地区，在社会上扮演着不同角色，难以控制和划分。一方面，传播者在传播过程中无法控制信息的目的性流通，另一方面，受众却可以轻而易举地停止接受媒介的信息。这种传者在明处、受众在暗处的传播模式不利于传播者及时、全面地了解受众的态度和需要，也不利于受众对信息的有效索求。故而，这种"广泛性"并不是有效的广泛性，而是规模上的大、形式上的广。

（3）公开性

大众传播中所采用的媒介是具有单向传播性质的报纸、广播和电视。与人际传播、组织传播的方式相比，大众传播的信息公开，面向社会，变成了社会共同的资源，不再具有保密性，可以为广大受众所分享。当信息连续不断地向外传送时，对于社会上的每一个人来讲，都是公开的，不具有保密性质。因而，公开性便使普遍分享性成为可能，广大受众可以分享大众传播媒介中的任何信息。当电视在中国大陆普及开来的时候，每天播放的电视剧中的人物与故事情节便成为人们街头巷尾、茶余饭后的谈资。这个例子充分体现出信息在大众传播中的公开性与共享性。当然，这里的公开性是个相对的概念。对于公开性的约束有两方面的要求，一是信息源要尽可能多地披露事实，而不要封闭信息；二是防止侵犯个人隐私。因此，大众传播若仅披露信息不一定能达到传播目标，同时还要把握与解决是否公开，公开到何种程度等的问题。

(4) 单向性

在人际传播的过程中,双方既是传播者,又是受众,信息处于循环状态,随时可获反馈。而在大众传播过程中,传播者与受众无法直接见面,所以无法实现当面提问或解释的环节。可以说,传播者很难得到广大受众的信息反馈。比如,传媒行业中常说的“收视率”,就是一项很重要但又很难统计的大众反馈指标。目前采用的收视率数据采集方法有两种,即日记法和人员测量仪法。日记法是指通过由样本户中所有 4 岁及以上家庭成员填写日记卡来收集收视信息的方法。而人员测量仪法是指利用“人员测量仪”来收集电视收视信息的方法,是目前国际上最新的收视调查手段。无论采用哪种方法,得到的反馈信息都是缓慢而曲折、少量而微弱的。由于大众传播的反馈间接、零散、迟缓、具有积聚性等特性,在传播实践中,需要采取科学的调查方法,从尽可能多的渠道收集反映,找出修正的方案。

(5) 超越性

大众传播具有超越时空,传递信息快速量大的特性。随着科技的日新月异,从 19 世纪、20 世纪初的报纸,到 20 世纪上半叶的广播,再到 20 世纪下半叶的电视,每一次技术的发展都为传播带来了天翻地覆的变化。传播媒介不断革新,新型的传播方式层出不穷,传递信息的速度不断加快,超越时空的能力不断加强。现代通信技术的发达,可将信息在任何时间传到世界任何一个角落,超越了时间的禁锢与空间的束缚,基本实现了美国公认最有影响力的新闻工作者托马斯·弗里德曼(图 2-2)所预言的“世界是平的”(图 2-3)的愿景。特别是计算机互联网络的发展,使整个地球变成了一个“地球村”。

图 2-2 托马斯·弗里德曼

图 2-3 《世界是平的》

(6) 即时性

大众传播对于信息的更新与持有量是巨大的,而其最大的优势就在于信息传送的即时性,对现实生活与社会言论实时产生效应。对于传媒行业而言,时间就是生命。很多电视台和传媒公司为了实时播报购置了先进的制播一体机,使得重大政治事件、极具影响力的体育赛事都能得到清晰、即时的播报。大众传播的即时性可能使很多人受益,但若不善加利用,有些人为了获得个人利益而制造虚假信息则会导致更多的人受到损失。故而,对于大众传播的监管制度就显得尤为重要。

2) 大众传播的功能

对于大众传播功能的归纳与总结,西方学者作出了巨大的贡献。下面介绍四种著名的功能学说。

(1) 拉斯韦尔的“三功能说”(出自1948年的《传播在社会中的结构与功能》)

① 环境监视功能。自然和社会都在不断的变化和发展中,人类必须了解并适应这些变化和发展,才能使自身适应并生存下去。因此大众传播对社会的发展起到了“瞭望哨”的作用。

② 社会协调功能。社会是一个建立在不同分工基础上的有机体。社会各组成部分之间的协调发展才是保证整个社会和谐、稳定的基础。大众传播正是执行联络、沟通、协调社会各组成部分的功能。

③ 社会遗产继承功能。人类社会的发展是建立在对历史的继承和创新基础上的。我们只有将前人的智慧、知识、经验加以记录、整理、保存并传给后代,才能使后人在前人的基础上进一步完善并发展和创造。因此,大众传播是社会遗产代代相传的重要保证。

(2) 赖特的“四功能说”(出自1959年的《大众传播:功能的探讨》)

① 环境监视功能。大众传播是在特定的社会环境下收集及传播信息的活动,包括两个方面,一方面是警戒外来的威胁,另一方面是满足人们日常的生活(政治、经济、生活等各方面)对信息的需要。新闻在这里起到了很重要的作用。

② 解释与规定。大众传播并不是单纯的“告知”活动,而是伴随着对事件的解释,也提示人们该如何对事件进行反应。大众传播对新闻事件的选择、评论、评价都是将人们的注意力集中到特定的事件上,评论与社评也都是有明确意图的说服或动员活动。“解释与规定”功能是为了向特定方向引导和协调社会成员的行为。

③ 社会化功能。大众传播在传播知识、价值、社会规范等方面起着重要的作用。人的社会化不只是在学校、群体中进行,也是在大众传播的环境下进行的。这与拉氏的社会遗产继承功能类似,也称为教育功能。

④ 娱乐功能。大众传播传递的信息不只是告知性、知识性等务实的信息,也是娱乐性,为了满足人的精神生活的需要,例如,文学的、游戏的、艺术的、消遣的等。大众传播的一项重要功能就是提供娱乐。

(3) 施拉姆对大众传播社会功能的概括

① 政治功能:监视(收集情报)、协调(解释情报);制定传播和执行政策、社会遗产、法律和习俗的传递。

② 经济功能:关于资源及买和卖的机会的信息、解释这种信息;制定经济政策;活跃和管理市场、开创经济行为。

③ 一般社会功能:关于社会规范、作用等的信息;接收或拒绝它们,协调公众的了解和意愿;行使社会控制,向社会的新成员传递社会规定和作用规定;娱乐(消遣活动,摆脱工作和现实问题,附带地学习和社会化)。

(4) 拉扎斯菲尔德和默顿的功能观

① 社会地位赋予功能。

② 社会规范强制功能。

③ 作为负面功能的“麻醉作用”。

以上4种关于大众传播的功能学说都在不同程度上影响着大众传播的发展方向,既有总结之意,又具指导作用。当然,大众传播的功能是复杂而多层次的,只有清晰地把握大众传播功能的内涵和外延,才能进行更为深入的研究。

3. 组织传播

组织传播指的是组织所从事的信息活动，就是以组织为主体的信息传播活动。它包括组织内传播和组织外传播两个方面。

组织传播的总体功能，就是通过信息传递将组织的各个部分连接成一个有机整体，以保障组织目标的实现和组织的生存与发展。它既是保障组织内部正常运行的信息纽带，也是组织作为一个整体与外部环境保持互动的信息桥梁。

1）组织传播的传播形式

（1）横向传播（双向性强，互动渠道畅通）

横向传播指的是组织内同级部门或成员之间互通情况，交流信息的活动，其目的是为了相互之间的协调和配合。在横向传播中，传播双方不具有上下级隶属关系，平等的协商与联络是传播的主要形式。

（2）纵向传播（具单向流动性质）

① 下行传播：即有关组织目标、任务、方针、政策的信息，自上而下得到传达贯彻的过程。下行传播是一种以指示、教育、说服和灌输为主的传播活动。这种传播通常以上级直接向下级发布命令、指示、传递意见、消息等形式进行。但由于依赖逐层向下传播，互动性较少、传播的信息量小、冗余信息多、精确度降低等问题随之产生。

② 上行传播：指的是下级部门向上级部门或部下向上司汇报情况、提出建议、愿望与要求的信息传达活动。它有利于提高组织的工作效率，完善组织和加强决策的民主化、科学化。如果是逐层自下而上的传播，则在传播过程中也可能发生信息的散失，从而降低精确度。

2）组织传播的功能与目标

（1）内部协调

组织中的各部门、各岗位都由一定的信息渠道相连接，每个部门和岗位同时也都执行着一定的信息处理职能，是组织传播的一个环节。这些环节通过信息的传达和反馈相互衔接，使各部门和岗位成为既各司其职，又在统一目标下协同作业的整体。

（2）指挥管理

组织目标和组织任务的实施需要进行指挥管理。在一个组织中，从具体任务指令的下达、实施、监督、检查、总结，到组织活动规章制度的贯彻和日常管理，都体现为一定的信息活动，都是在一定的信息互动的机制下进行的。

（3）决策应变

组织是一个永远处于运动之中的有机体，它不断面临组织内部和外部出现的新情况和新问题。适应新情况，解决新问题的过程就是决策应变的过程，这个过程本身就是建立在信息的收集、整理、分析、判断的基础之上的。

（4）形成共识

一个组织要保持高度的凝聚力和战斗力，必须围绕一系列重要问题如组织目标、宗旨、规则、方针和政策等，在组织成员中形成普遍的共识。共识的形成本身就是一个组织内的传播互动过程，必然伴随着围绕特定问题的信息传达、说明、解释、讨论等各种形式的传播活动。

4. 人际传播

人际传播是指个人与个人之间的直接的面对面的信息沟通和情感交流活动，是人类生存与发展最基本的形式之一。人际传播具有明显的社会性特征。个人独白或自言自语等仅为了满足自己的需要而发出的语言，不会构成人际传播。不同于大众传播中信息接收者的不明确、范围的无法掌控，在人际传播中，信息发送者与接收者都是确定的，即相互都明确对方是谁。

一般来说，人际传播有两大类。第一类为传统的人际传播，即无须经过传播媒体而通过面对面的直接方式进行两者或两者以上之间的人际传播；第二类为媒体时代下的人际传播，即通过各种媒介如书信、电话、网络等非大众传播媒介的信息交流活动，使传播不再受到距离的限制。人际传播可以看成组织传播和大众传播的基础。传播媒介的革新深刻地影响着人际传播中第二类形式的发展，使得传播渠道在整个活动过程中占有越来越重要的地位。

互联网的发展，将人际传播的触角伸向了更远、更深层次的地域。由此所形成的网络人际传播更是无时无刻不渗透着周遭。网络人际传播是相互交流信息的网络环境下人们之间所形成的某种交往状态的模式。在社会错综复杂的交往关系中，一个人可以定位于多种人际传播模式，而个人可以是信息的发出者，同时又是信息的接收者，既在影响别人的同时，也受到他人的影响。

人际传播的特点：首先，感官参与度高。在直接性的人际传播活动中，由于是面对面的交往，人体全部感觉器官都可能参与进来接收信息和传递信息。即使是间接性的网络人际传播活动，人体器官参与度也相对较高。其次，信息反馈的量大和速度快。在面对面的信息传播中，我们可以迅速获悉对方的信息反馈，随时修正传播的偏差。传播对象也会对你的情感所打动，主动提供反馈意见。如果有了传播媒体的中介作用，信息反馈的数量和速度都将受到限制，因为冷冰的媒体可能会使传播对象不愿参与反馈意见。最后，信息传播的符号系统多。人际传播可以使用语言和大量的非语言符号，如表情、姿势、语气、语调等。许多信息都是通过非语言符号获得的，而大众传播所使用的非语言符号相对较少。

2.2 人类传播学发展史

信息的传播，人类生存于世便自古有之，贯穿着人类的全部历史。正如麦克卢汉对于媒介的评价，各个传播阶段正是通过不同的传播介质与媒介延伸着人类的四肢与五官。人类社会的传播活动符合唯物主义的发展规律，遵循从低级形态到高级形态的发展趋势。传播学家从人的行为发展、环境、传播能力、符号体系、传播媒介及社会文化的角度分析，将人类传播的演进分为 6 个阶段，如图 2-4 所示。

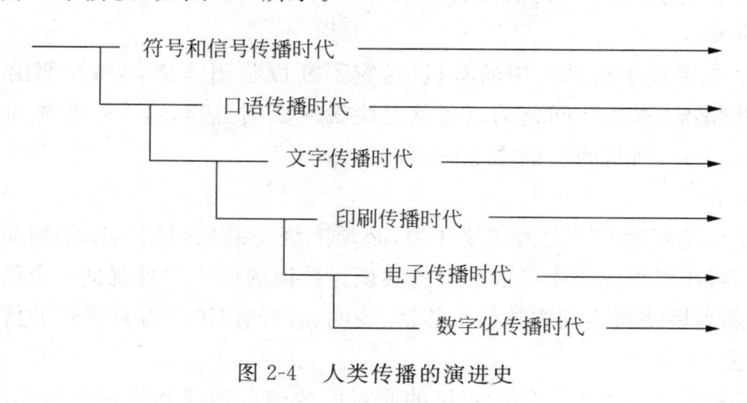

图 2-4　人类传播的演进史

2.2.1 符号和信号传播时代

根据达尔文的物种进化理论，人是由猿经历无数的演变和数百万年的进化所形成的。但语言却出现于约十万年前。在语言产生前的百万年中，为达到沟通目的，人类将彼此理解的声音和身体语言作为信息的信号或符号进行传播。可将这些信号或符号归纳为以下几种。

(1) 触觉和嗅觉。触觉和嗅觉是动物寻求和接收信息的主要方式。作为从动物进化而来的人，自然继承了这种寻求和接收信息的方式，虽然是最为原始的，但却是无法超越的。原始人类粗壮的四肢、宽大的手掌、凸出的鼻子，也似乎在说明这些部位和器官在接收和传播方面的作用，如图2-5所示。

(2) 视觉符号。通过手势、面部表情、实际的动作(例如孩子因害怕而紧紧抱住大人)，或者利用物体(彩色矿物、植物、火光等)，或描绘简单图形，向他人传递信息。对接收者来说，这些均为原始的视觉符号。

(3) 听觉符号。通过发出原发性声音(例如哭叫、笑声、哀鸣等)、模拟性声音(例如模仿某种动物走动和自身发出的声音)，或通过简单的敲击发出声音，向其他人传递信息。如果这些声音被接收和理解，即为原始性的听觉符号。

图2-5 DKNY香水广告

以上的非语言传播，即使在当今最为现代化的信息传播中，依然是不可或缺的辅助信息符号，从香水的使用、亲吻，到言语中的声调、轻重、停顿、体语的广泛运用，甚至传播中空间、文化色彩的选择，都能够察觉到潜伏着的原始符号传播的能量。

但是由于可利用的符号、信号有限，以及早期人类的生理局限性，因而相互传播的信息的复杂程度十分有限，传播速度也很缓慢。[①]

2.2.2 口语传播时代

在大约四万年前，人类自有了说话能力之后，便开始使用语言进行推理和交流。语言使人们能合作起来进行计划、决策、组织、控制，以更好的方式进行狩猎、保存食物、保暖、制造工具等，这使他们能在严酷的自然环境里克服种种生存障碍。

随着人与人接触的日益频繁，生活的逐步安定可靠，人口的增加和流动，人们的谈话方式和谈话内容的不断发展，代号、数字、单词和语言的逻辑规则，使人类开始对信息进行分类，并能进行抽象思维、分析、综合和推测，沟通形式得以发展，人们的生存方式也得以不断改变，这种巨大的变更，使人类由捕猎采集的生活方式过渡到人类的古典文明。这个转折虽然并非仅仅因为语言的沟通作用，但如果没有语言进行信息传播，以及人类对大自然认识的经验的传播与继承，就根本不可能发生这种转折。[②]

① 论世界新闻传播的历史发展轨迹. http://www.zjol.com.cn/05cjr/system/2002/02/01/000851978.shtml.

② http://kjwy.5any.com/swgt/centent/1/swgt-kcjj-010202.htm.

人类在文字符号被创造以前，与其他动物使用相似的符号进行传播活动。人类在约2.5万年前创造了富有音节的语言，而独立的符号体系则更早显现在大约3万年前的洞窟壁画上。人的发声经历了从单音到复音、从模糊的音节到清晰的音节、从含义不清到意思明确的漫长过程，最终出现了人类的口头语言。而语言学家认为，人类的口头语言发展成为简单的语法结构，并能表达抽象含义，则可以追溯到约1.5万年前。当今世界上分布的十大语系，实际上表达着人类社会流动和语言传播的轨迹。其中分布较广的六大语系，反映了人类传播的信息流动和分布。这六大语系如下。

（1）印欧语系。这一语系的起源地位于现在的巴基斯坦北部和印度西北部。公元四五千年前，居住在那里的一部分雅利安人，分别途经里海北岸和南岸，向西和西北方向迁徙，到达欧洲。在历史的发展、变迁中，在原来语言的基础上，形成不同的语言族群。这些族群有共同的语言特点，故称"印欧语系"，并逐渐形成12个语族，成为分布最广的语系。现存的10个语族和主要代表语言如下：印度(图2-6)语系(印地语、乌尔都语、孟加拉语、吉卜赛语等)；伊朗语族(波斯语、库尔德语、阿富汗语等)；斯拉夫语族(俄语、塞尔维亚语、波兰语、捷克语、保加利亚语等)；亚美尼亚语族(以亚美尼亚语为主)；波罗地语族(立陶宛语、拉脱维亚语等)；日耳曼语族(德语、丹麦语、雅典语、荷兰语、英语等)；拉丁(罗曼)语(意大利语、西班牙语、葡萄牙语、法语、罗马尼亚语等)；希腊语族(以希腊语(图2-7)为主)；克尔特语族(以爱尔兰语为主)；阿尔巴尼亚语族(以阿尔巴尼亚语为主)。

图2-6 印度语

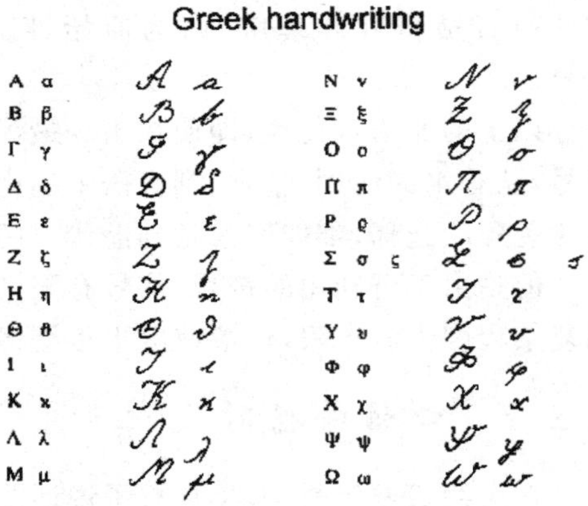

Greek handwriting

图2-7 希腊语

（2）汉藏语系。这是拥有最多使用人口的语系，世界上大约有1/4的人口使用它。它以中国为中心，略向西南辐射，但是地理分布上较为集中。下分四个语族，即汉语族、藏缅语族、壮侗语族、苗瑶语族。

（3）阿尔泰语系。以现在中、俄、哈、蒙交界的阿尔泰山为中心，广泛分布于亚洲腹部的荒漠和草原地区。下分三个语族，即突厥语族、蒙古语族、通古斯满语族。一些语言学家认为，朝鲜语、日本语的主要成分属于这个语系。

（4）闪含语系。分布于西亚北非地区，分为两个语族，即西亚的闪语族、北非的汉语族。

（5）班图语系。分布于撒哈拉以南的整个黑非洲地区，拥有数千种语言，大部分是部族语言。代表语言是斯瓦西里语。

(6) 南岛(马来-波利尼西亚)语系。广泛分布于东南亚的马来半岛和印度尼西亚群岛、大洋洲各国。中国台湾岛的高山族语言即属于南岛语系。

其他的语系还有达罗毗荼语系(印度半岛南部)、南亚语系(中南半岛南部)、芬兰-乌戈尔语系(主要在芬兰和匈牙利)、伊比利亚-高加索语系(高加索山脉一带),分布地区较狭小,对世界交往的影响力有限。[①]

口语的产生无疑大大加速了人类社会进化和发展的进程。到目前为止,口语依然是人类最基本、最常用和最灵活的传播手段。但是,作为音声符号的口语是有其局限性的。第一,口语是靠人体的发声功能传递信息的,由于人体能量的限制,口语只能在很近的距离内传递和交流。第二,口语使用的音声符号是一种转瞬即逝的事物,记录性较差,口语信息的保存和积累只能依赖于人脑的记忆力。因此,口语受到时间和空间的巨大限制,在没有诸如电话等口语媒介的情况下,它只能适用于较小规模的近距离社会群体或部落内的信息传播。

2.2.3 文字传播时代

产生真正的文字之前,人类经常使用结绳(图 2-8)、壁画、雕塑等方式帮助记忆、存储信息。经历了漫长的艰苦岁月,人们开始借助早期的图形代号,便逐渐创造了文字。

汉字产生于 5000 年前的黄帝时代。作为信息传播的载体,文字是人类文明向前发展的根本标志,文字的传播也使得古代社会日趋成熟。

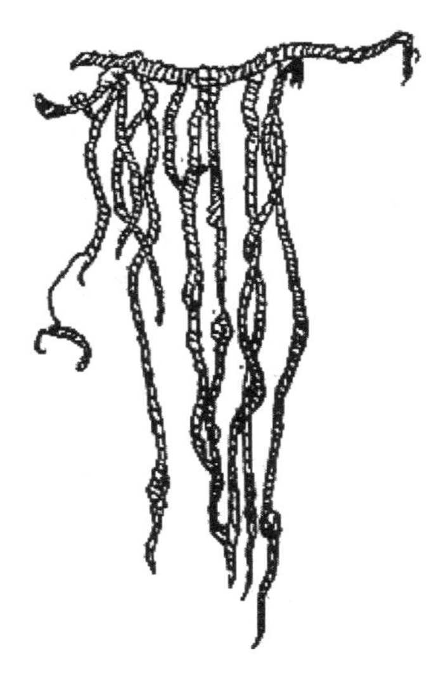

图 2-8 结绳记事

早在口语传播时代之前,文字就是在结绳、原始图画的基础上演进与发展着。人类学会将声音与所指对象分离,产生语言之后又学会将声音与发出声音的人分离,使其能够携带。于是,产生了文字。

人类与动物的本质区别之一就在于人类拥有自己创造的文字符号。关于人类创造文字符号的动机,大体可以归结为人们为了与更多的人联络、为了运转日益复杂的社会组织、为了传承知识与经验。文字最早出现在公元前 3500 多年地中海东岸腓尼基一带,所有文字都起源于象形符号,这是比口头声音语言更易于保持和理解的形象语言。如图 2-9 和图 2-10 所示是丘奇洞岩石壁上发现的远古人类留下的驯鹿造型。但随着各个文明发祥地的变迁,全世界的文字发展,逐渐呈现出了两个发展方向:一个继续向完善象形文字的方向发展,使之抽象化,形成现在世界上唯一的现代象形文字体系——汉字;另一个发展方向是原始象形符号转变为各种以字母为基础的拼音文字体系。

历史上的文字种类很多,经过数千年的演变、交融、创新和衰退,现在世界上跨国使用的文字体系只有 7 种,除汉字外,均是字母文字。它们是遍及全球的拉丁文字体系、使用人口最多的汉文字体系、阿拉伯文字体系、斯拉夫字体系、梵文字体系、希腊文字体系、回鹘文字体系。

① 论世界新闻传播的历史发展轨迹. http://www.zjol.com.cn/05cjr/system/2002/02/01/000851978.shtml.

图 2-9　丘奇洞岩石壁上的驯鹿造型

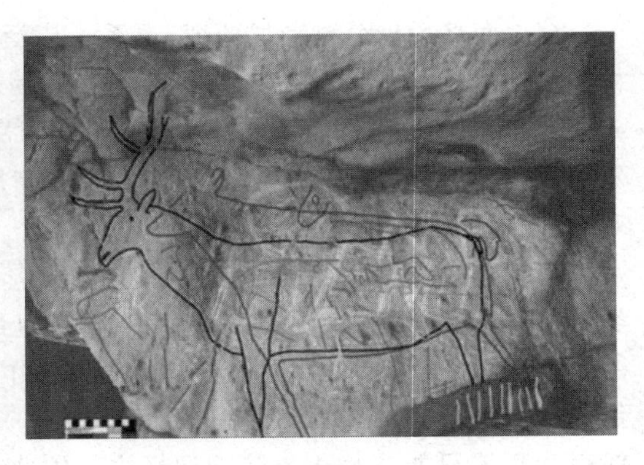

图 2-10　驯鹿造型勾勒效果

文字是人类传播发展史上第二座里程碑。如果说语言的产生使人类彻底摆脱了动物状态，那么文字的出现就使人类进入了一个更高的文明发展阶段，是人类进入文明社会的标志。文字构成了一个相对独立的世界，它的功能体现在历史性上，即使时过境迁，以文字表现的世界仍可以较长久地明确记录或报道历史上的信息。传播的文字作为一种媒介，由于带有更为明确的传播目的，因而相对语言的使用，要认真和严肃得多。与此同时，文字相对于语言的优越性也是显而易见的。首先，文字克服了音声语言的转瞬即逝性，它能够把信息长久保存下来，使人类的知识、经验的积累、存储不再单纯地依赖人类的有限记忆力。第二，文字能够把信息传递到遥远的地方，打破了音声语言的距离限制，扩展了人类的交流和社会活动的空间。第三，文字的出现使人类文化的传承不再依赖容易变形的神话或传说，而有了确切可靠的资料和文献依据。一句话，文字的产生使人类传播在时间和空间两个领域都发生了重大变革。文字作为人类掌握的第一套体外化符号系统，它的产生也大大加速了人类利用体外化媒介系统的进程。

2.2.4　印刷传播时代

在印刷术发明以前，人类社会的信息难以大规模复制，而文字的使用也属于特定的阶层。正是造纸术和印刷术的发明才使得信息的传播、记录和保存成为可能。印刷术的发明，不仅给中国，也给欧洲和整个世界的文明带来了曙光，使人类社会发生了翻天覆地的巨大变化，并引导人类传播真正步入了一个崭新的大众传播时代。

蔡伦(图 2-11)于公元 105 年以树皮、麻头、破布和旧渔网等原料制成了纸，献给朝廷，从此造纸术便推广开来。印刷术起源于公元 200 年的中国拓印术，大约在唐朝初年(627 — 649)中国人发明了雕版印刷术。唐长庆年间，白居易的作品即常被人“缮写模勒(刊刻)，炫卖于市井”(唐·元稹，824)。世界上现存的第一本印刷品是我国唐咸通九年(868)印刷的佛典《金刚经》。北宋庆历年间(1041—1048)，毕昇(图 2-12)发明了活字印刷术。元朝后期，我国的印刷术连同其他发明随着蒙古军队传向西方。公元 868 年，唐朝印刷的《金刚经》成为世界上现存最早的雕版印刷书籍。

公元 1450 年，德国人古登堡(图 2-13)发明了金属活字印刷机，将机械技术运用于印刷术。活字印刷机在社会日益增长的需要中渐渐成熟。从 16 世纪开始，印刷的速度大幅度提高，可以刊印成千上万种书籍。随着印刷术的推广，科学、哲学和宗教的进步，能读书识字，并能买得起书籍的人们，开始大规模拥有书籍。印刷不仅大量传播了宗教文化，还使其他内容的书籍增多，供应廉价，推动了教育与文化事业的发展，加速了新思维的传播。在西方社会，推动了文艺复兴与思想解放运动。

图 2-11　蔡伦

图 2-12　毕昇

(a)

(b)

图 2-13　古登堡及其印制的《圣经》

我国最早的报纸是唐代的邸报。先只限于朝廷命官阅读，用于发布皇帝命令、朝廷信息，反映地方政治、经济动向、刊载政治信息。后来成为一般士大夫的读物，一直延续至清初。图 2-14 所示为当代的《开元杂报》。

由于印刷传播的出现，使得文字系于纸张，摆脱了传统的身体传播和口头传播，成为一种全新的传播方式。信息借助印刷这种载体，突破了时间、空间的局限，也将肢体语言和口语等瞬时性的媒介转化为可以保存和查阅的信息碎片。在这个时期，掌握文字符号的人首先拥有发表信息、传播信息、查询信息的权利和能力，在信息传播中居于主导地位。当然，印刷技术的产生，还使得人类文化的传播发生了规模效应，逐渐成为知识、信息普及的

二月甲戌
皇帝自東封還賞賜有差丙子
上躬耕於興慶宮側盡三百步辛己還
鴻臚卿崔琳使於吐蕃琳時慶之子
也壬午
上幸鳳泉湯癸亥還京師[illegible]月丁卯
上幸驪山溫泉丁丑還宮戊寅以單于
大都護忠王浚領河北道行軍元帥
以御史大夫李朝隱京兆尹裴伷先
副之帥十八總管以討奚契丹命將
百官相見於光順門庚辰
皇帝幸驪山溫泉甲申還宮乙酉
上幸鳳泉湯丁亥還宮召見百官賞賜

图 2-14　唐代的《开元杂报》

方式方法。再加之人们对于新信息的渴求，随之而生的报纸也成为传播的重要途径。这就为传媒成为一种行业提供了产生可能性与发展的土壤。

2.2.5 电子传播时代

一直以来，人类就一直梦想着自己听有"顺风耳"——能寻千里之音、看有"千里眼"——能觅山外之事。这种对于突破时间和空间限制的渴望自古有之。很多古代的文学作品中都表现出对于这些特异功能的崇拜。如《西游记》中的孙悟空就利用其顺风耳、千里眼等特异功能帮助唐僧完成了西天取经。人们之所以崇拜，正是因为这些功能曾是人类无法企及的。但是，科学改变了世界，也改变了人类生存与生活的模式。1844 年，美国人塞缪尔·莫尔斯发明了电报(图 2-15)；1876 年，贝尔发明了电话(图 2-16)；1877 年，爱迪生发明了留声机(图 2-17)——于是，人类有了"顺风耳"；1882 年，法国人马瑞根据中国灯影原理发明了摄影机，以及随之而来的电影、广播、电视的相继出现——于是，人类也拥有了"千里眼"。人类梦想的实现就是通过电子技术的产生与发展，在电子传播时代完成了质的飞跃。

图 2-15 莫尔斯与有线电报

图 2-16 贝尔发明电话

图 2-17 爱迪生和他发明的留声机

1895 年，意大利工程师古列尔莫·马可尼发明了无线电报装置并使之实用化。1906 年，美国物理学家德福雷斯特发明了三级真空管，这是无线电广播向大众传播工具迈进的决定性步骤。1910 年，他与费森登合作试验利用无线电波传递人声，获得成功。他们在纽约大都会歌剧院成功地广播了意大利歌唱家卡鲁索的男高音歌唱，引起了听众的极大兴趣。几年后，美国无线电公司成功研制了收音机。

1920 年，美国西屋电器公司开办 KDKA 广播电台的申请获得批准，从而获得了美国第一个广播营业的商业执照。1920 年 11 月 2 日，该广播电台以报道总统选举中的得票数正式开始营业，这是无线电广播诞生的标志。广播受到美国民众的狂热欢迎。1926 年，美国第一家无线电广播网——全国广播公司(NBC)成立。欧洲国家也不甘落后，纷纷创办广播电台。1922 年，法国设在巴黎的无线电台正式播音，英国广播公司(BBC)也在伦敦正式播音，前苏联中央无线电台开始播音。此后，德国、中国、日本等国也相继正式开办广播电台。

20 世纪 20 年代，我国开始创办广播电台。1923 年，美国人奥斯邦在上海设立的"大陆报-中国无线电公司广播电台"开始播音，这是中国第一座无线电广播电台。1927 年，中国北洋政府又在天津、北京建立了广播电台。1928 年 8 月，国民党在南京设立了广播电台，之后又在各地设立了二十多座广播电台。同时，国民党政府颁布了允许民间经营广播的条例，出现了一些商业、宗教、教育性质的私营广播电台。抗日战争中，爱国人士利用各地的广播电台，激励民众投身于抗日斗争，鼓舞前线将士英勇奋战。1940 年 12 月 30 日，中国共产党创办的延安新华广播电台开播。

20 世纪 20 年代，电影成为世界上前所未有的最大和最普及的商业性娱乐形式。电影经历了 6 个发展阶段：无声电影、有声电影、彩色电影、宽银幕电影、立体电影、穹幕电影等。

随后，电视诞生了。电视的发明，是建立在一系列的新技术之上的，特别是摄像技术。1923 年，美国兹沃里金发明了光电摄像管并获得了专利权。1925 年，英国贝尔德成功地进行了接收画面的实验。1926 年 1 月 16 日，他在伦敦进行公开表演，将木偶彩像传到英国广播公司，再传回他的实验室。1935 年，美国休恩伯格领导的研究人员演示第一个图像清晰的摄像管。1927 年，美国电报电话公司把闭路电视图像从华盛顿传递到纽约，同年，美国无线电公司在纽约博览会上作电视表演。1936 年 11 月 2 日，英国广播公司建立了世界上第一座电视台，第一次播放电视节目。这是电视作为大众传播媒介正式诞生的标志。电视经历了黑白电视、彩色电视、有线电视的发展阶段，或者说模拟电视和数字电视的发展阶段。

在人类第四次传播革命中，首先，以广播和电视为先锋的电子传播媒介，突破了人类传播在距离和速度上的限制，使信息一日万里地及时收发，并且打破了有形物质输送的必要性，在空中架起了一条信息专用路，更快捷、更高效地进行信息疏通。其次，电子传播形成了人类体外化的声音信息系统和体外化的影像信息系统。这就好比给广播、电视插上卫星转播的翅膀，在无任何时间与空间局限的情况下实现了全世界的信息交流，让人类突破了生理极限的束缚，节省下更多的时间用于思考。当然，这也促成了大规模和大范围的信息战争，最先最快最准地掌握一手资料就会在这场战争中获得优势。所以，随着传播科技的日新月异，电子传播定会成为各国竞争的工具和手段之一。最后，随着摄影、录音、录像技术的进步，不仅实现了声音和影像信息的大量复制和传播，也实现了它们的历史保存。这无疑也在推动着计算机的产生——一切传统媒介的资料都可以实现电子化、信息化。

2.2.6 数字化传播时代

当下，我们正搏击于信息的洪流当中。而传输信息的技术正是人们每天都要接触到的数字技术。数字技术发展到今天不过几十年的时间，却比以往任何一种传播媒介的诞生与发展都要迅速得多。几十年前，人类还不敢想象的事情，今天已经通过计算机、网络、移动通信一一实现，并完全渗透到日常的生活与工作中来。的确，尼葛洛庞帝所预言的“数字化生存”实现了，如暴风雨般地向人类袭来了。

在数字化传播时代，各种信息统一被翻译为 0、1 代码的排列组合，由比特构成的微观世界竟构建出如此庞大的世界性信息系统，着实令人叹为观止。

首先，数字化传播通过数字技术的应用，直接取代或间接融合了传统的传播媒介，并将以往的传统媒介信息进行数字化编译。在此过程中，最为重要的是 20 世纪后半期，计算机互联网和多媒体技术的广泛应用。相对于传统传播媒介，互联网的特性在于传播的互动性。它为受众创造了主动接触的空间与机会，令传播有来有往，接收效果因人而异，故而产生了个性化的领域与需求。使用数字媒体可以表示和展现各种媒体形式，创造出变化万千的现实世界。

其次，信息的数字化为软件技术、甚至智能技术的开发与优化奠定了理论与实践的坚实基础。软件中的系统软件、应用软件、工具软件等，信号处理技术中的数字滤波、编码、加密、解压缩等都是基于数字化技术实现的。比如，图像压缩就是通过去除多余数据以尽可能少的比特数代表图像或图像中所包含的信息量的技术；图像修复指对受到损坏的图像进行修复重建或者去除图像中多余物体的数字技术。

最后，数字化是信息时代和信息社会的技术基础。自数字技术诞生以来，它一直在不断地突破人类的想象，大到航空航天技术的改进，小到日常各种家电、信息处理设备的数字化。如数字电视、数字广播、数字电影、手机电视、视频点播等，现代通信网络也向数字化方向发展。可以说，数字技术正在引领着一场范围广泛的技术性与观念性的革命。

2.3 传播学理论研究

传播学是20世纪30年代以来跨学科研究的产物。传播学是研究人类一切传播行为和传播过程发生、发展的规律以及传播与人和社会的关系的学问，是研究社会信息系统及其运行规律的科学。简言之，传播学是研究人类如何运用符号进行社会信息交流的学科。

传播学和其他社会科学学科有密切的联系，处于多种学科的边缘。由于传播是人的一种基本社会功能，所以凡是研究人与人之间的关系的学科，如政治学、经济学、人类学、社会学、心理学、哲学、语言学、语义学等，都与传播学相关。它运用社会学、心理学、政治学、新闻学、人类学等许多学科的理论观点和研究方法来研究传播的本质和概念。传播过程中各基本要素是相互联系与制约，如信息的产生与获得、加工与传递、效能与反馈，信息与对象的交互作用，各种符号系统的形成及其在传播中的功能，各种传播媒介的功能与地位，传播制度、结构与社会各领域各系统的关系等。

此外，传播学还要借鉴信息论、控制论、系统论等自然学科，所以，人们称它为边缘学科，意思是处在多种学科的十字路口。各种社会学科的理论又往往成为传播学理论的一部分。但是，传播又有它自身的理论，是其他社会学科所不能代替的。

数字媒体艺术与传播学是相辅相成的。作为一种新型的传播形式——数字媒体艺术借鉴着传播学中的已有的理论、遵循着基本的原则、符合媒介发展的规律。与此同时，传播学又将数字媒体艺术发展的轨迹与特性交融于传播学的系统之中，丰富着传播学的内涵与外延。

2.3.1 传播学理论的相关术语

1. 传播者

传播是人处在社会环境当中进行的信息交流与互动活动，传播过程的主体是人。广义地讲，每个人都要参与到传播活动当中，每个人同时又都是传播者(Communicator or Source)。传播者通常是处于传播过程第一环的人或组织机构，是信息的来源和制作者、是传播活动的引发者、是信息传播过程中的一个主体性要素，又称为信息源或信源。因此，传播者是传播发生的首要因素，是启动传播过程的最初动力要素，是信息的搜集者、加工者、制作者和传递者。

正如之前所提到的传播的类型，人类传播可以归纳为自我传播、人际传播、组织传播和大众传播四大类别。因而，传播者的角色在不同形式的传播中就有不同的内涵。传播者可以分为专职传播者和普通传播者。专职传播者即那些专门负责进行传播的人，他们以传播为职业，传播成为他们谋生的手段。现代社会的专职传播者多为大众传播者，他们通过先进的印刷和电子媒介，向为数众多的、素不相识的，而且无法预知的大众进行传播，专职传播者通常是代表某特定阶级的利益，站在特定阶级的立场上，对广大民众进行传播。因此，他们的传播行为会受到诸多因素的制约，难以像普通传播者那样随心所欲，我们也可以把他们称为"体制内的传播者"。普通传播者是指那些不专门负责进行传播的人，他们不以传播为谋生的手段。因此，其传播活动也完全由他们个人决定，通常为大众日常生活内容，或群体所关心的问题。普通传播者多为人际传播的传播者，其角色极不固定，随时在传播者和受传者两种角色之间转换。

还应该提到的是，虽然传播活动是传播者和受传者双方共同参与的，双方互为信息的传送者和接收者，但是，传播者和受传者双方在信息传播过程中所处的地位与所起的作用是不同的。整个传播系统的运动主要是由传播者所输出的信息所推动的，而且，传播者接收对方的反馈信息，是为了了解传播系统的状况与功能，对传播系统进行合理的调节和正确的控制，以便最有效地达到预期的目的。所以从总体上看，传播者是整个传播过程的导控者，这又集中体现在传播者扮演的"守门人"角色上。

"守门人"概念源于传播学的奠基人之一——列文关于如何决定家庭食物购买的一篇文章。列文还进一步把它同大众传播的新闻流动进行了比较，把"守门人"概念应用于传播者的研究当中。因为传播者在利用传媒向受传者传递信息的过程中起着过滤、把关的作用，他们控制着信息的流量、流向，影响着对信息的理解，所以，他决定该报导什么、不报导什么，以及该把报导重点放在何处，决定怎样解释信息。由此，形成了传播学中的守门人理论。

2. 受传者

受传者(Receiver)又称"传播对象"、"受者"、"受众"，是传播内容的接收者，是传播的构成要素之一。具体包括观众、听众、读者。受传者可以是个人或社会团体、机构、组织等。

受传者在信息传播过程中具有非常重要的地位，作为信息的接收者，受传者显然是信息传播的目的地。信息传播的效果直接受到他们自身知识结构、文化水平、传播技能的影响。受传者在接收信息过程中，不完全处于被动状态，也不是完全被动地接收信息，而是在利用现有条件，充分发挥积极性的基础上，能动地对信息进行选择、取舍，使之成为对自己有用的信息。可以说，受众既是信息传播的"目的地"，又是传播效果的"显示器"。

受传者的特点在于具有反馈作用，即将接收到的信息及其作用结果再反传递给传播者，以达到与传播者信息交流的目的，使传、受双方处于双向传播过程之中。信息传播者的主观意图，信息内容的价值，最终都是通过受传者得以体现的，但受传者绝不消极被动地接收信息。他在接收信息时具有很大的主观能动性，他总是有选择性地对信息加以接收、理解和记忆，并以自己的行为反应来影响传播者的传播行为。传播者要根据受传者的特点，针对他们的知识文化、技术水平，采用相应的传播模式，使受传者最大范围地接收信息，并反馈信息，达到信息传播的目的。受传者是传播过程中的另一个积极的主体性要素，他与传播者的关系绝不是作用与被作用、影响与被影响的关系，而是一种相互作用、相互影响的关系。

传播学对受传者的研究颇为重视，但早期的研究者是以传播者和媒体为中心的，认为受众只是消极被动的"靶子"，只要传播媒介对准目标一扣扳机，它就会应声倒下。以皮下注射为主的理论放大了大众传播的传播效果。其实，影响传播效果的因素有很多，这种认为传播者万能的"靶子论"是偏激的、片面的。根据理论探讨与实践验证，至少有三个要素会影响传播的效果：信源、信道和信宿。信源、信宿和信道是信息传播的三大要素。信源是信息的发源地。信道即传递信息带的通道，是信源和信宿之间联系的纽带。受传者是信息的接收者和反应者，是传播者的作用对象，即信宿。可以说，受传者是传播活动中主要的“觅信者”；受传者是传播效果的鉴定者和反馈者；受传者是传播活动的直接参与者。

3. 信息

信息(Message)是传播学中最重要的构成要素之一，它在传播过程中居于核心地位。那么，究竟什么是信息？其实，日常生活中，我们每天都在接触大量的信息，有文字信息(书籍、报刊)，图像信息(电视、网络)，语言信息(广播、交谈)；有动态信息(体育运动、人或动物的活动)，静态信息(风景、交通灯)。

美国社会学家德伯格认为“传播可以定义为通过符号的中介而传达意义”，在传播过程中，信息总是借助于一定的符号而传播的。符号所代表的意义是通过人类约定俗成而确定下来的。声音、手势、文字、图像、数码与语言等要素共同组成庞大的符号体系。比如大自然中飞舞的蝴蝶，这一现象就是信息，即实物信息；如果人们用语言加以描述：“这只蝴蝶真漂亮！”则成为口语信息；如果写下来，就是文字信息；如果拍摄下来，就是图像信息或影音信息。那么广义的定义用规范的语言来说，信息即为事物的存在方式和运动状态及其表述。狭义上的定义就是能够消除不确定性的消息都可称之为信息。

信息作为既非物质也非能量的第三态有许多独特的属性。从人类的视角出发，我们可以归纳出以下几个特点。

(1) 可识别性。这是人类认知活动得以展开的基本条件。对于信息，我们的识别方法可以借助直接识别手段，如通过感官(眼耳口鼻)直接识别，也可以通过媒介(大众传播或分众传播方式)间接识别。

(2) 可传递性。信息可传递性正是令人类文明可持续发展的原动力。值得注意的是，任何信息的传递都需要借助一定的符号。所以在人类传播的历史上，不同时期就会产生相应的符号用于传播，这是完全符合传播规律的现象。

(3) 可扩散性。这个特性是强调在可传递性作用下信息占有空间(传播范围)可以不断再扩张的另一种说法。的确，从某种意义上说，信息流恰似水流，渗透性很强，能够冲破各种束缚，顽强地通过各种手段和渠道进行扩散。古语中常说的“世界上没有不透风的墙”、“要想人不知，除非己莫为”的情况十分符合信息的可扩散性。

(4) 可分享性。信息在传递和扩散的过程中，也是所有传播者和受传者分享信息的过程。这种分享性一直都是传播过程中给人们带来最大价值的关键性功能。如今的信息时代，通过网络，我们可以在不同地域共享全世界的开放性资源，大大减少了重复性工作与传统查阅信息的烦琐过程。比如，百度、搜狐、谷歌等搜索引擎类网站都在资源分享方面做出了很好的示范。

(5) 非损耗性。每一个传播者将信息发出以后依然可以随时享有它，并没有丝毫损失，这种性质称之为信息的非损耗性。与物质、能量相比，这是信息的一大特征和优势。也可以说，正是这种特性才使得信息的分享与共享成为可能。

(6) 可转换性。信息在传播的过程中，会发生形式或内容上变动。虽然信息具有非损耗性，但这并不意味着信息是不变的。这是由于传播过程中不断有新的传播者与新的受传者加入，并对流动的信息产生或多或少的影响。所以才会有那句“眼见为实，耳听为虚”的俗语。但随着数字技术的发展，很多时候我们也很难确定眼见的是否为实了。

4. 通道

从信息论的观点出发，信息经过加工后以信号的方式传输总要经过一定已给的道路，信息的这个通道(Channel)也称为信道。这里的通道是指信息在从传播者到受传者的传递过程中所经过的途径或赖以传递的手段，是连接传播者和受传者双方实现信息交流的桥梁。如果没有传播通道，信息就不可能传递，传播者和受传者双方就无法进行交流和沟通。

传播过程实际上就是一个信息流动的过程。传播者将信息编码后以文字信号、图像信号、电子信号(音频信号和视频信号)、数字信号等方式，传输给受传者。这个传输的过程需要经过一个渠道，而这个渠道就是我们通常所说的传播媒介。它既是传播中内容的载体，也是传播者发送信息与受传者接收信息的工具，同时，亦为联系传播者与受传者的纽带与通道。所以，我们可以认为传播媒介是传播过程的基本组成部分，是传播行为得以实现的物质化手段。

5. 编码与译码

1954 年，威尔伯·施拉姆(图 2-18)在《传播是怎样运行的》一文中，提出了一个新的过程模式。这一模式突出了信息传播过程的循环性，打破了传统的直线单向模式一统天下的局面。与此同时，他也在这个模式中首次将信息论中编码(Coding)与译码(Decoding)的概念引入到传播研究之中，从而使我们对传播规律的揭示更具科学性，如图 2-19 所示。

图 2-18 威尔伯·施拉姆

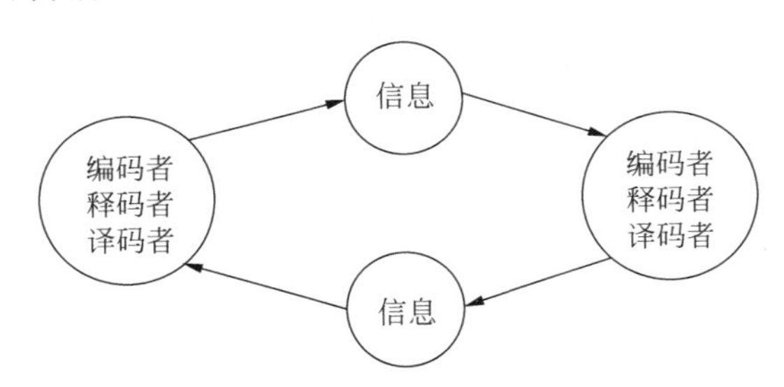

图 2-19 施拉姆模式图

在信息传递过程中，由于信息的复杂性和传播方式的特殊性，往往不能使信息直接进入传播过程，而是要把信息编制成适于传播的、受传者能够理解的信号。同样，受传者对信息的接收也会根据其理解能力、社会心理、传统文化等对所接收的信号重新加工、转换，最终接收。

从施拉姆的传播模式结构图中，我们可以发现，编码和译码分别处于信息的两端，即将信息转化成便于媒介载送或受众可接收的符号或代码。编码位于传播者一侧，意味着在传播的初始阶段需要传播者对即将传播的信息进行重组和编制，利于在社会环境中流通和分享，以及再传播。译码位于受传者一侧，意味着当信息流经到受传者这一终端位置时，需要受传者根据各种影响因素对接收到的信息重新翻译和理解，甚至吸纳和引用。在这个译码阶段，利用接收学的观点分析，符号的表现层面是由编码者决定的，而内容层面则是由译码者决定的。故而，符号的丰富内涵为译码者预留下的语意空间既是无限的，又是有限的。

霍尔(Hall，1980)等人曾依据接收者译码符合文本含义的程度，将译码分为三类：①投合性译码，即接收者的理解与传播者想要传达的意义是一致的；②协调性译码，即接收者的译码部分符合传播者的本义、部分违背其本义，但并未过分；③背离性译码，即接收者所得意义与传播者的本义截然相反。显然，在现实生活中，这三种译码是存在的。那么，如何确保编码与译码之间的对等关系呢？首先，要保证传受双方均乐于在畅通的传播路径上进行沟通和交流，且无噪音干扰；第二，用于编码和译码的"代码本"(符号系统)必须为双方所熟悉和顺利使用；第三，符号形式(符号具)与符号内容(符号义)必须基本对应；第四，符号、表述和文本所承担的负载、传送信息的任务必须分别加以明确规定；最后，编码和译码必须遵循社会公认的规则(如语法、逻辑、习惯等)。事实上，即便如此，传播者传送出去的符号化的信息，也很难在接收者的大脑里得到原原本本的再生和呈现，因为影响编码与译码的因素实在是太多了。

在数字媒体艺术这个领域里，根据其技术与艺术的双重属性，我们可以将编码行为分为科学编码与艺术编码。科学编码更多地是依据计算机语言以及数学定理进行编译，而艺术编码则更为抽象和变化无穷。一般而言，艺术编码往往要经历 4 个步骤：①事物以感知符号为中介内化为物象；②物象以表象符号为中介升华为意象；③意象以艺术符号为中介物化为形象；④形象以认知符号为中介内化为典象。于是，艺术编码过程成了不断运动、不断变形、不断建构的过程，而符号则既是编码的产物，又是编码的中介。

6. 噪声

噪声(Noise)的概念是在香农、韦佛提出的线性模式中首次提出的，如图 2-20 所示。该模式将媒介分为三种，把信息分为发出的一方和收到的一方，并且首次增加了干扰的因素——噪声，即为各种干扰的总称。

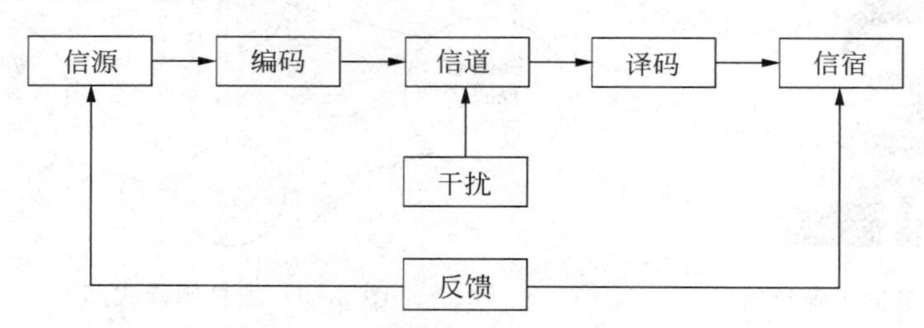

图 2-20　香农-韦佛传播模式

噪声，通常泛指刺耳、嘈杂、不和谐的声音，诸如收音机中的静电干扰等。传播过程中的噪声是一种广义的概念。噪声还可以是电话、收音机、电视机或电影中的声音失真，图像的变形和变色，复制图片印刷时出现的模糊，电报传递时发生的错误。噪声还可以是说话者注意力分散的表现形式——增加了信号，但并非信源有意要传达的信息。也就是说，噪声是在传播活动进行的全过程中所出现的各种干扰因素的总概括，那些附加于有用信息之外的，以及阻塞有用信息通过的障碍，都会直接对信息传播构成干扰，均可被形象地称为噪声。

理想状态下的传播过程应该是顺利的、无障碍的、高效的、无损的，即传播者使之符号化的信息被毫无损伤地原原本本地传给接收者。但在实际生活中各种人为或非人为的干扰因素的参与，就导致这种无损传播是不可能实现的。比如，在社会传播的过程中产生虚假、捏造、歪曲的信息等都阻碍了信息的正确、正常传播。针对这样的问题，相关部门可以通过加大正面信息的传播量和传播次数、严惩散布虚假信息的行为、鼓励揭发违背诚信原则的人或事等措施来消减噪声。

7. 反馈

反馈的概念是由麻省理工学院的N·维纳(1894—1964)在他所著的《控制论》中首次引用的。一般来讲,控制论中的反馈概念,指将系统的输出返回到输入端并以某种方式改变输入,进而影响系统功能的过程,即将输出量通过恰当的检测装置返回到输入端并与输入量进行比较的过程。按维纳所说就是"一种能用过去的操作来调节未来行为的性能"。反馈可分为负反馈和正反馈。

在传播学领域中,反馈的概念是20世纪50年代后期由美国社会学家M·L·德弗勒在他的互动过程模式(又称大众传播双循环模式)中首次引入的,并赋予其独特的含义。传播学中的反馈指的是受传者对传播者发出的信息的反应。受传者回传给传播者的信息称为反馈。利用和分析获得的反馈信息,可以说是传播者改进传播效果的一个重要手段。在人际传播中,反馈是直接、及时、灵活的;而大众传播的反馈则具有间接性、迟延性和制度性等特点。反馈在不同类型传播中的不同特点与作用,源自于该传播类型的渠道种类。因此,反馈渠道的改进成为改善传播效果的重要方法,对大众传播媒介来说尤为一项艰巨而重要的任务。

根据上述分析,我们可以发现,反馈是传播过程的主要环节,其意义不仅在于对传播效果的检验与改善,更为重要的是将"反馈"这一概念的引入,使得传统单向的传播模式转化为双向循环模式,彻底打破了传播者和受传者之间彼此割裂的孤立状态,使传者和受者在整个传播过程中建立一种实时、有效的互动模式。自大众传播双循环模式提出以来,反馈的概念一直影响着各个传播媒介的发展轨迹。无论是传统媒介中的电视,还是新媒介中的手机、网络,都把反馈的本质与内涵进行了深刻的剖析,并利用现代高新技术赋予其现实功能。比如,电视作为典型的大众传统媒介,长期以来一直以"你传我看"的单向传播模式为主。面对大众需求,充分应用"反馈"机能。因此,电视发展成为IPTV、数字电视等交互式媒介终端,弥补了在与新媒介融合道路上的最大缺陷。而数字媒体则自诞生以来,就一直以其良好的反馈与深入的互动赢得了广大新兴用户的支持。

8. 传播效果

关于传播效果,一般理解为受传者接收信息后,在感情、思想、态度和行为等方面所发生的变化,但随着传播学的发展,这一传播效果的界定已有了很大的扩展,即把信息共享、兴趣养成、知识承接、情绪反应、审美愉悦、认同一致、态度转变和行为改变等都纳入传播效果之列。

传播效果是传播目的的最终体现,是传播者在传播过程中孜孜以求的主要目的,也是评价传播活动水平和质量的重要标准。传播活动的其他要素和环节所做的努力,无一例外都是为了实现传播效果,确保传播产生效果的根本目的。

效果又可以分为不同层面,根据学者们大体一致的看法,传播效果依其发生的逻辑顺序或表现阶段可以分为三个层面:外部信息作用于人们的知觉和记忆系统,引起人们知识量的增加和知识结构的变化,属于认知层面上的效果;作用于人们的观念或价值体系而引起情绪或感情的变化,属于心理和态度层面上的效果;这些变化通过人们的言行表现出来,即成为行动层面上的效果。从认知到态度再到行动,是一个效果的累积、深化和扩大的过程。

以上8个术语在传播学中起着举足轻重的作用,并一直是人们研究和探讨的关键词。在传播学理论的研究过程中,这些术语还将不断地出现与演变,需要我们进行深入的理解与细致的咀嚼。

2.3.2 线性传播模式

1. 拉斯韦尔模式

美国政治学家拉斯韦尔在其1948年发表的《传播在社会中的结构与功能》一文中，最早以建立模式的方法对人类社会的传播活动进行了分析，这便是著名的"5W"模式（图2-21）。"5W"模式界定了传播学的研究范围和基本内容，影响极为深远。该模式首次将传播活动解释为由传播者、传播内容、传播渠道、传播对象和传播效果5个环节和要素构成的过程，为人们理解传播过程的结构和特性提供了全新的视角。

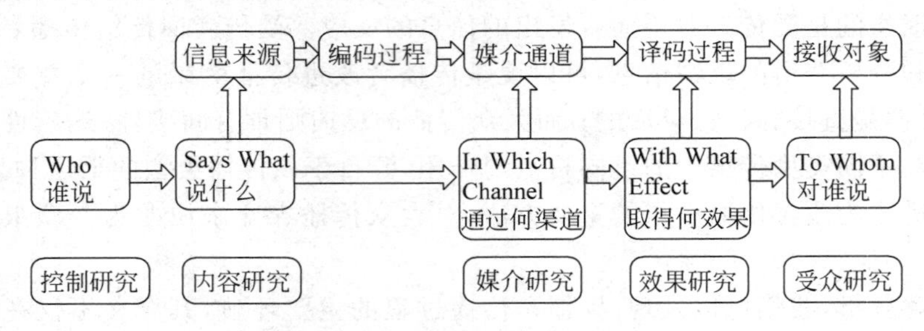

图2-21 拉斯韦尔的"5W"模式

该模式中五个要素都具有相同的首字母"W"，故因此得名"5W"模式。这五个要素分别为控制研究、内容研究、媒介研究、受众研究和效果研究。各个要素均具有其自身的特点。

（1）"Who"——"谁说"就是传播者，在传播过程中担负着信息的收集、加工和传递的任务。传播者既可以是单个的人，也可以是集体或专门的机构。

（2）"Says What"——"说什么"是指传播的信息内容，它是由一组有意义的符号组成的信息组合。符号包括语言符号和非语言符号。

（3）"In Which Channel"——"通过何渠道"，是信息传递所必须经过的中介或借助的物质载体。它可以是诸如信件、电话等人际之间的媒介，也可以是报纸、广播、电视等大众传播媒介。

（4）"With What Effect"——"取得何效果"，是信息到达受众后在其认知、情感、行为各层面所引起的反应。它是检验传播活动是否成功的重要尺度。

（5）"To Whom"——"对谁说"，就是受传者或受众。受众是所有受传者如读者、听众、观众等的总称，它是传播的最终对象和目的地。

拉斯韦尔的"5W"模式是典型的线性结构，即信息的流动是直线的、单向的、顺序的。该模式把人类传播活动明确概括为由5个环节和要素构成的流式过程，可谓传播研究史上的一大创举，为后来继续深入研究大众传播过程的体系构架与模式独特性提供了基本的思维方式与系统的流程规划。

拉斯韦尔的"5W"模式在传播学中的贡献主要体现在两点：一方面，确定了传播过程的诸要素；另一方面，确定了传播研究的领域。后来大众传播学研究中的5大领域，即控制研究、内容研究、媒介研究、受众研究和效果研究，也是沿着拉斯韦尔的"5W"模式这条思路形成的，如图2-22所示。

当然，拉斯韦尔的"5W"模式也存在严重的局限性。首先，在该模式中，传播的各领域被隔离开来。根据我们进行传播活动的经验，传播中的各个领域与环节往往是杂糅在一起，或者是交叉并行的，将其简单地割裂开来分析，会导致诸多因素间的相互影响与相互作用无法深入探讨，更会致使传播效果不能得到科学化的预测。其次，在该模式中忽略了传播的双向作用，即反馈的因素。这种忽视不可否认地源于拉斯韦尔所处时代对于“交互”的不认知。随着新兴媒介的诞生与发展，“交互性”越发成为传播的基本属性，而绝非独特属性。故在传播模式的研究中，对于反馈的理解与认识成为必不可少的重要因素。

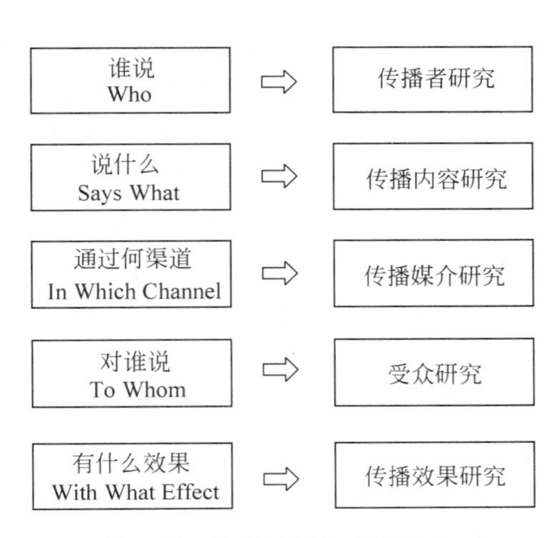

图 2-22　传播过程的直线模式：拉斯韦尔的“5W”模式

2. 香农-韦佛模式

克劳德·艾尔伍德·香农(Claude Elwood Shannon)和瓦尔特·韦佛(Walther Wever)在《传播的数学理论》(*Mathematical Theory of Communication*,1949)中提出的用以解释电报通信过程的传播模式，在传播学中，我们称其为香农-韦佛模式，如图 2-23 所示。

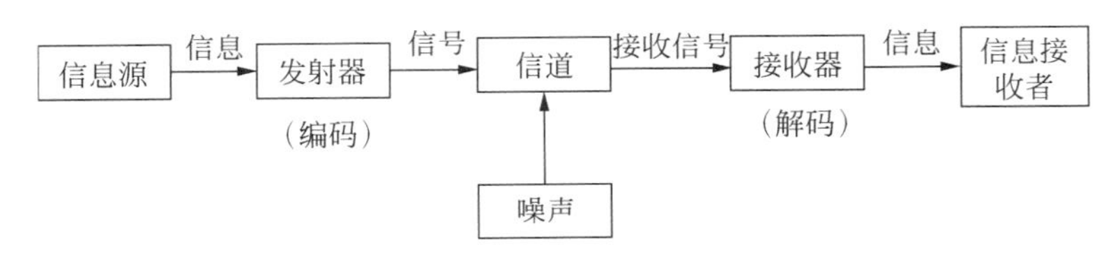

图 2-23　香农-韦佛模式

从香农-韦佛模式可以看到传播过程中的 6 个元素，其中 5 个正向的元素有：信息源、发射器、信道、接收器和信息接收者(信宿)，还有一个反向的元素，即噪声。噪声的加入是对传播封闭式系统的冲击与革新，表明了传播不是在封闭的真空中进行的，也成为香农-韦佛模式的一大进步与突破。该模式具有以下几个特点。第一，传播过程被描述成直线性的单向过程。第二，引入了噪声的因素。即在单向线性的传播过程中添加了信息消耗的环节。可以说，这一模式对一些技术和设备环节的分析提高了传播学者对信息技术在传播过程中作用的认识。他以数学的视角探讨传播，为文理结合式的考察传播过程打下了基础。

在整个传播过程中，存在于通道中的噪声干扰可能会导致发出的信号与接收的信号之间产生差别，从而使得由信源发出的信息与由接收器还原并到达信宿的信息二者的含义可能不一样。这个观点的介入直接影响到传播效果的预测，使传播活动增添了许多不可控因素，同时，也给传播披上了一层神秘的面纱。

香农-韦佛模式的缺陷也十分明显，即单向性传播与缺乏反馈环节。

3. 格伯纳传播总模式

传播总模式由美国传播学者乔治·格伯纳提出，其目的是要探索一种在多数情况下都具有广泛适用性的模式，如图 2-24 所示。该模式最大的特点在于能够依具体不同的情况而以不同的形式对变化万千、形态各异的传播现象进行描述和分析。

格伯纳模式因而也具有各种不同的图示表达。其中,他的文字模式最能简明扼要地阐述其图解模式的构造。格伯纳传播总模式的文字公式如下:①某人、②对某事有所感知、③然后作出相应的反应、④在某种状况下、⑤通过一定的途径或借助于某种工具、⑥获取某些可资利用的材料、⑦采取某种形式、⑧在一定的环境和背景中、⑨传达某些内容、⑩得到某种效果。由此公式可见,这是一条由感知到生产再到感知的信息传递链。

该模式的优点也是其设计的功能特性——适用的广泛性。它既可以用来描述人的传播过程,也能够描述机器如计算机的传播过程或人机混合传播过程。在这一模式中,整个传播过程都渗透着与外界的紧密联系,不断地从周围获取新的信息与能量。由此,我们也会深刻地体会到人类传播是一个开放性系统和多变的过程,通过对信息、事件的传送、加工与处理,实现影响与被影响的传播产物。

该模式对单向线性模式进行了更为优化的改进,但仍然缺乏对传播活动中反馈和双向性的描述,成为其不足之处。

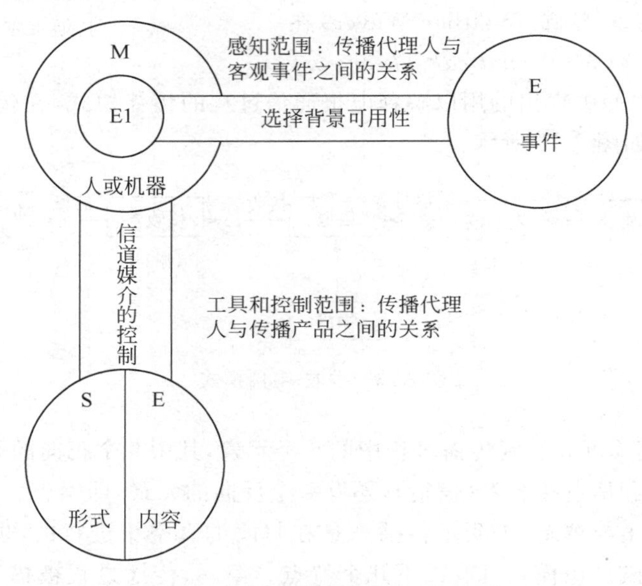

图 2-24　格伯纳传播总模式的图示表达

2.3.3　双向循环传播模式

1. 奥斯古德-施拉姆模式

该传播模式是由美国学者奥斯古德首创,1954 年由施拉姆在其启发下发表《传播是怎样进行的》一文中所提出的。文章中提出了三个模式。将第二、第三模式结合起来,就形成如图 2-25 这个完整的循环模式图。

由于施拉姆承认自己的许多观点是受到奥斯古德的启发而形成,故人们通常称这一模式为"奥斯古德-施拉姆模式"。

在该模式中,我们会发现并没有传播者和受传者的概念,而是将传播双方都视为主体,通过信息的反馈与共享形成一个连续的循环。另外,该模式的重点也不在于分析传播渠道中的各环节,而在于解析传播双方的角色功能。参与传播过程的每一方在不同的阶段都依

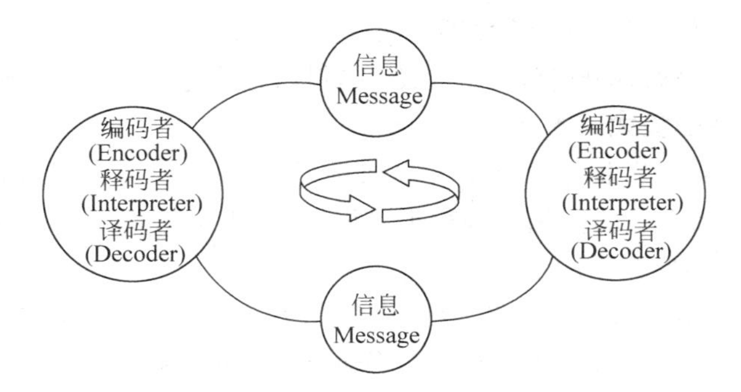

图 2-25　奥斯古德-施拉姆模式图

次扮演编码者、译码者和释码者的角色，并相互交替扮演这些角色。

奥斯古德-施拉姆循环模式的缺陷在于将传播双方置于完全平等的关系中，这种情形与社会传播的现实情况是不符的。其次，该模式虽然体现了人际传播过程，特别是面对面传播的特点，却不能适合大众传播的过程。

即便如此，该模式的出现仍然具有重大的意义，它打破了传统的直线单向模式一统天下的局面，也为后人继续研究传播的循环模式奠定了坚实的基础。

2. 施拉姆的大众传播模式

施拉姆提出的大众传播模式突出了媒介组织这一概念，但其功能与一般的传播者、接收者基本一致，即具备编码、释码与译码于一体的集成功能特性。丹尼斯·麦奎尔在他的《大众传播模式理论》中根据施拉姆的观点加以扩展与引申，绘制出了“施拉姆大众传播模式图”，如图 2-26 所示。

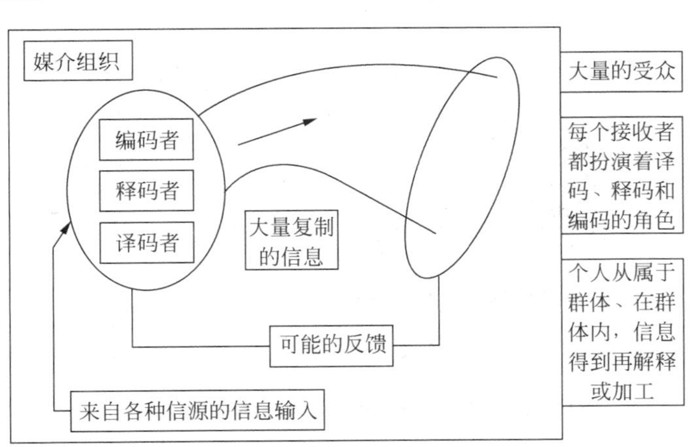

图 2-26　施拉姆大众传播模式图

麦奎尔对该模式做过这样的评价：“它以例说明从一般模式走向大众传播模式的趋势，以及把大众传播看作社会的一个结合部分的趋向。施拉姆把大众媒介的受众成员描绘成与其他人员及群体相互影响、对大众媒介的信息讨论并做出反应的主动行为者。”在传播学领域中，施拉姆所提出的模式标志着传播模式从一般性的传播过程走向大众化的传播过程，也显示出将大众传播看作社会传播的有机组成部分的趋向。

当然,施拉姆大众传播模式在受众联系方面也存在一定的局限性。在该模式中,受众间的联系稍显松散,也没有进行深入的阐释,故而造成了传播信息单向并单一地传递给受众的结果。

3. 德弗勒双向环形模式

1960年,美国传播学者梅尔文·L·德弗勒(Melvin L DeFleur)出版了《大众传播理论》。该书在香农-韦佛模式的基础上进行了发展,设计出了信息反馈机制模式,从而使传播模式由双向循环走向环形互动的形态。

德弗勒的双向环形模式(图2-27)最大的贡献在于引入了"反馈"的概念,将传播活动更为现实与客观地反映出来。反馈,原指控制系统中,将输出信息再回输到原系统中的形式。在信息传播学里,是指信息受传者在接收信息后所作出的各种反应。这说明,信息并不是单向流动给受传者,受传者接收信息后,即刻会发出对该信息的反应,如图2-27和图2-28所示。

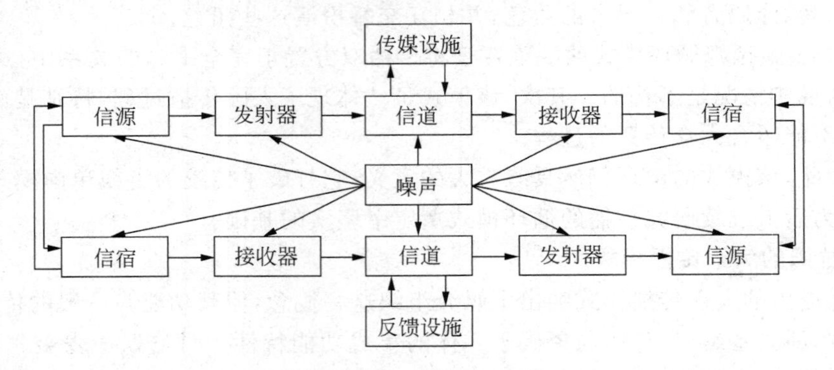

图2-27 德弗勒环型模式

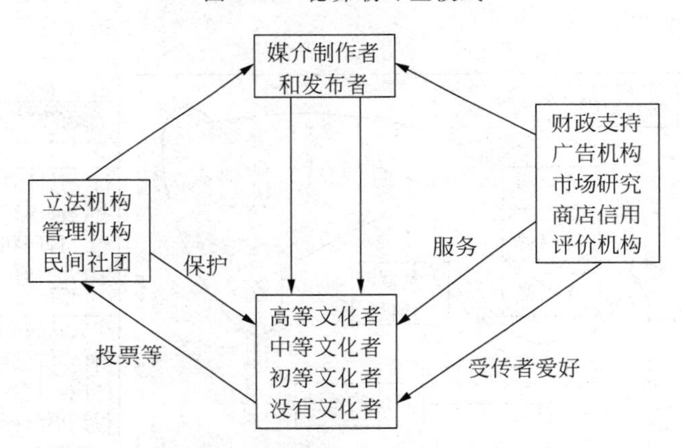

图2-28 德弗勒大众媒介体系模式

与此同时,德弗勒也发现了"反馈"对于"传播结果"的影响,"传播能否取得理想效果,关键看传者对'反馈'重视的程度如何"。另外,双向循环传播模式彻底地打破了单向线性模式的简单化、局限性,它将多种要素贯穿于传播过程中,客观地呈现了信息传播与交流的复杂性与多变性。

尽管如此,德弗勒的双向循环模式仍不能全面、细致地刻画传播的多样性、多变性与复杂性。尤其是当新媒介时代悄然来临,更让我们在面对新的媒体、新的传播形式时注重对新模式的思辨与革新。最后,我们终将进入新的媒介配以新的传播模式的新时代。

第3章 数字媒体概述

时光荏苒，由IT技术装扮而成的现代化生活的发展岁月如梭，大千世界令人目不暇接。新的技术孕育新的媒介，新的媒介催生新的观念。正是在这样的数字洪流中，数字媒体独树旗帜，汇各领域之技术与人才、集众行业之智慧与观念，终创立另一新兴媒体领域——数字媒体。在此概念基础上，人们根据实践经验总结规律，研究其发生发展的理论依据，并最终使数字媒体成为艺术门类中的一个完整分支。

3.1 数字媒体基本概念

3.1.1 数字媒体的定义

国际电话电报咨询委员会（International Telegraph and Telephone Consultative Committee，CCITT，国际电信联盟ITU的一个分会）把媒体分为感觉媒体（Perception Medium）、表示媒体（Representation Medium）、表现媒体（Presentation Medium）、存储媒体（Storage Medium）和传输媒体（Transmission Medium）这5类。

依据以上对媒体的分类，我们将数字媒体定义如下：数字媒体（Digital Media）是指基于计算机信息网络技术，以二进制数的形式记录、处理、传播和获取的能在全球范围内即时互动传播信息的信息载体，这些载体包括数字化的文字、图形、图像、声音、视频影像和动画等感觉媒体，和表示这些感觉媒体的编码等，统称为表示媒体，以及存储、传输、显示逻辑的存储媒体与表现媒体。但通常意义下所称的数字媒体多指感觉媒体。其核心的传播媒介主要为数字技术、计算机网络与无线通信等。

有人根据美国俄裔新媒体艺术家列维·曼诺维奇（Lev Manovich）所倡导的关于新媒体的概念体系总结出一个名词“TMT”[①]，即高科技（Technology）、媒体内容（Media）和通信传输（Telecom）的融合。应该说，数字媒体的发展历程是一树藤蔓，它是由计算机产业、大众传播产业与通信产业等多条产业链并驾齐驱、协力发展而成。自20世纪50年代起，随着一系列关键技术的攻破，计算机技术逐步解决了文本编码、图形编码、音频转换和数字编码、视频编码等一系列核心技术问题。正是这些关键技术的诞生，使基于富媒体演进的新媒体获得一触即发的力量，并将艺术以技术的方式重构于新兴媒介之上。

相对于传统媒体，目前比较常见的数字媒体包括网络媒体、手机媒体、IPTV、数字电视、移动电视、博客、播客等形式。

---

① 百度百科. http://baike.baidu.com/view/910285.htm.

3.1.2 数字媒体的特点

摊开数字媒体的发展历程，我们可以将数字媒体的特点归纳如下几点。

1. 数字媒体的多媒体集成性

尼葛洛庞帝在他的《数字化生存》中曾这样写道："在数字世界里，媒体不再是信息，它是信息的化身。一条信息可能有多个化身，从相同的数据中自然生长。……它必须能从一种媒体流动到另一种媒体；它必须能以不同的方式叙说同一件事情；它必须能触动各种不同的人类感官经验。如果我第一次说的时候，你没听明白，那么就让我（计算机）换个方式，用卡通或三维立体图解演给你看。这种媒体的流动可以无所不包，从附加文字说明的电影，到能柔声读给你听的书籍，应有尽有。这种书甚至还会在你打呼噜的时候，把音量加大。"

尼葛洛庞帝所设想的数字世界中，主角就是多种媒体的汇集。多媒体技术是一种基于计算机科学的综合技术，它包括数字化信息处理技术、音频和视频技术、计算机软件和硬件技术、人工智能和模式识别技术、通信和网络技术等。简单而言，多媒体即为文本、图形、图像、声音等多种媒体信息。而数字媒体最大的特点即为通过网络平台将多种媒体信息进行多通道统一获取、存储与组织、表现与合成。数字媒体最大的魅力就在于多种表现形式，图、文、音、画并茂，给人以巨大的视听享受，同时，又将多种表现形式通过多种渠道进行传播，进而占领了主流市场，逐渐演变为民众日常生活、工作的组成部分。

2. 数字媒体的受众抢占主动、主导地位

在数字媒体的世界里，高科技与高效率是为人所推崇的信条。正是这"双高"为数字媒体的受众奠定了主动、主导的地位。

所谓高科技，即指新兴媒体摆脱了传统媒体的传播模式，将单向的"推 Push"信息变为双向的"拉 Pull"信息。作为受众，不再受到技术的局限只被动地接受媒体强势灌输的信息，而是以高科技为翼，跨越时间与空间，将意愿、创新、交流赋予自身，重获传播快感。以前，我们经常把广播电视描述为"政府的咽喉"，由此可以窥见信息发布与传播的不对等关系。但在网络化的今天，数字媒体受众不再甘于等待信息，而是自由、平等、廉价地将自己的言论方便地发布于网络，有很多帖子与话题甚至会成为社会热点与焦点，轰动一时。比如，网友对于 2010 年 10 月发生的药家鑫案件的群体性呼吁，引得社会一片哗然，成为当时甚至很长一段时间都无法磨灭的记忆。

所谓高效率，即指受众借助数字媒体可以实现比以往任何一种媒介形式更方便、快捷，使得受众摆脱了淹没于海量信息的困扰，拨开乌云见月明，直指需求核心，以良好的交互性丰富了数字媒体的展示效果。例如，数字媒体在商业中用于房地产对楼盘的展示。很多厂商不惜花费大量的精力与财力聘请高端数字技术人才制作房屋三维的展示效果，以供买家更全面、更细致、更真切地自行感受房屋的内饰与结构，提取个人兴趣点进行详实地观看与分析，为商业的顺利进行提供更为多元化的技术支持。

3. 数字媒体的 PIR 特征

在 Web 2.0 时代下，作为新一代媒体，数字媒体正逐渐显现出其更具技术性、功能性、使用性的特征——PIR。P(Personal)个人化，I(Iteraction)交互性，R(Realtime)实时性。

3G 给人们带来巨大视听享受，与此同时，也将数字媒体中的一个成员——手机推到了传媒领域的至高峰。如果我们现在问自己出门前一定要随身带什么，那么，回答一定是手机。手机作为完全私人的库存终端，可以进行各种商业上、行业间、工作中、娱乐时的信息浏览、下载与上传等操作。当然，不仅仅是手机，当下正有越来越多的移动终端出现在人们的生活中，使个人化的功能与需求发挥得淋漓尽致。因此个性化的商业模式设计促使着移动终端的发展。交互性是数字媒体的关键特征，它使人们摆脱了卷入海量信息中而无法自拔的情况，可以更为有效地掌控与使用信息，加深对信息的关注与理解。相对于传统媒体的出版或播出周期性的特点，数字媒体凌驾于网络之上，天生具有即时传播的特性。网络传播的载体是光纤通信线路，光纤传递数字信号的速度约为每秒三十万千米，可以实现瞬间通达世界上的任何一个角落，故而，使得信息的传播具有即时、实时的特点。正是这些特点的聚积，社会上才产生这样一个现象——网络媒体快于任何一种其他媒体，网络舆论甚至超过传统媒体影响力的总和。

4. 数字媒体“技艺双馨”的特征

数字媒体在历经数十载的发展演进中，不断革新着表现形式、传播途径以及传播形式。从电影到电视、从MPC（个人多媒体计算机）到手机、从有线网络到无线网络，数字媒体无不跟随着技术的脚步，其媒体的特性展示和传播效能较之传统传播媒体产生了巨大的飞跃。但从本质上来讲，数字媒体却与传统媒体没有任何区别，并且作为媒体的本质特性越发清晰了。数字媒体及其传播是随着科学技术的不断发展而产生的新兴事物，技术在其中所占的比重较传统媒体中要大得多，很多数字传播的实现都要在强大的技术支持下才能实现。数字媒体一方面保留了传统传播媒体人文艺术的本质特点，同时，它又是由强大的技术支持来实现的。故而，数字媒体是技术与艺术的融合。

3.2 数字媒体传播模式及传播特性

3.2.1 数字媒体传播模式

自媒体数字化以来，“数字媒体”一词遍地开花、一夜成名，相伴而生的是不断拓宽与深化的数字化媒体增值业务。遥想1949年，传播学奠基人、美国著名传播学大师威尔伯·施拉姆博士在创建《大众传播学》时，既没有互联网，也没有新媒体，更没有“数字化生存”的受众群体，而如今传播媒介却发生了翻天覆地的变化。当我们追寻传播学大师的足迹，运用大众传媒学的经典——拉斯韦尔“5W”模式（Who、What、Whom、What Channel、What Effect）分析数字媒体传播的过程时，却惊奇地发现经典模式可以清晰、明确地勾勒出数字媒体强劲的体格与丰腴的肌肉。与此同时，数字媒体的传播模式也在继承着经典大众传播学之精髓，并进行着与时俱进的全力演进。

进入21世纪，随着IT技术的高速发展，世界信息产业的产能剧烈膨胀，所导致的能量扩散成全了数字媒体的诞生。而数字媒体同时反作用于信息产业，为其持续高速增长注入了助燃剂。当信息产业生态链闭合以后，业务与产能的不平衡推动着传统业务的转型与增量，导致接连出现层出不穷的新型信息业务。[①] 统计这种突变的根源，数据表明它来自于包含最大信息量的媒体数字化。这些关联数字媒体内容的系统服务被统称为新媒体业务，它

① 赵季伟.“新媒体传播学”初步研究提纲.辽宁电视台.

包括网络数字媒体(新闻网站、IPTV、门户网站)、手机数字媒体、户外数字媒体(车载移动电视、楼宇电视、户外分众广告)、衍生数字媒体(博客、播客、微博、RSS、即时通信、维客、搜索引擎、SNS、社会书签)等子项业务。

国内数字媒体的研究随着世界数字媒体的升温而百花齐放,也俨然成为目前传播学研究的热门领域。国内一些新闻传播研究机构和院校从20世纪末也陆续整合资源,成立相应机构,开展相关研究。当然,数字媒体是一种全新的传播媒介,其发展日新月异,其传播模式也另寻新途。下面,将为大家介绍几个与数字媒体传播模式相关的传播定律。

1. 摩尔定律

随着数字技术的发展,数字媒体发展突飞猛进,数字化的浪潮将我们带入人类文明的新世纪,为我们谱写出数字化生存的新篇章。"摩尔定律"正是基于此发展而来的一个总结性规律。

1965年,英特尔(Intel)创始人之一——戈登·摩尔(Gordon Moore)准备一个关于计算机存储器发展趋势的报告。他在整理绘制一份观察资料中的数据时,发现了一个惊人的趋势。每个芯片大体上包含其前任芯片两倍的容量,每个芯片的产生都是在前一个芯片产生后的18～24个月内。如果这个趋势继续的话,计算能力相对于时间周期将呈指数式上升。这便是现在所谓的摩尔定律,它归纳了信息技术进步的速度,所阐述的趋势一直延续至今,尤其在数字媒体席卷全球的今天,仍不可思议的准确。翻看数字技术的历史,计算机从神秘不可亲近的庞然大物变成多数人都不可或缺的工具,信息技术由实验室进入无数个普通家庭,因特网将全世界联系起来,多媒体视听设备丰富着每个人的生活。

毫无疑问,"摩尔定律"对整个世界的发展影响深远、意义重大。在回顾40年来半导体芯片业的进展并展望其未来发展时,信息技术专家们说,在今后的几年里,"摩尔定律"可能还会适用。但随着晶体管电路逐渐接近性能极限,这一定律终将走到尽头。"摩尔定律"何时失效?专家们对此众说纷纭。

美国惠普实验室研究人员斯坦·威廉姆斯说,到2010年左右,半导体晶体管可能出现问题,芯片厂商必须考虑替代产品。英特尔公司技术战略部主任保罗·加吉尼则认为,2015年左右,部分采用了纳米导线等技术的"混合型"晶体管将投入生产,将于5年内取代半导体晶体管。还有一些专家指出,半导体晶体管可以继续发展,直到其尺寸的极限——4～6nm,不仅芯片发热等副作用逐渐显现,电子的运行也难以控制,半导体晶体管将不再可靠。"摩尔定律"肯定不会在下一个40年继续有效。不过,纳米材料、相变材料等新进展已经出现,有望应用到未来的芯片中。到那时,即使"摩尔定律"寿终正寝,信息技术前进的步伐也不会变慢。

与"摩尔定律"相关的定律还有"新摩尔定律"和"基辛格规则"。近年来,国内IT专业媒体上又出现了"新摩尔定律"的提法,指的是我国Internet联网主机数和上网用户人数的递增速度,大约每半年就翻一番。而且专家们预言,这一趋势在未来若干年内仍将保持下去。"基辛格规则"则以英特尔首席技术官帕特·基辛格名字命名,认为今后处理器的发展方向将是研究如何提高处理器效能,并使得计算机用户能够充分利用多任务处理、安全性、可靠性、可管理性和无线计算方面的优势,构造多内核的处理器。多内核处理器不仅仅是通过提升处理器的频率来提升性能,更通过提升晶体管的性能再次带动处理器性能的提高。

简单地说,"摩尔定律"是以追求处理性能为目标,而"基辛格规则"则以追求处理器的效能为宗旨。效能强调的是处理器每单位功耗发挥的性能，即性能除以功耗。虽然只有一字之差，却相差甚远。

2. 梅特卡夫定律

罗伯特·梅特卡夫（Robert Metcalfe，1946—），出生于纽约布鲁克林，如图 3-1 所示，美国科技先驱，发明了以太网路，成立 3Com 且制定了“梅特卡夫定律”（Metcalfe's Law）。

该定律表示：网络的有用性（价值）随着用户数量的平方数增加而增加。换句话说，某种网络，比如互联网的价值会随着用户数量的增加而增加。

图 3-1　罗伯特·梅特卡夫

一些博客的门户网站根据这条定律计算其商业价值，并以此作为博客参与该门户网站获得股权的测算依据。网络价值与网络规模的平方成正比。

“梅特卡夫定律”决定了新科技推广的速度，所以网络上联网的计算机越多，每台计算机的价值就越大。新技术只有在有许多人使用它时才会变得有价值。使用网络的人越多，这些产品才变得越有价值，才能吸引更多的人使用，最终提高整个网络的总价值。一部电话没有任何价值，几部电话的价值也非常有限，成千上万部电话组成的通信网络才把通信技术的价值极大化。当一项技术已建立必要的用户规模，它的价值将会呈爆炸性增长。一项技术多快才能达到必要的用户规模，这取决于用户进入网络的代价。代价越低，达到必要用户规模的速度就越快。有趣的是，一旦形成必要的用户规模，新技术开发者在理论上就可以提高对用户的价格，因为这项技术的应用价值比以前增加了，进而衍生为某项商业产品的价值随使用人数而增加的定律。

数字时代，各种新兴媒体接踵而至、层出不穷，其处理与传播对象均为信息。而信息具有一种特殊性质——不会因被使用而消耗殆尽。正是这种特殊性，才使新兴媒体掌握了一种可以通过不断复制和共享的方式将信息遍布整个网络的能力。只要属于网络中的一员，便可以将此信息无限使用和利用，以此来推广自身价值和声望。当价值提升、声誉可信赖时，网络用户便会更多地向其提出新的要求与需要，从而使这个环路保持畅通。当下，热火朝天的电子商务网站 eBay 和淘宝等就是其最好的例证。

3. 长尾理论

长尾理论是网络研究中最新和最具震撼力的理论之一。作为娱乐和媒体行业新经济形势分析的长尾理论一经问世，立即得到各个行业的广泛共鸣，人们很快发现长尾在生活中无处不在。

根据维基百科，长尾（The Long Tail）这概念是由 *Wired* 杂志主编 Chris Anderson 在 2004 年 10 月的《长尾》一文中最早提出的。此概念用来描述诸如亚马逊和 Netflix 之类网站的商业和经济模式。Anderson 认为，只要存储和流通的渠道足够大，需求不旺或销量不佳的产品共同占据的市场份额就可以和那些数量不多的热卖品所占据的市场份额相匹敌，甚至更大。实际上，“长尾理论”和传统的“二八定律”都源自统计学中的帕累托分布规律，可视为帕累托分布特征的一个口语化表达。Chris Anderson 的研究发现，在“二八定律”支撑下的传统市场中，20%的产品带来销售额的 80%，而另外 80%的产品只能带来销售额的 20%，几乎不带来利润。

而在“长尾理论”支撑下的互联网市场中，90%的产品在传统市场是根本买不到的，它们带来销售额的25%和利润的25%。与此同时，在传统市场不带来利润的那部分产品，在长尾市场的产品总量中却达到8%，占销售额的5%和利润的25%。也就是说，在传统市场中不赚钱的产品，在长尾市场却带来了50%的利润。这一实证研究的结果既检验和完善了他提出的“长尾理论”，也证实了“长尾市场”的确具有很大的潜在开发价值。

长尾理论的基本原理可用一句通俗的话进行解释，即撒大网，捉小鱼，虽然捉的是小鱼，但是如果做得好，捉到的小鱼足可以装满巨大的货轮。长尾理论的立足点为无限小众市场的价值总和，它将不逊于那些如日中天的热门商品。

以微博为例，在目前的传播环境中，传统的主流媒体依然占主导地位。想要发展微博的传播影响力，我们需要发挥微博“长尾”的效用。在“长尾理论”的应用中，传统的主流媒体构成了媒体传播影响力曲线的“头部”，即下图“长尾理论”模型中的主体；而与其主体相对的为图中蓝色部分的“长尾”，这个长尾就是网络互联网兴起之后，微博自身的传播影响力。这种影响力随着技术与传播环境的发展不断蓄积，最终会形成蕴涵巨大传播影响能力的“尾部”，[①]如图3-2所示。

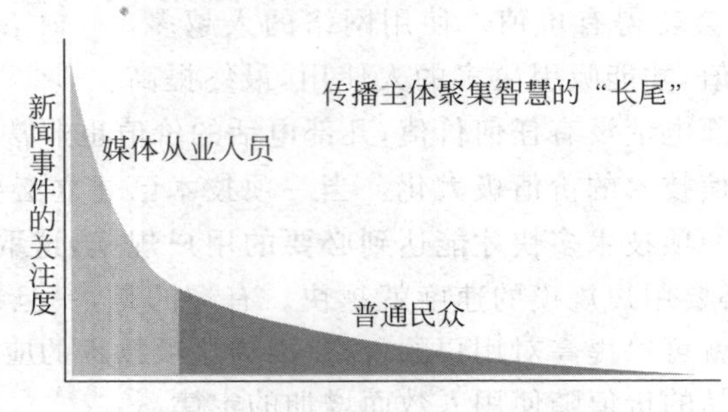

图3-2 数字媒体传播中的“长尾理论”

4. 媒介演化的“人性化趋势”(Anthropotropic)理论

1979年，传媒学者保罗·利文森(Paule Levinson)在他的博士论文《人类历程回顾：媒介进化理论》中首次提出这个理论。经过二十余年的深化与发展，它逐渐成为超越麦克卢汉的“媒介决定论”的“后麦克卢汉主义”(Post McLuhanism)。它突出人的主观能动性，用以扬弃麦克卢汉的“媒介决定论”。它认为，人类技术开发的历史说明，技术发展的趋势是越来越趋于人性化的，即技术在模仿甚至是复制人体的某些功能，尤其不断在模仿或复制人的感知模式和认知模式。

3.2.2 数字媒体传播特性

随着科学技术的发展，传播途径、传播方式与传播条件都得到了极大地改善。根据数字媒体类型的归纳，我们将其看为一个具有时代特点的动态概念，把数字媒体界定为传播者和接收者相互融合进行对等个性化交流的即时信息传播媒体。它既包括了目前被称为“第四媒体”的网络媒体和“第五媒体”的手机媒体或移动网络媒体，又兼容着传统媒体统治下的数字变革模式。

以此为源，我们将数字媒体的传播特性划分为如下几个方面进行研究。

① 马原.网络语境下自媒体影响力的长尾分析.

1. 多元性

从数字媒体传播的要素来看，信息来源、表达方式、传播渠道、满足受众需求等多个方面都表现出了多元化的特征。

1）信息来源的多元化

Web 2.0 以来，网络内容的发布模式改变了以往广告招贴式的静态展示，而是将一张可以覆盖全世界的大网撒向各个角落。由此所引发“发言权”的问题，还没等到专家讨论分出伯仲，便已经成为既成事实，赋予所有网民发言与讨论的权利。2008 年 5 月 21 日汶川大地震一爆发，网民便通过网络和手机将信息发布于论坛，网上的帖子不计其数，汶川的信息在网上一览无余，远远早于电视媒体的深入报道。在这次突发性社会事件的背后，产生了大量的非专业记者和编辑，或者称为“草根记者”。正如美国传播学者尼葛洛庞帝所言：“在网络中每个人都可以是一个没有执照的电视台。”而正是这些大众草根的广泛性和构成的复杂性才导致信息来源的多元化，为新媒体信息中原创、原生态的内容展示开辟了新的道路。

2）展现方式的多元化

网络媒体和手机媒体等新兴数字媒体以不同的数字技术，将简单的图文展示累积成丰富多样的表现形式。富媒体（Rich Media）就是将这一多媒体种类汇集而成的专业词汇。富媒体的范围非常广泛，可囊括所有多媒体类型（二维和三维动画、影像及声音）。具体而言，它包括 HTML、Java scripts、Interstitial 间隙窗口、Microsoft Netshow、RealVideo 和 RealAudio，Flash 等。随着技术的进步，名单可能会进一步加长。

随着富媒体种类的激增，对于带宽的要求也越发严格，或者说带宽会在很大程度上影响富媒体展示的效果与丰富性。试想，如果没有了带宽的限制，富媒体将会以怎样绚丽的姿态展现于世界的舞台之上？

我们相信，对于丰富人生体验的渴望、完美展现自我的需求，以及顺畅人机沟通的梦想会驱动着 Rich Media 不断前进。而我们也会将内心深处的声音以崭新的形式释放于网际中，凝聚成互联网的精神元素。

3）传播渠道的多元化

从传播渠道来看，传统媒体占据着信息传播的资源权利，也掌控着发布信息的渠道。行业的从业人员位于传播金字塔的塔尖，形成了典型的一对多的“广播式传播”。而数字媒体将一切特权与不平等去除，一张网络把世界抹平，就像汤马斯·佛里曼（Thomas Loren Friedman）在《世界是平的》一书中所描述的一样。在这张网中，人人平等，不同的传播个体间可以有相同或不同的信息互通，构成了传播者间“多对多”的网络状传播结构，亦即“窄播式传播”信息发布方式。由“广播”到“窄播”，却实现了人人“可传可收”的“节点化”效应，把数字媒体的触角伸向社会生活的各个细微的领域，满足不同文化层次的用户对信息传播的个性化需求。

4）满足受众需求的多元化

在新兴媒体的感召下，受众从被动地接收新闻、生活等信息途径中解放出来，一跃成为信息的主人，并将压抑已久、或重新酝酿而成的好奇与兴趣交付于网络，一探究竟。对于时事、政治、文化、娱乐、教育等相关多媒体信息的需求不断扩大，乃至很多小众、另类信息的获取都持续深入，网络已经成为一套最万能的“百科全书”。

2. 个性化

与以前的广播、电视、电影等大众媒介不同的是，数字媒体提供了一个平等表达自我的平台，任何有条件上网的人都可以在网络上表达自己的观点、意见等，将自己的喜怒哀乐与别人分享。在新媒体受众的身上，客体身份与主体身份交融起来，网络极大地体现了网络受众的主体性。[①]"我们正在创造一个所有人都可以自由进入的新世界，不会由于种族、经济实力、军事力量或者出生地的不同而产生任何特权或偏见。""在这个独立的电脑网络空间中，任何人在任何地点都可以自由地表达其观点，无论这种观点多么奇异，都不必受到压制而被迫保持沉默或一致。"[②]现如今，个性化的思想、需求、表达，甚至举动在整个社会蔓延，而受众在异样中趋同的心理使得新兴媒体不断拓宽其传播途径，令微小的个体在网络中实现极大的自主性，体现自身价值，并以期得到他人的承认和尊重。

3. 即时性

随着移动互联网和移动终端的飞速发展，即时性已成为当今数字媒体的重要特征之一。众多互联网企业已围绕此特点大力发展了诸如微博、SNS等具有很强即时性的新型互联网应用形式，并已取得了一定的成绩。而随着技术的进一步成熟和认知度的逐渐提高及三网融合的逐步推进，相信数字媒体的即时性应用会被发挥的愈加淋漓尽致。[③]

第一是对于数字媒体的即时性而言，一般我们分为两个方面去研究。首先，是从信息本机处理即时性——即软件的角度而言。传统媒体在发布信息之前都有一个采编的过程，有一个截稿时间，这是其不可回避的时间成本，而网络媒体和手机媒体则"永远没有截稿的时间"，你的信息可以随时在网上发布，而且前期采编过程可缩到最短时间，甚至可以实现即时传播，一边拍一边进行网上直播。受众看到信息可立刻进行反馈，即时把自己的信息再传播出去，与传者形成互动的同时，拥有传播者和接受者的双重身份。数字媒体在处理信息时，会使用到各种类型的处理软件，如音效编辑软件 Cool Edit、图片编辑软件 Photoshop、视频编辑软件 Premiere Pro、二维动画软件三维动画软件等，都可以完成从模拟信息向数字信息的转换，并且通过数字方式对原素材进行细致、可恢复、易操作的二次编辑和处理，其高效、省时的优越性超过了以往任何一种编辑方式。

第二是从信息网际传播即时性的角度而言。网络虚拟环境下，人们以全新的身份入驻其中，并将最为即时的信息在网络间传播。时下最为流行的"微博"，是一个基于用户关系的信息分享、传播以及获取的平台，用户可以通过 Web、WAP 以及各种客户端组建个人社区，以 140 字左右的文字更新信息，并实现即时分享。最早最著名的微博是美国的 Twitter。根据相关公开数据，截至 2010 年 1 月，该产品在全球已经拥有 7500 万注册用户。2009 年 8 月中国最大的门户网站新浪推出"新浪微博"内测版，成为中国门户网站中第一家提供微博服务的网站，微博正式进入中文网主流人群视野。首先，相对于强调版面布置的博客来说，微博的内容组成只是由简单的只言片语组成，从这个角度来说，对用户的技术要求门槛很低，而且在语言编排组织的能力上，没有博客那么高。第二，微博开通的多种 API 使得大量的用户可以通过手机、网络等方式来即时更新自己的个人信息。微博的这两个特性正是其网际传播即时性的内因所在。

---

① 刘世敏. 新闻世界. 网络受众的特点及传播功效. 2009.

② 刘吉，金吾伦等. 千年警醒，信息化与知识经济. 北京：社会科学文献出版社，1998. 278.

③ 宋迪. 网络的即时性应用与传媒变革暗合之道. http://news.xinhuanet.com/newmedia/2010-09/11/c_12542117.htm.

4. 交互性

交互性是数字媒体技术的关键特征，它使人们获取和使用信息时变被动为主动，可以更有效地控制和使用信息，增加对信息的注意和理解。日常生活中，电视一度成为千家万户必不可少的媒介终端，它以其视听一体化的表现方式、多种媒体设备集成的整合框架博得全世界人民的喜爱。但世界在发展，人们的需求也不断地发生着改变。电视对于观众强制性的束缚，已经让沉浸于自由控制和处理信息的人们逐渐无法忍受。当数字技术席卷全球时，顺势也给电视来了个华丽转身。数字电视、IPTV、网络电视等具有交互性的电视媒体纷至沓来，极大地丰富了观众的视听自主性。再比如数字图书馆和博物馆，其采用的信息数字化与虚拟现实(Virtual Reality)技术可以使我们足不出户便可任意翻阅大英百科全书，也可以不费吹灰之力鉴赏奇珍异宝。

随着时间的推移与信息技术的更新，如今的“新媒体”也必将跨入“旧媒体”的行列，“媒介即信息”的判断又将继续演绎全新的内容。麦克卢汉曾说过“媒介即信息”，媒介技术的进步对社会发展起着重要的推动作用。因此，数字媒体的发展将以传播者为中心转向以受众为中心，数字媒体将成为集公共传播、信息、服务、文化娱乐、交流互动于一体的多媒体信息终端。

3.3 数字媒体与传统媒体

当前，传统媒体面对着新媒体的严峻冲击，纷纷采取各种方式进入全新的数字媒体，但是成效很小。究其原因，主要是因为仍采用传统媒体的行事方式来操办新媒体业务。这种错误的做法关键是由于对新媒体的认识不清晰和不到位所致。那么，传统媒体与数字媒体最终是走向非此即彼之路，还是趋于相容共生之道呢？

3.3.1 数字媒体环境下受众体验方式演进

随着数字传播技术和媒介的涌现，受众的体验习惯和趋势发生了质变：20世纪50年代的人习惯看晚报、20世纪60年代的人习惯看都市报、20世纪70年代的人习惯上门户网站、而出生于1980年后和1990年后的人习惯上人人网、开心网等SNS网站，出生于2000年后的人则更热衷于移动数字媒体的使用。但毫无疑问的是，伴随着互联网成长的新一代受众的阅读趋势正在发生着难以预计地变化。目前，新一代网民的人数已经规模巨大，据中国互联网络信息中心(China Internet Network Information Center，CNNIC)在京发布的《第28次中国互联网络发展状况统计报告》显示，截至2011年6月底，中国网民规模达4.85亿，较2010年底增加2770万人，增幅仅为6.1%，网民规模增长减缓。最引人注目的是，在大部分娱乐类应用使用率有所下滑、商务类应用呈平缓上升的同时，微博用户数量以高达208.9%的增幅，从2010年底的6311万爆发增长到1.95亿，成为用户增长最快的互联网应用模式。[①]

在如此声势浩大的环境变迁中，唯一不变的就是“变化”。下面，让我们一同总结受众在数字体验方式上的演进历程吧！

首先，从单任务执行状态到多任务并行状态。随着计算机、手机、iPad等多任务工具的

① 第28次中国互联网络发展状况统计报告. CNNIC.

出现，多任务操作成为现实。在这种情况下，受众更倾向于采取多任务并行的方式，即从以前的处理单一事物状态到现在的工作、娱乐、沟通等多任务同时处理的多任务工作状态。而这将对报纸、广播、电视等单一使用状态的媒介终端造成重大冲击，同时却将可以实现多任务工作的网络媒体与移动媒体推向IT潮流的风口浪尖。

其次，从被动接收状态到交互自主状态。囿于技术传统媒体的传播状态大多是被动的。而在数字技术条件下，交互沟通成为可能，受众不再受限于"听故事"的情形，而是根据自身价值、观点和需求在海量信息中甄选出适合自己口味的内容，并且参与其中，以互动的形式完成整个新型传播模式。

再次，从标准化信息到个性化和定制化信息。对于受众来说，Web 2.0的交互性已经逐渐不能完全满足其"以自我为中心"的期盼。他们希望信息服务商为自己提供更能满足自身要求的个性化和定制化的信息。在传统媒体形式下，受众得到的基本是标准化、统一化的信息，虽然报纸和广播电视等传统媒体也通过厚报分叠化和多频道化等手段提供一定程度的差异化产品，但是囿于版面和频道资源以及成本，只能提供较为标准化和统一化的信息。而数字媒体由于成本的相对低廉、海量的空间和互动体验，更为重要的是可以通过互联网技术来分析每个受众的使用习惯和倾向，进而为每个受众提供量身定做的个性化和定制化的信息，也更好地满足了受众的需求①。

最后，更加重视用户体验。随着技术的进步，数字媒体给用户带来了越来越好、越来越丰富的体验。对iPhone和iPad的热捧就是最好的例证。对于用户体验而言，苹果公司的乔布斯给整个人类所作出的贡献是任何人都无法比拟的。史蒂夫·乔布斯(1955—2011，图3-3)，发明家，企业家，美国苹果公司联合创办人、前行政总裁。1976年乔布斯和朋友成立苹果电脑公司，他陪伴了苹果公司数十年的起落与复兴，先后领导和推出了麦金塔计算机、iMac、iPod、iPhone等风靡全球亿万人的电子产品，深刻地改变了现代通信、娱乐乃至生活的方式。2011年10月5日因病逝世，享年56岁。不知道在乔布斯离我们远去的日子里，还会出现哪位数字巨人为我们打造全新体验的数字生活。

图3-3 史蒂夫·乔布斯

3.3.2 数字媒体相比传统媒体更符合时代发展方向

数字媒体自问世以来就具有和传统媒体截然不同的特点，而这些特点也更为符合时代发展的方向与趋势。

首先，数字媒体的载体——互联网的基本理念是"平等"。就价值理念和行为准则而言，平等——是所有公共领域最基本的属性和特征，也是人类自古以来的追求。这一点在网络文化中得到彻底的体现。在网络世界中，没有身份贵贱，没有地位高低，没有职务大小，也不分领导和群众，每一个人在网络中都只是"平等"的网民。唯其平等，网络才成为人人都可参与的最广泛的公共领域，唯其平等，理性与尊重才成为网络交流互动最基本并被普遍遵循的

① 传统媒体与新媒体比较研究. 人民网-传媒频道. 2010年11月09日15：30. http://media.ifeng.com/school/special/chuantongmeitiyuxinmeiti/zhujiangneirong/detail_2010_11/09/3050560_0.shtml.

准则[①]。互联网在初始分配资源时，给每台计算机分配的资源都是相同的，充分的体现了平等的思想和理念。可以毫不夸张地说，新媒体一出生就代表着平民文化。

其次，数字媒体的传播方式代表着开放的理念。数字媒体通过有线和无线的网络进行传播，而互联网在设计时秉持着开放的理念，采取的是全部互联互通的手段。从理论上说，数字媒体终端摆脱了传统媒体的相对封闭的状态，避免了闭门造车的尴尬情形。任何一个数字媒体终端都能和其他终端联系和沟通。比如，计算机之间可以通过网络相互连通，移动设备可以通过无线网络互传信息等。

最后，数字媒体体现着互动和包容的精神。数字媒体可以方便地实现互动而且可以容纳各种言论、各种观点的展现。借助于互联网的微博，移动通信网络的微信，信息的动态更新与传递更快更好。较之于传统媒体的静态单一的状态，数字媒体更似浩瀚的海洋，宽广和包容是它永远不变的特征，也是它适应当代快节奏生活的基本属性。

3.3.3 数字媒体和传统媒体传播机制比较

信息的传播机制，就是信息传播的形式、方法，以及流程等各个环节，包括传播者、传播途径、传播媒介以及接收者等所有构成的统一体。信息传播机制是一种对信息从发布者到接受者的渠道的总体概括。

传统媒体的传播机制(图 3-4)是将话语权掌控于社会精英及国家政府机关，正所谓“国家的咽喉”。互联网、移动通信等新技术的出现彻底颠覆了传统的传播机制，已经从以“一对多”的传统媒体机制转变为以“多对多”的数字媒体全方位、立体化的传播机制。

数字媒体的传播机制以“多对多”为其主要的传播特征，如图 3-5 所示。在数字媒体的传播机制下，信源和受众之间的角色特征逐渐模糊，使得传统意义上的信源在发布信息的同时，通过与受众的互动使其本身也成为了信息的接收者，而受众也在一定意义上成为信息源。例如通过博客和微博等手段，很多受众自身成为信息的发布者，信息的提供开始逐步走向自组织和自生产阶段。数字媒体对于参与者的要求比较低，创造出更为自由、民主的氛围，大大拓宽了普罗大众获得信息的渠道，并且降低了获得信息的成本，把大量从前消费不起媒体和信息的潜在受众转变为真实的信息消费者，大范围地传播知识和自由、民主、法治之精神。数字媒体在中国民智开发和民主进程的推进方面居功至伟。

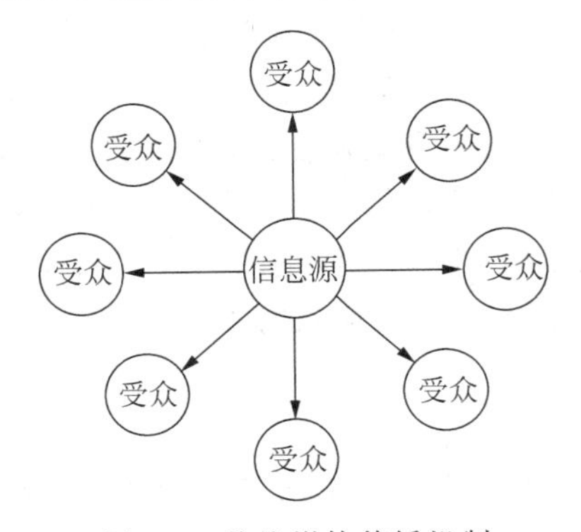

图 3-4 传统媒体传播机制

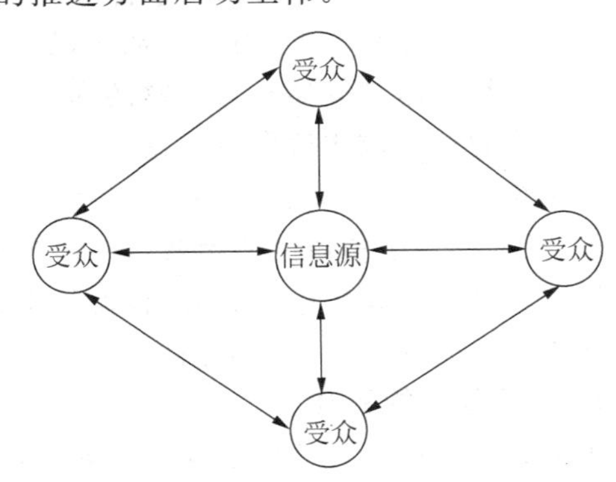

图 3-5 数字媒体的传播机制

① 网络文化的两项重要社会功能：“网民”都平等. 2011 年 06 月 20 日. http://www.chinanews.com/cul/2011/06-20/3124022.shtml.

3.3.4 数字媒体与传统媒体的媒介融合

"媒介融合"(Media Convergence)这一概念最早由美国马萨诸塞州理工大学的浦尔教授提出。美国新闻学会媒介研究中心主任 Andrew Nachison 将"媒介融合"定义为"印刷的、音频的、视频的、互动性数字媒体组织之间的战略的、操作的、文化的联盟",他强调的"媒介融合"更多是指各个媒介之间的合作和联盟。中国人民大学新闻学院副院长喻国明教授在《传媒经济学》中认为,媒介融合是指报刊、广播电视、互联网所依赖的技术越来越趋同,以信息技术为中介,以卫星、电缆、计算机技术等为传输手段,数字技术改变了获得数据、图像和语言三种基本信息的时间、空间及成本,各种信息在同一个平台上得到了整合,不同形式的媒介彼此之间的互换性与互联性得到了加强,媒介一体化的趋势日趋明显。

未来媒体该何去何从呢?喻国明认为,以数字技术为代表的新媒体,其最大特点是打破了媒介间的壁垒,消融了媒体和介质之间,地域和行政之间,甚至传播者与接收者之间的边界。新传媒更多体现在不同媒介形式间的整合上,而不是谁颠覆谁,谁替代谁①。

深圳广电集团党委书记、总裁王茂亮曾说:"面对新媒体的快速发展,每一个传统媒体都肩负着构建使命,城市建设都有发展新媒体,加快推进传统媒体和新媒体融合发展的迫切要求。靠一家传统媒体现有的资本、人员单打独斗难以做好做大新媒体,只有联手才是城市电视台发展的必然之路。"新华网 2011 年 8 月 27 日消息,城市联合网络电视台(China United Television,CUTV)在京宣布开播。这一网络电视台由全国 14 家城市电视台和 5 家平面媒体共同出资组成。CUTV 的出现,实现了城市台在资本、人才、技术、广告以及盈利模式之间的优势互补、携手共赢,帮助更多的传统媒体进入新媒体市场,进一步优化了我国媒体产业的布局②。

传统媒体与数字媒体间的媒介融合形式繁多、各具特色。我们可以根据媒体信息的内容制定、传播渠道、接收终端三个组成部分,把媒体融合分为内容制定的融合、传播渠道的融合与媒介终端的融合。

1. 内容制定的融合

传统媒体制定的信息内容已历经多年的磨砺风格迥异,且内容海量无所不包,我们可以将其概括为"内容海啸"。内容对于传统媒体来说是提高其节目质量,吸引受众收看的重要手段。面对这来势汹汹的"海啸",数字媒体该如何兼容并蓄,打造给力内容呢?

作为传统的电视媒体拥有丰富的内容资源,这正是以网络媒体为代表的数字媒体所缺失的。数字媒体力求内容资源丰富,除了自身制定相关音视频及动画、互动游戏内容外,还可以从传统媒体中借鉴大量内容,而传统媒体将这些内容资源提供给数字媒体也并不会造成损失,反而实现了资源的增值效益。但需要注意的是,对于传统媒体中的内容我们并不是简单地平移到数字媒体中,而必须根据数字媒体的传播技术与表现形式特点,开发出更为精彩抑或更适合受众使用需求的内容。

2. 传播渠道的融合

传播渠道的融合包括传统媒体与数字媒体的传播手段与传播技术两方面的融合。技术

---

① 傅桦.传统媒体利润遭挤压,新传媒未来演变成主角.第一财经日报.2006 年 8 月 5 日.

② CUTV 开播实现传统媒体与新媒体融合.2011 年 08 月 29 日.http://news.xinhuanet.com/newmedia/2011-08/29/c_121922743.htm.

融合是指文字、图片、音频、视频、动画等信息的存储与传输都向数字化、网络化发展。将模拟信息数字化之后，无形之中便拓展了各媒介之间的联系网络，信息可以实现各媒介平台间的无缝传输。而这种无缝传输要基于"三网融合"的环境下才能进行。

"三网融合"又叫"三网合一"(FTTx)，是当代热门技术及热门话题之一。意指电信网、有线电视网和计算机通信网的相互渗透、互相兼容，并逐步整合成为全世界统一的信息通信网络。但并不仅仅意味着电信网、计算机网和有线电视网三大网络的物理合一，而主要是指高层业务应用的融合。"三网融合"是为了实现网络资源的共享，避免低水平的重复建设，形成适应性广、容易维护、费用低的高速宽带的多媒体基础平台。①

"三网融合"表现为技术上趋向一致，网络上可以实现互联互通，形成无缝覆盖，业务上互相渗透和交叉，应用上趋向使用统一的 IP 协议，在经营上互相竞争、互相合作，朝着向人类提供多样化、多媒体化、个性化服务的同一目标逐渐交汇在一起，行业管制和政策方面也逐渐趋向统一。北京邮电大学教授曾剑秋说："三网融合应用广泛，遍及智能交通、环境保护、政府工作、公共安全、平安家居、智能消防、工业监测、老人护理、个人健康等多个领域。以后的手机可以看电视、上网，电视可以打电话、上网，计算机也可以打电话、看电视。三者之间相互交叉，形成你中有我、我中有你的格局。"

2011 年被业界持续热议的"物联网"技术，则提示我们，由这一技术所带来的各种物体的数字化与网络化，将使信息的采集方式发生革命性的变化，当每一个物体都成为一个信息终端时，当每一个物体都可以自己向互联网发送信息时，人在信息传播中的角色以及功能，也必然会形成很大的转变。这也必然促使媒体产品的深层转变。②

3. 媒介终端的融合

关于媒介的融合，人们往往会将其形式定格为现有媒介交杂的样子。但实际上，在设计未来的产品时，正在发生的或将要发生的终端变革却能给人们带来无穷的想象与乐趣。这些新的终端必将实现一种"1＋1＝3"的效果，为受众创造一片"只应天上有"的全新空间。因此，我们也可以这样认为，进行媒介终端的概念设计与框架搭建是制定媒介融合时代战略的一个可行且必要的思路。

曾有一段展示未来技术的视频在互联网上广泛流传。在这段视频中美国麻省理工学院"媒体实验室"的普拉纳夫展示了他开发的称为"第六感"(the Sixth Sense)的技术，如图 3-6 所示。这套名为"第六感"的设备，由一个网络摄像头、一个微型投影仪附加镜子、一个挂在脖子上的电池包和一部可以上网的 3G 手机组成。摄像头拍摄到某个对象时，这一移动电话马上到互联网中查找与之有关的信息，并用投影机将相关信息投射出来，投射屏幕可以是墙面、人体或者任何平

图 3-6　普拉纳夫·米斯特莱在比划"第六感"技术

① http://baike.baidu.com/view/21572.htm.

② 彭兰. 媒介融合三部曲解析. 凤凰网. http://media.ifeng.com/school/special/weibodexinxichuanbojizhifenxi/xiangguanguandian/detail_2011_01/13/4264906_0.shtml.

面，整个装置的成本不足350美元。[1]

普拉纳夫向我们展示了一种类似于《哈利波特》式的魔法生活，通过数字技术将各种终端重新定义，并被赋予全新的内涵。一切的平面终端皆可产生立体的演示环境，所有基于触觉的交互终端也进化为敏感于视觉、听觉、嗅觉乃至味觉的无敌处理器。

正如普拉纳夫·米斯特莱所言"世界就是一台计算机"，无论未来还将出现哪些让人无法想象的媒体终端，它们的目标都是一样的——人性化、便捷化、智能化。

① 彭兰. 媒介融合三部曲解析. 凤凰网. http://media.ifeng.com/school/special/weibodexinxichuanbojizhifenxi/xiangguanguandian/detail_2011_01/13/4264906_0.shtml.

技 术 篇

第4章 数字音频处理技术

4.1 声音概述

4.1.1 人的听觉感官

人的听觉器官是耳朵，耳朵的结构与人类听觉的形成密不可分。具体地讲，人类听觉的产生可以分为声音传导和声音感觉两个过程。

对于声音传导这一过程来说，声音传入内耳有两种方式：一种是骨传导，声波能引起颅骨的振动，把声波能量直接传到外淋巴产生听觉。虽然声波看不到也抓不着，然而不仅是人耳，其实人的颅骨也可以感知到声波的振动，而且有移动式骨导和压缩式骨导两种方式。但是骨传导方式在声音传导过程中并不是主要方式。另外一种是空气传导，即声音经过外耳廓收集到外耳道，进而引起鼓膜振动，随之带动锤骨运动，传向砧骨、镫骨，镫骨底板振动后将能量透过前庭窗传给内耳的外淋巴，外淋巴流动就像瓶子里的水一样晃来晃去，带动了其内的基底膜波动。在这个过程中，耳廓的作用就是收集声音，辨别声音的来源方向。在声音的空气传导过程中，鼓膜和三块听小骨组成的听骨链作用最大。还需要说明的是，耳朵参与声音传导的结构包括外耳、中耳以及内耳的耳蜗。

对于声音感觉这一过程，它主要是由内耳的耳蜗参与完成的。当空气传导和骨传导的声音振动了外淋巴后，也就波动了生长于其内的基底膜，并使之弯曲和偏转，进而产生电能并传向神经中枢，产生听觉。不同频率的声音波动到相应的基底膜后产生相匹配的共振。

4.1.2 声音定义

声音由物体振动产生，是机械振动在弹性介质中传播的机械波，即声波通过固体或液体、气体传播形成的运动。它是随时间连续变化的物理量。一般来说，人能听到声音经历如下过程：声音从声源（能发出声音的物体）处发出，并在空气中引起非常小的压力变化，这种空气压力变化被人耳的耳膜所检测，然后产生电信号刺激大脑的听觉神经，从而使人能感觉到声音的存在。所以，自然界中声音是靠空气传播的。

4.1.3 声音的物理特性、特点及要素

1. 声音的三个重要物理特性

声音的三个重要物理特性如图 4-1 所示。

1）频率

声音的频率是指测量声音的比率，即每秒钟声波振动的次数，单位为 Hz。频率越高，声

音越尖锐、越清晰。

2）周期

声音的周期指声波振动快慢的物理量，即两个相邻声波之间的时间长度。周期越长，振动越慢。

3）振幅

声音的振幅指声音的能量或密度，即波的高低幅度，表示声音的强弱。声音越强，幅度越大。

2. 声音的传播特点

1）声音的传播方式

声音的频率范围，如图 4-2 所示。

2）声音的传播方向

声音到达左、右耳的微小时间差和强度差异，如图 4-3 所示。

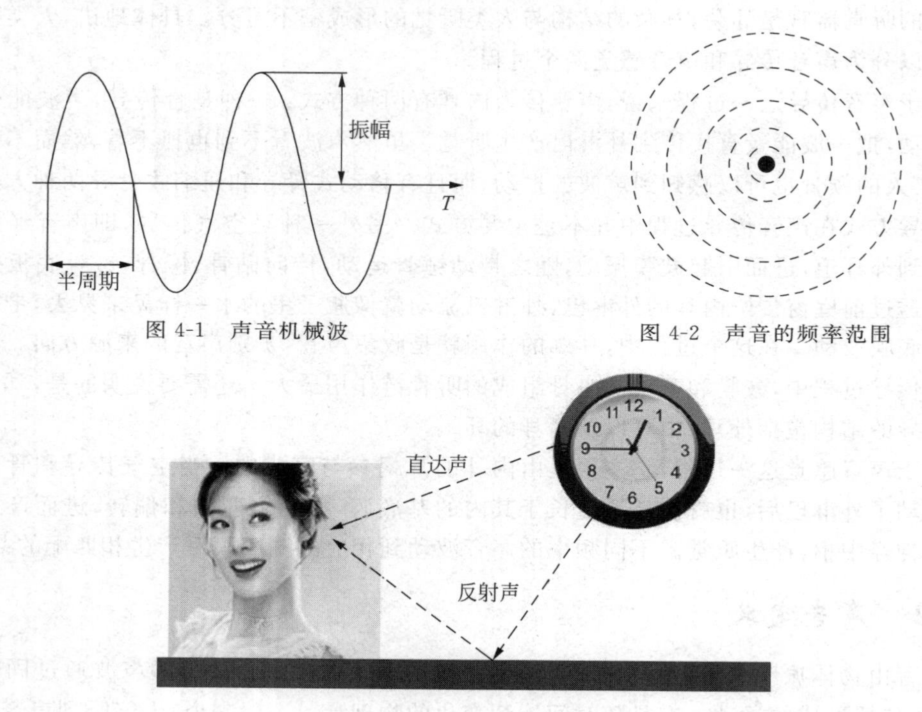

图 4-1　声音机械波

图 4-2　声音的频率范围

图 4-3　声音的传播类型

3. 声音的三要素

1）音强

音强也称为声音的响度(或音量)。音强与声波振幅成正比，振幅越大，强度越大，反之亦然。

2）音调

音调代表声音的高低，与频率有关。频率越高，音调越高，反之亦然。不同的声源有自己特定的音调，如果改变了声源的音调，那么声音会发生质的转变，使人们无法辨别声源本来的面目。

3）音色

声音的特色，影响声音特色的因素是复音。复音是指具有不同频率和不同振幅的混合声音,自然声中大部分是复音。在复音中,最低频率是基音,它是声音的基调,其他频率的声音是谐音(泛音)。基音和谐音是构成声音音色的重要因素。

4.2 数字音频

4.2.1 模拟信号与数字信号

模拟信号是指信息参数在给定范围内表现为连续的信号,或在一段连续的时间间隔内,其代表信息的特征量可以在任意瞬间呈现为任意数值的信号。如目前广播的声音信号,图像信号等。

数字信号是指幅度的取值是离散的,幅值表示被限制在有限个数值之内。作为一种数字信号,二进制码受干扰小,易于有数字电路进行处理,所以得到了广泛的应用,如图 4-4 和图 4-5 所示。

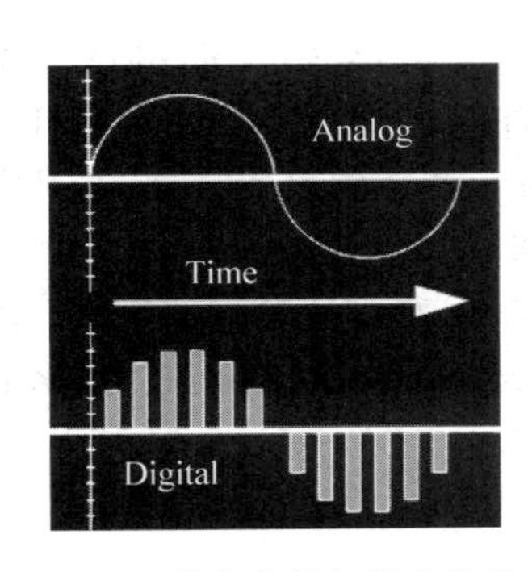

图 4-4 模拟信号与数字信号

图 4-5 数字表

模拟信号与数字信号是相对而言的。从前许多电信号都是用模拟元部件包括晶体管、变压器、电阻和电容等进行处理,但是却难以达到较高的精度要求,且容易受到环境变化的影响,成本往往也很高。

若要将模拟信号转换成数字信号,用数字来表示模拟量并对数字信号做计算,就需要利用数字信号处理器(Digital Signal Processor,DSP)。DSP 与通用微处理器相比,除了结构不同外,其主要的基本差别在于,DSP 可以处理采样模拟信号得到的数据流,如做乘、累加求和等运算。

4.2.2 音频的数字化

当声音用电信号表示时,声音信号在时间和幅度上都是连续的模拟信号。对声音信号的分析表明,声音信号由许多频率不同的信号组成,这类信号称为复合信号,而单一频率的信号称为分量信号。对于计算机而言,仅能识别"0"和"1",或者说计算机只能处理一个数据,尽管数据量可能是巨大的。所以,计算机处理声音的第一步是将声音数字化,将模拟信号转换为数字信号。

数字化就是将连续信号变成离散信号。对于音频信号来说,首先要实现在时间上的离散，记录有限个时间点上的幅度值，此过程被称为采样(Sampling)。然后再进行幅度上的离散，将有限个时间点上取到的幅度值限制到有限个值上，此过程被称为量化(Quantization)。再将得到的数据表示成计算机容易识别的格式，此过程被称为编码(Coding)。

数字信号的主要优点：①数字信号调制简单，抗扰能力强，信号处理中失真小。数字信号编码的信息在适当的距离内采用判别再生的方式，再生成的数字信号不仅无噪声干扰，并与原信号保持一致，从而保证了远程、高效的信号传输。②易于压缩，能加密。数字信号比模拟信号更易于压缩和加密，以话音信号为例，经过数字变换后的信号可用相关的数字逻辑运算进行加密、解密处理。③能与计算机结合，通用性好。采用数字信号的传输方式，可以通过程控数字交换设备进行数字交换，实现更好的多平台通用。④设备成本低。采用数字时分多路复用等技术，不需要大体积的滤波器，即可利用设备中大规模和超大规模集成电路实现，不仅体积小，而且功耗低、费用廉。

1. PCM 编码

PCM(Pulse Code Modulation)即脉冲编码调制是一种把模拟信号转换成数字信号的最基本的编码方法，它主要包括采样、量化和编码 3 个过程。采样是每隔一定的时间测量一次声音信号的幅值，把时间连续的模拟信号转换成时间离散、幅值连续的采样信号。如果采样的时间间隔相等，这种采样称为均匀采样。量化是按“四舍五入”或其他方法将采样得到的数值限定在几个有限的数值中，将采样信号换成时间离散、幅度离散的数字信号。编码是将量化后的信号转换成一个二进制码组输出。图 4-6 是模拟声音信号的采样和量化过程示意图。其中，图 4-7(a)是连续的声音信号波形。图 4-7(b)是采样结果，得到离散时间信号。离散时间信号可能取到幅值区间中的任何一个值，因而在幅度上是连续的。图 4-7 (c)为量化结果。

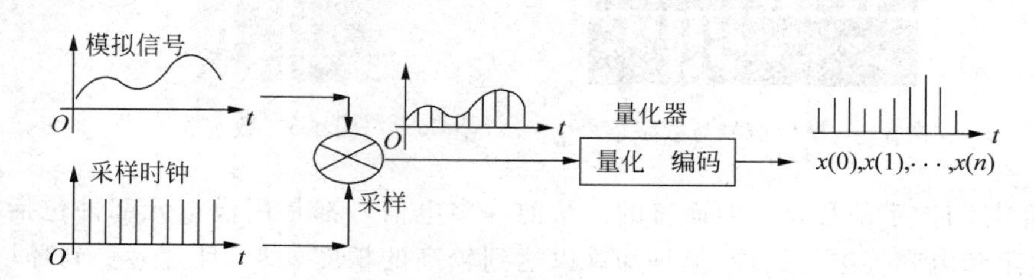

图 4-6　PCM 编码示意图

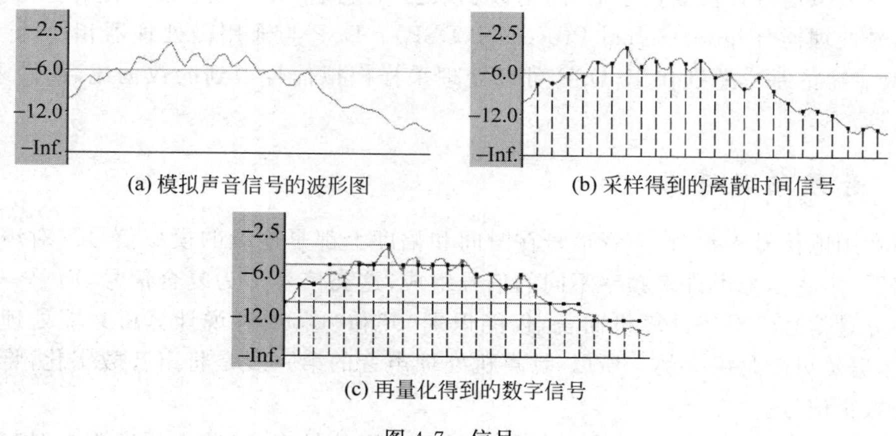

图 4-7　信号

2. 数字音频的技术指标

1）采样频率

采样频率是指一秒钟采样的次数。采样频率越高，单位时间内采集的样本数越多，得到波形越接近于原始波形，音质就越好。

2）采样精度

采样精度用每个声音样本的位数表示，也叫样本精度或量化位数。它反映度量声音波形幅度的精度。

3）声道数

单声道(Mono)信号一次产生一组声波数据。如果一次产生两组声波数据，则称其为双声道或立体声(Stereo)。

4）音频数据的传输率

音频信号数字化后，产生数据的速度或播放声音时需要传输数据的速度影响声音的播放质量。

数据传输率用每秒钟传输的数据位数表示，记为 bps(bits per second)。未经压缩的数字音频数据传输率为：

$$\text{数据传输率(b/s)} = \text{采样频率(Hz)} \times \text{量化位数(b)} \times \text{声道数}$$

其中：数据传输率以每秒比特(b/s)为单位；采样频率以赫兹(Hz)为单位；量化位以比特(b)为单位。

5）编码算法与音频数据压缩比

编码的作用一是记录数字数据，二是采用一定的算法来压缩数据以减少存储空间和提高传输效率。压缩编码的基本指标之一就是压缩比，一般为数据压缩前后的数据量之比：

$$\text{音频数据压缩比} = \frac{\text{压缩前的音频数据量}}{\text{压缩后的音频数据量}}$$

4.2.3 常用音频文件格式

到目前为止，出现了许许多多的数字音频格式，尽管有的昙花一现已经不复存在。但还有些音频格式仍然活跃在数字音频制作和应用的各个方面，显示了较强的生命力。下面我们将介绍几种常见的数字音频格式。

1. PCM

PCM 即脉冲编码调制(Pulse-code Modulation)，它是最早的数字音频编码的之一，常见于 Audio CD 中的编码，一张普通光盘可以容纳约 72 分钟容量的音乐信息。PCM 一般可作为 WAV 的编码而存在，也有以 PCM 为扩展名的音频文件。它最大的优点是保真度高，缺点则是体积过于庞大。

2. APE

APE 是一种无损压缩音频格式，由 Monkey's Audio 公司于 2000 年提出的，并为 Windows Media Player 和 Winamp 等音频播放软件提供了插件支持。此类音频文件一般采用.ape 作为文件扩展名，有时也采用.mac。APE 在音乐市场上比较流行，因为其压缩比远低于其他格式，APE 文件大概只有 CD 的一半，但又能够做到真正无损，故音效质量很高，得到广泛发烧友的喜爱。APE 的压缩方式与 MP3 这类有损压缩方式不同，它采用将数据文件压缩再还原的方式，节省了大量的空间资源。

3. WAV

WAV是由Microsoft和IBM两家公司共同开发的一种古老的音频格式，是Windows操作系统专用的数字音频文件格式。WAV最大的特点在于其灵活的算法设计、快速的处理速度，广泛的使用平台。它支持很多编码，包括所有ACM(Audio Compression Manager)规范的编码，并且支持许多压缩算法、多种音频位数、取样频率和声道。WAV与其他音频格式最大的区别在于，它的主要用途并不是聆听，而是用以存储和处理音频数据。很多音频软件都可以对该类文件进行编辑，如Cool Edit Pro、WaveLab等。其文件扩展名为.wav。

4. AIFF

AIFF(Audio Interchange File Format，音频交换文件格式)是苹果公司以WAV为原型开发的标准声音格式，是QuickTime技术中的一部分。鉴于苹果在多媒体领域的领军地位，大部分软件都支持这种音频格式，虽然在实际传播过程中它的出现与使用频率并不高，但不影响其优秀的品质。

5. MP3

MP3(MPEG-1 Audio Layer 3)，是MPEG-1的派生音频方案，也是当今最为流行、普及的一种音频格式。MP3具有文件小、音质好、易于网络传播等优势。它采用的是知觉音频编码方法(属于有损压缩)，利用了人耳对高频声音信号不敏感的特性，消减人耳易忽略或听不见的信号，所以在12：1的压缩比下保持了近似于CD的良好音效品质。我们习惯将以MP3形式存储的音乐称之为MP3音乐。

6. RA(RealAudio)

RA(RealAudio)是由Real Networks公司推出的一种文件格式，属于Real Media的音频部分。它可以采用流式传输的方式进行音频的实时传输，尤其是在网速较慢、带宽很低的情况下仍然可以较为流畅地传送、提供适于在线收听的音乐。现行的RealAudio文件格式主要有RA(RealAudio)、RM(RealMedia，RealAudio G2)、RMX(RealAudio Secured)三种，这些文件的共同属性即可以随着网络带宽的不同而实时改变声音的质量，因此很多音乐类的网站都提供RA音乐的试听与下载。

7. WMA

WMA(Windows Media Audio)是微软Windows Media的音频部分。它的出现为音乐的在线试听与数字版权保护方面的发展提供了更为有效的方式，继而在互联网中得到了广泛的应用。WMA格式采用以减少数据流量但保证音质的方法来达到更高的压缩率，其压缩后的大小甚至比MP3还要减少一半，但音效却能接近CD(在大于或等于64Kb/s的码率时)。此外，WMA中还融合了DRM(Digital Right Management，数字版权管理)技术，为音乐的版权问题提供了更为便捷有效的方案，深得音乐厂商的喜爱。

4.3 数字音频处理

4.3.1 数字音频的获取

数字音频数据可以通过多种方式和途径来获取，最为常用的是通过麦克风、收音机等声源信号经由计算机声卡,再通过相应的软件进行声音的录制;或将 CD 等光盘中的音轨信号进行采样,由计算机转录成数字声音。

1. 录音设备录制

使用录音设备进行录制,首先要求使用高性能的录音设备,如质量较好的声卡和麦克风。其次为保证采样的精密性而使用较高的采样频率。但是,较高的采样频率势必会导致记录声音的数据量过大,因而不易于存储与网际传播。反之,如果采样频率过低,则会导致声音失真,效果无法得到保证。因而,如何在数据量与音质之间寻求一个平衡点就显得格外重要。一般情况下,我们会采取在保证不影响正常收听的情况下尽可能地降低采样频率的方式来协调该矛盾。另外,声道数也是考核声音数字化的主要指标。声卡具有 2 声道(即立体声)、2.1 声道、5.1 声道等模式。声道数目越多,形成的声音文件就越大。通常情况下,语音采用单声道的形式进行录制,音乐采用立体声形式,但在要求不高的场合,音乐也可以采用单声道形式。

【实例】使用 Windows 的"录音机"录制声音。

在 Windows 系统中,自带了一款具备录音、放音和编辑功能的"录音机"。只要 MPC(Multimedia Personal Computer,多媒体个人计算机)安装了声卡,便可以通过麦克风进行录音。在录制之前,首先要将麦克风与声卡相连。在主机箱的后面有三个插孔,分别是输出(Speaker Out)、线性输入(Line In)和麦克风(Microphone)。输出与耳机或音箱连接在一起,线性输入用于与录音机相连,麦克风则是用来插入话筒的插头。录音的具体操作步骤如下。

(1) 双击 Windows 任务栏右侧的"音量"(图标为小喇叭)按钮,打开"主音量"窗口。或者可以通过单击"开始"→"所有程序"→"附件"→"娱乐"→"音量控制",如图 4-8 所示。

(2) 在图 4-8 所示的"主音量"窗口中,单击"选项"→"属性"菜单,弹出"属性"对话框,如图 4-9 所示。在"混音器"下拉列表框中选择"Realtek HD Audio Output",单击"确定"按钮,弹出"录音控制"窗口,如图 4-10 所示。

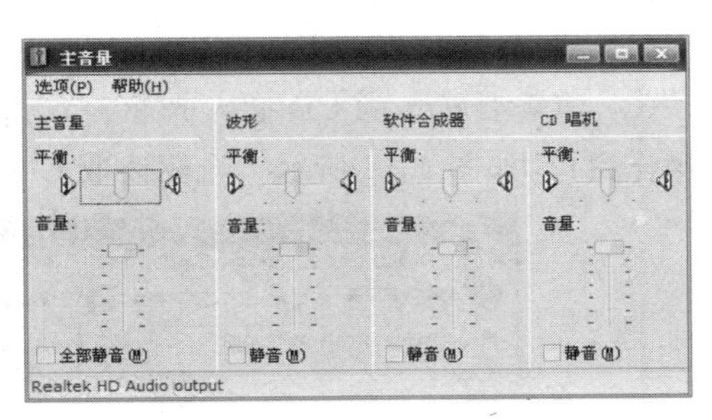

图 4-8 "主音量"窗口

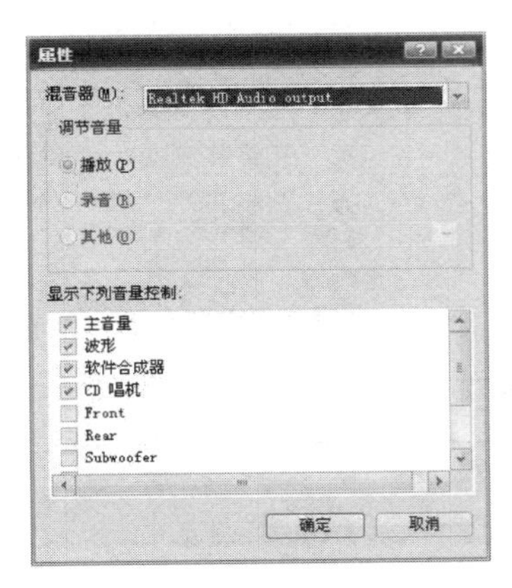

图 4-9 "属性"对话框

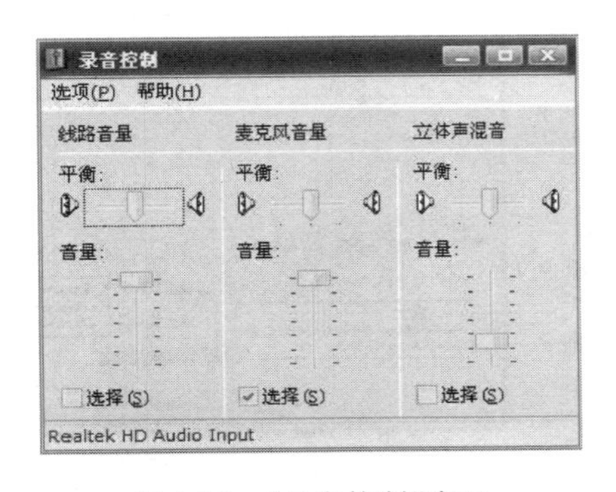

图 4-10 "录音控制"窗口

（3）在图4-10的“录音控制”窗口中，取消“麦克风音量”的静音状态，即在“选择”复选框处划钩，再关闭该窗口。

（4）单击“开始”→“所有程序”→“附件”→“娱乐”→“录音机”，打开“声音-录音机”窗口，如图4-11所示。

（5）单击“录音”按钮，便可以开始录音，如图4-12所示。录音过程中可以在窗口看到声音波形，最长可以录制60s。录音结束后，单击“停止”按钮。保存文件时单击“文件”→“保存”，将声音以.wav的格式保存。

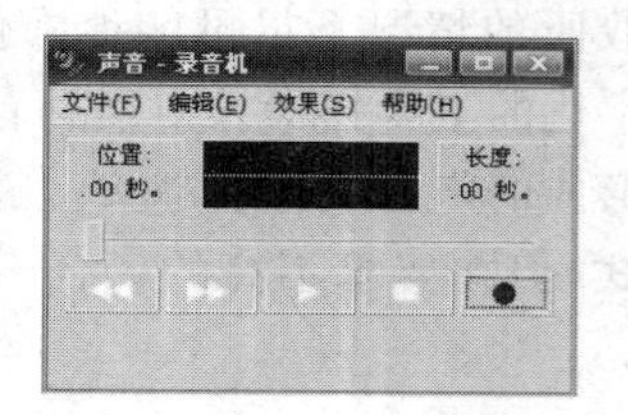

图4-11 “声音 - 录音机”窗口

图4-12 录音状态窗口

2. 数字音频软件转录

对于数字音频的转录可以通过多种软件实现。如Windows Media Player、Wave Studio、Cool Edit Pro、Easy CD-DA Extractor等相关工具软件。

【实例】使用Easy CD-DA Extractor转录CD数据。

（1）根据提示，安装Easy CD-DA Extractor软件。

（2）将需要转录的CD插入光驱。双击图标，启动Easy CD-DA Extractor软件，弹出操作窗口，如图4-13所示。光驱读取CD信息，自动在“CD音轨清单”上列出曲目。

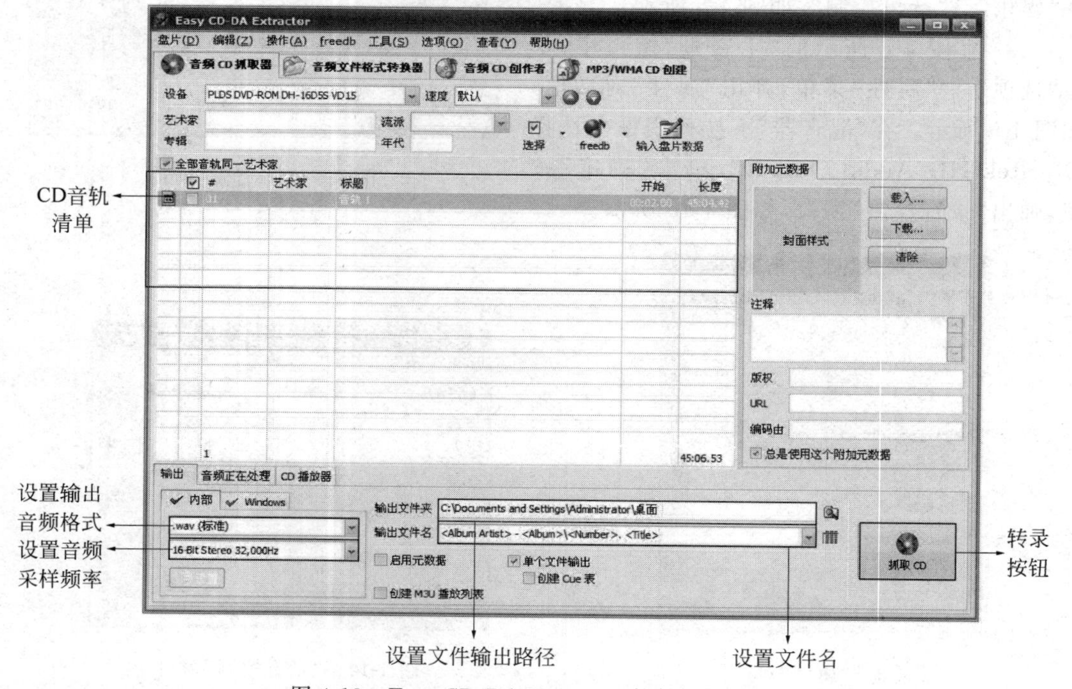

图4-13 Easy CD-DA Extractor软件操作窗口

(3) 选择需要转录的曲目。单击选定音轨前方的复选框,使其显示“√”,然后在“CD 播放器”标签下试听曲目,确认后单击“停止”按钮。

(4) 设置转录参数。单击窗口左下方的“输出”标签,设置输出音频的格式、采样频率、输出路径以及文件名等信息。

(5) 转录曲目。单击“抓取 CD”按钮,进行转录。在转录的过程中,将会出现“正在提取”窗口,如图 4-14 所示。转录完毕后,单击“关闭”,结束操作,如图 4-15 所示。

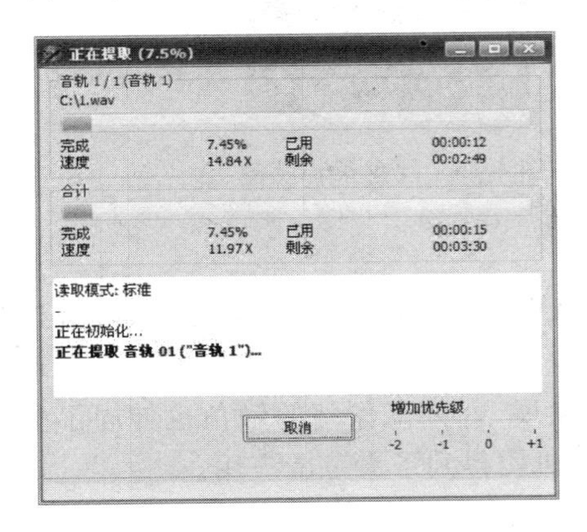

图 4-14　转录进程

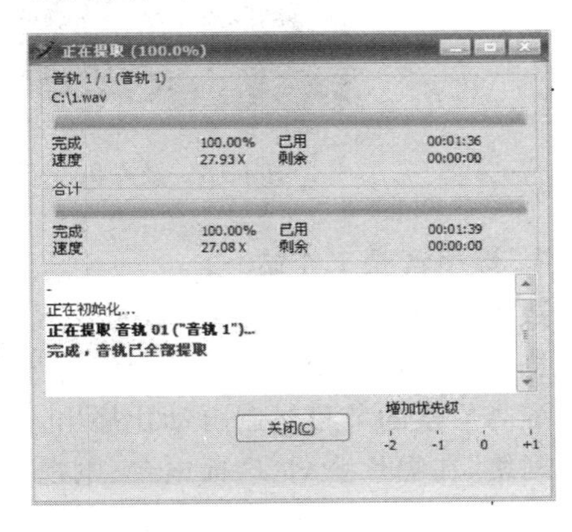

图 4-15　转录结束

4.3.2　音频采集设备

1. 话筒

话筒,英文为 Microphone,又称为传声器或麦克风,是一种最常见的电声器材。话筒种类繁多,常用于各种扩音场合中。按照录音室对话筒最通用的分类法,可分为电容话筒(图 4-16)和动圈话筒(图 4-17)。

图 4-16　电容话筒

图 4-17　动圈话筒

2. 录音机

录音机(图 4-18)是一种将声音信息记录下来并可以重新播放的机器,它以硬磁性材料为载体,利用磁性材料的剩磁特性将声音信号记录在载体,一般都具有重放功能。家用录音机大多为盒式磁带录音机。磁带录音机主要由机内话筒、磁带、录放磁头、放大电路、扬声器、传动机构等部分组成。

3. 硬盘类录音机

硬盘录音机(图 4-19)的出现相对较晚,但发展速度十分迅速。通常情况下,使用较多的是

8 轨或 16 轨的硬盘机。硬盘机具有读取时间快、编辑功能齐全(如剪、移、合并、复制等功能)、使用简单灵活等特点,并且提供了简单的调音台、跳线盘等功能,有的还可以加装显示卡,把各轨信号的波形与相应的操作在计算机显示器上显示出来,很像一部数字音频工作站。

图 4-18　录音机

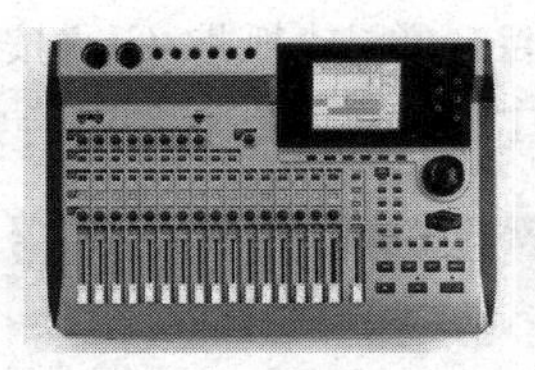

图 4-19　硬盘录音设备

4. 数字音频工作站

数字音频工作站(Digital Audio Workstation,DAW,图 4-20),是一种用来处理、交换音频信息的计算机系统。它是迎合当前数字技术发展的潮流,与市场紧密接轨的产物,实现广播系统高质量的节目录制自动化播出。随着网络的发展,音频工作站的触角也伸向了多元化的网络,在唱片公司、广播电台、电视台等大型传媒机构得到了大范围应用。

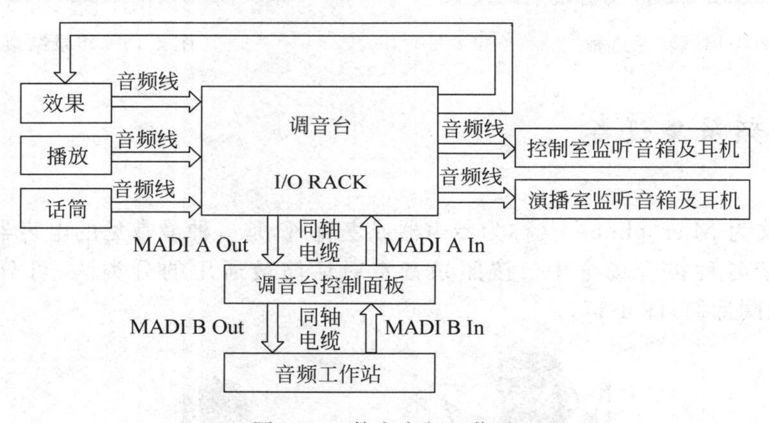

图 4-20　数字音频工作站

4.3.3　常用数字音频处理软件

音频处理软件的应用已经相当普遍,但还存在功能上的差异,一般的音频处理软件可以对声音文件或音频素材进行录制、编辑、分析和特效等方面的操作。下面介绍几种常见的音频处理软件。

1. Adobe Audition

Adobe Audition 是一款以 Cool Edit 为前身,定向于专业级音频后期制作的一款编辑软件。它专为在照相室、广播设备和后期制作设备方面工作的音频和视频专业人员所设计,可提供先进的音频混合、编辑、控制和效果处理功能。[①] Audition 功能十分强大,为用户提

① http://baike.baidu.com/view/373410.htm.

供一个完善的多声道录音室，并且操控灵活、使用方便。使用该软件可以实现数字音频的录制、混合、编辑、调控、修复等操作，并且可与Adobe旗下的其他多媒体处理软件进行集成，打造一套完整、强大的多媒体处理工作平台。

Adobe官方于2011年3月发布了Audition CS 5.5独立版本。它具备即时的多轨录音、编辑和混缩能力，可为专业人士的音乐工作制作带来前所未有的高效与新体验。

(1) 支持跨平台操作，苹果操作系统Mac OS X v10.5/v10.6与Windows系统。

(2) 具有最新的高性能音频引擎。

(3) 可与第三方非编工作站或音频工作站系统交换项目。

(4) 原生5.1多声道支持。在Adobe Audition CS 5.5的混缩视图中包含了环绕声声像调试工具，更有全新的环绕混响效果和放大器及多声道的增益处理器。

(5) 提升工作流效率。无模式影响的框架下进行多重效果模拟，即使是在编辑和播放中也可以即时调整设定。

(6) 从资源中心免费获取内容。通过Adobe Audition全新的资源中心面板获取数千种免费声音资源、Loop和音乐。

(7) 原生音频效果。改进了原生支持的音频效果的表现，Adobe Audition CS 5.5新增的效果包括DeHummer、DeEsser、Speech Volume Leveler以及为5.1环绕声项目准备的环绕混响。

(8) 简约的XMP元数据面板。通过简约的界面查看和编辑XMP元数据。支持包括WAV(BWF)在内的元数据模式。

(9) 具有历史记录面板。您可以更有把握地编辑、改编或混缩，因为您可以通过全新的历史记录面板轻松回撤到先前的状态。

2. Adobe Audition的基本使用方法

1) 录音

(1) 双击Adobe Audition的图标，启动程序(图4-21)，进入Audition的编辑窗口。

图4-21 Adobe Audition启动界面

(2) 根据软件安装提示，将Adobe Audition进行安装并运行，出现其操作窗口，如图4-22所示。

需注意的是，第一次启动Audition的时候，会出现提醒用户设置临时文件夹的界面，可按照提示进行设置，直至出现编辑界面即可。

(3) 进入编辑窗口之后可以直接单击“传送器”调板上的“录音”按钮进行录音(图4-23)。然后会出现如图4-24所示的“新建波形”的对话框。

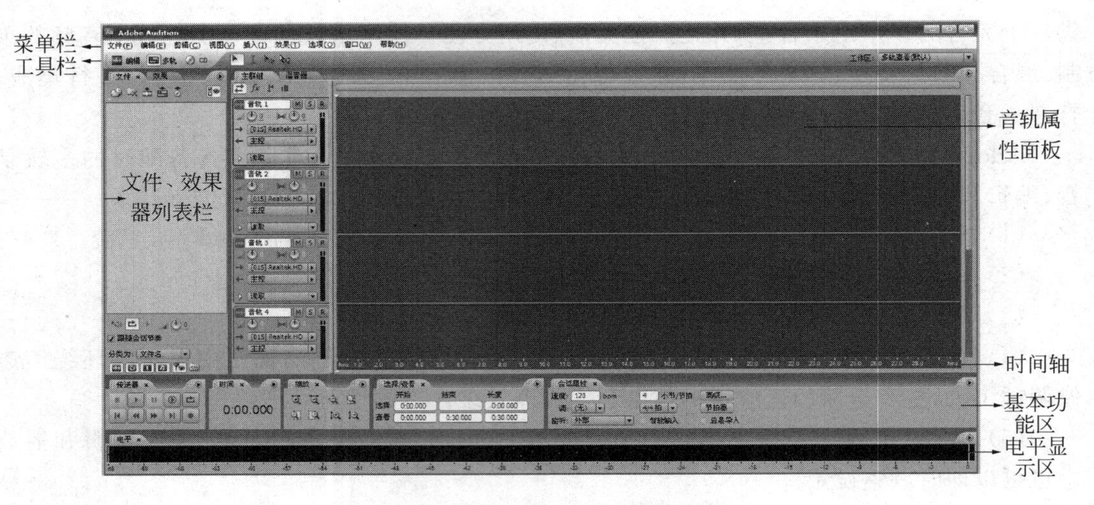

图 4-22　Adobe Audition 操作窗口

图 4-23　Audition“传送器”控制界面

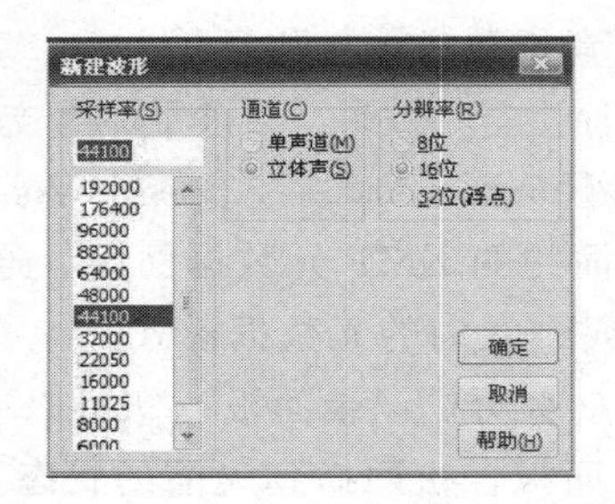

图 4-24　“新建波形”对话框

根据录音的需要，选择采样率和分辨率。选择完毕后，单击“确定”按钮进入录音状态，如图 4-25 所示，此时便可以进行录音环节，在录音的同时可以从工作区看到当下声音的波形。

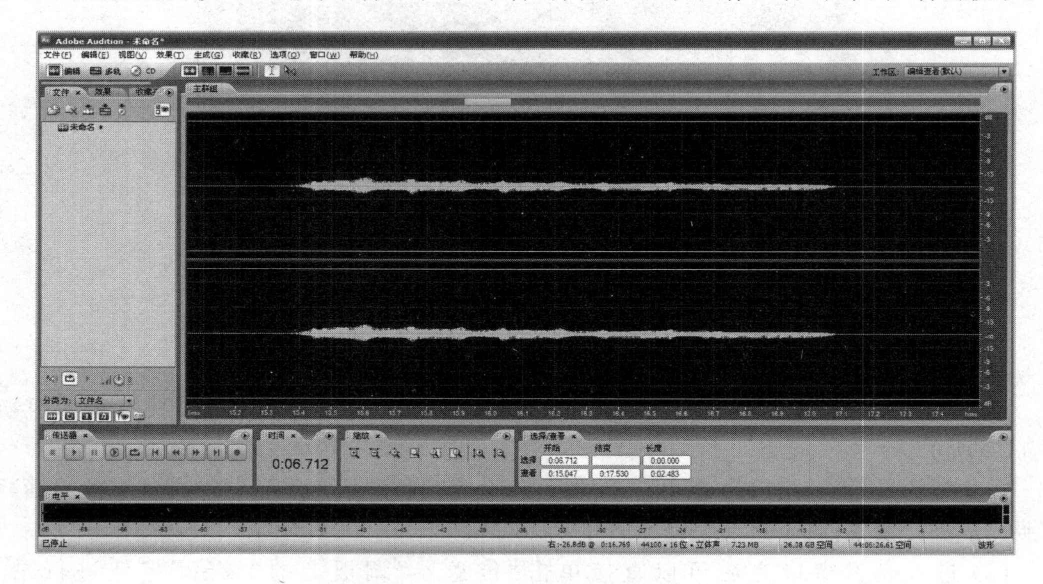

图 4-25　Audition 录音进程界面

（4）录音完毕时，再次单击“录音”按钮即可结束录音。如果重放可单击“传送器”调板上的“回放”按钮，听到录制的效果。保存文件时，选择“文件”→“另存为”，如图 4-26 所示。

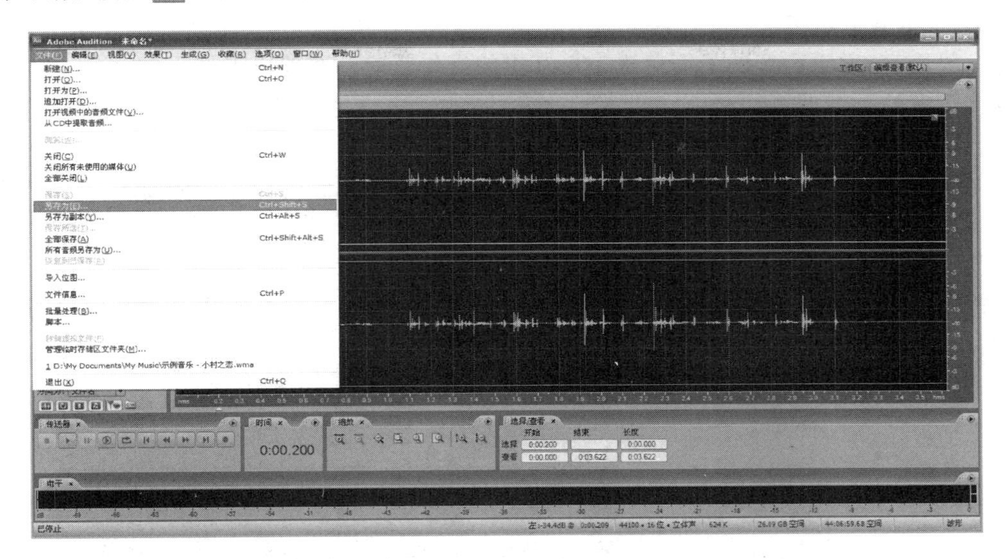

图 4-26　Audition 保存界面

在弹出的对话框中设置保存的位置，更改文件名及保存类型，单击“保存”按钮即可，如图 4-27 所示。

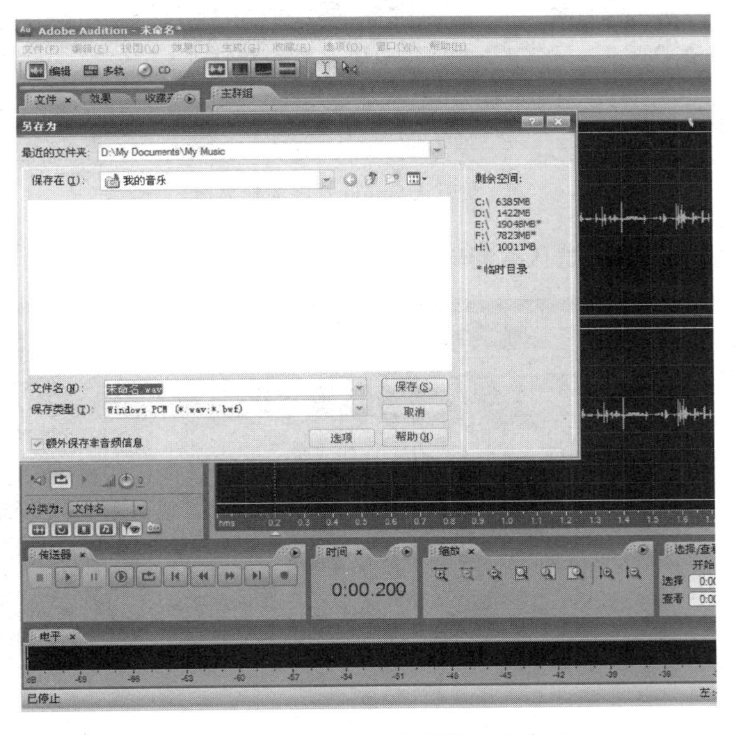

图 4-27　Audition 存储设置界面

小贴士：为了保证录音效果，建议在录制的过程中关闭音响，可通过耳机听伴奏，并进行演唱与录制。

2）基本编辑操作

一般而言，对于声音的最简单也是最基本的操作就是一些剪辑工作，只要按照时间的顺序进行声音的重组即可。

（1）单音轨编辑操作

对于单个音频而言，主要的操作是进行降噪和删除。删除的操作十分简单，只需选取音频中不需要的部分，然后按 Delete 键即可。

①“删除”操作

首先，单击工具栏中的“时间选择工具”按钮，然后扩选不需要的音频部分，如图 4-28 所示。

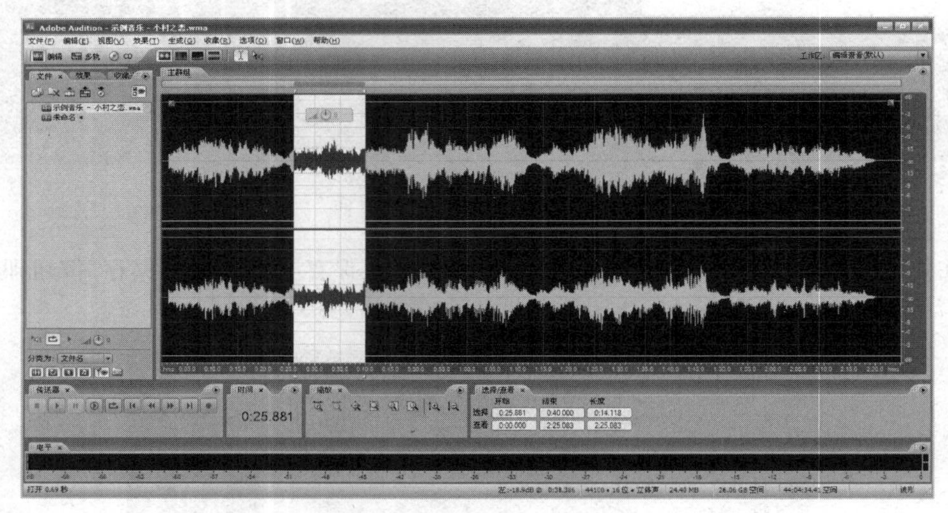

图 4-28　Audition 选择波形界面

按 Delete 键，便可将所选区域删除，如图 4-29 所示。

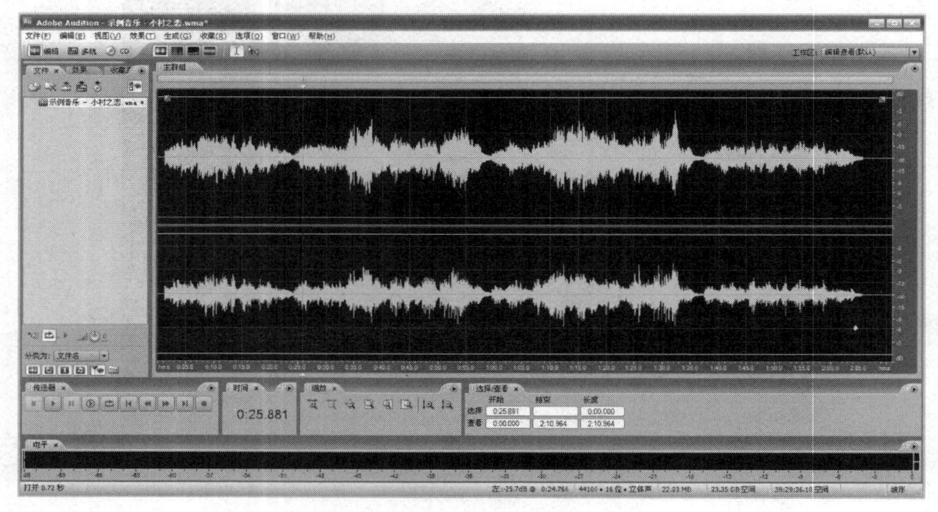

图 4-29　Audition 删除波形后的界面

② “降噪”操作

由于录制环境及设备的影响，最终的音频中总会掺杂些许噪声。对于噪声的处理，是音频编辑的最重要的基本环节。使用 Audition 对音频进行降噪处理，可确保声音的干净与清晰程度，适于专业级和广播级的场合中使用。

为了能够确定噪声的波形，一般情况下，我们会在正式录音前预先录制一段环境噪声，如图 4-30 所示。

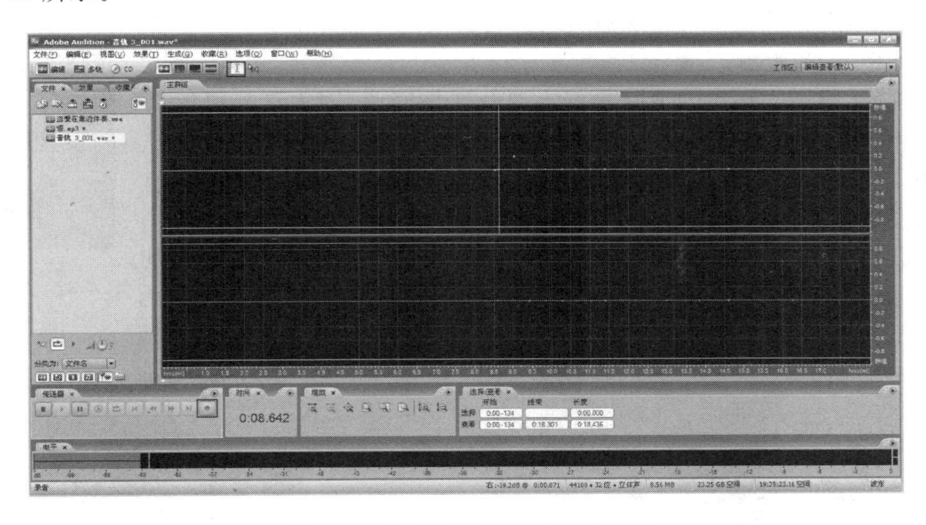

图 4-30　Audition 环境噪声的录制

双击“噪声轨道”按钮，进入该波形的单轨模式。然后，选择一段较为平缓的噪声片段，如图 4-31 所示。

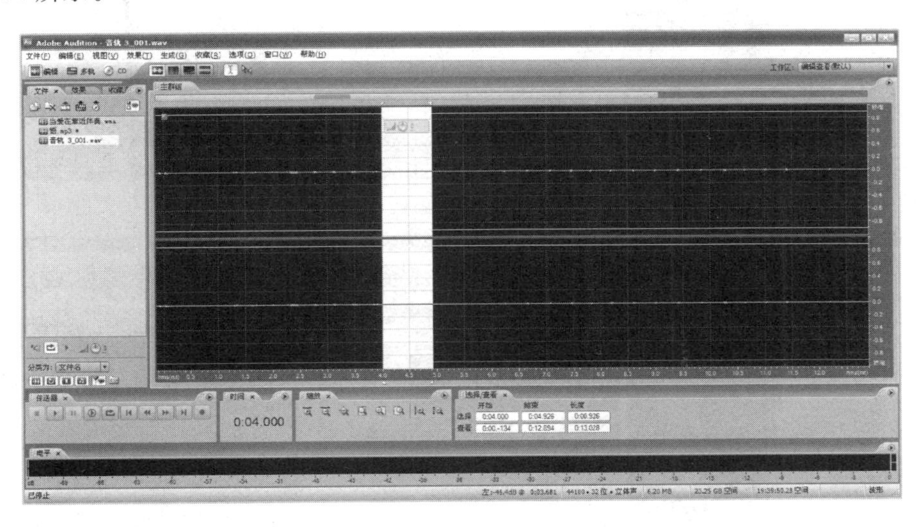

图 4-31　选择一段较为平缓的噪声波形

在左侧素材框中单击“效果”调板，再单击“修复”→“降噪器”，如图 4-32 所示。

双击“降噪器”按钮，打开“降噪器”对话框，如图 4-33 所示。

单击对话框右侧的“获取特性”按钮，软件便会自动捕获噪声特性，如图 4-34 所示。

在捕获噪声特性后，生成相应的波形，如图 4-35 所示。

单击“保存”按钮，保存噪声样本，如图 4-36 所示。

然后关闭“降噪器”对话框，单击工作区，按 Ctrl＋A 键全选波形，如图 4-37 所示。

双击“降噪器”按钮，单击“加载”按钮，将我们刚才保存的噪声样本加载进来，如图 4-38 所示。

调整降噪级别。噪声的消除最好不要一次性完成，因为这样可能会使得录音失真，建议在进行第一次降噪时，将降噪级别调整得相对低一些，比如 10％，如图 4-39 所示。

单击“确定”按钮，软件会自动进行降噪处理，如图 4-40 所示。

完成第一次降噪之后，可以再次对噪声进行采样，然后重复上述过程进行多次降噪，每进行一次将降噪级别提高一些。一般而言，经过两三次降噪之后，噪声基本上就可以消除了。

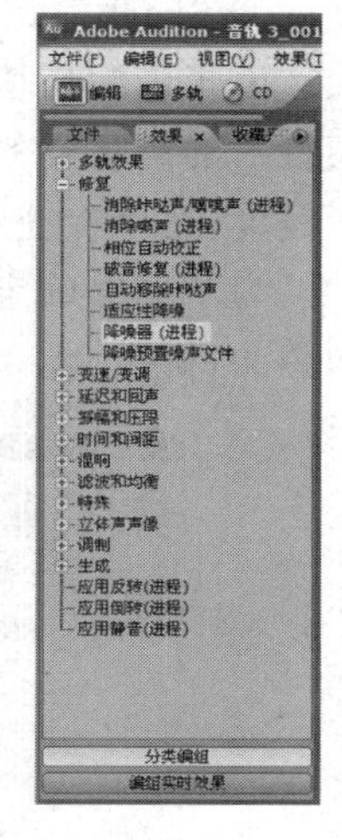

图 4-32 “修复”→“降噪器”

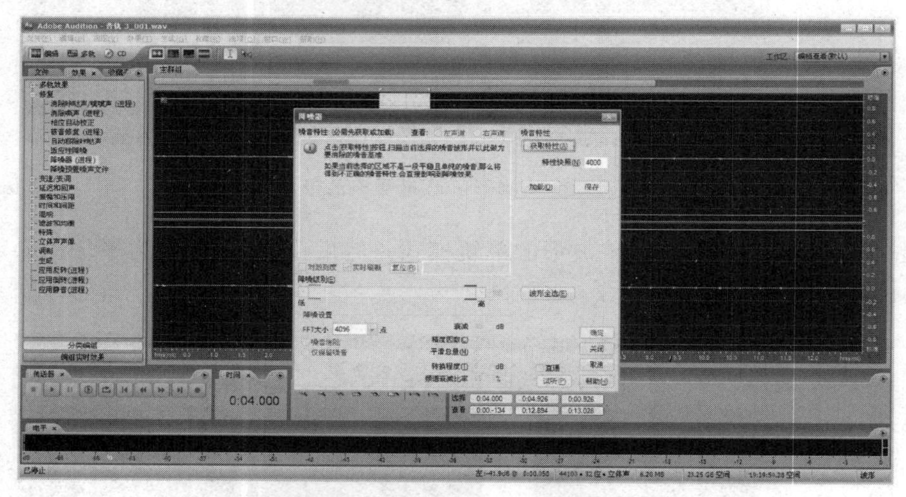

图 4-33 打开“降噪器”对话框

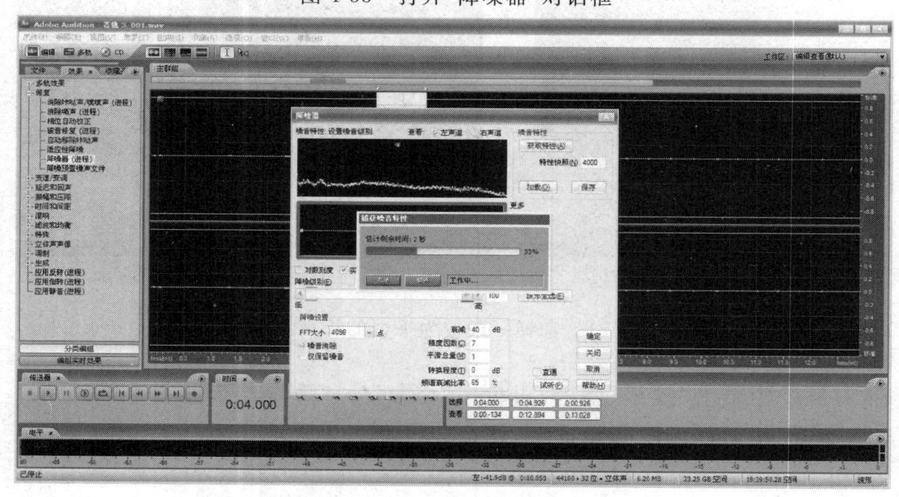

图 4-34 “捕获噪声特性”进程

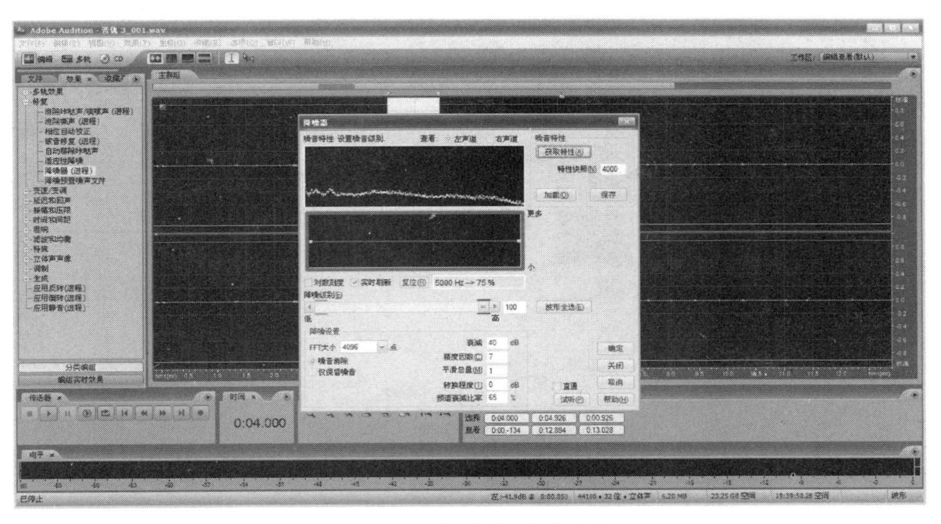

图 4-35 “降噪器”波形生成

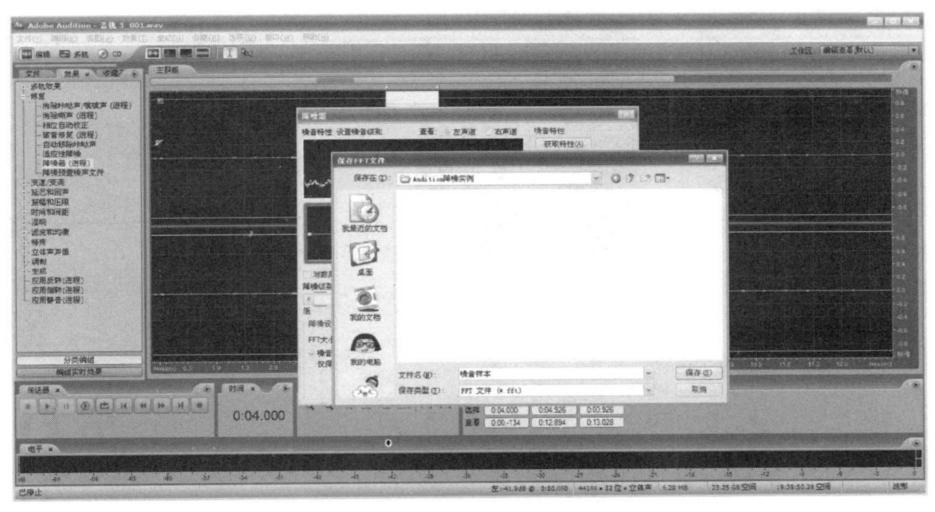

图 4-36 保存噪声样本

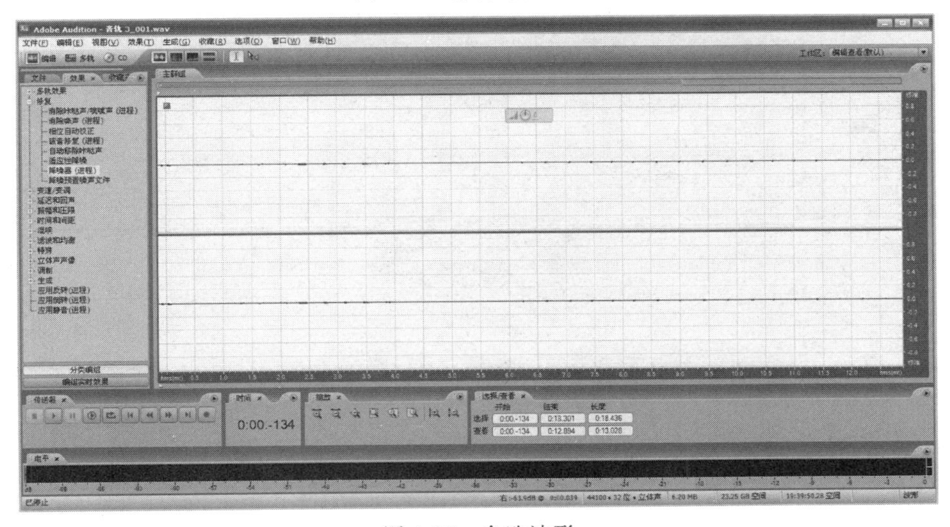

图 4-37 全选波形

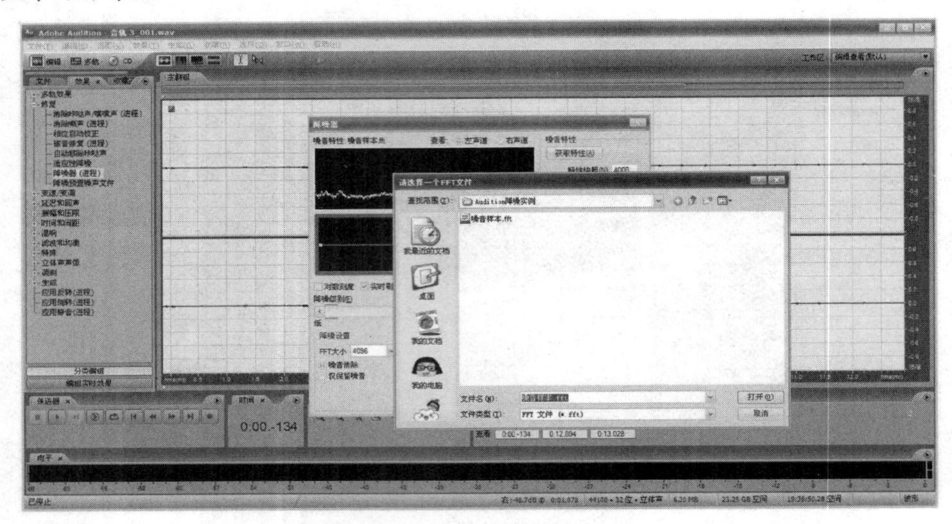

图 4-38　加载噪声样本

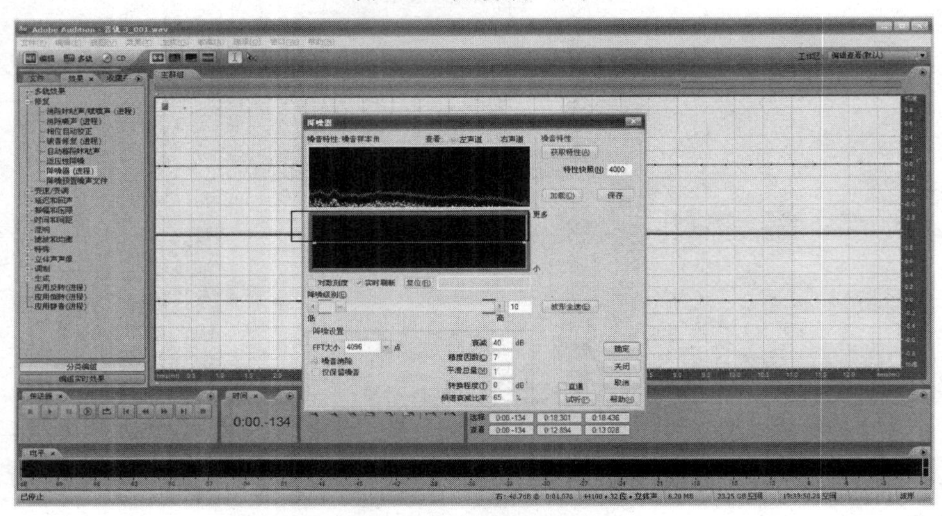

图 4-39　调整降噪级别

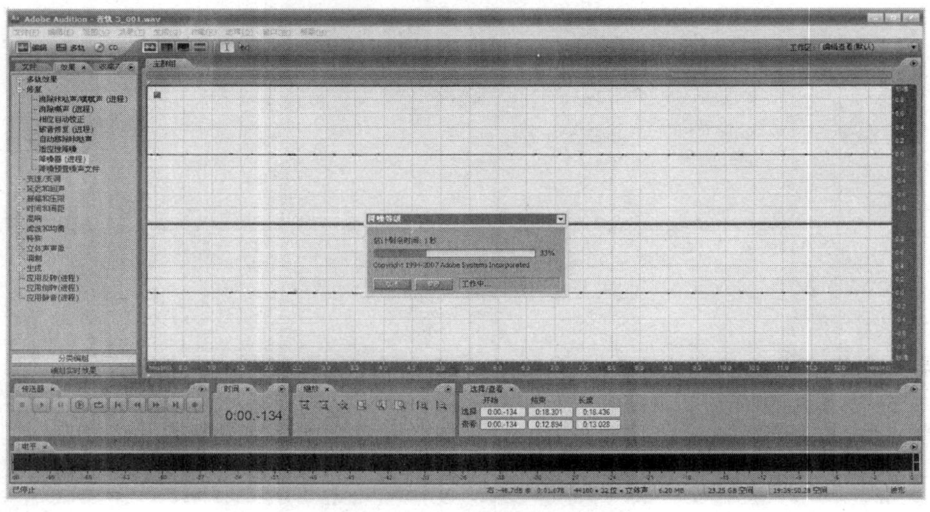

图 4-40　进行降噪处理

(2) 多音频编辑

① 导入多个音频文件

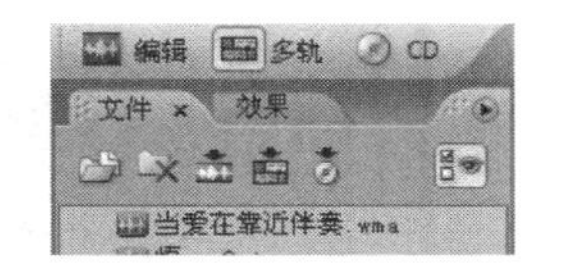

图 4-41 “多轨”编辑按钮

多个音频文件的编辑需要进入到多轨模式下进行。单击素材框上的“多轨”按钮进入多轨编辑模式,如图 4-41 和图 4-42 所示。

单击“文件”→“导入”按钮(图 4-43),在弹出的“导入”对话框中,选择需要的音频文件,如图 4-44 所示。

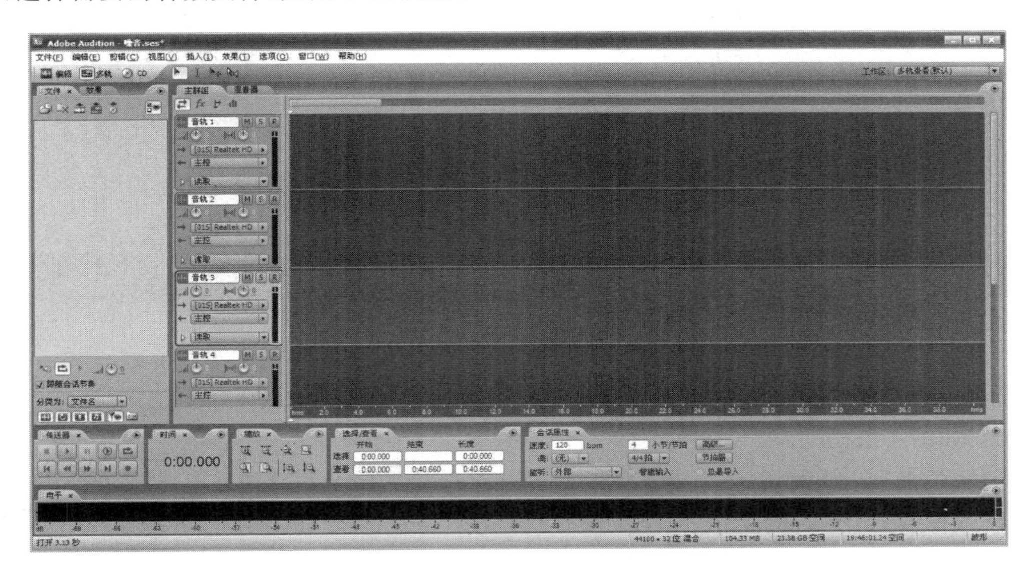

图 4-42 多轨编辑模式

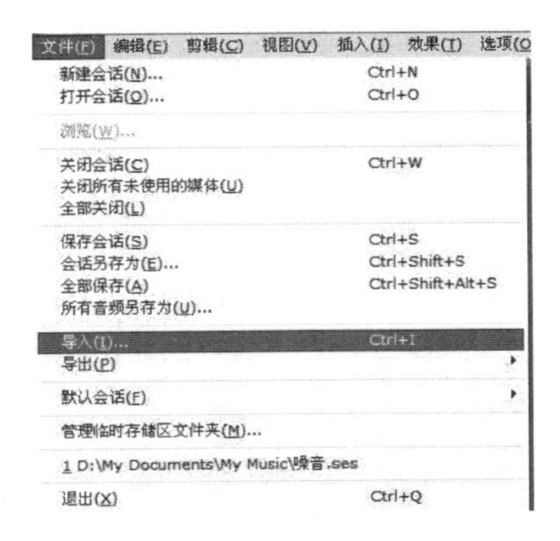

图 4-43 导入对话框

这里我们选择导入 TiK ToK 和 We Are One 两个音频文件,如图 4-45 所示。

再将这两个音频文件分别拖放到音频轨道 1 和轨道 2 上。此时,我们便可以对两个音频进行编辑。我们可以根据前面讲过的单轨中如果删除音频的方法,选择不需要的部分进行删除。

② 分离音频片段

当我们需要将音频分离成若干个小片段时,可先使用“时间选择工具”单击需要分离的位置,可以是一处或多处,如图 4-46 所示。

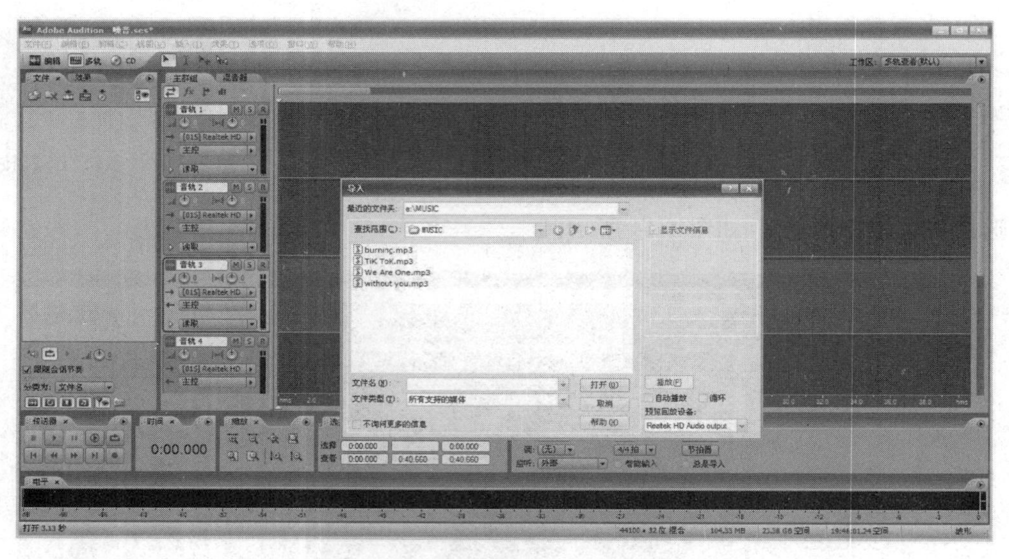

图 4-44　导入音频文件

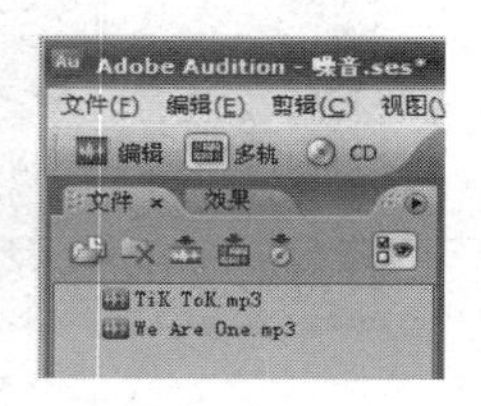

图 4-45　导入文件素材库

再单击“剪辑”→“分离”选项(图 4-47),或者使用快捷键 Ctrl＋K,分离音频,如图 4-48 所示。

随后,我们单击“移动工具”按钮就可以对分离后的音频块进行移动或拖拽,如图 4-49 所示。

将音频重组之后,可根据需要对音频添加一些特效。首先,选中需要添加特效的音频块,再单击左侧素材框上的“效果”调板,然后选择需要的效果双击打开,按照与“降噪”类似的操作步骤进行效果的添加。

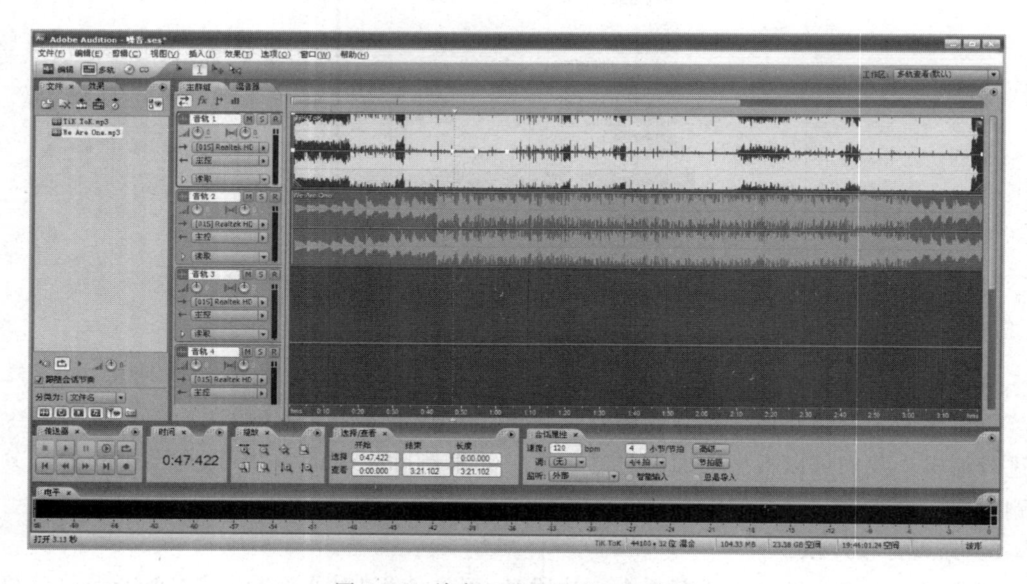

图 4-46　单击三处为需分离的位置

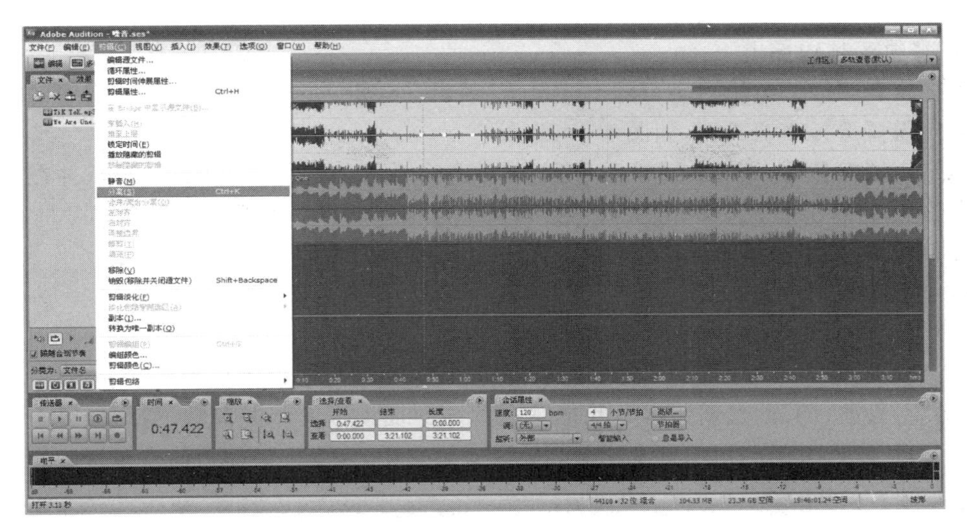

图 4-47 “剪辑”→“分离”

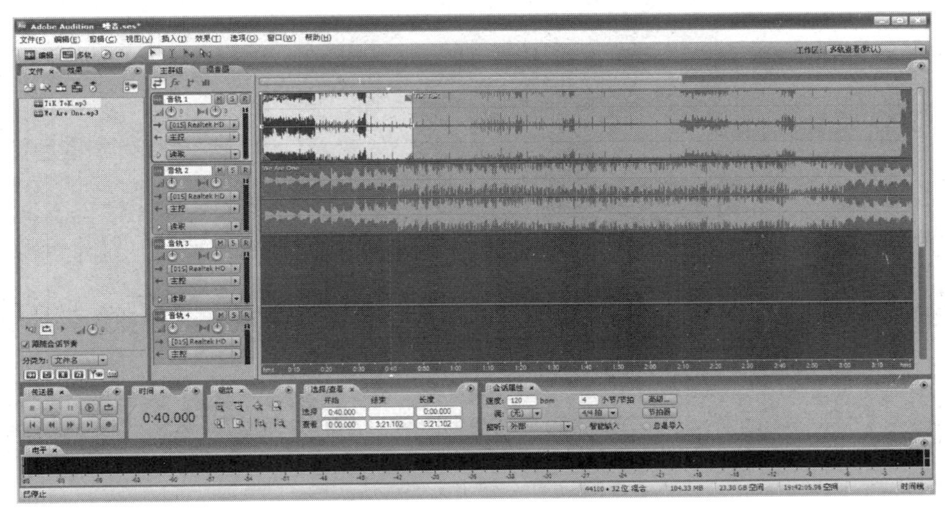

图 4-48 分离后的音频

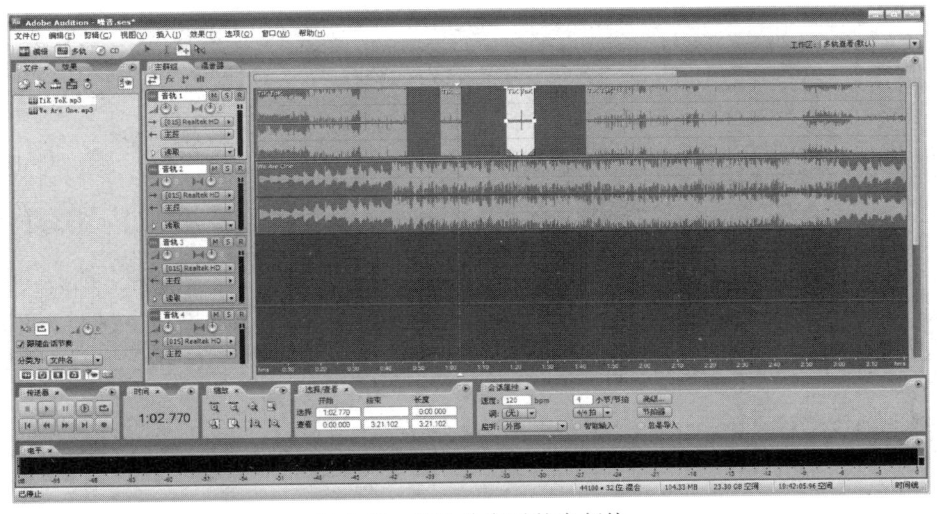

图 4-49 移动分离后的音频块

③ 多轨音频的导出

对多轨音频完成编辑后进行输出。单击“编辑”→“混缩到新文件”→“会话中的主控输出”，按照需要选择声道类型，如图 4-50 所示。

确定声道类型后，即立体声或单声道，软件会自动开始进行混缩（图 4-51），并在单轨模式下自动生成一个混缩文件（图 4-52），再按照单轨编辑的保存方式进行保存即可。

3. 其他的数字音频处理软件

1）音源软件

(1) FL Studio

FL Studio（图 4-53）简称 FL，因其软件的设计风格与标志以水果为元素，故习惯将其称为“水果”。目前，FL 的最新版本是 9.1，它的操作界面模拟大型混音盘，是一款得心应手的创作工具，让操作者感到仿佛置身于全功能录音室之中，完全突破用户的音乐极限。

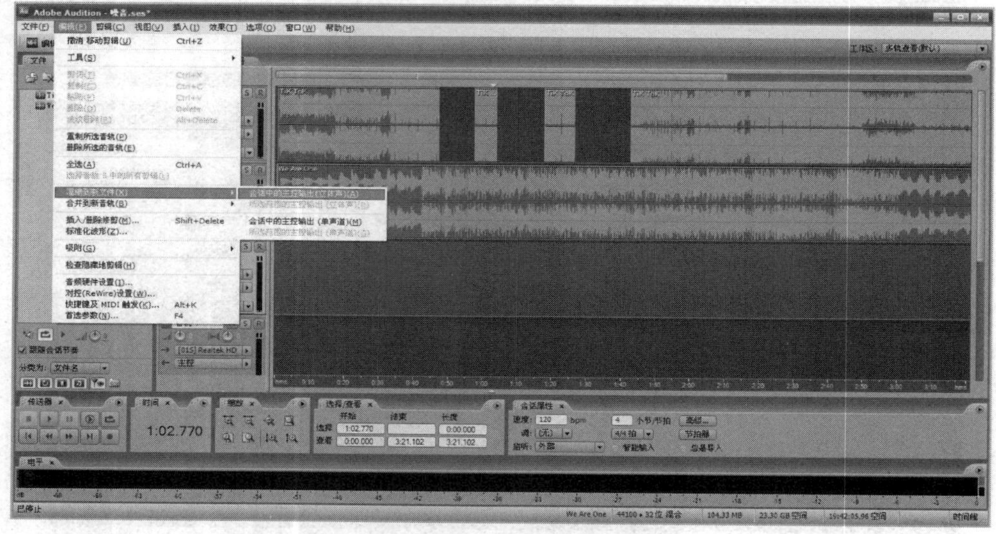

图 4-50　输出文件选项

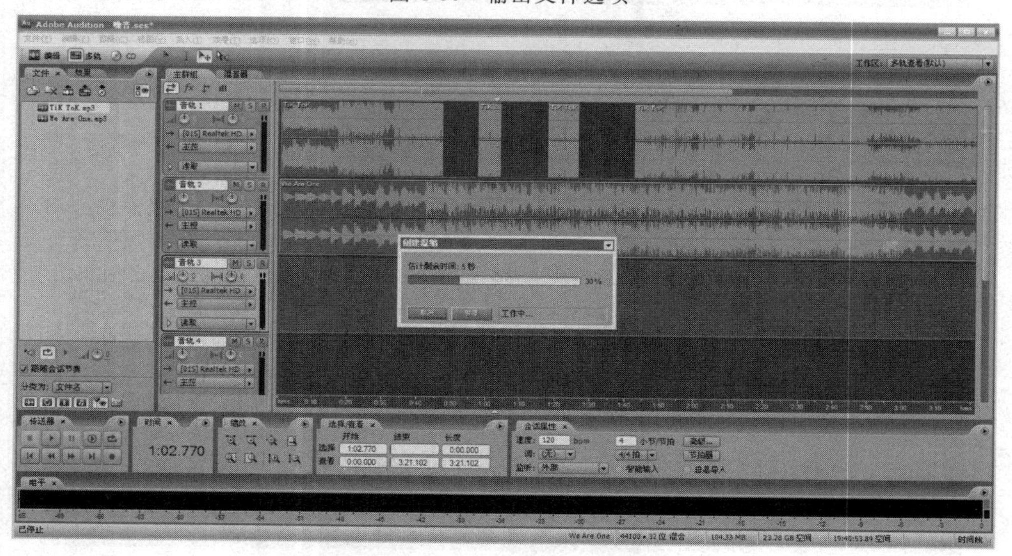

图 4-51　“创建混缩”进程

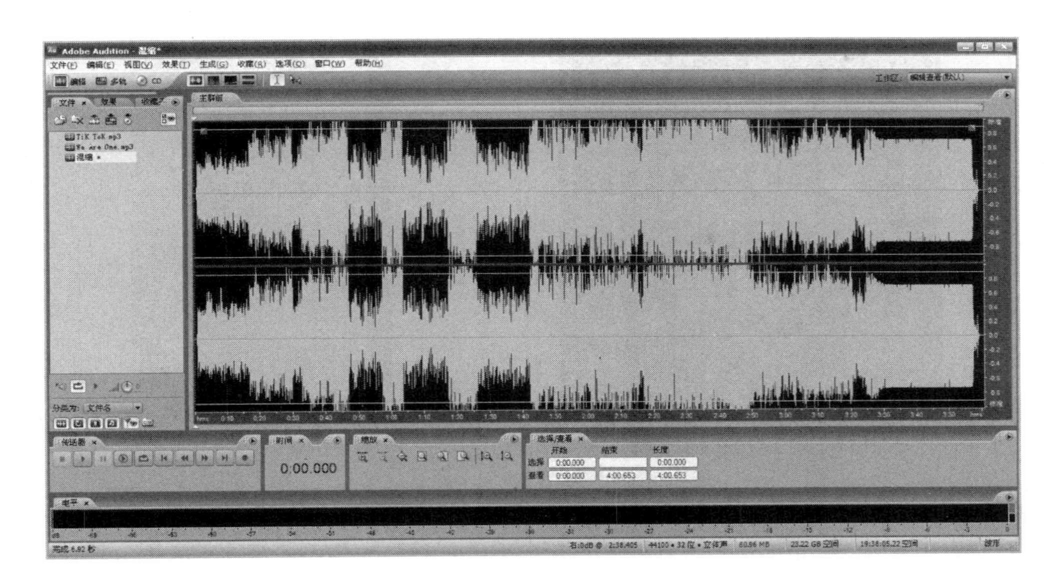

图 4-52　生成“混缩”文件

FL Studio 提供了完备的音符编辑器，可以根据音乐创作人的要求编辑出不同音律的节奏，例如鼓、镲、锣、钢琴、笛、大提琴、筝、扬琴等乐器的配乐。该软件还提供了音效编辑器，可以编辑出各类声音在不同音乐中的特殊效果，例如各类声音在特定音乐环境中所要展现出的高、低、长、短、延续、间断、颤动、爆发等特殊声效。另外，FL 还提供了方便快捷的音源输入。对于在音乐创作中所涉及的特殊乐器声音，只要通过简单外部录音后便可在 FL Studio 中方便调用，音源的方便采集和简单的调用造就了 FL Studio 强悍的编辑功能。

(2) GoldWave

GoldWave 是一款具有强大功能的数字音乐编辑器，它可以对音频文件进行播放、录制、编辑以及格式转换等处理。

使用过 GoldWave 的用户都能体验到该软件的小巧体积，但是更令人难以忘怀的是其丰富的功能。它可以打开多种音频文件，包括 WAV、OGG、VOC、IFF、AIF、AFC、AU、SND、MP3、MAT、DWD、SMP、VOX、SDS、AV、MOV、APE 等音频格式，同时，它也可以从 CD、VCD 或 DVD 或其他视频文件中提取声音。关于音频的特效处理方面，GoldWave 也毫不逊色，从一般特效如多普勒、回声、混响、降噪到高级的公式计算，效果种类不胜枚举。

2) 音频工作站软件

(1) Cubase

Cubase SX(图 4-54)是集音乐创作、音乐制作、音频录音、音频混音于一身的工作站式软件系统。

从最早的 Cubase VST，到 Cubase SX，再到如今最新的 Cubase 5.5，由 Steinberg 推出的这一款软件系统给无数音乐人和录音师带来了工作上的福音。至今很少有 PC 系统软件能像 Cubase SX 或 Nuendo 如此强大、如此稳定、如此高效，且具有丰富的插件资源。

图 4-53 FL Studio 图标

图 4-54 Cubase

Cubase SX 满足了音乐工作的任何需求。自带的音频插件包括：Flanger、Phaser、Overdrive、Chorus、Symphonic、Reverb B、Reverb A、QuadraFuzz、DeEsser、DoubleDelay、ModulationDelay、Dynamics、Chopper、Transformer、Metalizer、Rotary、Vocoder、StepFilter、Bitcrusher、Ringmodulator、SMPTE Generator、Drungalizer、Mix 6to2、Datube 等。Cubase SX 支持所有的 VST 效果插件和 VST 软音源，自带的软音源有三个，分别是 A1 模拟合成器，是 Waldorf 专门为 Cubase SX 设计的，B1 贝司合成器和 D1 鼓采样器。

实际操作环节是 Cubase SX 最闪亮的部分，由 Cubase Arrange Page 继承下来的操作界面又提高一个新的水准。新 Project Page 提供你对音频采样级精度的编辑、实时 Cross Faders、强大的轨道编组和编辑、专业级别的 Automation 功能，这一切使编辑工作更加自由、更加方便、更加简单。选择载入音频文件，即时创建 Loop，可以很方便地调整其曲速。32b 浮点处理调音台，音频和 MIDI 轨都居于其中，具有灵活的路由功能，支持环绕声混音，全参数自动化(Automation)。[①]

(2) Nuendo

Nuendo(图 4-55)是音乐创作和制作软件工具的最新产品。Steinberg 积累了近十五年的发展经验，将音乐家的所有需要和最新技术都浓缩到了最先进的 Nuendo 之中。有了 Nuendo，用户不再需要任何其他昂贵的音频硬件设备、不再需要频繁更新音频硬件设备就能获得非常强大的音频工作站。Nuendo 不仅是一种系统，它远比单一的系统更全面且更灵活，比如由 Nuendo 所支持的 VST System Link 技术，使得用户能够通过多台计算机的相互连接以形成庞大的系统工程，从而可以完成大量数据的 Project 任务。此外，由 Nuendo 提供了许多强大的功能，比如支持 VST 2.0 Plug-ins、虚拟 Instrument 以及 ASIO 2.0 兼容音频硬件的智能化自动 MIX 处理；非常灵活多样的无限级 Undo/Redo 操作、能够以 Undo 记录的任何步骤来取消或修改所作的任何音频编辑处理操作；支持 Surround Sound 并能为其他系统 Surround Sound 处理提供更多的声音处理方案。[②]

① 百度百科. http://baike.baidu.com/view/469248.htm Cubase.

② 百度百科. http://baike.baidu.com/view/1443871.htm Nuendo.

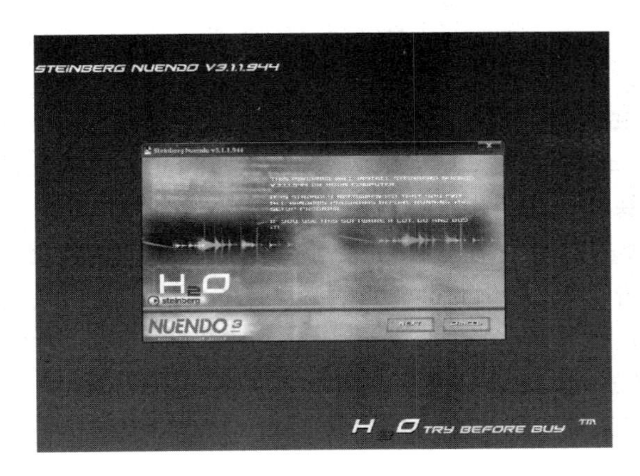

图 4-55　Nuendo 3 的启动界面

4.4　MIDI

4.4.1　MIDI 的基本概念

如果你是一名音乐爱好者，而且恰好又对计算机的操作十分熟练，那么对于 MIDI，你一定不会陌生。随着数字媒体技术的不断发展，音乐领域也从实操实练中另辟蹊径。指尖的琴弦、唇边的吹口，已经使太多热爱音乐却无缘学习的爱好者们望而生畏。然而，MIDI 音乐的出现，成就了很多非专业音乐人士的旋律之梦。他们只要拥有一台 PC，只需具备简单的乐理知识，便可以在家创作出心中的永恒曲调。

MIDI（Musical Instrument Digital Interface，电子乐器数字接口），是一种应用于在音乐合成器（Music Synthesizers）、乐器（Musical Instruments）和计算机之间交换音乐信息的标准协议。MIDI 是乐器和计算机使用的标准语言，是一套指令（命令的约定）。在文本中，它指示乐器（MIDI 设备）需要做什么、如何做。如演奏音符、加大音量、生成音响效果等。由此可知，MIDI 并不是声音信号的集合，也没有通过电缆传送声音，而是以指令的方式控制 MIDI 设备或其他装置，使其产生声音或执行某个动作的指令。

1. MIDI 术语

（1）音乐合成器（Musical Synthesizer）：用来产生和修改正弦波形并叠加，然后通过声音产生器和扬声器发出特定的声音。泛音的合成决定声音音质。

（2）复调声音：简称为复音（Polyphony），指合成器同时演奏若干音符时发出的声音。它着重于同时演奏的音符数。

（3）多音色（Timbre）：指同时演奏几种不同乐器时发出的声音。它着重于同时演奏的乐器数。

2. MIDI 标准

（1）MIDI 电子乐器：能产生特定声音的合成器，其数据传送符合 MIDI 通信约定。

（2）MIDI 消息（Message）或指令：乐谱的一种记录格式，相当于乐谱语言。

（3）MIDI 接口（Interface）：MIDI 硬件通信协议。

(4) MIDI 通道(Channel):MIDI 标准提供 16 种通道,每种通道对应一种逻辑的合成器。

(5) MIDI 文件:由控制数据和乐谱信息数据构成。

(6) 音序器(Sequencer):用来记录、编辑和播放 MIDI 文件的软件。

3. MIDI 音乐的基本特征

MIDI 音乐中记录的信息与数字化波形声音是完全不同的,它并不是依据传统的声音数字化方式对声波进行采样、量化和编码,而是将电子乐器设备所演奏的信息记录下来,包括键名、力度、时值长短等样值,这些信息称之为 MIDI 信息。由这些信息组合生成所需要的乐器声音波形,再经放大后由扬声器输出。

根据 MIDI 生成音乐的流程,我们可以总结出它的基本特征,也是它被普遍使用、深受用户欢迎的原因:

(1) 通过 MIDI 方式生成的音频文件体积小。这主要是因为 MIDI 文件中存储的信息是命令,而不是具体的声音波形,这为文件的存储节省了大量的空间。

MIDI 文件的内容称为 MIDI 消息,即 MIDI Message。每个 MIDI 消息均由 1 个 8 位描述状态的字节与 2 个数据字节组成。

消息格式有三种,分别是 Xm、Nn、Kk(1 个状态字节+2 个数据字节)。

Xm:状态字节。决定了 8 种 MIDI 命令和 16 个 MIDI 通道。

Nn:数据字节。代表音符号、控制号等,取值 0~127。

Kk:代表按键、释放键力度(音量)等,取值 0~127。

MIDI 消息由通道信息(Channel Message)和系统消息(System Message)两大类组成,如图 4-56 所示。

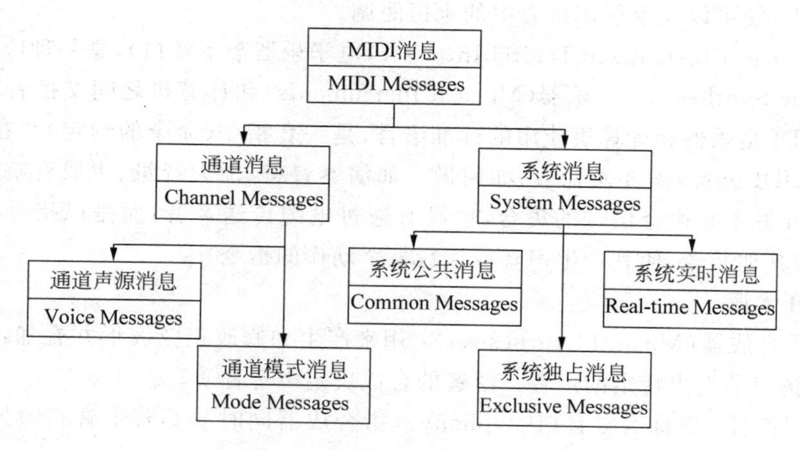

图 4-56 MIDI 消息的组成结构

MIDI 通道消息分为通道声源消息与通道模式消息两类。

① 通道声源消息(Voice Messages):它携带着演奏数据,用来控制乐器(或设备)的声音。包括打开或关闭音符,发出指明键被按下的键压力消息,及发出用来控制效果,如颤音、持续、震音的消息等。

② 通道模式消息(Mode Messages):表示合成器响应 MIDI 数据的方式,用于指定 16

条通道与声音的关系，即把装置设定成单一(Mono)方式或多重(Poly)方式。当开启全部(Omni)方式时，便可以使装置接收所有通道上的声音消息。

MIDI 系统分三种，分别是系统公共消息、系统实时消息与系统独占消息。

① 系统公共消息(Common Messages)：它用来标识在系统中的所有接收器。其中，此处的消息对于整个系统来说是公用的，并提供选歌功能，设定带有节拍数的歌曲位置指针，以及向模拟合成器发出曲调要求等。

② 系统实时消息(Real-time Messages)：它用于 MIDI 部件之间的同步。此类消息用于设定系统的实时参数，包括计时器、启动和停止定序器、从一个停止的位置恢复定序器，以及重新启动系统等参数的设定。

③ 系统独占消息(Exclusive Messages)：厂商的标识代码。此类消息含有制造商特定的数据如标识、序号、模型号和其他信息。

(2) 与波形声音相比，MIDI 音乐的数据信息更便于编辑和修改。对于波形声音的编辑而言，使用相应软件对其进行操作，步骤烦琐，调整细腻，对于操作者有一定专业知识的要求。但对于 MIDI 音乐来说，它的编辑只需要通过指令的修改便可以完成，操作简单易懂，可重复性高。

(3) MIDI 音乐的兼容性高。由于 MIDI 音乐从诞生之初就常被用作背景音乐，所以对其兼容性的要求也比一般音乐类型要高很多。MIDI 音乐可以和其他各种媒体(如数字电视、图形、动画、话音等)一起播放，增强演示效果。

4.4.2 MIDI 音乐的合成技术

产生 MIDI 音乐有两种常用的方式：调频调制合成法(FM)和乐音样本合成法(Wavetable)，也称为波形表合成法。

1. FM 合成法

FM(Frequency Modulation Synthesis)合成法是通过硬件产生正弦信号，再经处理合成音乐的方法。合成的方式是将各组波形整合在一起，理论上可以允许无限多组波形的整合，如图 4-57 所示为 FM 合成器生成乐音的基本原理图。

音乐合成器的先驱 Robert A. Moog 通过模拟电子器件生成了复杂的乐音。之后，20 世纪 80 年代初，美国斯坦福大学(Stanford University)的研究生 John Chowning 发明了一种产生乐音的新方法，称为数字式频率调制合成法(Digital Frequency Modulation Synthesis)，简称 FM 合成器，如图 4-57 所示。他摆脱了以往用模拟电子器件组合音波的方式，采用数字的全新方式来表达，通过计算机的数模转换器(DAC)来生成乐音。应该说，FM 合成法的发明完成了合成音乐工业的一次里程碑式的革命。

2. 波形表合成法

为了实现声音的真实再现，新型的音乐合成技术应运而生。它采用将各种实际乐器的声音采样保存在声卡 ROM 中的方式，合成时通过查表调用声音样本，并进行实时回放，如图 4-58 所示为波表合成器生成乐音的基本原理图。使用波表合成法生成的音乐直观程度好、还原度高，逼真性强，相比 FM 合成法而言，更具优势和魅力。

波表合成有软波表与硬波表两种类别，均采用回放真实声音样本的方式。不同之处在于，软波表的样本音色库保存于硬盘中，通过 CPU 进行调用。而硬波表则将音色库存放在

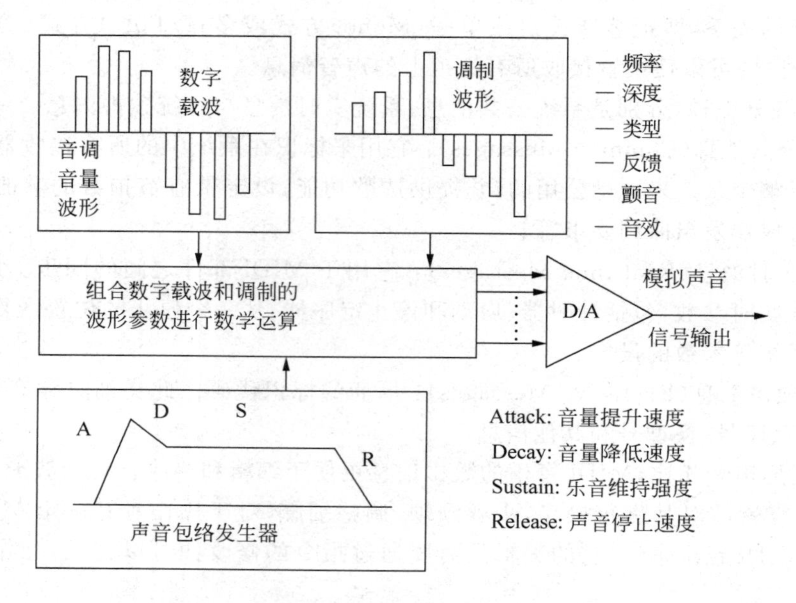

图 4-57　FM 合成器生成乐音的基本原理图

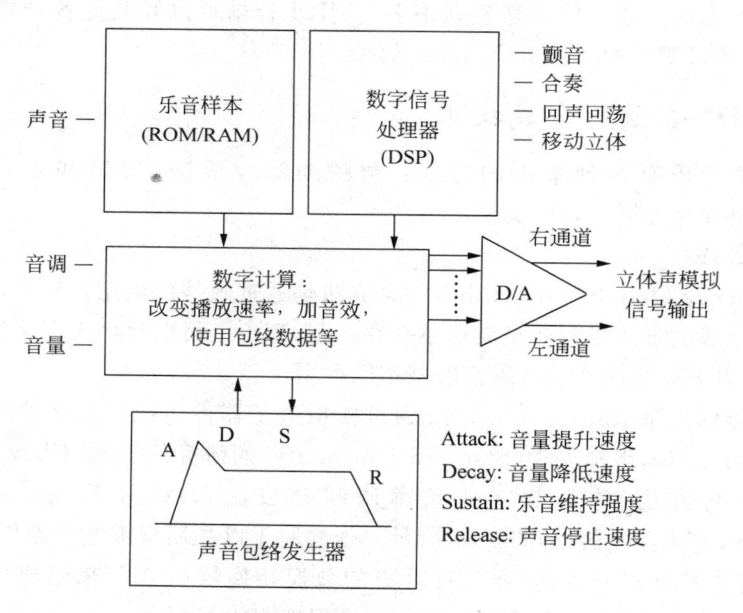

图 4-58　波表合成器生成乐音的基本原理图

声卡的 RAM 或 ROM 中。对比之下，占用 CPU 资源的软波表方式比硬波表更强调系统内环境的指标。

4.4.3　MIDI 音乐创作系统

MIDI 音乐创作系统是一个利用 MIDI 设备与其他电声设备共同进行音乐创作的体系。以 PC 为处理核心可将该系统分为 5 个组成部分：MIDI 乐器、音序器、发声设备、PC 处理设备和音箱。

1. MIDI 乐器

MIDI 乐器是基于人们使用和认知的习惯，将传统乐器的外表与操作赋予新型的 MIDI 乐器之上，从而将传统与新技术相结合，生成了全新的乐器形式，比如 MIDI 键盘(图 4-59)、MIDI 单簧管、MIDI 吉他、MIDI 提琴等。使用者可以完全按照传统乐器的操作方式来进行演奏。

图 4-59　YAMAHA MIDI 键盘

2. 音序器

音序器，又称声音序列发生器，是用来记录、编辑和播放 MIDI 音乐的设备。

作为音序器，它有两种形态。一种为硬件音序器(图 4-60)，属于早期的编曲机，体积大、使用复杂。另外一种是软件音序器，也就是我们熟悉的用于编辑和创作音乐的软件。例如 Cakewalk、Cubase、Encore 等专门进行作曲的软件。根据实际的使用需求，各个软件配以相应的完备功能，既节省空间资源，又便于携带，同时也满足了用户通过计算机屏幕进行直观操作的工作习惯。

在音序器工作的过程中，会将演奏者实时演奏的音符(Note)、节奏信息以及各种表情控制信息，如速度、触键力度、颤音以及音色变化等，在计算机时钟控制基础上，以数字方式按时间或节拍顺序记录下来，然后对记录下来的信息进行修改编辑。经过编辑修改的演奏信息在任意时刻都可以发送给音源，音源即可自动演奏播放。① 软件音序器中最为关键的一个概念即为“音轨”。在操作主界面中布满多个“音轨”，每一种乐器的演奏都分别占据一条轨道，当多种乐器的演奏信息均完成记录时，便可以实现类似多声部、交响乐式的演奏和录音任务。这种作曲方式对传统多人协作的创作方式是一种颠覆，节省了大量的人力物力，又突出了个性化与人性化的时代特质。

3. 发声设备

MIDI 音乐的最终效果需要通过相应的设备以声音的形式体现。发声设备的音源、音色的品质、数量、声道数等参数都会对 MIDI 音乐的最终呈现产生重大影响。

发声设备包括声卡、音源器以及合成器等部分组成。对于普通用户来说，声卡即为最简易的一种音源设备，它拥有一个 GM 音色库，其中预设了 128 种音色以供选用。当然，对于音乐发烧友而言，可以选用专业级的硬件音源，因为它能提供更多更好的音色音效。而产生 MIDI 乐音的主流合成器即为 FM(波表)合成器。

各种发声设备都由很多厂家制造销售，而不同的乐器排列顺序会使得同一段音乐以不同的形式播放。为了消除这种麻烦与困扰，各厂商间达成共识，制定了“标准 MIDI 乐器排序表”，如图 4-61 所示。

---

① 音序器. http://baike.baidu.com/view/494975.htm.

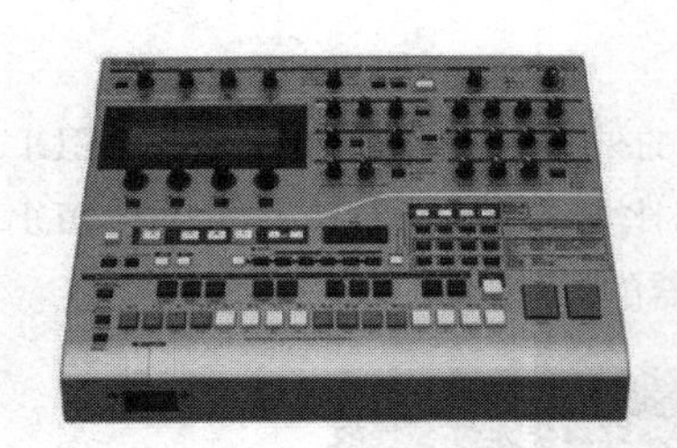
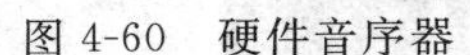

图 4-60 硬件音序器

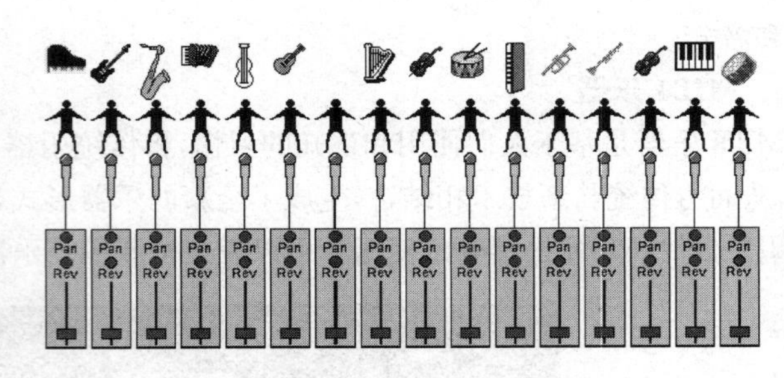

图 4-61 标准 MIDI 乐器排序表

4. PC 处理设备

通过 MIDI 设备与 PC 的连接才使整个 MIDI 系统形成一个完整的统一，并取代了原始的声音处理设备。在 PC 上可以经由各种音频处理软件对乐音数据进行均衡、压缩、混响、除噪等各种操作。这类软件有适合普通 MIDI 爱好者使用的 Piano、Cakewalk、Music Lesson 等软件，也有专业级的 Adobe Audition 等软件。

5. 音箱

为了实现音质的完美再现，一对高品质的音箱是必不可少的。对于音箱的选购，读者可自行翻阅相关的专业书籍，这里就不再做具体说明。

以上这 5 部分形成了一套完整的基于 PC 的 MIDI 系统，如图 4-62 所示。

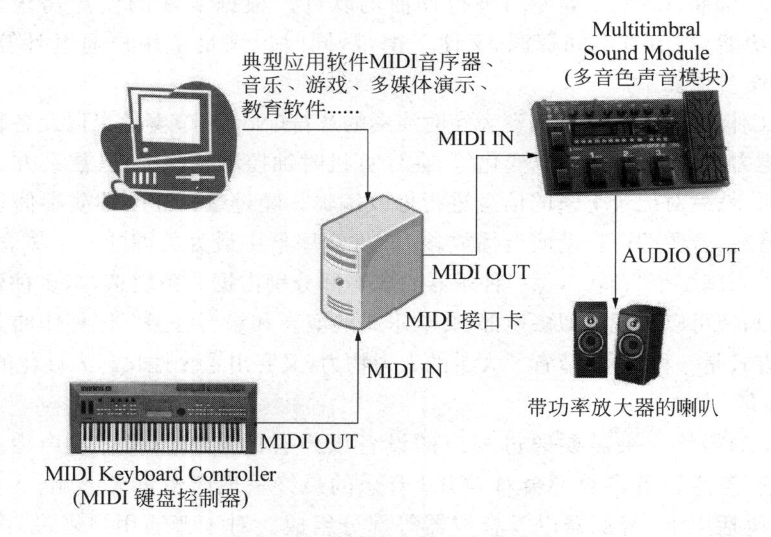

图 4-62 基于 PC 的 MIDI 系统

4.4.4 MIDI 音乐制作工具

Cakewalk(图 4-63)是一个由 Twelve Tone Systems 公司设计的用于制作音乐的软件。它拥有友好的界面、多样化的功能、完备的视像化操作技术。使用该软件，既可以制作单声部或多声部音乐，也可以使用内置的多种音色来制作音乐。总而言之，Cakewalk 提供了制作 MIDI 乐音所需的一切功能，用户可以方便的制作出规范的 MIDI 文件。

随着多媒体技术的发展，Cakewalk 软件也在不断地升级。目前最为普及的版本是

Cakewalk Pro Audio 9.0x。在此基础上，Cakewalk 向着具有更加强大的音乐制作功能的工作站的方向发展，并更名为 Sonar。目前，Sonar 已经升级到 7.0 版本。它不仅可以很好地编辑和处理 MIDI 乐音文件，在音频录制、编辑、缩混方面也得到了长足的发展，同时还可以处理视频文件，并达到甚至部分超过了同档次音频制作软件的水平，如 Cubase 软件。Cakewalk Sonar 现在已经成为世界上最著名的音乐制作工作站软件之一。

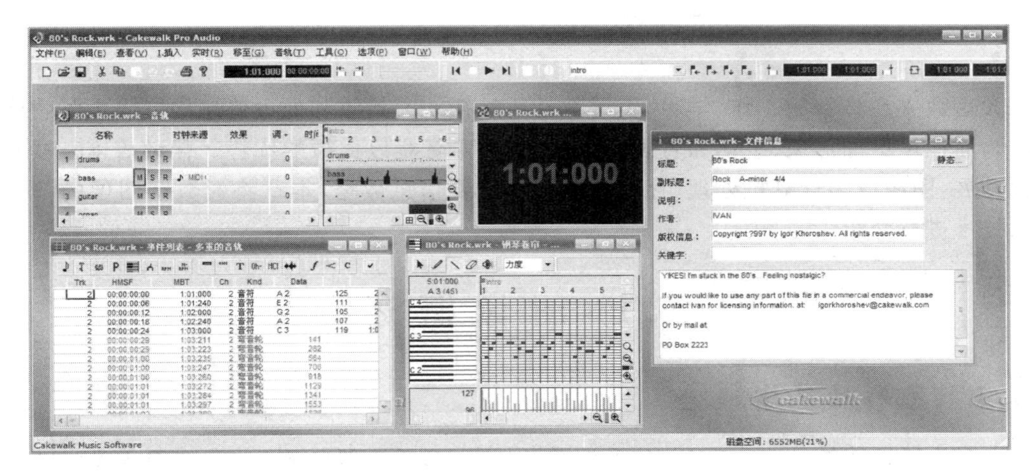

图 4-63 Cakewalk 操作界面

第5章　数字图像处理技术

大多数人在日常的工作、学习、生活都是通过视觉去接收和处理信息的。因为眼睛所看到的画面往往更加形象、生动和直观，具有文本和声音难以比拟的优势。伴随着CG技术的迅猛发展，图像成为计算机处理、存储和展现的重要信息数据，本章将对数字图像的基本概念和技术进行介绍。

5.1　图像概述

5.1.1　色彩的基本概念

人眼之所以能够分辨出颜色，是因为有光的存在，即色彩来源于光。光是人类眼睛可以看见的一种电磁波，也称可见光谱(图5-1)。在科学上的定义，光是指所有的电磁波谱。光可以在真空、空气、水等透明的物质中传播。对于可见光的范围没有一个明确的界限，一般人的眼睛所能接收的光的波长在380～760nm之间，称之为可见光。

随着波长由长向短，可见光的颜色依次呈现红、橙、黄、绿、青、蓝、紫(品红)。这些颜色产生于由牛顿发现的色散(Dispersion)现象。只有单一波长成分的光称为单色光，含有两种以上波长成分的光称为复合光。

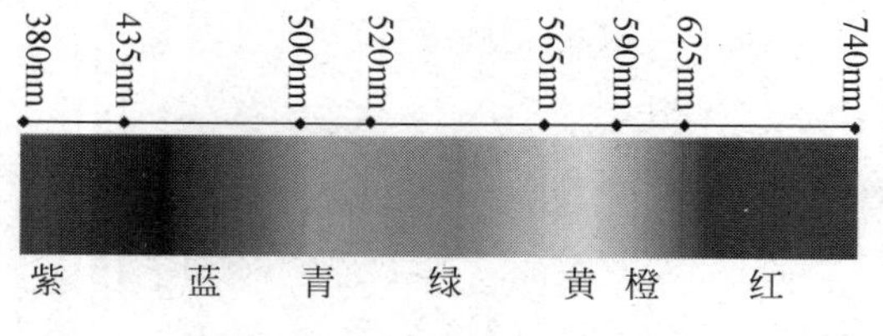

图5-1　可见光光谱

当人眼接收到来自物体表面反射或投射出的光线时，便可以分辨出颜色。具体颜色的呈现与光源和被照射的物体以及观察者均有密切的关系。

1. 颜色构成三要素

颜色是通过眼、脑和我们的生活经验所产生的一种对光的视觉效应。人对颜色的感觉是一种综合效果，它不仅仅由光的物理性质决定，更与颜色的三个要素有着直接的关系。从人的视觉系统来看，对于任一颜色的描述可用色调(Hue)、饱和度(Saturation)以及明度(Lightness)三个基本构成要素进行明确。

1）色调

色调是指物体反射的光线中优势波长的颜色，也就是说，色调与波长有关。在实际运用的过程中，色调已经被简化为颜色的名称，即红、橙、黄、绿、蓝、紫以及各种合成颜色的名字，如图 5-2 所示为色环。

2）饱和度

饱和度是指颜色偏离灰色、接近纯光谱色的程度，即颜色的纯度。当纯度越高时，画面表现越鲜明，当纯度较低时，画面表现则较黯淡。在英文中，可以用 Saturation 与 Chroma 两个词来同指饱和度。在应用中，我们可以通过在某色调中添加白色或黑色来实现饱和度的变化。比如蓝色，当在蓝色中添加白色时，蓝色会由起始的纯色变为浅蓝；相反，如果添加黑色，则会变为靛蓝、深湖蓝等更暗、饱和度更低的蓝色。

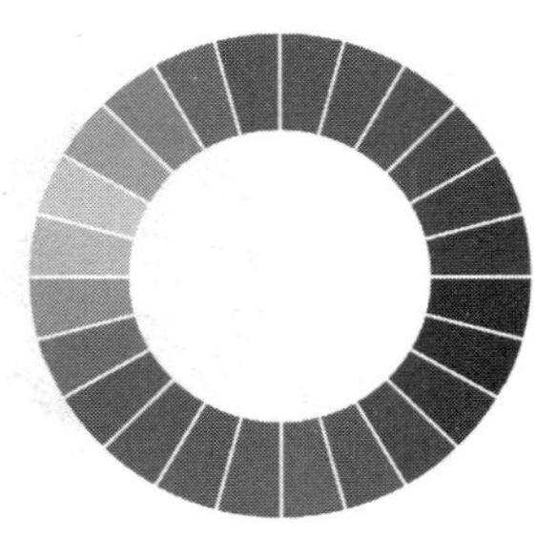

图 5-2　色环

3）明度

明度指的是人眼能察觉到的光所产生亮暗的感觉。对于同一物体而言，明度不同会导致颜色深浅的变化，如图 5-3 所示；在明度相同的情况下，不同的色调也会根据人眼对其不同的明度感而显示出不同的明暗效果，如图 5-4 所示。在纯色中，黄色的明度感最强，紫色的明度感最低。

图 5-3　同一物体明度不同时产生的变化

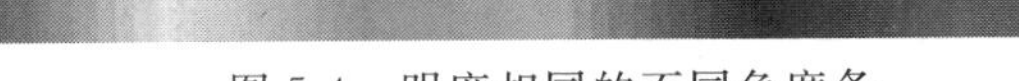

图 5-4　明度相同的不同色度条

2. 三基色原理

三基色是由三种基本原色构成的，分别是红色、绿色与蓝色。原色的含义是指不能透过其他颜色的混合调配而得出的基础色。将三种原色以不同比例混合，可以产生出其他的新颜色。而自然界中的任何一种颜色都可以由 R(红)、G(绿)、B(蓝)这三种颜色组合在一起来确定。

对于颜色的生成，可以采用不同的方式进行调和，如颜色的相加原理与相减原理。颜色的相加原理从理论上讲，即通过三原色按不同的比例混合生成其他各颜色。当三原色等量相加时，会得到白色。可用下面的公式来描述生成颜色与三原色之间的关系：

$$颜色 = R(红色的百分比) + G(绿色的百分比) + B(蓝色的百分比)$$

相减原理则采用减法的方式生成颜色。当两种以上的色料相混或重叠时，白光就减去各种色料的吸收光，剩余部分的反射色光混合的结果就是色料混合或重叠产生的颜色。当然，使用颜色的减法原理时使用的并不是三基色红、绿、蓝，而选用三原色青色(Cyan)、品红(Magenta)和黄色(Yellow)三种颜色。在相减原则中，当三原色等量混合时会得到黑色，如图 5-5 和图 5-6 所示。

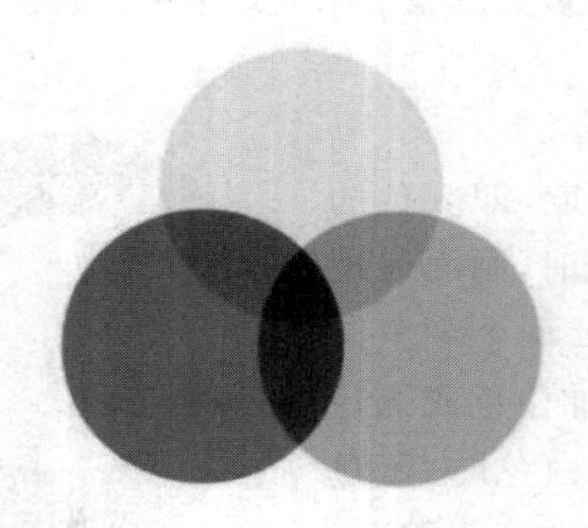

图 5-5　三原色

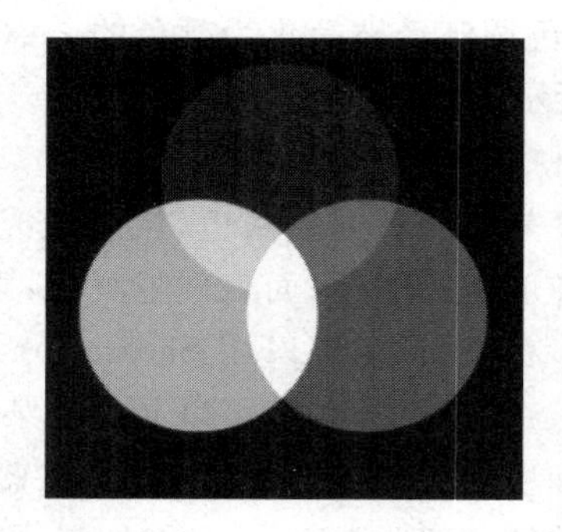

图 5-6　三基色

5.1.2　色彩空间模型

1. RGB 色彩模型

所谓 RGB 色彩模型即采用红、绿和蓝三基色以不同比例进行颜色叠加的模型。在数字媒体技术中，计算机的显示器采用的就是 RGB 色彩模型。当然，无论计算机中处理何种色彩模型，最终显示出来的就是被转换过的 RGB 彩色。国际发光照明委员会(CEI)将三基色光的波长分别定义为红色(700nm)、绿色(546.1nm)和蓝色(453.8nm)。根据 5.1.1 节提到的三基色原理，自然界中的任意一种颜色可以由以下公式进行表述：

$$C = r[R] + g[G] + b[B]$$

公式中的 r、g、b 分别代表三基色红、绿和蓝的比例系数。当三种颜色的系数相同时，颜色 C 为标准的白色，即 RGB 色彩模型采用的是相加原理。使用 RGB 模型为图像中每一个像素的 R、G、B 分量分配一个 0～255 范围内的强度值。例如：纯红色三个分量的值为(255,0,0)；纯绿色为(0,255,0)；黑色为(0,0,0)。使用 RGB 模型的图像仅使用三种颜色间的混合，便可以在 256 级的屏幕上显示出 16 777 216 种颜色，合约 1678 万种色彩。

图 5-7 即通过 Windows 自带画图工具中的颜色编辑对话框进行颜色选择的界面。当选择颜色库中的任意点颜色时，右下方的红(R)、绿(G)、蓝(B)都会显示出相应的数值；相反，如果人为在右下方红(R)、绿(G)、蓝(B)的对话框中输入数值，系统也会自动改变颜色 C 的坐标值，从而在颜色库中找到相应的颜色。

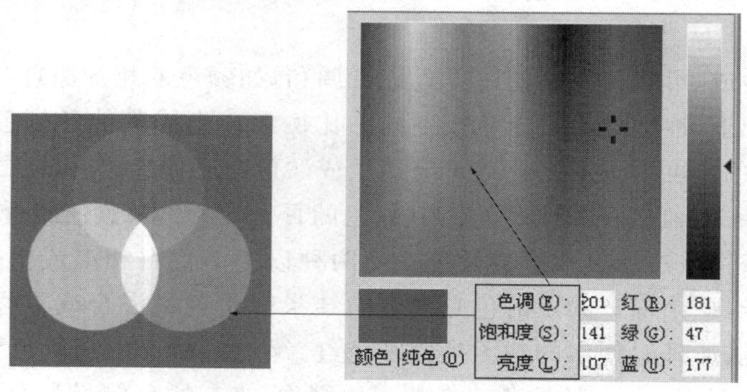

图 5-7　RGB 色彩模型表述

2. CMYK 色彩模型

与 RGB 颜色模型不同，以红、绿、蓝的补色青(Cyan)、品红(Magenta)、黄(Yellow)为原色构成的色彩模型为 CMY 色彩模型。这种色彩模型常用于彩色印刷或彩色打印，而在实际使用时，彩色打印机中的打印油墨由于带有杂质，很难通过以上三种颜色叠加出纯正的黑色。故在该模型中又添加一种原色——黑色。在这里，黑色使用了字母 K(因为 B 已经用来表示蓝色)，所以，该模型又被称为 CMYK 模型。

CMYK 色彩模型是一种应用相减原理的色彩系统。它的颜色来源于反射光线。当所有的颜色叠加在一起时会产生黑色，当没有任何颜色加入的时候为白色。我们以一张彩印作品为例，通过 Photoshop 软件的"通道"来观察 CMKY 模型的特点。

首先，单击菜单栏中的"图像"选项，再单击"模式"→"CMYK 颜色"，即确定该图片在 CMYK 色彩模型下进行编辑与查看，如图 5-8 所示。再单击右侧的"通道"标签，便可以看到每种颜色对应的通道情况，如图 5-9～图 5-12 所示。

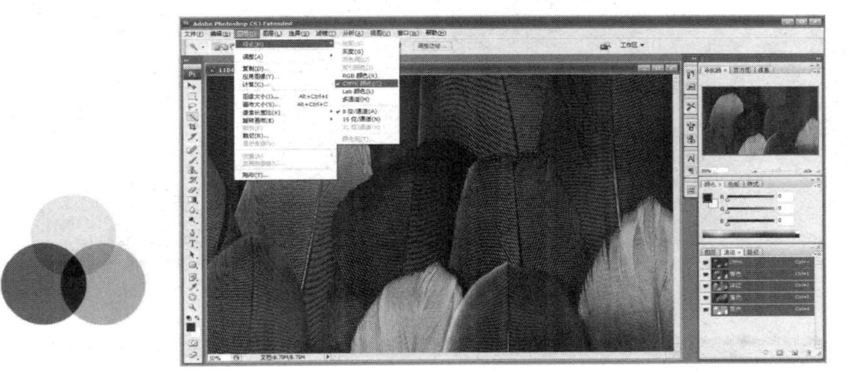

图 5-8　CMYK 色彩模型下的彩色图片

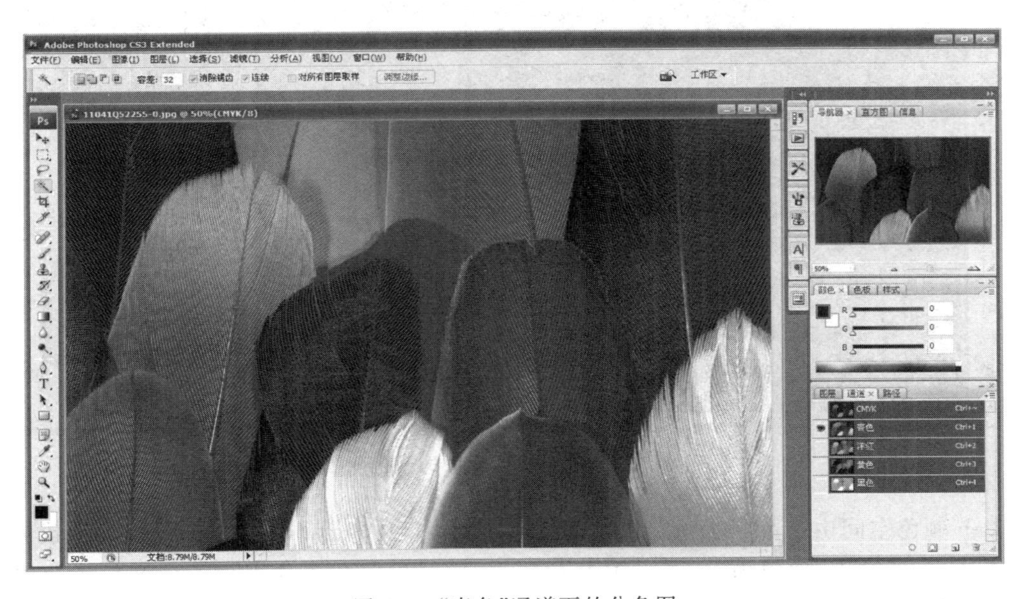

图 5-9　"青色"通道下的分色图

3. Lab 色彩模型

国际发光照明委员会(International Commission on Illumination,CIE)在 1976 年时推荐了新的色彩空间模型及其相关色差公式,即 CIE1976LAB,或称 Lab 色彩模型。这种模型既不依赖光线,也不依赖于颜料,它可以表示和处理一切光源色或物体色,从而弥补了 RGB 和 CMYK 两种色彩模式的不足。

图 5-10 “洋红”通道下的分色图

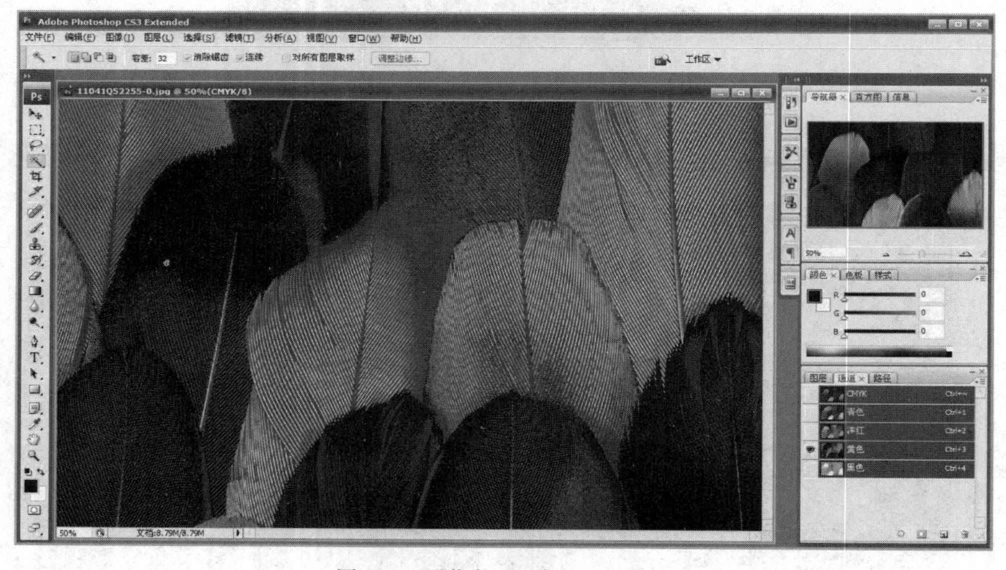

图 5-11 “黄色”通道下的分色图

Lab 颜色空间由三个分量组成:亮度(L,0~100);*a*、*b* 为两个色差分量,分别代表红-绿色差和黄-蓝色差,数值为 1~10。在该模式下,同样可以对图片进行各种调整与处理,如图 5-13 所示。

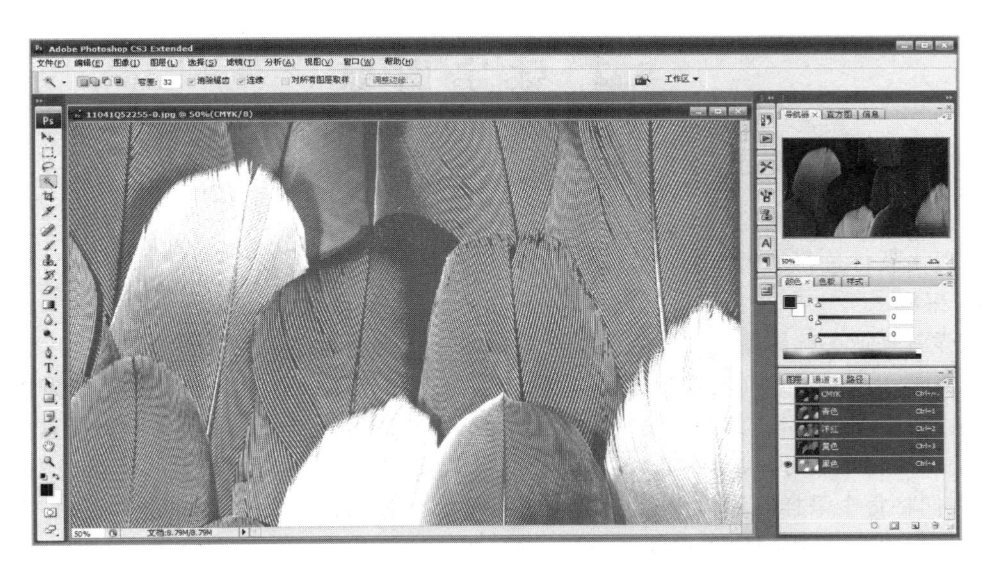

图 5-12 “黑色”通道下的分色图

图 5-13 Lab 模式下的彩色图片

4. HSL 色彩模型

HSL(色调 Hue、饱和度 Saturation、亮度 Lum)色彩模型是工业界的一种颜色标准，通过三个颜色通道的变化以及它们相互之间的叠加来得到各式各样的颜色。根据人的视觉特性，人眼对于亮度的辨认程度远比颜色要敏感得多，故而将颜色以这三种通道的方式进行拆分最有助于色彩的处理与分析。

HSL 色彩模型可以抽象为一个圆锥体立体模型，如图 5-14 所示。图中的纵轴表示亮度(L)，自上而下由亮变暗；横轴表示色彩的饱和度(S)，自内向外逐渐饱和；环向轴为色调的变化(H)。

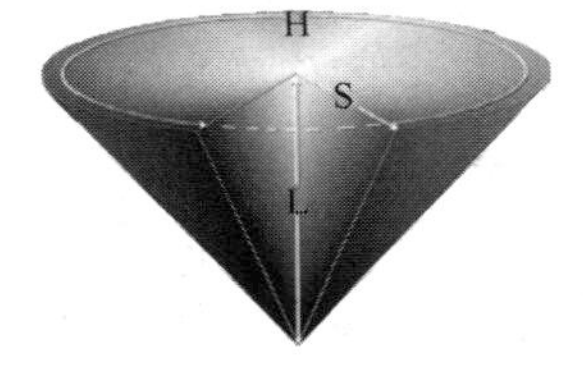

图 5-14 HSL 色彩立体模型

5.2 数字图像

5.2.1 图像的数字化

图像的数字化与第4章声音的数字化过程类似，分别经过采样、量化和编码三个过程之后便可以由软件进行编辑与处理。

1. 采样

采样就是把一幅图像在二维空间上分割成$M \times N$个网格，每个网格用一个亮度值或彩色信息来表示。通过这样的转换过程，就将连续的图像分离成为一系列空间坐标离散数值的形式。对于图像而言，其本身是一个二维视像，故转换出的离散数值也是一对信息值。例如，我们可以将下图分割成M行、N列，那么，该幅图像即由$M \times N$个采样点组成，在计算机中，我们将每个采样点称为像素点(Pixel)。每个像素点的位置信息由分离后的M和N值决定。如图5-15所示为图片网格采样示意。

图5-15 图片网格采样示意图

2. 量化

量化是将图片中每个采样点的亮度值或彩色信息进行数字化处理，即把原来的模拟连续数值转换为数字化的离散数值，这个过程称之为量化。量化字长对于图像效果的影响很大。量化字长越长，图像越逼真，字长越短，图像失真度越大。对于灰度图来说，当量化字长为1位时，图像会转化为单色图(即只有黑、白两种颜色)。如图5-16所示为不同量化字长处理后的图像效果。

3. 编码

编码是将量化后的数值以二进制的形式进行存储的方式。图像的采样点越多，信息就会越多，从而数据量就会越大，所占空间也会越大。为了在不影响观看和使用的情况下尽量节约资源，对图像进行压缩便成为必不可少的环节。应该说，压缩编码技术在整个图像数字化过程中起着重大的作用，也是后期对图像进行编辑、保存和传输等操作的关键步骤。

(a) 24位图像

(b) 16位图像

(c) 1位图像

图 5-16　不同量化字长处理后的图像效果

5.2.2　数字图像的基本属性

1. 分辨率

在数字媒体技术中，分辨率(Resolution)可以分为针对图像自身显示效果的图像分辨率、以计算机显示器为主体的显示分辨率，以及扫描和打印时使用的分辨率。

1）图像分辨率

在平面设计中，图像分辨率(Image Resolution)是最为常用的一个概念，也是十分重要的参数。图像分辨率是指组成一幅图像单位长度包含像素数的多少。像素数越多，说明图像的分辨率越高，画面质量就越好；像素数越少，图像的分辨率就越低，画面质量就越差。图像分辨率的单位是 ppi，它与图像的尺寸共同决定了图像文件的大小及图像质量。比如，一幅 567×425 像素的图片，在保证长、宽数值不变的情况下，图像分辨率越小，视像越不清晰，原因就在于单位长度包含的像素点减少了。图 5-17 的三幅组图就可以表现出相同的图像在相同大小的区域尺寸中以不同的图像分辨率显示的情况。

(a) 567×425

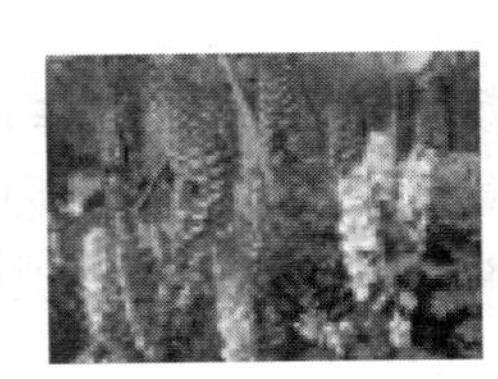
(b) 100×75

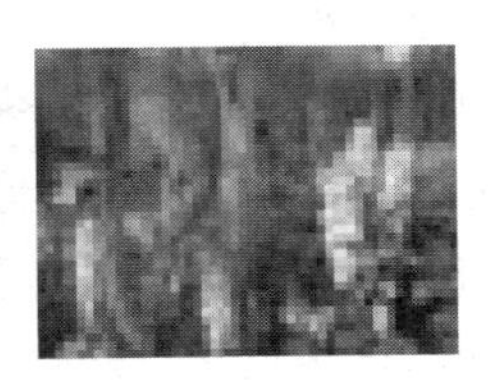
(c) 50×38

图 5-17　相同图像在相同大小的区域尺寸中以不同的图像分辨率显示的情况

2）显示分辨率

显示分辨率(Display resolution)是显示器屏幕上能够显示出的分辨率，即显示器显示图像区域的水平像素和垂直像素的数目。例如 1024×768 的显示分辨率，是指在整个显示器屏幕上水平显示 1024 个像素，垂直显示 768 个像素，共显示 1024×768=786 432 个像素点。像素点越多，显示分辨率就越大，屏幕的显像效果就越佳。显示分辨率的大小还与显像卡的缓冲存储器的容量有关，容量越大，显示分辨率就越高。

显示分辨率以符合人眼识别的大小为最佳。过大或过小都会影响使用。比如，在1024×768的显示器上人眼最高能识别的分辨率是 800×600，即人眼最佳分辨率，所以虽然 1024×768 这个分辨率很高，可以精确还原图像，但人眼是无法识别多余信息的。

分辨率不同的图像在相同的显示分辨率下会以不同的尺寸显现出来，如图 5-18 所示。

分辨率越小的图片，占据显示器屏幕的区域范围就越小；如果图像分辨率大于显示分辨率，则显示器上只会显示图像的一部分。

(a) 512×348

(b) 256×192

(c) 64×48

图 5-18　分辨率不同的图像在相同的显示分辨率下的显现

3）打印与扫描分辨率

打印与扫描分辨率是指使用打印机或扫描仪输出图像时每英寸可识别的像素点数，用 dpi(Dots per Inch)作为单位。如果采用分辨率为 500dpi 的扫描仪扫描一幅 10×12 的彩色图像，那么扫描输出的图像即为(500×10)×(500×12)的像素。打印分辨率注重打印图像与原始图像间的分辨率差值，差值越大说明两图的差异性大，质量就差；差值越小，说明打印图像越接近原始图像，故图像质量好。而扫描分辨率更注重扫描仪扫描图像时设定的每英寸的点数，点数越高，图像质量越好。

2. 像素深度

像素深度(Pixel Depth)是指记录每个像素点所用的位数，它也可以用来度量图像的分辨率。像素深度决定彩色图像的每个像素可能有的颜色数，或者确定灰度图像的每个像素可能有的灰度级数。当采用 RGB 色彩模型时，像素深度与色彩的映射关系主要有真彩色、伪彩色与调配色三种。

真彩色(True Color)是指一幅彩色图像的每个像素用 R、G、B 三个分量表示，每个分量用 8 位二进制数记录，那么一个像素共用 24 位表示，即像素深度为 24，则每个像素可以是 16 777 216(2 的 24 次方)种颜色中的一种。通过这种映射关系得到的图像颜色逼真，可以完全还原与再现真实色彩，故称之为真彩色。

伪彩色(Pseudo Color)是指图像的每个像素值是以一个索引值或代码来表示，再由这个代码值作为入口地址进行在色彩查找表 CLUT(Color Look-Up Table)中查找实际 R、G、B 的强度值。这种用查找映射的方法产生的色彩称为伪彩色。

调配色(Direct Color)是指以图像中每个像素点的 R、G、B 分量分别作为单独的索引值进行变换，再由色彩变换表找出相应的强度值，用变换后的 R、G、B 强度值产生色彩的方法。

3. 图像的大小

图像的大小是指计算机磁盘中存放该图像像素的字节数(B)，在计算时可采用以下公式：

图像大小＝图像分辨率×像素深度/8

＝(图像水平分辨率×图像垂直分辨率)×像素深度/8

注：1B＝8b。

5.2.3 数字图像的种类

数字图像可以分为两大类，即矢量图像和位图图像。

1. 矢量图像

矢量图像(Vector Image)是指完全由计算机的指令生成的图像形式。矢量图像的基本构成元素是一些点、线、矩形、多边形、圆和弧线等简单图形。例如一幅自行车的矢量图形实际上是由线段形成外框轮廓，由外框的颜色以及外框封闭区域的颜色决定自行车各部分的颜色，如图 5-19 所示。由于矢量图形可通过公式计算获得，所以矢量图形文件体积一般较小。矢量图形最大的优点是无论放大、缩小或旋转等情况都不会失真，即矢量图形与分辨率无关；最大的缺点是难以表现色彩层次丰富的逼真图像效果。Adobe 公司的 Illustrator、Corel 公司的 CorelDRAW 是众多矢量图形设计软件中的佼佼者。大名鼎鼎的 Flash MX 制作的动画也是矢量图形动画。

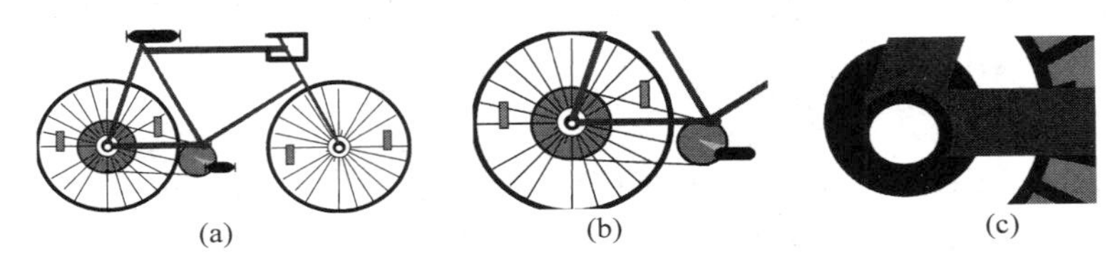

(a) (b) (c)

图 5-19 矢量图放大效果

2. 位图图像

位图，也称为"位图图像"(Bitmap Image)、"点阵图像"、"数据图像"、"数码图像"，它是通过相机、扫描仪、摄像机等设备将模拟图像信号转换为数字图像数据阵列的图像形式。它是由像素(Pixel)点组成的，像素是位图最小的信息单元，存储在图像栅格中。

每个像素都具有特定的位置和颜色值。按从左到右、从上到下的顺序来记录图像中每一个像素的信息，如：像素在屏幕上的位置、像素的颜色等。位图图像质量是由单位长度内像素的多少来决定的，如图 5-20 所示。单位长度内像素越多，分辨率越高，图像的效果越好，即位图质量与分辨率有关。

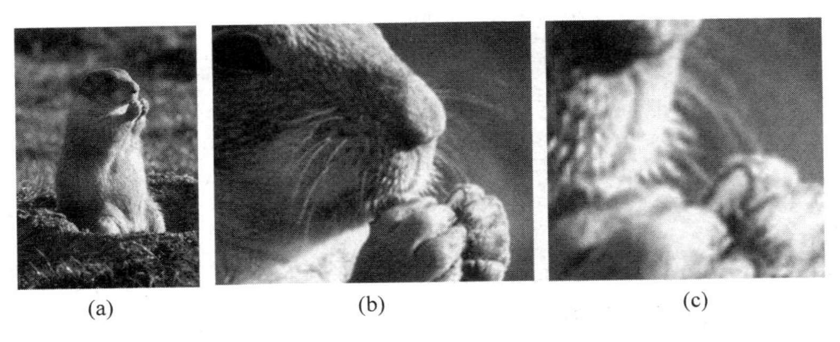

(a) (b) (c)

图 5-20 位图放大效果

位图的优点是可以表现色彩层次丰富的逼真图像效果，适用于相片或要求精细的图像。缺点是由于位图像素的总数是一定的，所以，当位图图像放大到一定程度时，被放大的一个个像素点会逐渐地变得粗大，像素间距也随之加大，图像的颜色过渡也会逐渐消失。当旋转或缩放位图时会产生失真和畸变(如产生锯齿、形变、像素化等)。

5.2.4 常用图像文件格式

1. BMP

BMP(Bitmap)即位图格式,这种格式简单、显示速度快,常见于 Windows 平台中。它也是由 Microsoft 与 IBM 为 Windows 和 PS/2 制订的图像文件格式。支持灰度图、伪彩图和 24 位的真彩图,可采用 RLE 无损压缩或不压缩。BMP 的缺点主要是文件大,会占用更多的存储空间和传输带宽,因此,BMP 一般用于小尺寸图像、中间图像、临时图像。

BMP 文件格式分为核心格式和普通格式两部分,其中核心格式的信息头较小,约为 12 字节,颜色表中每项是 3 个字节,且不支持压缩;普通格式的信息头较大,一般约为 40 字节,颜色表中每项是 4 个字节,且支持压缩。

BMP 格式支持 RGB、索引颜色、灰度和位图色彩模型,但不支持 Alpha 通道。大部分图像编辑软件都支持这种格式,如 Windows 系统自带的画图工具、Photoshop、Picasa、ACDSee 等。

2. GIF

GIF(Graphics Interchange Format,图像互换格式)是一种由 CompuServe 公司开发的广泛应用于网络传输的位图图像文件格式,以 8 位色(256 种颜色)重现真彩色的图像。它实际上是一种压缩文档,采用 LZW 压缩算法进行编码,有效地减少了图像文件在网络上传输的时间。

GIF 主要分为两个版本,即 GIF 87a 和 GIF 89a。GIF 87a 是在 1987 年制定的版本。GIF 89a 是在 1989 年制定的版本。在 GIF 89a 版本中,为 GIF 文档扩充了图形控制区块、备注、说明、应用程序接口等 4 个区块,并提供了对透明色和多帧动画的支持。缺点是不支持 24 位真彩色,大大限制了 GIF 文件的应用范围。GIF 实现动画播放的效果主要得益于 GIF 中可存储多幅图像。同时,由于 GIF 格式文件的 8 位压缩以及图像累进特性,使其更适于网络传输,目前大多数网络浏览器都支持 GIF 动画的播放。如图 5-21 所示。

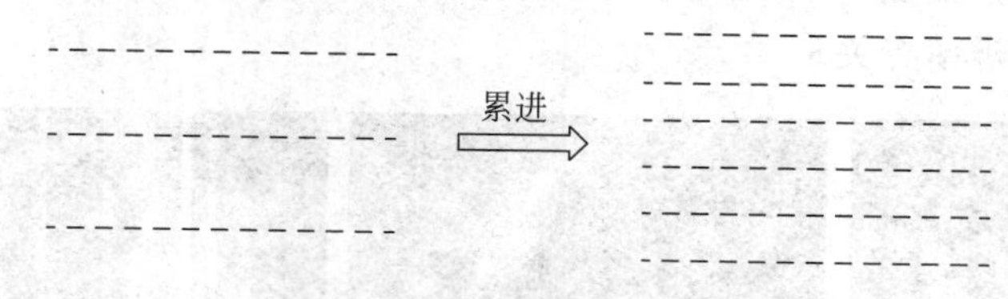

图 5-21 GIF 图片累进示意图

3. JPEG

JPEG(Joint Photographic Experts Group,联合图像专家小组)是国际标准化组织(International Standard Organized,ISO)和国际电报电话咨询委员会于 1986 年联合制定的一种广泛使用有损压缩编码标准,也是一种静态图片文件格式。JPEG 格式的图像文件采用了有损压缩算法对图像进行压缩处理,因此具有较复杂的文件结构和编码方式,它以牺牲原图像中一部分类似图像数据以实现较高的压缩率。当然,这种数据损失符合人眼观察特性,即忽略不为人眼所觉察的部分。

JPEG 运用多种压缩编码技术，在压缩比达到 25：1 的情况下，压缩后的图像可以呈现更令人满意的效果。JPEG 格式在对图像的压缩过程中还为用户提供了可以选择的不同图像质量和压缩比，用户可以根据自己的需要进行相应的选择。在进行图片压缩时，压缩比越低，图像文件所占空间越大，图像质量越好；压缩比越高，图像文件所占空间越小，图像质量越差。

4. TIFF

TIFF(Tagged Image File Format，标签图像文件格式)是一种由 Aldus 公司与微软公司联合开发，主要用于存储包括照片和艺术图在内的图像工业标准文件格式。TIFF 格式在业界得到了广泛的支持，可进行跨平台操作，在不同应用软件间完成信息交换。如 Adobe 公司的 Photoshop、The GIMP Team 的 GIMP、Ulead PhotoImpact 和 Paint Shop Pro 等图像处理应用，QuarkXPress 和 Adobe InDesign 这样的桌面印刷和页面排版应用，扫描、传真、文字处理、光学字符识别和其他一些应用等都支持这种格式。

此外，TIFF 格式的图像文件的数据结构是可变的，文件具有可改写性，可向其中写入相关信息；支持从单色模式到 32 位真彩色模式的所有图像；支持哈弗曼、LZW、RLE 等多种压缩编码。然而，TIFF 格式图像文件也存在许多不足，例如标准不统一、格式复杂、解码难等。

5. PNG

PNG(Portable Network Graphics，便携式网络图形)是一种由 W3C(World Wide Web Consortium，万维网协会)制定的采用无损压缩的图像存储文件格式，支持索引、灰度、RGB 三种颜色方案以及 Alpha 通道等特性。正如非官方的说法“PNG's Not GIF”，PNG 的开发目标是改善并取代 GIF 作为适合网络传输的格式而不需要专利许可，所以被广泛应用于互联网及其他方面。

PNG 作为 GIF 的替代品被开发，克服了 GIF 格式使用过程中的一些常见问题，但不支持动画。PNG 支持多达 16 位深度的灰度图像和 48 位深度的彩色图像，并且还可支持多达 16 位的 α 通道数据及真彩色图像。

PNG 的特性如下：

(1) 支持 256 色调色板技术以产生小体积文件

(2) 最高支持 48 比特真彩色图像以及 16 比特灰度图像。

(3) 支持 Alpha 通道的透明/半透明特性，如图 5-22 所示。

(4) 支持图像亮度的 Gamma 校准信息。

(5) 支持存储附加文本信息，以保留图像名称、作者、版权、创作时间、注释等信息。

(6) 使用无损压缩。

(7) 渐近显示和流式读写，适合在网络传输中快速显示预览效果后再展示全貌。

(8) 使用 CRC 防止文件出错。

(9) 最新的 PNG 标准允许在一个文件内存储多幅图像。

6. TGA

TGA(Tagged Graphics)是由 Truevision 公司开发的一种图像文件格式，最高可支持 32 位的色彩数。TGA 图像格式最大特点是具有 α 通道，可输出透明背景图像。TGA 如作为序列文件输出，可产生高质量的动画或影视素材。TGA 的结构比较简单，属于一种图形图像数据的通用格式，现在已成为数字化图像，以及运用光线跟踪算法所产生的高质量图像的常用格式，并被广泛应用于多媒体和数码影视领域。

图 5-22　PNG 图像支持透明与半透明通道的显示效果

7. PSD

PSD(Photoshop Document)是专业图形图像处理软件 Adobe Photoshop 的专用图像文件格式,以.psd 为后缀保存的文件只有通过 Photoshop 才能将其打开并编辑。这种文件实质上是一种工程文件,存放着对原始图片进行的一切操作与各图层、通道、路径的信息,每次打开时都可以重新进行编辑。正是由于信息量大,所以文件的体积较大。

5.3　数字图像处理

5.3.1　数字图像的获取

随着数字技术、网络技术的发展,人们对图像数字化应用的需求不断增加,例如历史文物的保存、法律取证、地理信息系统、航空航天图像信息处理等领域,目前比较常见的数字图像获取途径有以下几种。

(1) 从网络上获取。随着计算机网络的大众化,人们将更多的数字图像传输到网络上分享。图像的种类繁多,数量巨大,因此,从网络上获取数字图像是当下最为快捷的方式。但是需要注意尊重个人的隐私或相关的法律规定。

(2) 屏幕截取。我们可以使用 QQ 自带的截图工具扩取截选区域,双击左键粘贴在 QQ 的对话框中。同时,也可以使用键盘右上方的 Print Screen 键。按下该键,系统会自动保存当前屏幕中的所有内容。再使用一些图像处理软件执行“粘贴”指令即可。另外,从一些视频播放工具中自带获取图像的方式,操作简单方便,但是图像信息的质量难以保证,要视原视频资料而定。

(3) 从光盘中获取。通过光盘来获取图像的方式与数字声音的获取步骤大致相同,用户可以从 CD、VCD、DVD 或高清蓝光盘上直接复制获取。

(4) 扫描图像。使用扫描仪可以将传统的纸质图像直接以数字化的形式存储于计算机中,用于后期处理。

(5) 数码照相机获取图像。数字摄影设备在拍摄时将照片直接经过光电过程存储于数据存储卡中,通过相应的接口便可以由计算机读取。

(6) 直接使用图像处理软件绘制。利用 Photoshop、Painter 等绘图软件可根据需求直接进行数字图像的制作。

5.3.2 数字图像采集设备

1. 绘图板

目前，许多的绘图软件都支持绘图板，利用这种外置输入设备可以方便地进行数字图像的制作。绘图板是设计、绘图用的工作平台，主要用于工程、设计、测绘、地质、服装等领域。传统的绘图板材质有木质、合成材料等，进入 20 世纪末，数位绘图板逐渐在计算机绘图领域推广开来，数位绘图板同键盘、鼠标、手写板一样都是计算机输入设备。如果计算机没有配置数位板，那在绘画创作上会很不方便，就像计算机只有键盘，没有鼠标的感觉。随着科学技术的发展，数位板作为一种输入工具，成为鼠标和键盘等输入工具的有益补充，其应用也会日渐普及。图 5-23 和图 5-24 为 Wacom 公司出品的新帝系列数位板产品。

图 5-23　新帝 24H(Wacom)

图 5-24　新帝 12WX(Wacom)

2. 扫描仪

对于一些类似纸质的画面可以使用扫描仪以扫描图像的方式来进行数字图像获取。扫描仪(Scanner)也是一种计算机外部仪器设备，通过捕获图像并将之经过光电系统转换成计算机可以显示、编辑、存储和输出的数字输入设备。对照片、文本页面、图纸、美术图画、照相底片、菲林软片，甚至纺织品、标牌面板、印制板样品等三维对象都可作为扫描对象，提取和将原始的线条、图形、文字、照片、平面实物转换成可以编辑及加入文件中的装置。如图 5-25 所示，爱普生 GT-S80 扫描仪采用 ReadyScan LED 技术，CCD 扫描方式，可以达到 600dpi 的分辨率。

3. 数码相机

数码相机(Digital Camera，DC)是一种利用电子传感器把光学影像转换成电子数据的照相机，如图 5-26 和图 5-27 所示。数码相机在获取数字图像的过程中充当着重要角色，许多场景或画面的获取都是通过数码照相来进行的。按用途分为单反相机、卡片相机、长焦相机和家用相机等。

图 5-25　爱普生 GT-S80 扫描仪

数码相机是集光学、机械、电子一体化的产品，最早出现在美国航空航天应用领域，后来才在民用领域并不断拓展应用范围。其工作原理是光线通过镜头或者镜头组进入相机后，通过成像元件转化为数字信号，数字信号再通过影像运算芯片储存在存储设备中。数码相机的成像元件是 CCD 或者 CMOS，该成像元件的特点是光线通过时，能根据光线的不同转化为电子信号。

图 5-26　佳能 7D

图 5-27　佳能 IXUS1100

5.3.3　常用数字图像处理软件

1. Photoshop

从起初的 Display 发展到后来的 Photoshop(图 5-28)，这款集图像扫描、编辑修改、图像制作、广告创意、图像输入与输出于一体的图形图像处理软件不仅成为了 Adobe 公司旗下最著名的产品之一，也是在广大平面设计人员和数字艺术爱好者中普及率最高的图像处理软件之一。

图 5-28　Adobe Photoshop CS5 启动界面

Photoshop 从功能模块上可以划分为图像编辑、图像合成、校色调色及特效制作等几个部分。图像编辑是图像处理的基础，可以对图像做各种变换如放大、缩小、旋转、倾斜、镜像、透视等，也可进行复制、去除斑点、修补、修饰图像的残损等；图像合成则是将几幅图像通过图层操作、工具应用合成完整的、传达明确意义的图像，这是美术设计的必经之路，Photoshop 提供的绘图工具让外来图像与创意很好地融合，成为可能使图像的合成天衣无缝；校色调色是 Photoshop 中最具魅力的功能之一，可方便快捷地对图像的颜色进行明暗、色偏的调整和校正，也可在不同颜色模型间进行切换以满足图像在不同领域(如网页设计、印刷、多媒体等)的应用；Photoshop 中的特效制作主要是由滤镜、通道及工具综合应用完成的，包括图像的特效创意和特效字的制作，如油画、浮雕、石膏画、素描等常用的传统美术技巧都可通过 Photoshop 特效制作完成。

2010 年 4 月 12 日北京时间 23 时，Adobe 推出了 Photoshop 最新一代产品 Creative Suite 5(CS5)。CS5 加入了全面改进后的高清视频渲染引擎 Mercury，它可以利用显卡的图形处理能力加速对高清格式视频的编解码和播放。目前，该渲染引擎只支持 NVIDIA 的显卡。Adobe Photoshop CS5 的另一个亮点是新增了一款软件 Flash Catalyst，这款新软件将作为 Flash 的另一个选择，专门为设计师和美工量身定做，以挑战微软 Expression Studio。

Photoshop CS5 标准版新增功能有如下几项。

(1) 轻松完成复杂选择。

(2) 内容感知型填充。

(3) 操控变形。

(4) GPU 加速功能。

(5) 出众的绘图效果。

(6) 自动镜头校正。

(7) 简化的创作审阅。

(8) 更简单的用户界面管理。

(9) 更出色的媒体管理。

(10) 最新的原始图像处理。

(11) 高效的工作流程。

(12) 更出色的跨平台性能。

(13) 出众的黑白转换。

(14) 更强大的打印选项。

2. Fireworks

作为 Macromedia 家族网络三剑客之一的 Fireworks 是一款专为网络图形设计的图形编辑软件,无论是专业设计家还是业余爱好者,使用 Fireworks 都不仅可以轻松地制作出十分动感的 GIF 动画,还可以轻松地完成大图切割、动态按钮、动态翻转图等工作。

随着 Macromedia 公司被 Adobe 收购,Fireworks 借助 Adobe 强大的技术支撑,发挥自身的优势,也基于 Web 的图形设计方面显现出更为强劲的势头。它与 Dreamweaver 和 Flash 共同构成的集成工作流程可以让用户创建并优化图像,同时又能避免由于进行 Roundtrip 编辑而丢失信息或浪费时间。利用可视化工具,无需学习代码即可创建具有专业品质的网页图形和动画,如变换图像和弹出菜单等。

图 5-29 Adobe Fireworks CS5 启动界面

目前,Fireworks 的最新版本是 Adobe Fireworks CS5(图 5-29),主要功能有:自定义笔刷;新增的修剪变形工具,能够轻松创建各种曲线图形;创建和编辑矢量图像与位图图像,并导入和编辑本机 Photoshop 和 Illustrator 文件;在 Fireworks CS5 中,将包含 Photoshop 的所有滤镜;采用预览、跨平台灰度系统预览、选择性 JPEG 压缩和大量导出控件,针对各种情况优化图像;导入 Photoshop (PSD) 文件,可保持分层的图层、图层效果和混合模式;将 Fireworks (PNG) 文件保存回 Photoshop (PSD) 格式或导入 Illustrator (AI) 文件时,可保持包括图层、组和颜色信息在内的图形完整性;支持表格布局,可以使用类似于 Dreamweaver 的表格工具在 Fireworks CS5 中直接绘制表格。

此外,Adobe Fireworks CS5 充分调用整合 Adobe 自有资源,例如使用矢量对象和导入的位图为富应用程序 (RIA) 界面构建原型。将行为应用到对象,用以模拟交互性。作为 Adobe AIR 应用程序或 FXG 文件导出,可以在 Adobe Flash Catalyst 和 Flash Builder 中进行开发。

针对 Web 设计的功能有:包括智能手机、嵌入式屏幕在内,创建充满表现力、高度优化的图形,制作出能以矢量和位图模式编辑的网站、用户界面以及丰富的原型。

3. ACDSee

ACDSee是目前非常流行的看图工具之一。它提供了良好的操作界面，简单人性化的操作方式，优质的快速图形解码方式，支持丰富的图形格式，强大的图形文件管理功能等。ACDSee是使用最为广泛的看图工具软件，大多数计算机爱好者都使用它来浏览图片，它的特点是支持性强，能打开包括ICO、PNG、XBM在内的二十余种图像格式，并且能够高品质地快速显示它们，甚至近年在互联网上十分流行的动画图像档案都可以利用ACDSee来欣赏。它还有一个特点——快。与其他图像查看工具相比，ACDSee打开图像档案的速度无疑是较快的。ACDSee可快速的开启，浏览大多数的影像格式，并新增了QuickTime及Adobe格式档案的浏览，可以将图片放大缩小，调整视窗大小与图片大小配合，全荧幕的影像浏览，并且支持GIF动态影像。ACDSee不但可以将图档转成BMP、JPG和PCX图像，而且只需单击一下便可将该图像设置成桌面背景，图片以"播放幻灯片"的方式浏览，还可以观看GIF动画。与此同时，ACDSee还提供了方便的电子相册、多种排序方式、树状显示资料夹、快速缩图检视、拖曳、播放WAV音效档案、档案总管等功能。

ACDSee 12(图5-30)可以整批的变更档案名称，编辑程式的附带描述说明。ACDSee本身也提供了许多影像编辑的功能，包括数种影像格式的转换，可以由档案描述来搜寻图档，简单的影像编辑，复制至剪贴簿，旋转或修剪影像，设定桌面，并且可以从数位相机输入影像。另外，ACDSee有多种影像列印的选择，还可以在网络上分享图片，透过网际网络来快速且有弹性地传送数位影像。下面是有关ACDSee 12的新功能：

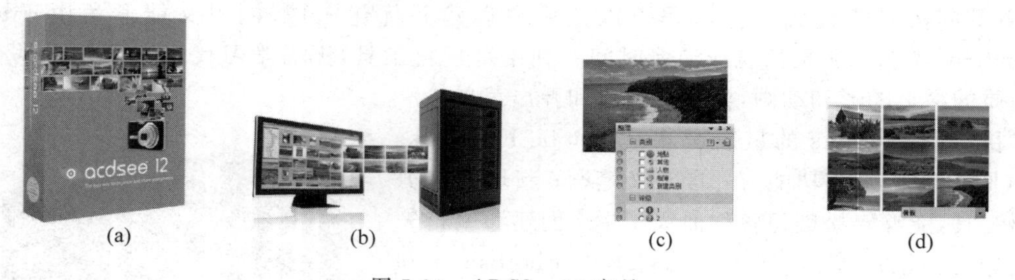

(a) (b) (c) (d)

图5-30 ADCSee 12产品

1）快速查看

ACDSee 12的查看速度无可比拟。通过最快的图像查看技术，它可快速打开计算机上任何地方或电子邮件中的相片。这意味着等待相片加载的时间更少，而欣赏它们的时间更多。您可以快速浏览最近拍摄的相片，观看即时幻灯放映，并欣赏实际大小的预览效果。查看相片可以享受到前所未有的乐趣和速度。

2）一处管理

一处管理即将一百多种文件类型集中到一个方便的地方。用户可以查看、管理并获取相片、音频及视频剪辑所支持的大量格式，包括BMP、GIF、JPG、PNG、PSD、MP3、MPEG、TIFF、WAV及其他许多种格式。

3）跟踪所有相片

以最适合自己的方式来管理相集。与其他相片软件不同，ACDSee不采用适合所有整理体系的方式。它会创建自己的类别与关键词、标记收藏夹、编辑元数据及对相片评级。一次为多个组中的相片重命名、调整大小、旋转或编辑文件信息。标记最佳相片，并将它们集中起来以供进一步编辑或共享。

4）相片搜索

即使相集中有数千张相片，ACDSee 12 强大的搜索工具也能帮您查找任何一张。在“快速搜索”栏中输入关键词组（如“夏令营”或“校园一角”），仅搜索特定文件夹，从而找到特定图像。此外还可执行更为详细的搜索，并保存搜索条件供以后使用。

5）简单易用的编辑工具

即时校正曝光、修正红眼以及擦除不希望出现的物体。只需一次单击即可挽救太亮或太暗的相片。将相片转换为黑白效果，添加文本，并用晕影、边框或阴影进行最后的润色。对相片的所选区域应用创意效果。编辑时丝毫不用担心会改动原始文件。借助 ACDSee，绝不会因为时间太迟而无法获得您希望得到的相片，还具备无损编辑、批处理或 RAW 处理等编辑功能。

6）在线发布与存储相片

在线与朋友或家人分享相片比以往更加容易。只需从 ACDSee 12 中将文件拖放到 ACDSeeOnline. com 上的个人存储空间中即可。

7）相片分享

ACDSee 还可以通过更多方式分享美好记忆。如从 ACDSee 直接通过电子邮件发送图像、创建相片的 CD 与 DVD 格式等。

4. CorelDRAW

Corel 公司作为全球顶尖的软件研发机构，CorelDRAW 是其起家的一款图形图像软件。CorelDRAW 非凡的设计能力广泛地应用于商标设计、标志制作、模型绘制、插图描画、排版及分色输出等诸多领域。深受广大数字艺术创作人士、广告设计者及相关爱好者的喜爱。

CorelDRAW 主要用于矢量图形制作，它为艺术设计师提供矢量动画、页面设计、网站制作、位图编辑和网页动画等多种功能。CorelDRAW 主要包含两个绘图应用程序：一个用于矢量图及页面设计；另一个用于图像编辑。这套绘图软件组合带给用户强大的交互式工具，使用户可创作出多种富于动感的特殊效果及点阵图像即时效果。通过 CorelDRAW 的全方位设计及网页功能可以融合到用户现有的设计方案中，灵活性十足。

CorelDRAW 软件套装更为专业设计师及绘图爱好者提供简报、彩页、手册、产品包装、标识、网页及其他模型。CorelDRAW 提供的智慧型绘图工具以及新的动态向导可以充分降低用户的操控难度，允许用户更加容易并精确地创建物体的尺寸和位置，减少单击步骤，节省设计时间。

目前，CorelDRAW 的最新版本是 CorelDRAW X5（图 5-31）。其新增的功能和改进的工具主要有以下几个方面。

（1）新增两点线和 B-Spline 工具。将鼠标放在该工具上面会显示当前工具的作用，这个功能在 X5 里面改进的非常好，又进一步方便了初学者快速掌握 CorelDRAW X5。

（2）在 X5 里面将 X4 中的连接工具和度量工具分别提取了出来，做成了两组单独的工具，并且功能更加完善。

（3）新增“十六进制”颜色模式，大大方便了网页设计应用。

（4）新增“颜色滴管工具”和强大的“文档调色板”。

将吸管工具放置在图像上面，会自动显示当前图像的颜色信息值，如果是 RGB 图像，还会显示出 Web 网页色值，如果是 CMYK 图像，则会显示 CMYK 值。吸取颜色后，会自动切换到颜料桶工具，对目标对象进行颜色填充，填充后的颜色会自动保存到“文档调色板”色盘中。

(5) CorelDRAW X5 中全新的颜色系统实现了与 Photoshop、Illustrator 等 Adobe 程序的颜色保持一致。

(6) 支持 HTML 页面导出。在 CorelDRAW X5 里面也可以用来制作网页，字体会在导出后的网页中自动渲染为网页显示字体。

另外，CorelDRAW Graphics Suite X5 还包含其他应用程序和服务，来满足用户的设计需求。此套件真正实现了超强设计能力、效率、易用性的完美结合。

5. Picasa

Picasa(图 5-32)原为独立收费的图像管理、处理软件，其界面美观华丽，功能实用丰富。后来被 Google 收购并改为免费软件。它最突出的优点是搜索硬盘中图片的速度很快，当你输入一个字后，准备输入第二个字时，它已经即时显示搜索出的图片。不管图片有多少，空间有多大，几秒内就可以查找到所需要的图片。

图 5-31　CorelDRAW X5 启动界面

图 5-32　Picasa 的 Logo

Picasa 作为 Google 的免费图片管理工具，可以为用户提供及时整理、修改和共享计算机上所有图片、方便快捷地管理图片信息等功能。

Picasa 的一般功能有以下几项。

(1) 整理功能。当您在计算机上查看、扫描图片时，Picasa 都会自动查找所有图片，并将它们按日期顺序放在可见的相册中；查找可能被遗忘的图片；添加标签；对图片进行密码保护。

(2) 修改功能。将灰色天空变成适合照片内容的完美天空；Picasa 的基本修正可以快速轻松完成裁减、消除红眼、修正对比度和颜色等功能，增强数码照片的效果。

(3) 创建功能。将照片变成一部电影——选择照片，然后调整延迟时间、尺寸和视频压缩设置，Picasa 将会渲染影片，以标题图片结束，然后将影片发布并播放与他人进行共享；制作个性化的桌面图片或屏幕保护程序；制作海报；制作图片拼贴；色彩查询——新版 Picasa 目前已经支持基础的图片色彩查询，在搜索框输入“color：颜色”就可以查询包含这一主体颜色的图片，这一特性在查找某一色彩风格图片的时候非常实用(例如查询蓝色图片，输入 color：b)。

(4) 共享功能。通过 Google 的 Gmail 电子邮件发送照片给收件人带来惊喜。Picasa 在将照片附加到电子邮件时,会自动将照片重新调整为收件人可以打开的尺寸；制作精美的幻灯片演示——使用 Picasa,您可以通过一次单击,将一组照片变为幻灯片演示,然后通过 CD 共享您的幻灯片演示；移动到其他设备或文件夹。另外,Picasa 与所有最新的小型存储设备兼容。

(5) 打印功能。打印自定义尺寸和标准尺寸的照片；Picasa 可以根据家用打印机中装入的昂贵相纸,自动让图片完美地铺置在纸张上；可以轻松地打印各类尺寸的相片。

(6) 备份功能。Picasa 可以安全地保存用户的照片备份；刻录成 CD 或 DVD,以便归档。

在 Picasa 的最新版本中 Picasa 3.8 中又增加了以下几项新功能。

(1) 头像视频(图 5-33)。用户可能需要负责制作生日聚会或婚礼的幻灯片演示。也许制作期限只有两天的时间,但手头上却有一大堆照片。使用新的"头像视频"功能,您可以快速创建以某个特定人员为主题的幻灯片演示,并在其中附加过渡效果、音乐和图片说明。

(2) 批量上传。管理并整理用户照片(图 5-34)。该软件改进了上传功能,以便用户可以将多个相册同时上传到 Picasa 网络相册。用户还可以删除相册,或者更改上传大小、观看权限或已上传到 Picasa 网络相册中的照片的同步状态。

图 5-33 头像视频功能

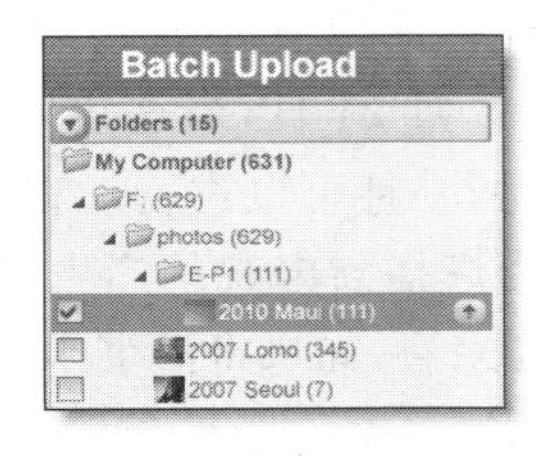

图 5-34 图片管理界面

(3) 用 Picnik 修改。只需从"基本效果"标签中选择用 Picnik 修改即可将 Picnik 的神奇效果应用于照片,如图 5-35 所示。Picnik 是一种简单易用且功能强大的照片编辑器,可让用户直接在浏览器中轻松修改照片、共享这些照片并将其保存回 Picasa 网络相册。

(4) "属性"面板(图 5-36)。Picasa 现在支持 XMP 与 EXIF 数据。用户现在可以在"属性"面板中查看图片数据以及地点和标签。使用该信息可准确了解您在拍摄照片时使用了哪些相机设置。

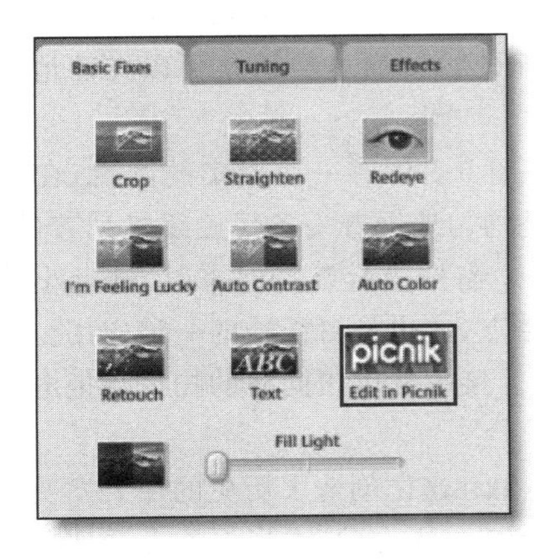

图 5-35 Picnik 功能

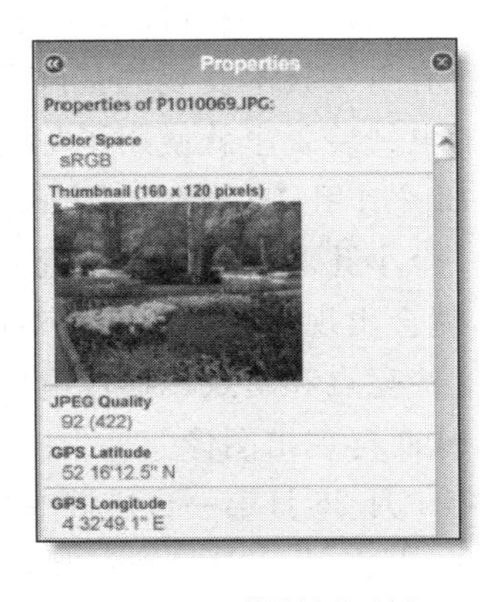

图 5-36 "属性"面板

第6章 数字视频处理技术

6.1 视频概述

6.1.1 电视的基本概念

1. 电视的发展

说到电视，就不得不提及广播。广播是指通过无线电波向广大地区或特定范围传播声音节目的传播媒介。而电视不仅可以播出声音节目，还能播出图像。“主啊，你创造了什么？”——1844年5月24日，当这句话被美国人莫斯用电报代码编码后在巴尔的摩与华盛顿之间进行传递时，一种可以进行远程信息发送的新式媒体——电报，就这样被发明了。无线电技术的发展为广播与电视的产生奠定了充足的技术基础。

从传播学角度来看，如果将活字印刷术称为人类第一次传播革命，那么广播电视的产生与发展则可以被视作第二次传播革命。电视是在无线电技术和广播的基础上发展而来的，电视技术就是利用无线电电子学的方法，实现远距离发送、传输和接收静止与活动图像的技术。

电视依仗声音与图像技术的前期保障，在20世纪发展日臻完善，终于成为一种新的传播媒介垄断性的主角，对20世纪的人类传播产生了深远的影响。让我们一同回顾电视发展的里程碑。

1）机械电视

1884年11月6日，德国工程师保罗·尼普科夫（Paul Gottlied Nipkow）向柏林皇家专利局申请一项发明专利——用于图像扫描的转盘，它同时也是世界电视史上的第一个专利。这种光电机械扫描圆盘，它看上去笨头笨脑的，但却极富独创性。它可以把图像分解成许多小点（像素），并将小点进行逐行传输，这样，在甲地的物体通过传送就可以在乙地看到。这便是日后所有电视技术发展的基础原理。

最初的电视装置里就使用了尼普科夫圆盘。图6-1中有一块厚实的圆盘，在它的边缘附近钻有12个小孔，直径都是2mm。这些小孔是均匀地沿着一条螺旋线排列着的，每一个比相邻的一个小孔离盘的中心会近一个孔的位置。当扫描盘旋转起来时，透过小孔看盘后面的景物，就会出现与景物明暗相对应的亮点和暗点，这也是对视错的一种应用。机械电视扫描盘把这些亮点和暗点转换成电信号进行传输。接收方也用同样的扫描盘把电信号还原为光信号，从而再现出图像。

1926年1月26日第一台机械电视机在伦敦诞生。这位创造了历史的伟大发明家就是苏格兰的约翰·贝尔德（John Logie Baird），他也被称为“电视之父”。当他首次看到尼普科夫圆盘时，就对电视产生了挥之不去的迷恋与执著，之后便义无反顾地融入到早期电视的实验当

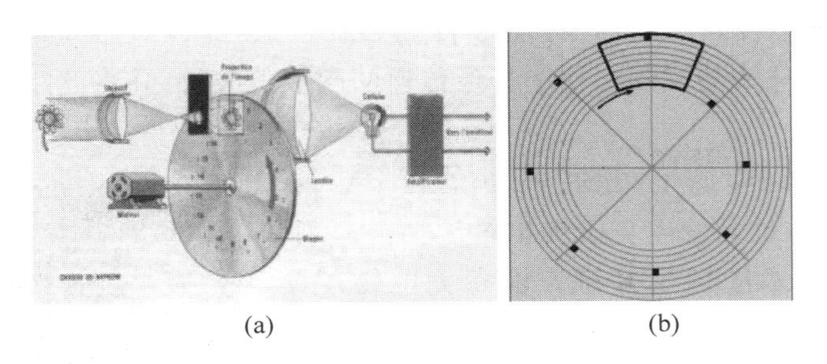

(a) (b)

图 6-1　尼普科夫圆盘结构图

中。他实现了远距离传输，还通过添加红绿蓝滤色器使得电视屏幕上首次出现了彩色视像。

与此同时，美国发明家詹金斯(Charles Francis Jenkins)也在进行着无数的实验。他采用通过两个棱镜分解图像的仪器，将分解信号分别传送至终端合成图像，再由荧光或磷光投射在屏幕上。詹金斯最大的贡献在于可以将图像的传送范围扩大到5英里，并且实现了电视系统扫描线首次达到360行之多。

德国科学家卡罗鲁斯也在电视研制方面作出了令人瞩目的成就。1942年，卡罗鲁斯小组(两名科学家、一名机械师和木工)制造出了他们称为"大电视"的系统，这台设备用两个直径为1m的尼普科夫圆盘作为发射和接收信号的两端，每个圆盘上有48个1.5mm的小孔，能够扫描48行，用一个同步马达把两个圆盘连接起来，每秒钟同步转过10幅画面，图像投射到另一个接收机上。这台"大电视"的效果要比贝尔德的机械电视清晰得多，但由于未作公开表演，因而鲜为人知。[①]

机械电视系统的历程是如此辉煌，以至于让当时所有的人都为之震惊。它带给人们一种全新的视觉空间与体验，从一个神奇的方盒子中看到万物兴衰、四季变换。但是机械电视的外形过于笨重、机械噪声大、操作烦琐、图像模糊，而且不适于远距离传输。所以，仅仅过了9年，机械电视机就惨淡地退出了历史的舞台，但是，人们对于影像的追寻之梦并没有就此停歇。一种全新的、功能强大的电子电视推开了新时代的大门。

2) 电子电视

19世纪30年代，在日本的高柳等科学家的努力下，电视机在德国科学家布劳恩(Karl F. Braun)1897年发明的阴极射线管(Cathode Ray Tube，CRT)的成像原理上逐渐融为一体，打造出第一台电子电视图像接收机。

电子电视的出现是极具故事性的。1897年，德国科学家布劳恩(Karl F. Braun)在阴极射线管上涂布荧光物质，发明了一种简单的电子显像管，被称作"布劳恩管"。这种电子显像管能够在电子束撞击时由荧光屏发出亮光。基于这种特性，布劳恩的助手曾提出将此管用于电视接收，但是他却认为不可能实现，因而非常遗憾地与电子电视的诞生失之交臂。但布劳恩的助手却没有放弃这个信念，经过不断的努力，终于在1906年将"布劳恩管"用于电视接收，并成功制造出了德国第一台电子电视图像接收机。由于技术受限，当时该装置只能再现静止图像画面，传输的是线条和字母。

① 20世纪改变人类生活的十大重大科技发明. http://www.360doc.com/content/11/1210/21/997048_171341730.shtml.

1907 年，俄国圣彼得堡大学的鲁辛教授（Boris Rosing）开始进行影像传递的实验（图 6-2）。1908 年，他成功试制出用于影像传递的阴极射线管，并将此用于接收图像的远距离电视系统中。

1908 年，英国科学家肯培尔·斯文顿（A. A. Campbell Swinton）、俄国罗申克伍提出电子扫描原理，奠定了近代电子技术的理论基础。俄裔美国物理学家、“现代电视之父”弗拉迪米尔·兹沃尔金（Wladimir Zworykin，1889—1982）发明静电积储式摄像管。1927—1929，贝尔德不断试验，并通过电话电缆首次进行了机电式的电视试播。1930 年，经过无数科学家的努力，终于实现了电视图像和声音同时发播。1931 年是令人激动的一年，美国科学家发明了每秒可以映出 25 幅图像的电子管电视装置，人们可以在伦敦通过电视欣赏赛马实况转播。

图 6-2　鲁辛教授进行实验的场景

随着电子技术在电视上的应用，电视开始走出实验室，进入了实用阶段。1936 年，英国广播公司采用贝尔德机电式电视广播，第一次播出了具有较高清晰度的电视图像。1936 年 11 月 2 日，英国广播公司在伦敦郊外的亚历山大宫，播出了一场颇具规模的歌舞节目。这台完全用电子电视系统播放的节目，场面壮观，气势宏大，给人们留下了深刻的印象。对 1936 年在柏林举行的奥林匹克运动会的报道，更是年轻电视事业的一次大亮相。当时一共使用了 4 台摄像机拍摄比赛情况。其中最引人注目的要算佐尔金发明的全电子摄像机。这台机器体积庞大，它的一个 1.6m 焦距的镜头就重 45kg，长 2.2m，被人们戏称为电视大炮。这 4 台摄像机的图像信号通过电缆传送到帝国邮政中心的演播室，图像信号在那里经过混合后，通过电视塔发射出去。柏林奥运会期间，每天用电视播出长达 8 小时的比赛实况，共有 16 万多人通过电视观看了奥运会的比赛。那时许多人挤在小小的电视屏幕前，兴奋地观看一场场激动人心的比赛的动人情景，使人们更加确信——电视业是一项大有前途的事业，电视正在成为人们生活中的一员。①

1939 年，瑞士的菲普发明了第一台黑白电视投影机。从此以后，电视的发展如日中天，新技术、新效果接踵而至。电视机的数量急剧飙升，形状变得五花八门，功能也越来越全面。电子录像、卫星传播，以及各种新媒体更是备受人们的青睐。人们在目不暇接的同时，已不知不觉进入到了传播史的第四个阶段，开启了“电视传播”的新篇章。

2. 与电视相关的几个基本概念

1）扫描

传送电视图像时，将每幅图像分解成很多像素，按照一个一个像素、一行一行的方式顺序传送或接收称为扫描。

当电视摄像管或显像管中的电子束沿水平方向从左到右、从上到下以均匀速度依照顺序一行紧跟一行地扫描或显示图像时，称为逐行扫描。

隔行扫描方式把一幅图像分成两次扫描，第一次先扫描奇数行，第二次扫描偶数行，每

① 世界电视日·广东电视台. http://www.gdtv.com.cn/column/tvday/story/008.htm.

两次扫描完组成一幅完整的画面。每一行有正程和逆程，也称为行消隐。

2）场

人们在显示器上看到的影像是逐行扫描显示的结果，而电视因为存在信号带宽的问题，通常以隔行扫描的方式显示，其优点是可以在保证图像清晰度无太大下降和画面无大面积闪烁的前提下，将图像信号带宽减小一半，由此加快了信息传输的速度。电视上的画面是由两条叠加的扫描折线组成的，所以，电视显示出的图像是由两个图像区域，每个图像区域称为一场（Field），故每一帧被分为两个场，即奇场和偶场，也称为上场和下场，如图 6-3 所示。

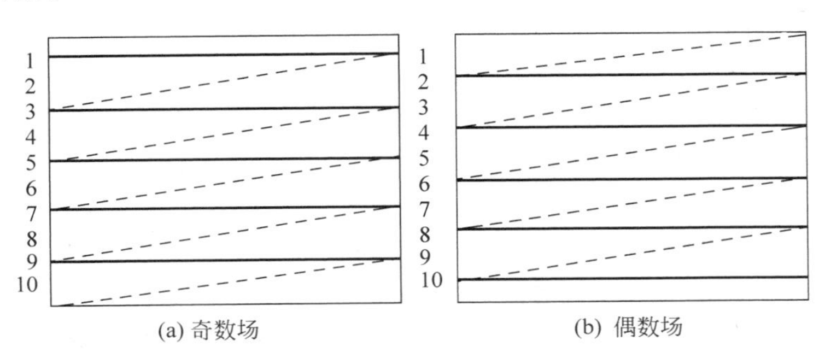

图 6-3　奇数、偶数场

3）帧及帧速率

从上到下扫描一幅完整的画面，称为一帧（Frame）。每秒钟扫描的帧数称为帧速率（Frame Rate），也称为帧频。帧速率是影片在播放时每秒扫描的帧数。例如，PAL 制式电视系统的帧速率为 25fps。

奇数场＋偶数场＝1 帧

4）像素比

所谓像素比是指像素的长宽比。对于电视而言，不同制式的像素比是不一样的，在显示器上播放的像素比是 1∶1，而在电视上以 PAL 制式为例，像素比为 1∶1.07，这样才能保证良好的画面效果。一般视频处理软件如 Adobe Premiere Pro CS5 或 Sony Vegas 等软件均提供关于像素比的选项或设定。

6.1.2　电视制式

实现电视的特定方式，称为电视的制式。具体而言，电视制式就是用来实现电视图像信号和伴音信号，或其他信号传输的方法，以及电视图像显示格式所采用的技术标准。根据研究角度的不同，我们可以划分多种电视制式。比如对于传统的模拟电视而言，可以分为黑白电视制式、彩色电视制式，以及伴音制式等；对于数字电视而言，可分为图像信号、音频信号压缩编码格式（信源编码）、TS（Transport Stream）流编码格式（信道编码），数字信号调制格式，以及图像显示格式等制式。对于不同国家和地区，也可以划分多种电视制式。不同的电视制式的区别主要在于其帧频（场频）的不同、分解率的不同、信号带宽以及载频的不同、色彩空间的转换关系不同等。

目前，世界上现行的彩色电视标准有三种：NTSC（National Television System

Committee)制式、PAL(Phase Alternation Line,逐行倒相)制式和SECAM(Sequentiel Couleur A Memoire,顺序传送与存储彩色电视系统)制式。

1. NTSC制式

NTSC制式,即正交平衡调幅制,又简称为N制,是由NTSC(美国国家电视标准委员会)制定的彩色电视广播标准,属于同时制,帧率为29.97fps,扫描线为25,隔行扫描,画面比例为4∶3,分辨率为720×480。这种制式的色度信号调制包括了平衡调制和正交调制两种,解决了彩色与黑白电视广播的兼容问题,但存在相位容易失真、色彩不太稳定的缺点。另外,色彩控制需要通过手动来调节颜色,这也是NTSC的最大缺点之一。正交调幅是将两个色差信号R-Y和B-Y分别调制在频率相同、相位相差90°的两个彩色负载波上再合成输出,这样在接收机中可根据相位的不同从合成的已调负载波信号中分别取出两个色度信号,因此正交调幅可在一个负载波上互不干扰地传送两个色差信号,而且在接收机中又易于将它们分开。其两大主要分支为NTSC-US(NTSC-U/C)与NTSC-J。

2. PAL制式

PAL制式,即逐行倒相制。在1967年由当时任职于德律风根(Telefunken)公司的德国人Walter Bruch提出,也属于同时制,帧率每秒25帧,扫描线625行,隔行扫描,画面比例4∶3,分辨率为720×576。PAL制发明的原意是要在兼容原有黑白电视广播格式的情况下加入彩色信号时,为克服NTSC制相位敏感造成色彩失真的缺点,在综合NTSC制的技术成就基础上研制出来一种改进方案。PAL采用逐行倒相正交平衡调幅技术方法,对同时传送的两个色差信号中的一个色差信号采用逐行倒相,另一个色差信号进行正交调制方式。英国、中国香港、中国澳门使用的是PAL-I。中国大陆使用的是PAL-D、新加坡使用的是PAL B/G或D/K。

3. SECAM制式

SECAM制式,即按顺序传送彩色与存储的制式,代表图像色度的两个信号逐行轮换地对彩色负载波进行调频。1966年由法国研制成功,属于同时顺序制,帧率每秒25帧,扫描线625行,隔行扫描,画面比例4∶3,分辨率为720×575。SECAM制式特点是不怕干扰,色彩效果好,但兼容性差。有三种形式的SECAM:SECAM(SECAM-L),用于法国;SECAM-B/G,用于中东,以及先前的东德和希腊;SECAM D/K用于俄罗斯和西欧。

① NTSC制式主要为美国、加拿大等大部分西半球国家以及日本、韩国、菲律宾和中国台湾地区采用。

② 德国、英国等一些西欧国家,以及中国、朝鲜等国家多采用PAL制式。

③ SECAM制式主要应用于法国、俄罗斯、东欧和中东等国家。

6.1.3 电视信号

电视摄像机是一种广泛使用的视频和图像输入设备,它能将景物、图片等光学信号转变为全电视信号,目前主要有黑白和彩色两种摄像机。

1. 黑白全电视信号

黑白全电视信号(图6-4)主要包括图像信号(视频信号)、复合消隐信号(行消隐信号和场消隐信号)和复合同步信号(行同步信号和场同步信号)。

为了使三者互不干扰,并且在接收端能够方便可靠地进行分离,黑白全电视信号需按下

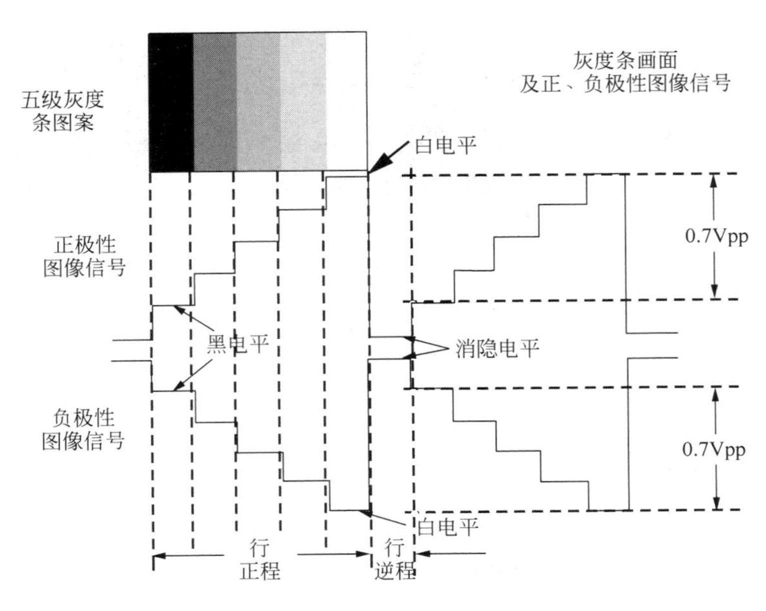

图 6-4　一行全电视信号的波形

列方式组成：

- 图像信号安排在行、场扫描的正程，复合消隐和复合同步信号安排在行、场扫描的逆程。
- 图像信号位于白色和黑色电平之间，符合消隐信号的电平规定比黑色电平稍黑。
- 复合同步信号比复合消隐信号具有更黑的电平，即"比黑还黑"。这样复合同步信号与图像信号、消隐信号在幅度上有较大的差别，便于在接收端用简单的限幅器（同步分离级），从全电视信号中分离出复合同步信号。

2. 彩色全电视信号

通常采用 YUV 彩色空间或 YIQ 彩色空间，其中 Y 为亮度信号，它可以与黑白全电视信号兼容，U 和 V 用到载波频率 Wsc 调制加到亮度 Y 上，再将色度信号 C 和亮度信号 Y 以及同步、消隐等信号混合就最终形成了彩色全电视信号。

亮度信号包含了彩色图像的亮度信息，它与黑白电视机的图像信号一样，能使黑白电视机接收并显示出无彩色的黑白画面；色度信号包含了彩色图像的色调与饱和度等信息，被彩色电视机接收后，与亮度信号一起经过处理后显示出彩色画面。

3. 标准信号及标准彩条信号

标准信号是由彩色信号发生器产生的一种测试信号。标准彩条信号是由三个基色、三个补色、白色和黑色，依亮度递减的顺序排列的 8 条垂直彩带。彩条电压波形是在一周期内用三个宽度倍增的理想方波构成的三基色信号。

标准信号是用电的方法产生的模拟彩色摄像机拍摄的光电转换信号，常用以对彩色电视系统的传输特性进行测试和调整。常见电视色彩测试卡如图 6-5 和图 6-6 所示。

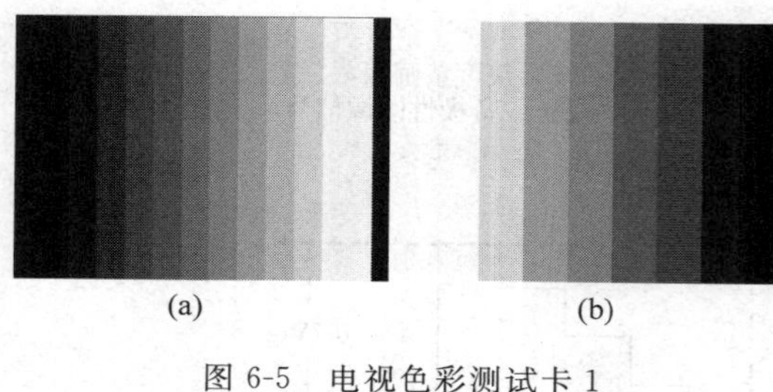

(a) (b)

图 6-5 电视色彩测试卡 1

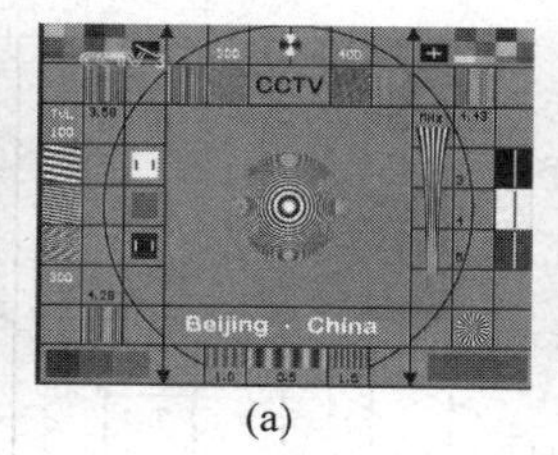

(a)

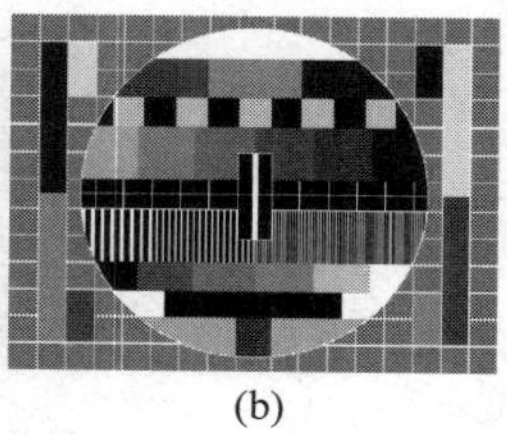

(b)

图 6-6 电视色彩测试卡 2

6.2 数字视频

6.2.1 视频的数字化

1. 模拟视频

视频信号根据信息构成和传输方式可划分为模拟视频和数字视频。模拟视频是一种用于传输图像和声音且随时间连续变化的电信号，比如以前常见的电视信号和录像机信号就是模拟视频信号。

模拟视频的原理是把光信号转化为电信号，由电流的变化来表示或者模拟图像，记录其光学特征，然后通过调制解调，将信号传输给接收机，通过电子枪射击在荧光屏上，还原成原来的光学图像。比如传统的摄像机所捕获的视频信息即为模拟信号，以电子管作为光电转换器件，把外界的光信号转换为电信号。摄像机前的被拍摄物体的不同亮度对应于不同的亮度值，摄像机电子管中的电流会发生相应的变化，如图 6-7 所示。

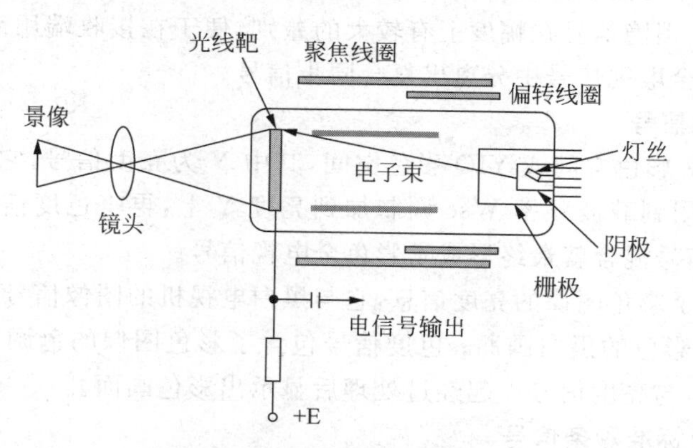

图 6-7 传统摄像管的工作原理

模拟视频的特点是以模拟电信号的形式进行记录，存储在磁介质中，并依靠模拟调幅的手段在空间传播。其优点在于技术成熟、价格低、系统可靠性高。缺点则是数据量大、不适宜做长期存储、多次复制。随着时间的推移，录像带上的图像信号强度会逐渐衰弱，造成图像质量下降、色彩失真等现象。

为了克服数字视频的种种不足，数字化手段介入其中，并以更优良的性能与便捷的操作成为信息社会的主流产品。

2. 模拟视频的数字化

模拟视频的数字化就是将视频信号经过视频采集卡进行模/数转换和色彩模型转换生成的可以存储在数字载体中的视频文件。这个概念是建立在以模拟信号为主的时代，现如今，各种数字摄像摄影设备已经进入到全数字化阶段，不再需要经过模/数信息的转换了。但仍有一部分摄像机需要通过磁带进行录制，因此从磁带到磁盘的过程便可以视为模拟视频的数字化。有过采集经验的人都知道，当把磁带中的视频数据转存到计算机的硬盘时，数据量十分庞大，不利于视频的再编辑与传输。于是，如何对源数据进行合理压缩便成为了数字化的关键问题所在。

与音频、图像数字化的过程类似，模拟视频的数字化也需要通过计算机系统完成三个过程：采样、量化和编码。

1) 采样

(1) 色彩模型的转换

视频信号采样时，通常需要进行 RGB 与 YUV 色彩模型之间的转换。可以采用下面的公式进行转换。

$$Y = 0.30R + 0.59G + 0.11B$$
$$U = 0.877(R - Y)$$
$$V = 0.493(B - Y)$$

其中，RGB 的取值范围[0,255]之间的任意整数；所得的 Y、Cb、Cr 的取值范围也在[0,255]之间的任意整数；Y 为亮度信号；U 为色差信号(Cb)；V 为色差信号(Cr)。

(2) 采样格式

对彩色电视图像进行采样时，有两种采样方法。一种是使用相同的采样频率对图像的亮度信号和色差信号进行采样，另一种是对亮度信号和色差信号分别采用不同的采样频率进行采样。如果对色差信号使用的采样频率比对亮度信号使用的采样频率低，这样的采样就称为图像子采样，如表 6-1 所示。这种采样方式是依据人的视觉系统特性，即人眼对亮度信息比色度信息更敏感，以及人眼对于图像中的细节的分辨能力有限而进行设计的。用 Y∶Cb∶Cr来表示 YUV 三分量的采样比例，则数字视频的采样格式有如下 4 种。

表 6-1 视频的子采样格式

Y∶Cb∶Cr	采样格式
4∶4∶4	每 4 个连续的采样点取 4 个 Y 样本，4 个红色差 Cr 和 4 个蓝色差 Cb
4∶2∶2	每 4 个连续的采样点取 4 个 Y 样本，2 个红色差 Cr 和 2 个蓝色差 Cb
4∶1∶1	每 4 个连续的采样点取 4 个 Y 样本，1 个红色差 Cr 和 1 个蓝色差 Cb
4∶2∶0	在水平和垂直取 2 个 Y 样本，1 个红色差 Cr 和 1 个蓝色差 Cb

① Y∶Cb∶Cr＝4∶4∶4

这种采样格式指在每条扫描线上每 4 个连续的取样点取 4 个亮度 Y 样本、4 个红色差 Cr 样本和 4 个蓝色差 Cb 样本，相当于每个像素包含 3 个样本。即对每个采样点，亮度 Y、色差 U 和 V 各取一个样本，也就是每个像素用 3 个样本表示，如图 6-8(a)所示。

② Y∶Cb∶Cr＝4∶2∶2

这种方式是在每 4 个连续的采样点上，取 4 个亮度 Y 的样本值，而色差 U、V 分别取其第一点和第三点的样本值，共 8 个样本，平均每个像素用 2 个样本表示，如图 6-8(b)所示。

这种方式能给信号的转换留有一定余量，效果更好一些。

③ Y∶Cb∶Cr=4∶1∶1

这种方式是在每4个连续的采样点上，取4个亮度Y的样本值，而色差U、V分别取其第一点的样本值，共6个样本，每个像素用1.5个样本表示，如图6-8(c)所示。显然这种方式的采样比例与全电视信号中的亮度、色度的带宽比例相同，数据量较小。

④ Y∶Cb∶Cr=4∶2∶0

这种采样格式是指在水平和垂直方向上每2个连续的采样点上取2个亮度Y样本、1个红色差Cr样本和1个蓝色差Cb样本，平均每个像素用1.5个样本表示，如图6-8(d)所示。

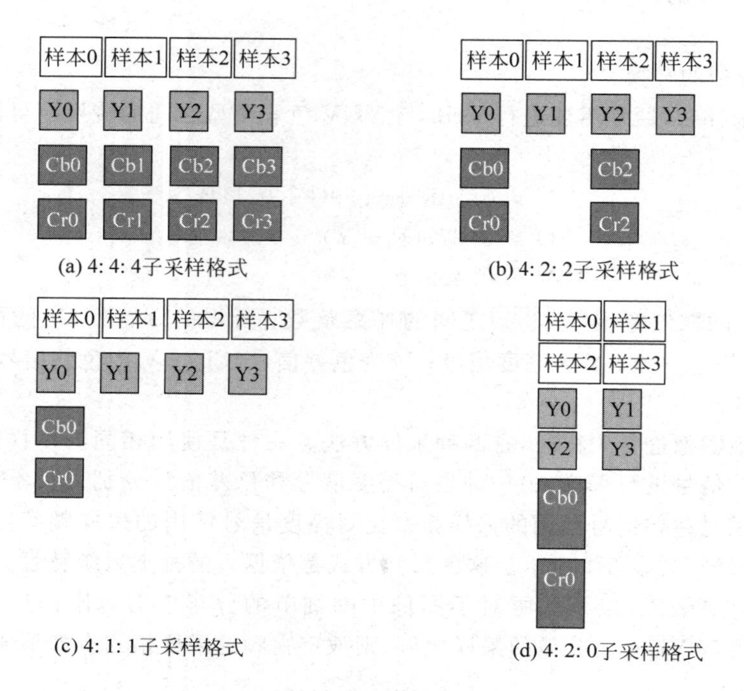

图6-8 子采样格式

(3) 采样频率

① 对PAL制和SECAM制彩色电视的采样为每一条扫描行采样864个样本，有效样本数720个。采样频率为：

$f_s=625\times25\times N=15625\times N=13.5\text{MHz}$，$N=864$（$N$为每一扫描行上的采样数目）

② 对NTSC制彩色电视的采样为每一条扫描行采样858个样本，有效样本数720个。采样频率为：

$f_s=525\times29.97\times N=15734\times N=13.5\text{MHz}$，$N=858$（$N$为每一扫描行上的采样数目）

2) 量化

抽样把模拟信号变成了时间上离散的脉冲信号，但脉冲的幅度仍然是模拟的，还必须进行离散化处理，才能最终用数码来表示。这就要对幅值进行舍零取整的处理，此过程称为量化。量化有两种方式：

(1) 取整时只舍不入,即 0～1V 间的所有输入电压都输出 0V,1～2V 间所有输入电压都输出 1V 等。采用这种量化方式,输入电压总是大于输出电压,因此产生的量化误差总是正的,最大量化误差等于两个相邻量化级的间隔 Δ。

(2) 量化方式在取整时有舍有入,即 0～0.5V 间的输入电压都输出 0V,0.5～1.5V 间的输出电压都输出 1V 等。采用这种量化方式量化误差有正有负,量化误差的绝对值最大为 Δ/2。因此,采用有舍有入法进行量化,误差较小。

实际信号可以看成量化输出信号与量化误差之和,因此只用量化输出信号来代替原信号就会有失真。最小量化间隔越小,失真就越小。最小量化间隔越小,用来表示一定幅度的模拟信号时所需要的量化级数就越多,因此处理和传输就越复杂。所以,量化既要尽量减少量化级数,又要使量化失真看不出来。

3) 压缩与编码

抽样、量化后的信号还不是数字信号,需要把它转换成数字编码脉冲,这一过程称为编码。最简单的编码方式是二进制编码。具体说来,就是用 n 比特二进制码来表示已经量化了的样值,每个二进制数对应一个量化值,然后把它们排列,得到由二值脉冲组成的数字信息流。编码过程在接收端,可以按所收到的信息重新组成原来的样值,再经过低通滤波器恢复原信号。用这样方式组成的脉冲串的频率等于抽样频率与量化比特数的积,称为所传输数字信号的数码率。显然,抽样频率越高,量化比特数越大,数码率就越高,所需要的传输带宽就越宽。[①] 编码的过程中一定要进行适当压缩,根据信息中的空间域与时间域方面的冗余可以进行信息的去除与精简。

视频编码主要有 H.26x 和 MPEG 两种标准,在后面的第 8 章数字压缩技术中,我们还会详细说明。

6.2.2 数字视频及其传输制式

1. 数字视频

数字视频,主要可从两种途径获取:一是将模拟视频数字化以后得到的数字视频;二是由数字摄录设备直接获得或由计算机软件生成的数字视频。数字视频通过对图像的每个点采用二进制编码,能够实现对图像中的任意细节的修改。与模拟视频相比,数字视频的优点主要有以下几点。

(1) 抗干扰能力强,可实现远程传输,无噪声积累。

(2) 便于存储、处理、交换,可无限复制。

(3) 安全性高,便于加密处理。

(4) 设备集成度高、便于携带。

(5) 可扩展性强,与其他数字平台无缝连接。

此外,数字视频也存在不少问题,如处理速度慢、数据量大等。

2. 数字视频传输制式

与一般电视广播传输相比,数字视频同样有三种传输媒体:卫星传输、有线传输和地面开路传输。前两种传输媒体所关联的数字视频的信道编码和高频调制方式在技术上已经成

---

① 数字信号. http://baike.baidu.com/view/50226.htm.

熟，无论SDTV还是HDTV，各国有基本一致的认同标准。而地面开路广播信道是条件最复杂多变的，各国对它的性能考虑的侧重点也不同，所以开发出的制式有较大差异。目前，已开通的数字电视制式有三种：ATSC、DVB、ISDB，它们的重要区别在于地面广播。

至于数字电视的有线传输，可以通过两种网络媒体进行。它既可以在数字(光纤)网上传输，也可以在模拟(HFC)网上传输。由于数字传输信道对任何数字信号都是透明的，所以经压缩后的数字电视信号只要传输速率和码型与接口匹配，就可以使用数字光纤网进行远距离传输。目前，这种数字信道常用的有两种标准：准同步系列(Plesiochronous Digital Hierarchy，PDH)方式和同步系列(Synchronous Digital Hierarchy，SDH)方式。

1) ATSC

ATSC(Advanced Television Systems Committee，美国高级电视业务顾问委员会)。于1995年9月15日正式通过ATSC数字电视国家标准。该标准由一个提供背景信息的总体文件、HDTV系统概况及附录组成。整个文件及其附录提供了系统各部分的参数规定。ATSC标准规定了一个在6MHz带宽的信道中传输高质量的视频、音频和辅助数据的系统。这个系统能在6MHz的地面广播信道中可靠地传输约19Mb/s的数字信息。并能在6MHz的电缆电视信道中可靠地传输38Mb/s的数字信息。这就意味着，把一个信息量为常规电视5倍的视频源所需的码率减少到原来的1/50或更低。尽管这一标准中的射频/传输子系统是应用于广播和有线电视的，但视频、音频和业务复用/传送子系统也可以用于其他系统。ATSC制信源编码采用MPEG-2视频压缩和AC-3音频压缩。信道编码采用VSB调制，提供了两种模式：地面广播模式(8VSB)和高数据率模式(16VSB)。

1997年2月，ATSC组成了一个卫星传送专家小组来制定通过卫星传送ATSC数字视频标准(传输、视频、音频和数据)必要的参数。尽管ATSC已经确定了DTV地面传送FEC编码的8VSB调制的方法，由于地面和卫星传送环境的许多不同，这个方案将完全不适用于卫星传送。

ATSC标准中定义了数字视频通过卫星进行数据传送时的调制和编码标准。这些数据是包括视频、音频、数据、多媒体和包括其他数字形式在内的节目素材的集合。这个标准规定了带纠错数据传输信号的映射和产生，特别是确定了适合于卫星传送的数据载波的正交相移调制(Quadrature Phase Shift Keying，QPSK)、8相相移调制(8 Phase Shifting Keying，8PSK)和16正交幅度调制(16Quadrature Amplitude Modulation，16QAM)的方法。

2) DVB

DVB是Digital Video Broadcasting(数字视频广播)的缩写，是由DVB项目维护的一系列国际承认的数字电视公开标准。DVB项目是一个由三百多个成员组成的工业组织，它是由欧洲电信标准化组织European Telecommunications Standards Institute(ETSI)，欧洲电子标准化组织European Committee for Electrotechnical Standardization(CENELEC)和欧洲广播联盟European Broadcasting Union(EBU)联合组成的联合专家组Joint Technical Committee(JTC)发起的。

1993年，欧洲成立了国际数字视频广播(DVB)组织。DVB组织决定新的技术必须建立在MPEG-2压缩算法上的数字技术，且以市场为导向的数字技术。DVB的宗旨是要设计一个通用的数字电视系统，在此系统内的各种传输方式之间的转换采用最简单的方式，尽可能的增加通用性。DVB标准提供了一套完整的、适用于不同媒介的数字电视系统规范。

DVB 数字广播传输系统利用了包括卫星、有线、地面、SMATV、MNDSD 在内的所有通用电视广播传输媒体。它们分别对应的 DVB 标准为：DVB-S、DVB-C、DVB-T、DVB-SMATV、DVB-MS 和 DVB-MC。

（1）DVB-S

目前，世界上数字卫星广播的制式大致分为两种：一种是欧洲提出的 DVB-S 方式，另一种是美国通用仪器公司开发的 Digicipher 方式。两种方式互不兼容，它们之间的差别主要在于数字信号的信道编码上，而信源编码均采用了 MPEG-2 的压缩方式。现在，采用 DVB-S 方式的国家与公司较多。

理论分析和计算机模拟表明，在高斯白噪声信道中，外码用 R-S 码，内码用卷积码，并用维特比译码，能够获得很大的编码增益，特别适合于卫星信道。

（2）DVB-C

欧洲的电缆电视系统 DVB-C 采用与卫星相同的“核”，即 MPEG-2 压缩编码的传输流。由于传输媒介采用的是同轴线，与卫星传输相比外界干扰小、信号强度高，所以调制系统是以正交幅度调制而不是以 QPSK 为基础的，而且不需要内码正向误码校正。对于较高水平的系统而言，如 128QAM 和 256QAM 也是可行的。但对于 QAM 调制而言，传输信息量越高，抗干扰能力就越低。它们的使用取决于有线网络的容量是否能应付降低了的解码余量。

（3）DVB-T

DVB-T 是用于数字视频信号的地面广播的系统规范。1995 年 12 月，DVB 指导委员会批准了 DVB-T。MPEG-2 音频和视频编码构成了 DVB-T 的有效载荷。

3）ISDB

在 HDTV 广播方面，日本是最先投入大量人力、财力进行开发研制的国家，但是由于采用的是模拟制式，带宽太大，只能在卫星信道传输，故未被世界认可。随着美国数字 HDTV 的问世，日本不得不考虑转向数字方式。尽管日本地面电视信道标准与美国相同，但出于商业竞争，且日本频谱资源极度紧张，还要兼顾移动通信等其他业务的频谱需要，所以必须要寻找频谱效率更高的传输方法。ISDB（Integrated Service Digital Broadcasting）是日本的 DIBEG（Digital Broadcasting Experts Group，数字广播专家组）制订的数字广播系统标准，日本数字电视首先考虑的是卫星信道，采用 QPSK 调制。并在 1999 年发布了数字电视的标准——ISDB。它利用一种已经标准化的复用方案在一个普通的传输信道上发送各种不同种类的信号，同时已经复用的信号也可以通过各种不同的传输信道发送出去。ISDB 具有柔软性、扩展性、共通性等特点，可以灵活地集成和发送多节目的电视和其他数据业务。

4）三种制式比较

像模拟彩色电视制式三分天下一样，目前已开播的三种地面数字电视制式的使用情况如下。采用欧洲 DVB 标准的成员已经达到 265 个（来自 35 个国家和地区），主要集中在欧洲地区和其他传统殖民地国家。目前，美国数字电视传输标准 ATSC 成员有 30 余个，其中有美国国内成员 20 个，以及来自阿根廷、法国、韩国等 7 个国家的成员 10 个。日本的数字电视传输标准 ISDB 筹划指导委员会目前拥有委员 17 个，其他成员 23 个，均为日本国内的电子公司和广播机构。

这三种地面数字电视制式究竟谁优谁劣亦众说纷纭，又都似有凭有据。不同政府、不同专家组研究考虑问题的侧重点不尽相同。例如，北美广电人士认为，移动接收不是考虑的主要内容，且测试方法、比较判据等尚有争议，所得到的考察结果固然会有出入，甚至同一个考察组也可以得出相反的结论。表 6-2 所示为新加坡 1999 年 DTV 技术委员对三个标准的评价结果。

表 6-2　国际三大数字电视标准性能对比

<table>
<tr><th rowspan="2">项　目</th><th rowspan="2" colspan="2">判　据</th><th colspan="3">名　词</th></tr>
<tr><th>ATSC</th><th>DVB</th><th>ISDB</th></tr>
<tr><td rowspan="3">传输信号的特性</td><td colspan="2">信号的健壮性；
抵御电气干扰的能力、有效的覆盖区域、传输信号的有效性、利用室内天线的可接收性、临近频道的性能、同频道的性能</td><td>1</td><td>3</td><td>2</td></tr>
<tr><td colspan="2">对各种失真的恢复能力；
对多径效应失真的回复能力、移动接收、便携式接收</td><td>3</td><td>2</td><td>1</td></tr>
<tr><td colspan="2">单频率网络</td><td>3</td><td>1</td><td>1</td></tr>
<tr><td rowspan="4">DTV 设备的可利用性</td><td rowspan="4">节目制作、节目分配、节目后期制作、传输、接收、测试和测量</td><td>SDTV</td><td>2</td><td>1</td><td>3</td></tr>
<tr><td>8MHz 环境的 HDTV</td><td>3</td><td>1</td><td>2</td></tr>
<tr><td>6MHz 环境的 HDTV</td><td>1</td><td>3</td><td>2</td></tr>
<tr><td>5.1 声道的声音</td><td>1</td><td>1</td><td>3</td></tr>
<tr><td>实施的费用</td><td colspan="2">消费者、节目制作、资金、互操作性</td><td>2</td><td>1</td><td>3</td></tr>
<tr><td>各种应用</td><td colspan="2">移动电视/便携式电视、HDTV、5.1 声道的声音；
隐藏字幕/副标题、按次付费(PPV)电视/点播电视(VOD)、多语种传输、条件接收/家长加锁(Parental Lock)、交互式电视/电子节目指南(EPG)、家庭服务器 Internet 网/电子函件/万维网</td><td>2</td><td>1</td><td>2</td></tr>
<tr><td>互操作性</td><td colspan="2">有线电视网络、电信网络、公用无线电视(MATV)系统、现存消费者设备的使用、卫星接收</td><td>2</td><td>1</td><td>3</td></tr>
<tr><td>今后发展的潜力</td><td colspan="2">标准的今后发展、工业界的新发展</td><td>3</td><td>1</td><td>2</td></tr>
<tr><td>频谱利用率</td><td colspan="2">“禁用频道”/邻近频道的使用、多重节目进行频道带宽的共享、保护比率(Protection Ratio)</td><td>3</td><td>2</td><td>1</td></tr>
<tr><td>可伸缩性</td><td colspan="2">DTV 系统中的开放式结构、消费者的机顶盒</td><td>2</td><td>1</td><td>3</td></tr>
<tr><td>安全性</td><td colspan="2">加密、开放式标准</td><td>2</td><td>1</td><td>3</td></tr>
</table>

6.2.3　数字视频格式

1. AVI

AVI(Audio Video Interleaved)是音频、视频交错的英文缩写，它是 Microsoft 公司开发的一种符合 RIFF(Resource Interchange File Format，资源交换文件格式)文件规范的数字音频与视频文件格式，原先用于 Microsoft Video for Windows(简称 VFW)环境，现在已被

Windows XP,Linux,OS/2 等多数操作系统直接支持。

AVI 格式允许视频和音频交错在一起同步播放,支持 256 色和 RLE 压缩。但 AVI 文件并未限定压缩标准,因此,AVI 文件格式只是作为控制界面上的标准,不具有兼容性。用不同压缩算法生成的 AVI 文件,必须使用相应的解压缩算法才能播放出来。

AVI 文件目前主要应用于多媒体光盘,用来存储电影、电视等各种影像信息,有时也出现在 Internet 上,供用户下载、欣赏新影片的精彩片段。

2. MPEG

MPEG(Moving Pictures Experts Group/Moving Pictures Experts Group,动态图像专家组)采用有损压缩方法减少运动图像中的冗余信息,已被几乎所有的计算机平台共同支持。MPEG 标准包括 MPEG 视频、MPEG 音频和 MPEG 系统(视频、音频同步)三个部分,MP3 音频文件就是 MPEG 音频的一个典型应用。而常见的 VCD,属于 MPEG-1 编码,SVCD 和 DVD 都属于 MPEG-2 编码。网络流行格式中,DivX 编码文件和 XVID 文件,属于 MPEG-4 编码。MPEG 压缩标准是针对运动图像而设计的,它主要采用两个基本压缩技术:运动补偿技术(预测编码)实现时间上的压缩;变换域(离散余弦变换 DCT)压缩技术实现空间上的压缩。MPEG 的平均压缩比为 50∶1,最高可达 200∶1。压缩效率非常高,同时图像和音响的质量也非常好,并且有统一的标准格式,兼容性相当好。

3. RM、RMVB

Real Networks 公司所制定的音频视频压缩规范,主要包含 RealAudio、RealVideo 和 RealFlash 三部分。网络上常见的视频格式通常为 RealMedia,它的特点是文件小,但画质仍能保持的相对良好,适合用于在线播放。用户可以使用 RealPlayer 或 RealONE Player 对符合 RealMedia 技术规范的网络音频/视频资源进行实况转播,并且 RealMedia 还可以根据不同的网络传输速率制定出不同的压缩比率,从而实现在低速率的网络上进行影像数据的实时传送和播放。

这种格式的另一个特点是用户使用 RealPlayer 或 RealONE Player 播放器可以在不下载音频/视频内容的条件下实现在线播放。除此之外,RM 作为目前主流网络视频格式,它还可以通过其 RealServer 服务器将其他格式的视频转换成 RM 视频,并由 RealServer 服务器负责对外发布和播放。

所谓 RMVB 格式,是在流媒体的 RM 影片格式上升级延伸而来的。VB 即 VBR,是 Variable Bit Rate(可改变之比特率)的英文缩写。我们在播放以往常见的 RM 格式电影时,可以在播放器左下角看到 225Kbps 字样,这就是"比特率"。影片的静止画面和运动画面对压缩采样率的要求是不同的,如果始终保持固定的比特率,会对影片的传输带宽造成浪费。

4. ASF

ASF(图 6-9)是 Advanced Streaming Format(高级串流格式)的缩写,是 Microsoft 为 Windows 98 所开发的串流多媒体文件格式。ASF 是微软公司 Windows Media 的核心。这是一种包含音频、视频、图像以及控制命令脚本的数据格式。这个词汇当前可与 WMA 及 WMV 互换使用。

ASF 是一个开放标准,它能依靠多种协议在多种网络环境下支持数据的传送。同 JPG、MPG 文件一样,ASF 文件也是一种文件类型,但它是专为在 IP 网上传送有同步关系的多媒体数据而设计的,所以 ASF 格式的信息特别适合在 IP 网上传输。ASF 文件的内容既可以是我们熟悉的普通文件，也可以是一个由编码设备实时生成的连续的数据流，所以ASF既可以传送人们事先录制好的节目，也可以传送实时产生的节目。

5. WMV

WMV是微软推出的一种流媒体格式，它是在“同门”的ASF(Advanced Streaming Format)格式升级延伸来的。在同等视频质量下，WMV格式的体积非常小，因此很适合在网上播放和传输。WMV格式的主要优点包括：本地或网络回放、可扩充的媒体类型、部件下载、可伸缩的媒体类型、流的优先级化、多语言支持、环境独立性、丰富的流间关系及扩展性等。

6. DivX、Xvid

DivX是一种将影片的音频由MP3来压缩、视频由MPEG-4技术来压缩的数字多媒体压缩格式。DivX由DivXNetworks公司发明的。DivX配置CPU的要求是300MHz以上、内存64M以上、8M以上显存的显卡。DivX视频编码技术是为了打破微软ASF协定的种种束缚，由Microsoft MPEG-4 v3修改而来的、使用MPEG-4压缩算法的编码技术。

Xvid(旧称为XviD)是一个开放源代码的MPEG-4视频编解码器，它是基于OpenDivX所编写而成的。Xvid是由一群原OpenDivX义务开发者在OpenDivX于2001年7月停止开发后自行开发的。Xvid支持多种编码模式，量化(Quantization)方式和范围控制，运动侦测(Motion Search)和曲线平衡分配(Curve)等众多编码技术，对用户来说功能十分强大。Xvid的主要竞争对手是DivX。Xvid采用开放源代码的方式，而DivX则只有免费(不是自由)的版本和商用版本可供选用。

7. MOV

MOV(图6-10)是由QuickTime视频文件程序播放的相应视频文件格式。除了播放MOV外，QuickTime还支持MP3、MIDI的播放，并且可以收听/收看网络播放，支持HTTP、RTP和RTSP标准。该软件还支持主要的图像格式，比如JPEG、BMP、PICT、PNG和GIF。该软件的其他特性还有：支持数字视频文件，包括MiniDV、DVCPro、DVCam、AVI、AVR、MPEG-1、OpenDML以及Macromedia Flash等。

图6-9 ASF

图6-10 MOV视频

QuickTime文件格式支持25位彩色，支持领先的集成压缩技术，提供150多种视频效果，并配有提供了200多种MIDI兼容音响和设备的声音装置。它无论是在本地播放还是作为视频流格式在网上传播，都是一种优良的视频编码格式。

6.3　数字视频处理

6.3.1　非线性编辑与线性编辑

1. 非线性编辑概述

1）线性编辑

电视制作中，传统的编辑方法通过一对一或者二对一的台式编辑机将母带上的素材剪接成第二版的剪辑带，这中间完成的诸如出入点设置、转场等都是模拟信号转模拟信号，由于一旦转换完成就记录成为了磁迹，所以无法随意修改。如果需要中间插入新的素材或改变某个镜头的长度，后面的所有内容就必须重新录制。这种以时间绝对顺序进行编辑方法称为线性编辑。

2）非线性编辑

通过视音频采集卡将磁带上的视音频模拟信号转换成数字信号并存储于高速硬盘中，然后经软件编辑加工进而制作特技合成，可以直接以数字电视的形式播出，也可以再次通过视频卡输出到录像带上，记录成模拟信号。这种以时间相对顺序进行编辑的方式称为非线性编辑。

非线性编辑的素材或其中的一部分可以随时被观看、修改或编辑。

2. 视频编辑的过程与方法

视频的编辑，即对视频及音频素材进行随机快捷地存取、修改，改变视频素材的时间顺序、长短并合成新的剪辑。视频剪辑一般分为以下三个步骤。

(1) 导入素材。

(2) 视音频编辑和特技制作。

(3) 节目合成与输出。在视音频轨道中编辑素材片段、制作特技、叠加字幕，并在预演、修改满意后，利用剪辑合并文件、转场、特效、重复和叠加的信息，从而生成新的文件。再根据不同的要求，输出如 VCD、DVD 以及录像带存储的不同形式的成品。

3. 数字视频处理

数字视频处理是指创建一个编辑的过程平台，将数字化的视频素材用拖曳的方式放入过程平台。这个平台可自由地设定视频展开的信息，可逐帧展开，也可逐秒展开，间隔可以选择。调用编辑软件提供的各种手段，对各种素材进行剪辑、重排和衔接，添加各种特殊效果，二维或三维特效画像，叠加中英文字幕、动画等。这些过程的各种参数可反复任意调整，使用户便于对过程的控制和对最终效果的把握。

确定了最终效果后，用视频编辑软件生成最终视频文件，即生成连续的视频影像。生成影片的过程是计算机计算的过程，这是一项耗时的工作。对于像切换、拼接过渡这样简单的编辑也许不需太多的计算，但是，对于大多数复杂效果（如特技、叠加等）需计算机逐帧渲染处理，并以所设定的清晰度和图像品质建立完整帧，所以比较费时。由此看来，性能优异的计算机对于生成影片效率就显得尤为重要了。

6.3.2　数字视频的获取

数字视频的来源主要有三种：一种是利用计算机生成的动画，如把 SWF 或 GIF 动画格式转换成 AVI 等视频格式；另一种是把静态图像或图形文件序列组合成视频文件序列；最后一种也是最主要的一种，通过视频采集卡把模拟视频转换成数字视频，并按数字视频文件的格式保存下来。

从硬件平台的角度分析，数字视频的获取需要三个部分的配合：首先是提供模拟视频输出的设备；然后是可以对模拟视频信号进行采集的设备；最后是接收和记录编码后的数字视频数据的设备，如图 6-11 所示。

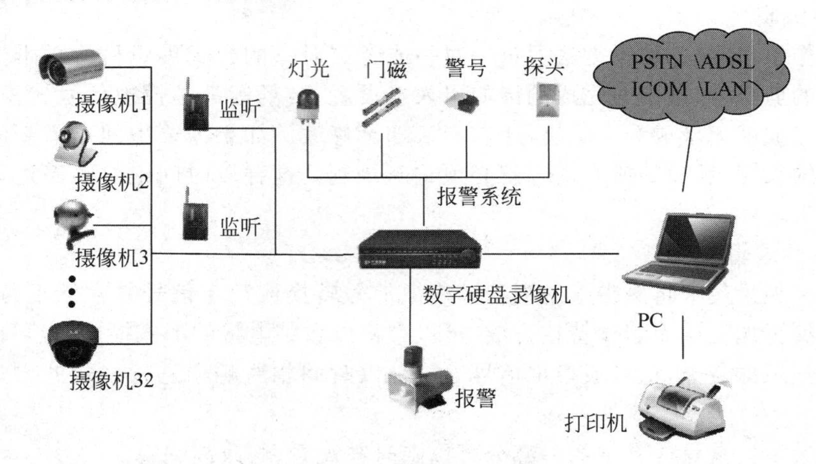

图 6-11　数字视频系统

1. 从光盘获取

这种视频获取方式比较大众，且较多见，视频信息都可以被保存至 CD、VCD、DVD 或者 BlueRay 等光盘上，用户可以利用光驱读取设备，随时获取光盘上的视频信息。

2. 从数字摄像机获取

将图像信号数字化后存储，这在专业级、广播级的摄录像系统上已应用了相当长时间。但是，它需要付出高昂的代价，因为相应设备的价格很高，一般单位和家庭无法承受。随着数字视频(Digital Video，DV)的标准被国际上 55 个大电子制造公司统一，数字视频以不太高的价格进入消费领域，而数字摄像机(图 6-12)也应运而生。

1）数字摄像机的类型

家用级数字摄像机有 MD 摄像机、数字 8mm 摄像机、Mini DV 摄像机之分。MD 摄像机是将信号记录于 MD 光盘上，这种 MD 盘与 MD 随身听所用 MD 盘原理、尺寸相同，但能连续拍摄的时间较短。

图 6-12　数字摄像机

数字 8mm 摄像机是使用 Hi8 录像带记录信息的数字摄像机，数字 8mm 摄像机和 Mini DV 摄像机不仅都使用录像带，而且处于同一质量档次，最高拍摄清晰度都能达到 500 线水平清晰度以上，外观也非常相似，而数字 8mm 摄像机所用的录像带价格更低。

Mini DV 数字摄像机的生产厂家更多，品种型号琳琅满目，有更多的选择余地，性能价格比相对较高，体积更小，重量更轻(最轻的 Mini DV 摄像机的重量不足 400g)。

2）数字摄像机的特点

数字摄像机是将通过 CCD 转换光信号得到的图像电信号和通过话筒得到的音频电信号，进行模/数转换并压缩处理后送给磁头转换进而记录信息的，即以信号数字处理为最大特征。就是这一数字化，使它与以往许多家庭广为采用的模拟摄像机相比具有许多优势。

（1）记录画面质量高

视频图像清晰程度最基本、最直观的量度是水平清晰度。水平清晰度的线数越多，意味着图像清晰程度越高。由数字摄像机所拍摄并播放在电视机屏幕上的图像，比人们以往普遍采用的模拟、非广播级摄像机所拍摄的图像，清晰度要高得多。实际上它可与广播级模拟摄像机所拍摄图像质量媲美。目前数字摄像机记录画面的水平清晰度高达 500 线以上（最高 520 线），与早几年广播级的摄像机清晰度水平相当，而家用模拟摄像机记录画面的水平清晰度最高只为 430 线，还有许多只有 250 线。

（2）记录声音达 CD 水准

DV 摄像机采用两种脉冲调制记录方式。一种是采样频率为 48kHz，16b 量化的双声道立体方式，提供相当于 CD 质量的伴音。另一种是采样频率为 32kHz，12b 量化的 4 声道方式。故而，声音品质得到了极大的保证。

（3）信噪比高

播放录像时在电视画面上出现的雪花斑点即为视频噪声。DV 所记录播放的视频信噪比很高，用模拟录像带播放时出现的图像上下颤抖的现象，在数字方式拍摄记录的录像带上不会出现。

（4）可拍摄数字照片

数字摄像机也可像数码相机那样进行数字照相。Mini DV 摄像机上有照片拍摄（Photo Shot）模式，一旦启用它就能够“冻结”、“凝固”一幅幅画面。尽管模拟摄像机有的也能这样做，但用 Mini DV 摄像机所摄“照片”影像特别清晰，它们不仅可通过电视屏幕显示观看，而且可直接输入计算机进行处理。

（5）与计算机进行信息交换

如果将数字摄像机的接口卡与计算机连接，使其以数字形式记录的图像信号输入计算机硬盘，则可以方便地进行后期编辑和多种特技处理。这使得数字摄像机成为多媒体的最佳活动采集源、输入源，而且在这一过程中无须进行转换与压缩，因此图像几乎没有质量损失和信号丢失，从而便于人们构建数字化的视频编辑系统。

3. 模拟视频的采集

视频采集过程如下。

1）视频设备的准备

摄像机、录像机等设备都带有复合视频输出端口，有的带有分量视频输出端口。由于视频采集卡提供复合视频输入和分量视频输入口，因此只要具有复合视频输出或 S-Video 输出端口的设备都可以为视频采集卡提供视频信号源，把这些输出端口与采集卡相应的视频输入端口相连就可以实现信号的连接。

视频的质量在很大程度上取决于模拟视频信号源的质量及视频采集卡的性能，应根据不同的模拟视频信号源分别选择相应的设备。

2）视频设备与 PC 的连接

准备好了模拟视频信号源及其相应的设备，剩下的工作就是把模拟视频设备与 PC 的视频采集卡连接。模拟设备与视频采集卡的连接包括模拟设备视频输出端口与采集卡视频输入端口的连接，以及模拟设备的音频输出端口与视频采集卡音频输入端口的连接。

如果采集卡只具有视频输入端口而没有伴音输入端口，要同步采集模拟信号中的伴音，则必须使用带声卡的计算机，通过声卡来采集同步伴音。

视频采集卡有两种视频输入接口，要注意它们之间的区别。一种是具有标准复合视频输入接口 RCA（也称 AV 接口），标准视频信号在输出时要进行编码，将信号压缩后输出，接收时还要进行解码，这样会损失一些信号。还有一种是 S 视频输入接口（S-Video）。由于 S 视频信号不需要进行编码、解码，所以没有信号损失，因此使用 S-Video 接口可以获取更好的图像质量。

3）视频数据的采集

视频设备与 PC 连接好后，可以进行视频数据的采集，其过程主要包括如下几个步骤。

（1）启动采集程序，设置采集参数（如设置信号源、存放文件格式、存放路径等）。

（2）启动信号源，然后进行采集。

（3）播放采集的数据，如果丢帧严重可修改采集参数或进一步优化采集环境，然后重新采集。

（4）由于信号源是不间断地送往采集卡的视频输入端口的，所以，可根据需要对采集的原始数据进行简单的编辑。如剪切掉起始和结尾处无用的视频序列，剪切掉中间部分无用的视频序列等，从而减少数据所占的硬盘空间。

6.3.3 数字视频采集设备

1. 数字摄像机

数字摄像机（Digital Video，DV）是将光信号通过 CCD 转换成电信号，再经过模拟数字转换，将信号以数字格式存储至摄像带、光盘或者其他存储介质上的一种摄像记录设备。利用数字摄像机拍摄出来的影像清晰、传输速率快。

常见摄像机型号有如下几种。

（1）Panasonic：DVCPRO 25、DVCPRO 50（图 6-13）、DVCPRO、HD（100M）。

（2）Sony：DVCAM、Digital Betacam、Betacam SX、Digital 8、MPEG IMX。

（3）JVC：Digital-S。

2. 视频采集卡

视频采集卡是将模拟摄像机、录像机、LD 视盘机、电视机等输出的视频数据或者视频音频的混合数据输入计算机，并转换成计算机可辨别的数字数据，存储在计算机中，成为可编辑处理的视频数据文件。

图 6-13　DVCPRO 25

1）视频采集卡的分类

按照其用途可分为广播级视频采集卡、专业级视频采集卡、民用级视频采集卡，它们档次的高低主要取决于采集图像的质量。

- 广播级视频采集卡的特点是采集的图形分辨率高，视频信噪比高，缺点是视频文件所需硬盘空间大。多为专业广播电影电视机构所采用。
- 专业级视频采集卡的档次比广播级的性能稍微低一些，分辨率两者是相同的，但压缩比稍微大一些，其最小的压缩比一般在 6∶1 以内，输入输出接口为 AB 复合端子与 S 端子，此类产品适用于广告公司和多媒体公司制作节目及多媒体软件应用。
- 民用级视频采集卡的动态分辨率一般较低，绝大多数不具有视频输出功能。

2）MPEG 卡

MPEG 是能将大量视频信息进行压缩的国际标准。在该标准的支持下，一套 74 分钟的完整录像画面及具有 CD 音质的音频信号，只需一张 CD 光盘即可存储(VCD)。

MPEG 卡实际上分为两类：MPEG 压缩卡和 MPEG 解压卡。

MPEG 压缩卡(图 6-14)用于将视频影像压缩成 MPEG 的格式。它首先将模拟音频信号数字化，然后按 MPEG 标准的压缩算法分别对数字音视频信号进行压缩编码，产生一个码率约为 1.5Mb/s 的 MPEG 复合音视频码流，最后再转变为.mpg 格式的文件存储在硬盘上。根据所支持信号的输入方式，MPEG 压缩设备可分为专业型和普及型。专业 MPEG 压缩卡可以支持 YUV、S-Video 和复合视频等多种输入方式。它们一般还带有数字滤波预处理和专业分量型录像机控制等功能。预处理功能除了能减小视频信号中的噪声外，还可限制视频信号的动态范围，使信号更容易压缩，有效降低了压缩算法引起的压缩失真，可大大提高图像的主观清晰度。

MPEG 解压卡采用硬件方式将压缩后的 VCD 影碟数据解压后进行回放。当计算机将 CD-ROM 内的数据传送到 MPEG 卡上时，通过卡上的 MPEG 解码器，将已压缩的数据进行解压。品质较好的 MPEG 卡可播放每秒 30 帧的视频画面，速度和 NTSC 制式一样。有些 MPEG 卡还提供了视频输出端口(Video Out)和音频输出端口(Audio Out)，可以将 VCD 画面播放到大屏幕彩色电视机上或其他录像设备上，具备了视频输出的功能。

3. 电视卡

电视卡(TV Tuner)的工作原理相当于一台数字式电视机，如图 6-15 所示。它首先将从天线接收下来的射频信号变换成视频信号，然后经 A/D 转换器变为数字信号，在经变换电路变为 RGB 模拟信号，最后通过 D/A 转换变为模拟 RGB 信号传送至显示器上显示。

图 6-14　MPEG 压缩卡

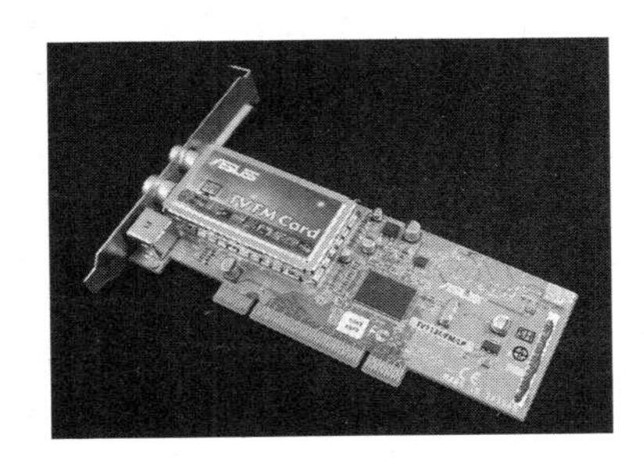

图 6-15　电视卡

因为电视卡采用逐行扫描方式，加上计算机显示点距小，分辨率高，所以整个电视图像看上去清晰稳定，完全可以与电视机相媲美。电视卡的硬件部分是电视频道的选台电路，在 MPC 上安装此卡后，允许用户在 MPC 上用遥控器或鼠标进行操作，从而对电视频道进行选择。不同的电视卡所能选择的频道数量各异。TV Tuner卡配有声音输出的接口，如供用户连接的音箱或转接到声卡的输入口。除频道选择之外，电视卡还可以进行频道预设、亮度及音量调节、彩色调整等。

电视卡有内置、外置之分。内置的电视卡插在主板上，外置的可直接与显示器相连。内置的电视卡必须开机使用，采用软件调选频道。外置的显示器可以看电视，并采用硬件调选频道。内置的需要安装软件播放，可以边看电视边运行其他程序，而且电视窗口大小可以调节，还可以对电视节目进行录制。外置的电视卡一般只能执行单一功能，看电视时主机便不能使用，只有全屏看电视，不能录制电视节目。

4. 数字视频接口

1）SDI

SDI(Serial Digital Interface，数字串行接口)的标准为SMPTE-259M和EBU-Tech-3267，包括了含数字音频在内的数字复合和数字分量信号。

SDI接口不能直接传送压缩数字信号。数字录像机、硬盘等设备记录的压缩信号重放后，必须经解压并由SDI接口输出才能进入SDI系统。如果反复解压和压缩，必将引起图像质量下降和延时的增加。为此，各种不同格式的数字录像机和非线性编辑系统均规定了用于直接传输压缩数字信号的接口。

(1) 索尼公司的串行数字数据接口SDDI(Serial Digital Data Interface)，用于Betacam SX非线性编辑或数字新闻传输系统。通过这种接口，可以4倍速从磁带上载到磁盘。

(2) 索尼公司的4倍速串行数字接口QSDI(Quarter Serial Digital Interface)，用于DVCAM录像机编辑系统中。通过该接口以4倍速从磁带上载到磁盘、从磁盘下载到磁带或在盘与盘之间进行数据拷贝。

(3) 松下公司的压缩串行数字接口CSDI(Compression Serial Digital Interface)，用于DVCPRO和Digital-S数字录像机、非线性编辑系统中，由带基到盘基或盘基之间可以4倍速传输数据。

以上三种接口互不兼容，但都可与SDI接口兼容。

2）IEEE-1394

IEEE-1394[①]接口(图6-16)最初由苹果公司开发，也称火线(FireWire)。SONY公司将早期的6针接口改良为现在大家所常见的4针接口，命名为ILink。

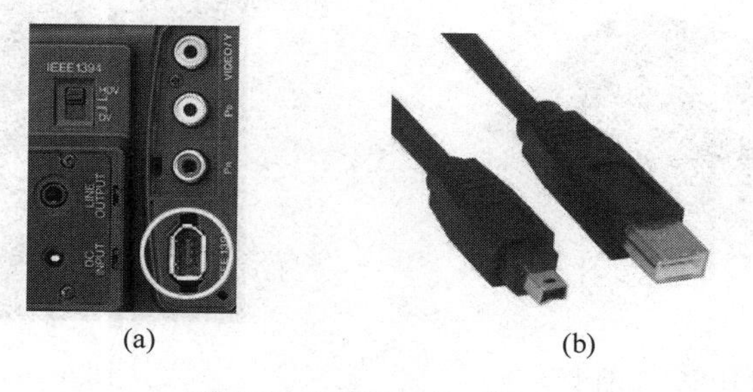

(a) (b)

图6-16 IEEE-1394接口

① IEEE标准化组织(Institute of Electrical and Electronics Engineers).

IEEE-1394 具有两种传输方式：Backplane 模式和 Cable 模式。Backplane 模式最小的速率也比 USB 1.1 最高速率高，分别为 12.5Mb/s 、25Mb/s、50Mb/s，可以用于多数的高带宽应用。Cable 模式是速度非常快的模式，分为 100Mb/s、200Mb/s 和 400Mb/s 三种速率。在 200Mb/s 下可以传输不经压缩的高质量数据电影。

IEEE-1394 的主要性能特点有以下几项。

（1）数字接口。

（2）“热插拔”、即插即用。

（3）数据传输速度快。

（4）体积小，制造成本低，易于安装。

6.3.4 常用数字视频处理软件

1. Vegas

索尼的 Vegas 是一款集影像编辑与声音编辑于一体的软件，作为可运行于 PC 平台上的入门级编辑软件，其高效、易用等特点不仅适用于专业人士，对于一般的用户而言，其友好的操作界面亦能轻松上手。

目前，Vegas 提供了全面的 HDV、SD/HD-SDI 采集、剪辑、回录支持，可通过 BlackMagic DeckLink 硬件板卡实现专业 SDI 采集支持；真 14-b 模拟 4：4：4 HDTV 和 SD 监视器输出；支持 DVI、VGA、1394 外接监视器上屏；支持广播级 AAF、BWF 输入输出；提供 VST 音频插件支持等。剪辑方面提供 System-wide Media Management、Project Nesting、Tape-style Audio Scrubbing、A/V Ynchronization Detect and Repair、Improved Multiprocessor Support、Superior Framerate Conversions（超级帧率转换）等新特性。其中“超级帧率转换”功能提供 HDV 1080-60i 到 SD 24p MPEG-2 和 HDV 1080-60i 到 720-24p and 1080-24p WMV HD 格式的完美转换。同时，Vegas 还提供 Photoshop（PSD）格式文件层支持、菜单主题输出功能、智能项目文件修补功能；支持多角度视频、多语言字幕；支持 CSS 和 Macrovision 版权保护措施等。

索尼公司于 2007 年 9 月 7 日正式对外发布了 Vegas 软件的最新版本——Vegas Pro 8。Vegas Pro 8 是面向所有专业人员的多功能软件产品。它集合了 Vegas Pro 8，DVD Architect Pro 4.5 和 Dolby Digital AC-3 编码软件为一个系列的套装，为用户提供专业视频、音频、DVD 和广播级制作的综合应用环境。

2. Canopus EDIUS

Canopus（康能普视公司）从一家日本本土的高科技企业发展到国际性的视频技术巨头，为用户提供包括高质量、高性能的图形声音卡及其附带的软件驱动程序在内的软硬件服务，秉承质量、性能与稳定性兼顾的服务理念。EDIUS 是 Canopus 专为广播和后期制作环境而设计的非线性编辑软件，特别针对新闻记者、无带化视频制播和存储。EDIUS 拥有完善的基于文件的工作流程，提供了实时、多轨道、多格式混编、合成、色键、字幕和时间线输出等功能。除了标准的 EDIUS 系列格式，该软件还支持 JPEG2000、DVCPRO、P2、VariCam、Ikegami GigaFlash、MXF 、XDCAM 和 XDCAM EX 等格式的视频素材。同时支持所有 DV、HDV 摄像机和录像机。

EDIUS 软件向来以代理服务器功能而著称。EDIUS 6 的用户可采用来自 SDI 基带视频的代理服务器素材。编辑人员可将任何摄录一体机的代理服务器与 EDIUS 代理服务器在编辑过程中的任何时间进行匹配和混合，这使用户获得了极大的灵活性。

3. Adobe Premiere

世界著名的图形设计、出版和成像软件设计公司 Adobe Systems Inc. 在对 Premiere 的开发过程中历经了 6.5、Pro 1.5、Pro 2.0、CS(Creative Suite)等具有划时代意义的版本后，如今已经成为视频非编领域专业级软件的代表。它是一款编辑画面质量比较好的软件，有较好的兼容性，且可以与 Adobe 公司推出的其他软件相互协作。目前这款软件广泛应用于广告制作和电视节目制作中。其最新版本为 Adobe Premiere Pro CS5。

Adobe Premiere 具有强大的视频编辑功能，例如它支持广泛的视音频格式、内嵌终极制作流程、可在任何地方发布、高效的工具、精确的音频控制、专业编辑控制、多个选择的更多选项、无带化流程、元数据流程、与 Adobe 软件的空前协调性等。

4. 会声会影

会声会影是一套操作简单的 DV、HDV 影片剪辑软件。具有成批转换功能与捕获格式完整的特点。让剪辑影片更快、更有效率；画面特写镜头与对象创意覆叠，可随意作出新奇百变的创意效果；配乐大师与杜比 AC3 的支持，让影片配乐更精准、更立体；同时酷炫的 128 组影片转场、37 组视频滤镜、76 种标题动画等丰富效果，让影片精彩有趣。

5. Speed Razor

Speed Razor，即快刀。该软件系统中的轨道不分为视频轨、图文轨和特技轨等，而是任何一个轨道上均可任意地放置视频素材、图文素材或特技及键控效果，系统对此没有任何限制。由于快刀支持无限层视、音频轨道增加，所以为多层合成提供了良好的环境。在合成速度方面，快刀更显示出独具一格的特色。一个特技可指定多个素材，也可以指定素材的一部分。该产品内嵌了一个全功能的中文字幕系统——风云。该字幕系统基于时间线操作，并与快刀连动，使操作更为方便。

6. Fred Edit DV

Fred Edit DV 是基于 Windows 2000 平台上的一种短小精悍的膝上型编辑设备，可以直接处理 DV 数字视频信号。它是一款不需要任何视频硬件支持的纯软件编辑系统，用户只需一个 IEEE-1394 接口与设备连接，就能独立完成 DV 素材的采集、编辑、录制等非线性系统所能实现的工作。Fred Edit DV 首次在编辑中引入了 ID 号的概念，用户可以通过自定义 ID 号快速找到所需素材。Fred Edit DV 为用户提供了字幕模板功能，用户可以直接将模板加到编辑线上，并且可以在编辑线上直接修改字幕内容。

7. Final Cut Pro

这个视频剪辑软件由 Premiere 创始人 Randy Ubillos 设计，充分利用了 PowerPC G4 处理器中的“极速引擎”(Velocity Engine)处理核心，提供了全新的功能。Final Cut Pro 需在 Mac 操作系统上运行，其功能综合了视频编辑、合成与特技等内容。该软件的界面设计相当友好，按钮位置得当，具有漂亮的 3D 感觉，拥有标准的项目窗口及大小可变的双监视器窗口。Matrox 最近宣布将给 Final Cut Pro 增加实时特性的硬件加速。届时，Final Cut Pro 将会以更加优质的功能博得用户的喜爱。

8. Avid Xpress Pro HD

该软件拥有编辑层的独特方法。在编辑过程中，视频是无损的。它是可以在桌面工作站或笔记本上使用的唯一一款软件产品，用户界面非常像 Avid Media Composer。新版本 Xpress 4 使用 Terran Interactive(包含 Media Cleaner EZ)，增加了可以在任何地方提供媒体的功能，包括一套功能强大的视频编辑、特技、音频、字幕、图像、合成和协同工作的工具。Avid 单步技术通过与 Media Cleaner 整合，单步输出到 Web、DVD 和 CD 视频，具有超过 75 实时的特技和更快的速渲染特技。编辑选项包括录制到时间线、一个用图形表示的键盘、一个命令调色板、JKL 调整器、完整的二进制等。为了与其他的 Avid 系统一起整合，该系统包括了对 Avid Unity MediaNet 的支持，也支持 AVX 插件，以扩展特技调色板。对于电影制作人而言，软件中的 FilmScribe 选项非常有用，它可以实现从胶片到视频再到胶片的流畅过渡。Xpress 在 Windows NT 和 Macintosh 平台有多种配置。

9. 大洋

大洋新一代节目制作软件套装 POST PACK，是一款面向专业广播电视节目后期制作的工具集。在统一的平台架构体系中，该软件将非线性剪辑的概念扩展到前所未有的宽广领域，帮助剪辑师、调色师、录音师和动画设计师更加亲密无间地合作，创作出大师级的作品。

(1) 非线性编辑与输出。D3-Edit 3 采用更高的处理精度，集成多项先进科技，并通过优化的用户界面，提供了更高效的编辑环境，以及无与伦比的高质量成片输出，如图 6-17 所示为大洋视频编辑软件。

(2) 颜色校正与分级。D3-Color 是专用的校色和颜色分级工具。特有的片段比对、风格预制以及示波器工具，都可以让用户对节目的色彩做统一把控。多级的分段校色，使得用户能够对画面的不同细节部分作独立的颜色处理，而不会互相影响。

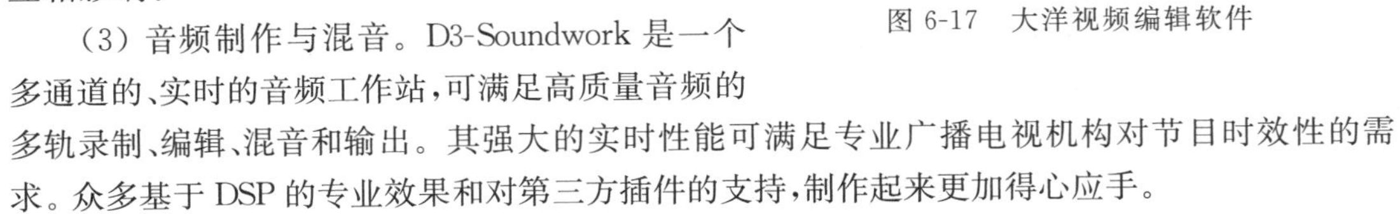

图 6-17　大洋视频编辑软件

(3) 音频制作与混音。D3-Soundwork 是一个多通道的、实时的音频工作站，可满足高质量音频的多轨录制、编辑、混音和输出。其强大的实时性能可满足专业广播电视机构对节目时效性的需求。众多基于 DSP 的专业效果和对第三方插件的支持，制作起来更加得心应手。

(4) 栏目包装及三维。D3-CG Designer 2 是一个真正所见即所得的包装合成工具，能够在三维空间内进行多层处理。四视图操作模式能够让训练有素的设计师在他所熟悉的方式下完成创作。内置的摄像机、光源、贴图、容器、粒子以及关键帧处理，足以应对复杂节目包装的需求。最重要的是，基于故事板片断共享的工作流程，使得美术设计师能够与剪辑师更紧密地进行协同工作，从而提升节目制作效率。

10. Sobey

索贝数码科技股份有限公司成立于 1997 年，作为国内广播电视设备行业中最大规模的、提供系统技术解决方案和实施系统集成的专业化大型企业，它主要从事专业电视节目制作、多媒体设备和系统的研发、生产、销售与服务，在产品开发、技术创新、技术服务、高新技术采用等四大方面领先国内其他同行公司。该公司凭借雄厚的研发实力填补了国内多个广电行业的空白。它先后与索尼公司、CCTV 合作，开创中国广电行业全新商业模式。

索贝在视音频非线性编辑领域最新发布的新一代桌面 E7 系列产品，采用全面更新的

CPU+GPU 引擎，为用户实现多层运动字幕实时渲染以及复杂的视觉艺术创作提供强大的动力，具备非常完善的节目制作和包装能力，如图 6-18 所示为索贝 EDITMAX 7 运行界面。

11. 新奥特

作为国内著名的数字媒体技术厂商，新奥特公司为用户提供包括图文创作系统、非线性编辑系统、网络制播系统、虚拟演播系统等具有自主知识产权的产品，以及包括新媒体应用、数据媒体服务、转播技术服务、国际广播中心(IBC)构建与运维在内的各类专业数字媒体内容制作及运营解决方案与技术服务。

新奥特承建了 2010 年上海世博会广播电视中心新闻共享及发布系统(IBC)项目，全面负责世博会的高清新闻采集、制作、演播和发布。

Himalaya 系列高标清非线性编辑系统基于 AAF/MXF 标准交互，可实现与第三方创作产品和视频服务器的深度耦合，从而对节目制作流程进行大幅度优化、提高节目制作效率，并通过减少转码、视音频输出环节，确保节目质量不受任何影响，如图 6-19 所示为新奥特 Himalaya 系列高标清非线性编辑软件界面。系统支持 Avid Media Composer、NewsCutter 及 Autodesk Smoke 节目深度制作、包装系统；支持 digidesign Protools/Pyramix 音频包装系统；支持 Omneon、K2、EVS、AirSpeed、SeaChange、NVS 等视频服务器；支持更多的多媒体文件的输入输出；支持 P2、专业蓝盘、池上存储卡、EX 卡等介质文件的直接导入编辑。

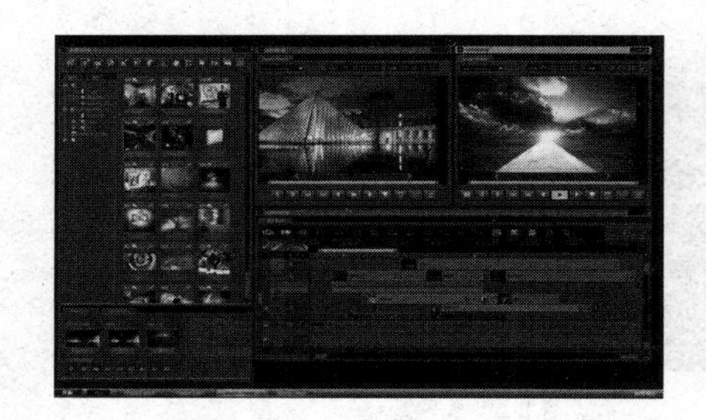

图 6-18　索贝 EDITMAX 7 运行界面

图 6-19　新奥特 Himalaya 系列高标清非线性编辑系统

Himalaya 最新版本的新增功能有 8 项。

(1) 自动唱词：时间线上语音素材播放的同时，自动将文本转换为唱词字幕，并精确地叠加到同期声画面上。省去了人工拍录唱词和因为拍录不准确而频繁修改的过程。

(2) 多画面叠加多特效：实现实拍达不到的神奇的艺术效果，利用画面叠加使前景主体与背景场景的融合实现梦幻般的合成效果等。

(3) 动态跟踪特效：使用户能够实现图像、文字、粒子，或任何层自动跟随目标物体的移动。

(4) 多画面叠加特效：利用多种画面叠加模式实现很多实拍达不到的神奇的艺术效果，诸如渐变字幕层与视频层的叠加为视频画面附加光效；利用复制层与原视频层的多种叠加模式实现明暗的调节；利用画面叠加实现前景主体与背景场景的融合实现梦幻般的合成效果。

(5) 分离键特技：任何自定义图文可以作蒙片实现任意形状视频蒙片效果，如图 6-20 所示。

(6) 字幕编辑系统：系统嵌入字幕操作系统，使字幕的创作丰富而易用。唱词字幕、动画字幕、滚屏字幕、手绘字幕、倒计时、多层动画字幕等制作及渲染工具丰富而操作便捷，如图 6-21 所示。

图 6-20　分离键特技效果

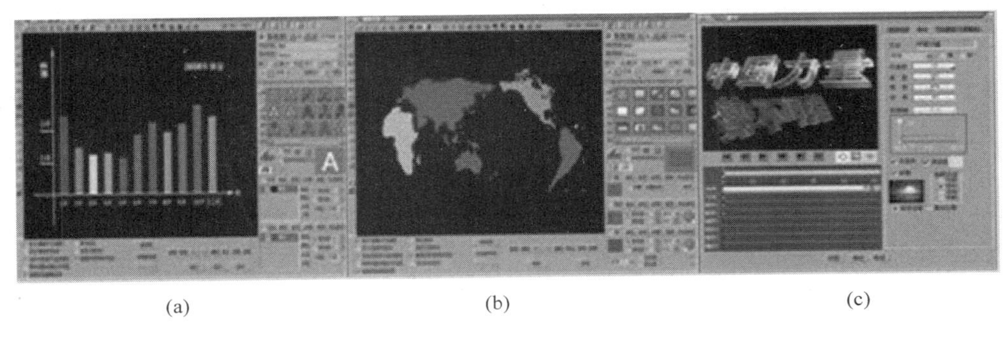

(a)　(b)　(c)

图 6-21　字幕效果

(7) 视频特技编辑模块：系统提供近四十类视频特效，为视频的包装效果提供丰富的视频包装手段，如图 6-22 所示。

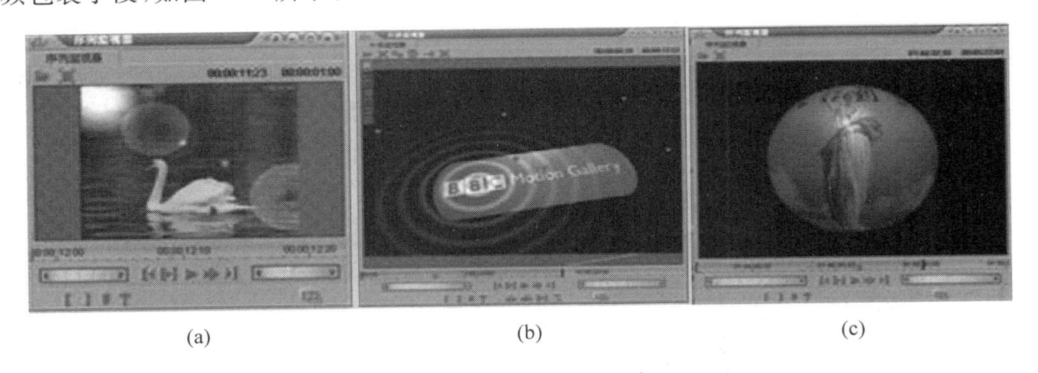

(a)　(b)　(c)

图 6-22　特技效果

(8) 音频编辑模块：系统提供诸如 31 段图形均衡、10 段 EQ、变速、语音变调、整轨音量均衡、高通、低通、音量平衡、合唱、压缩器、失真、回声、环境回响、颤音、过滤、声相、参数均衡、波形混响；调音台功能，可在播放的同时通过滑杆控制记录关键帧调节音量大小；无限多轨声音轨道针对 16 通道嵌入音频任意混合输出。

第7章　数字动画技术

7.1　动画概述

7.1.1　动画发展简史

动画一词属于泊来之物，第二次世界大战之后，日本将以木偶、线等形式制作的影片统称为“动画”。关于动画的定义，历来众说纷纭，未有定论。从词源来说，动画(Animation)一词，源于拉丁文Anima，意为“灵魂”。金辅堂认为：“动画是以各种绘画形式作为表现手段，用笔画出一张张不动的但又是逐渐变化的画面，经过摄像机逐格拍摄，然后以每秒24格的速度连续放映，使画面动作在银幕上活动以来。”由世界动画协会组织(Association International du Film d'Animation，ASIFA)于1980年在前南斯拉夫的萨格勒布(今克罗地亚共和国首都)会议中心对动画一词所下的定义被广泛认可，该定义认为：“动画艺术是指除使用真人或事物造成动作的方法之外，使用各种技术所创造之活动影像，亦即是以人工的方式所创造之动态影像。”

1. 动画意识初觉醒

人类对于动作分解的最早证据是距今2.5万年前的石器时代洞穴上的野牛奔跑分析图，如图7-1所示。洞穴的墙壁上勾画着野牛奔跑中一个动作的两个顺时分解状态，这说明一种时间转换的思考方式正悄然渗入人类的大脑。另外一幅图则更能说明这一思想的延伸。达·芬奇著名的黄金比例人体图为一个人描绘出了4支胳膊与4条腿，表示出手脚上下摆动的动作，如图7-2所示。古埃及壁画及古希腊陶瓶对于连续动作的顺序分解也表达出人类对于动作过程的记录渴望与剖析的兴趣，如图7-3和图7-4所示。随着人们对于动作的不断深入研究与实验，终于在欧洲实现了物象在纸上活动的梦想。

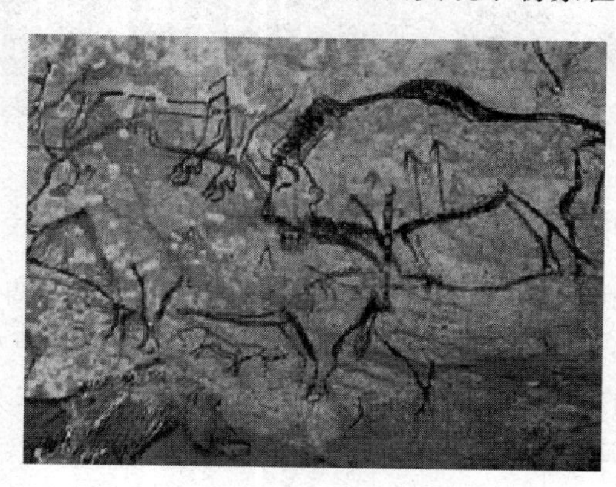

图7-1　石器时代洞穴上的野牛奔跑图

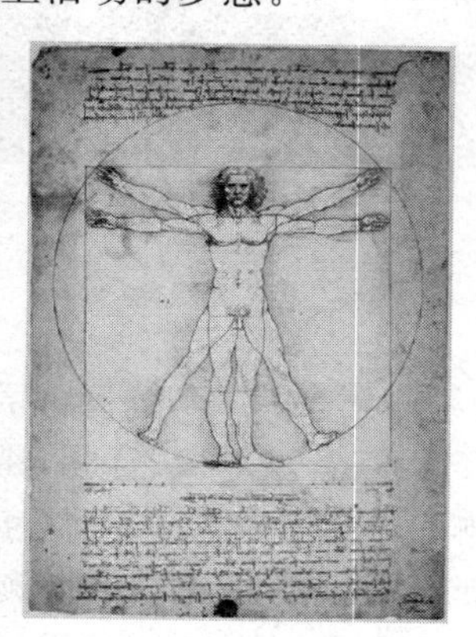

图7-2　黄金比例人体图

图 7-3　古埃及壁画

图 7-4　古希腊陶瓶

2. 动画技术实验先锋

1824 年，彼德・马克・罗杰（PeterMark Roget）在《移动物体的视觉暂留现象》（*Persistence of Vision with Regard to Moving Objects*）中首次提出了“视觉暂留”的概念，成为动画发生发展的理论基石。

1825 年，英国人约翰・A・帕里斯（John A. Paris）发明了幻盘（Thaumatrope，图 7-5），它是一个由绳子或木杆穿过两面中的圆盘所构成的。盘的一个面画了一只鸟，另外一面画了一个空笼子。当圆盘快速旋转时，观察者就会惊奇地发现鸟竟然出现在笼子里。

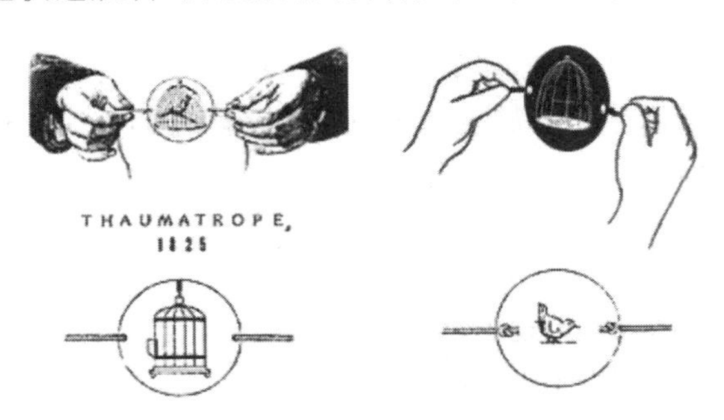

图 7-5　“幻盘”

早在 1826 年，比利时的约瑟夫・高原就发明了“转盘活动影像镜”（图 7-6）——一种产生动画的装置。这种装置十分简单，即准备一张边沿有裂缝并画上运动各状态的图像的圆卡，将圆片面对着一面镜子，再用手拨动圆盘使其快速转动，透过圆盘上部的裂缝观看镜子里的圆盘下端，就可以从镜子里看见圆周附近一系列图画形成栩栩如生的动画了。1827 年，奥地利的西蒙在维也纳也独立发明了相似的装置“频闪观测仪”。

1834 年，英国人威廉姆・乔治・霍尔纳（William George Horner）发明了“走马盘”（Zoetrope），如图 7-7 所示。这个设备是在一个圆桶中放入连续的图像，当圆桶旋转时，可通过桶身上的细缝观看产生运动的影像，这种形式中暗含着未来电影的发展轨迹。

1877 年，动画创始人埃米尔・雷诺改进了霍尔纳的“走马盘”，制造了“活动视镜”（Praxinoscope），并于 1878 年创造了“光学影戏机”（Théatre optique），实现了动态影像的流

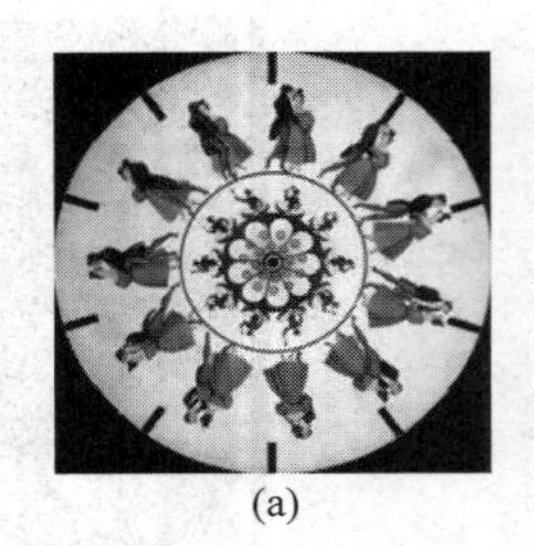
(a)

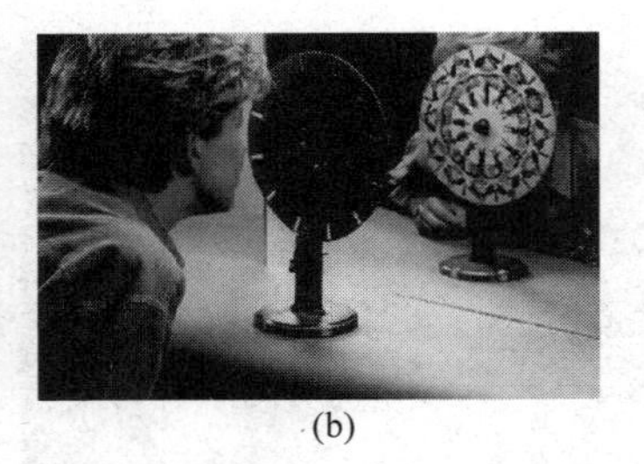
(b)

图 7-6　转盘活动影像镜

(a)

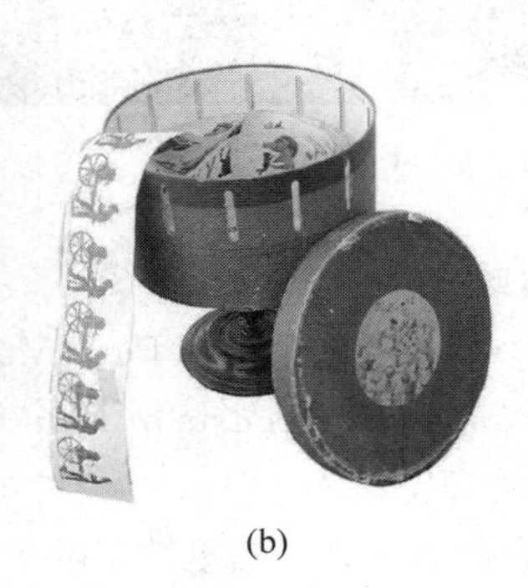
(b)

图 7-7　走马盘

畅播放。

1894 年，伟大的发明家爱迪生发明了“电影视镜”，可支持连续放映 50 英尺胶片的电影。1895 年，卢米埃尔兄弟在此基础上有发明了“活动电影机”。整个 19 世纪，一代又一代、无数的动画大师不断地进行着艰苦卓绝的尝试，每一小步的成功都使世界动画的发展激流勇进，生生不息。

3. 动画短片初探

1906 年，美国人 J. Steward 经过不断地钻研和推敲，反复修改画稿，终于制作出一部接近现代动画概念的影片《滑稽面孔的幽默形象》(*Humorous Phase of A Funny Face*)，如图 7-8 所示。

1908 年，法国人漫画家、卡通动画的制作者，被称为“动画卡通之父”的爱米尔·科尔(émile Cohl，图 7-9)首创用负片制作动画影片。负片类似于我们今天使用的普通胶卷底片，他采用一种新型载体对动画进行记录。他的动画影片《变形记》(*Fantasmagorie*)就采用了这种记录方式，并运用了“粉笔线风格”(Chalk-line Style)技术实现了画面的不断变换，为今后动画片的发展奠定了坚实基础，如图 7-10 所示。

图 7-8　动画《滑稽面孔的幽默形象》片段

1909 年，伟大的动画家美国人温瑟·马凯(Winsor Mccay)用 1 万张图片表现一段动画故事，这是迄今为止世界上公认的第一部完全意义上的动画短片。从此以后，动画片的创作和制作水平日趋成熟，人们已经开始有意识地制作表现各种内容的动画片。1914 年，他制作的动画片《恐龙葛蒂》(*Gertie the Dinosaur*)公映(图 7-11)，这部影片把故事、角色和真人表演安排成互动式的情节，大获成功。并在 2006 年法国安锡(Annecy)国际动画电影节中被评为“动画的世纪·100 部作品”的第一名。随后，他又制作了电影史上第一部以动画形式表现的纪录片《路斯坦尼雅号之沉没》(*The Sinking of the Lusiitania*)。这部动画片以真实的故事为原型，由 2.5 万张素描原画组成，在当时产生了空前的反响。[①]

图 7-9　爱米尔·科尔

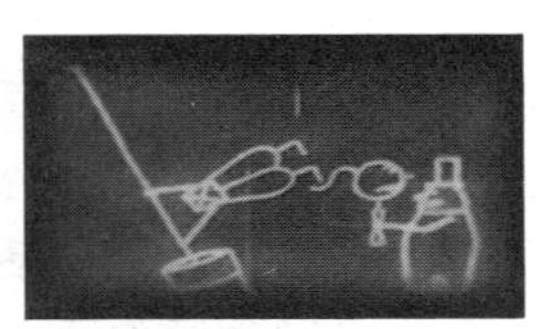
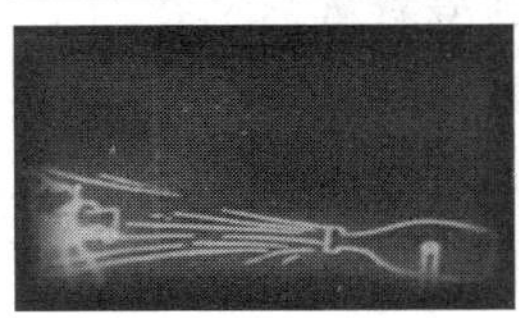
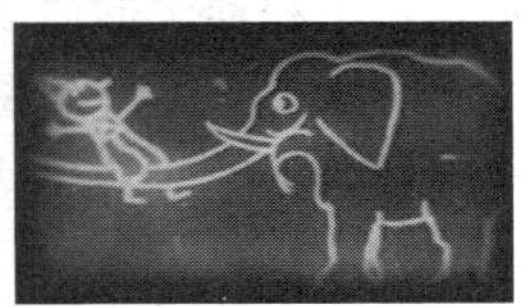

图 7-10　动画《变形记》片段

(a)

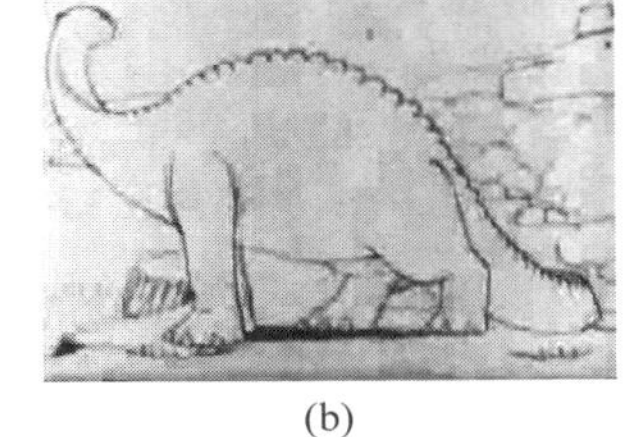

(b)

图 7-11　动画《恐龙葛蒂》片段

1915 年，美国人 Eerl Hurd 创造了一种全新的动画制作工艺，即通过在塑料胶片上绘制动画，然后再把塑料胶片上的图片一幅幅拍摄下来，汇集成动画电影。时至今日，这种动画制作工艺一直被沿用着。

20 世纪 20 年代，中国的动画叱咤于世界大舞台之上，甚至动画大国日本也是在学习中国动画的基础上才发展至今的。当时的中国动画十分注重“以画为本”的理念，大多数的作品都是通过吸取我国诸多绘画形式而进行的创作，尤其把只有中国人才能深刻体会的意蕴和风骨体现在了创作当中。这种创作理念实在难能可贵，在世界动画发展史上都是独树一帜的。早期的动画生产基地为上海美术电影制片厂，它生产出的作品长盛不衰，一直在动画领域具有非常重要的影响。这一时代中，万氏兄弟创作了大量的作品，技术上不断创新，开创了中国动画艺术的兴盛时期。如经典动画片(美术片)《大闹画室》、《铁扇公主》、《神笔》等。

中国早期的动画具有一个很明显的特征，即对于绘画的依赖，也因此，中国早期的动画

① http://dm2008858124.blog.163.com/blog/static/48896847201142312417657/.

片也被称为“美术片”。在《中国百科书大全·电影卷》中对“美术片”给出了定义：“美术片，是一种特殊的电影。美术片是中国的名词，在世界上统称 Animation，是动画片、木偶片、剪纸片的总称。美术片主要运用绘画或其他造型艺术的形象（人、动物或其他物体）来表现艺术家的创作意图，是一门综合艺术。美术片有长片、短片和系列片多种，题材和形式广泛多样，在世界影坛占有重要地位，在电视领域更受到重视，为少年儿童和成年观众所喜闻乐见。”[①]根据我国美术片的发展情况，可以将其分为 4 种类型：动画片、木偶片、剪纸片和折纸片。作为电影 4 大片种之一的美术片为中国的电影艺术增添了耀眼的光芒。在之后的几十年的发展中，“美术片”的名称逐渐淡出了人们的视线，“动画”以一种综合性的概念取而代之。

每当谈及有关动画的话题，总是不得不说到美国动画的传奇领军人物沃尔特·迪斯尼。他把动画艺术和动画的商业开发有机地结合在了一起，开创了动画的全新制作模式。无论是专注于手绘的美国早期动画，抑或是利用计算机辅助、生成动画的中晚期动画，迪斯尼一直走在世界动画的前列。如第一部动画片《奥斯瓦尔多》（*Steamboat Willie*）、第一部有声动画片《威利号汽船》、第一部彩色动画片《花与树》（*Flowers and Trees*，图 7-12）、第一部彩色电影动画片《白雪公主》（*Snow White*）等都为全世界留下了一笔珍贵的文化遗产。

(a)

(b)

图 7-12　动画《花与树》片段

4. 动画的成熟繁荣

随着计算机技术的发展，动画表现手段的多元化，世界动画领域不断拓展，获得了长足的进步，并产生了一大批经典动画片。美国以其敏锐的市场分析力与精湛的技术手段位居动画产业之首；日本动画在战后获得了飞速的发展，并成为继美国之后的动画第二大强国；韩国则另辟蹊径，以幽默风趣的动画类型深得世界人民的喜爱，排名世界第三。欧洲的动画继续坚持实验艺术之路，而中国动画在先快后慢的发展中也缓步向前。

说到美国动画，迪斯尼公司是不可不提的主角，它的地位无人能及，它创造出的经典形象长盛不衰。从迪斯尼现代动画的开山之作《谁害死了兔子罗杰》（图 7-13）到《美女与野兽》（图 7-14），从取材于莎士比亚名剧《哈姆雷特》的《狮子王》（图 7-15）到取材于中国古代传统故事的《花木兰》（图 7-16），迪斯尼展现了其二维动画的深厚功力与源源不断的想象力。从第一部计算机辅助动画《电子争霸战》（图 7-17）到《侏罗纪公园》中的三维动画制作，从充满亲情的《海底总动员》（图 7-18）到洋溢着理想信念的《料理鼠王》（图 7-19），迪斯尼又从另一个侧面展现了三维动画的视效技术与胆大心细的创造力。的确，迪斯尼留给人类的是说不完、看不厌、享不尽的凄美故事与生动的形象，在浩瀚的精神世界中，谁能说没有受到

① 美术片. http://baike.baidu.com/view/190954.htm.

过迪斯尼的影响呢？

(a) (b) (c)

图 7-13 动画《谁害死了兔子罗杰》

(a) (b) (c)

图 7-14 动画《美女与野兽》

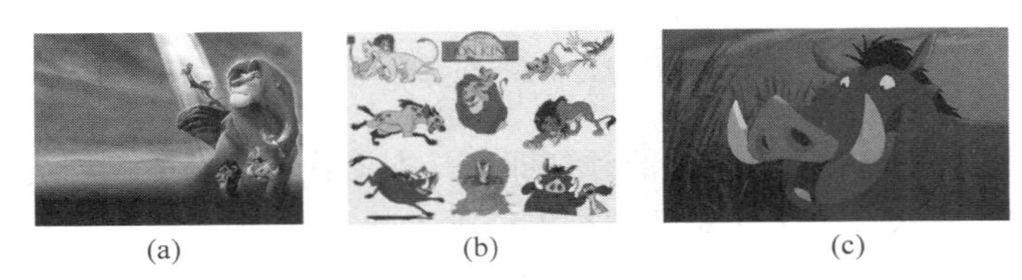

(a) (b) (c)

图 7-15 动画《狮子王》

(a) (b) (c)

图 7-16 动画《花木兰》

图 7-17 电影《电子争霸战》

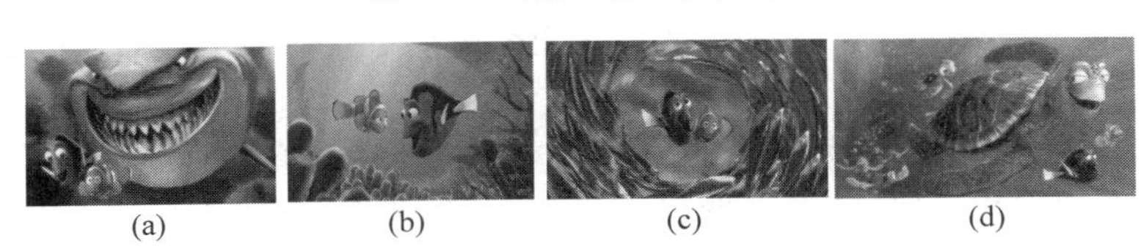

(a) (b) (c) (d)

图 7-18 动画《海底总动员》

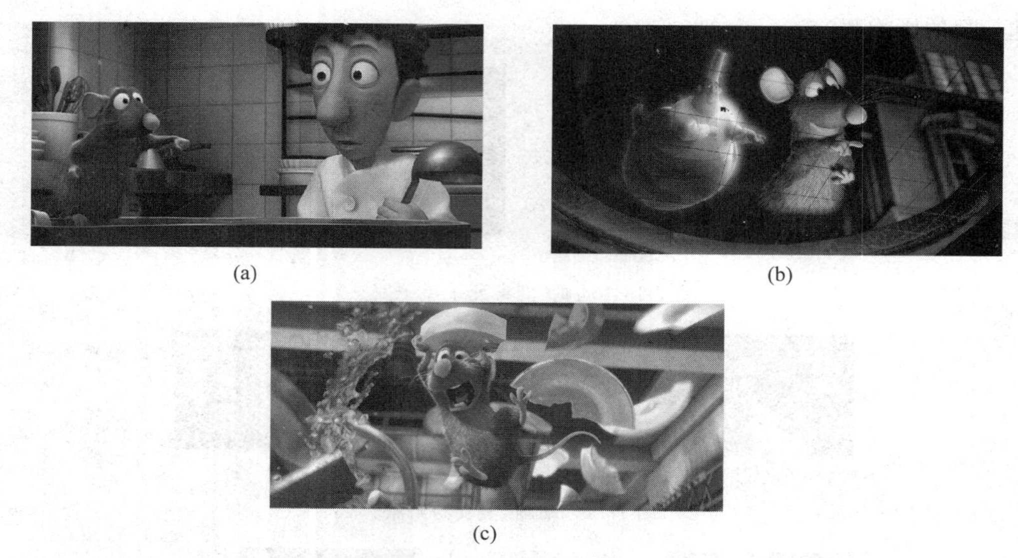

(a) (b) (c)

图 7-19 动画《料理鼠王》

而在动画领域中另一个不可撼动的领军即为日本。日本动画不仅创造出大量优秀的动画影片，还涌现出了一批令人无法忘怀的杰出动画大师，例如大川博、手冢治虫和宫崎骏等。日本动画的真正崛起始于 1956 年 10 月大川博成立东映动画。大川博坚定信念，克服重重困难，学习迪斯尼的经验，并于 1958 年推出来了第一部取材于中国神话故事的彩色动画长篇《白蛇传》(图 7-20)。之后，东映便以每年都有经典动画产出而闻名于世。而手冢治虫笔下的日本第一部电视动画片《铁臂阿童木》(1963，图 7-21)、第一部彩色电视动画系列片《森林大帝》(1965，图 7-22)，宫崎骏的《风之谷》(1984)、《天空之城》(1986)、《再见萤火虫》(1988)、《龙猫》(1988)、《魔女宅急便》(1989)、《红猪》(1992)、《千与千寻》(2001)则更是家喻户晓，而他本人也一直是动画领域中的金牌动画大师。

图 7-20 《白蛇传》

图 7-21 《铁臂阿童木》

图 7-22 《森林大帝》

20 世纪七八十年代的中国动画也寻找到一条属于自己发展的道路，创作了大批经典并深受观众喜爱的动画片。如《阿凡提的故事》(1980，图 7-23)、《天书奇谭》(1983，图 7-24)、《黑猫警长》(1984)、《山水情》(1988，图 7-25)、《葫芦兄弟》(1987，图 7-26)、《邋遢大王历险记》(1987)等,题材广泛、主题深刻、视觉效果极具艺术性,可谓中国动画的鼎盛时期。20世纪90年代的中国动画通过借鉴国外的先进制作经验又一次“华丽转身”,虽然从制作方式、产业链条、规模与思路上都有新的突破,但是大多数动画形式大于内容,没有很好地继承中国几千年的文化底蕴,甚至迷失了自我发展的方向。2005年6月,由广东原创动力文化传播有限公司出品的国产原创系列电视动画片《喜羊羊与灰太狼》(图7-27)在全国获得了巨大的成功。对于一部二维动画片而言,显然在技术上并没有其他三维动画片那么眼花缭乱,但却赢得了无数孩子的喜爱,唤起了无数家长的童年记忆,这也向我们说明了一个道理——技术不是万能的,没有创意是万万不能的。

(a)

(b)

图7-23 《阿凡提的故事》

图7-24 《天书奇谭》

图7-25 《山水情》

图7-26 《葫芦兄弟》

(a)

(b)

图7-27 《喜羊羊与灰太狼》

7.1.2 动画类型

动画从诞生发展至今,各阶段产生了不同的形式。对动画类型的划分有助于我们对动画本体进行深入的研究与探讨。

(1) 从技术手段上划分,动画可以分为计算机辅助动画和计算机生成动画。

① 计算机辅助动画:是指将传统手工绘制的动画与计算机动画制作方式结合在一起,用计算机软件的功能弥补手绘的瑕疵,在颜色与效果方面给予更多的支持与渲染。

② 计算机生成动画:是指完全使用计算机软件绘制与产出的动画。

(2) 从视觉空间上划分，动画可分为二维动画(平面动画)和三维动画(立体动画)。

① 二维动画：是指可以通过纸张、照片或计算机屏幕显示的平面上的画面。

② 三维动画：又称 3D 动画，是近年来随着计算机软硬件技术的发展而产生的一新兴技术。通过专门的三维动画软件首先搭建一个虚拟世界，并按照要表现的对象的形状尺寸建立角色模型以及场景，再根据分镜头脚本标定模型的运动轨迹、虚拟摄影机的运动和其他动画参数，最后按要求为模型赋上特定的材质，并打上灯光。当这一切完成后就可以让计算机自动运算，生成最后的画面。

(3) 从观看方式上划分，可分为顺序动画(连续动作)和交互式动画。

① 顺序动画：是指观众只负责观看，并在观看的过程中不进行任何方式的参与，任由自身播放的动画。

② 交互式动画：是指观众在观看的过程中可与动画进行交互行为，而观众的每次参与都会对动画产生相应影响的动画。

(4) 从内容与画面数量关系上划分，可分为全动画和半动画。

① 全动画：是指为追求画面的完美和动作的流畅性，按照每秒 24 帧制作的动画。

② 半动画：又名“有限动画”，是指以追求经济效益为目标，按照每秒 6 帧制作的动画。

(5) 从动画产品的形式来划分，可分为动画片、动画特技效果制作及动画与真人合成的作品。

① 动画片：包括产业动画片、实验动画片、广告动画片及科学教育动画片。

② 特技动画：包括电影字幕拍摄、闪电特效制作及各种 Mask 遮罩制作与拍摄的动画。

③ 与真人合成的动画：将生成的动画与真人结合在一起的动画。最具代表性的作品是动画电影《谁陷害了兔子罗杰》。

观察的角度不同，分类的方式也不同。随着动画技术与内涵的不断发展，相信其表现的方式还会不断更新，新的类型会给观众带来全新的体验，我们都期待着更具创意的动画迅速插上翅膀飞到千家万户，为我们美丽的童年和梦幻的憧憬添上最绚丽的颜色与最美妙的音乐。

7.1.3 数字动画文件格式

1. GIF 格式

GIF(Graphics Interchange Format，图形交换格式)是一种由 CompuServe 开发的广泛应用于网络传输的位图图形文件格式，以 8 位色(即 256 种颜色)重现真彩色的图像。它实际上是一种压缩文档，采用 LZW 压缩算法进行编码，有效地减少了图像文件在网络上传输的时间。

GIF 格式的动画有文件体积小、传输速度快、制作简易等特点，所以得到了广泛的关注与应用。比如网页上的旗帜广告、QQ 上的各种情态表情、以及在各种多媒体介质中传输的简单动态图像都可以使用到这种格式。

制作 GIF 动画的方法有很多种，比如可以从动画或影视剧中截取画面再加工成 GIF 动态图，或者分别制作单张图片再加工成 GIF 动态图。最常用的软件有 Photoshop、Ulead GIF Animator(UGA)等。相比较而言，UGA 在制作 GIF 动画时更具优势，它操作简单、易学好上手。

2. SWF 格式

SWF 是使用 Adobe 公司出品的动画设计软件 Flash 创作影片时专属的文档格式，该格式支持矢量和点阵图形，被广泛应用于网页设计、动画制作等领域。SWF 文件通常也被称为 Flash 文件。SWF 可以用 Adobe Flash Player 打开，但无法被编辑。SWF 文件的整体结构是由 Header＋Body 组成。

3. FLA 格式

FLA 文件通常被称之为源文件，需要在 Flash 软件中打开、编辑和保存。它在 Flash 中的地位就像 PSD 文件在 Photoshop 中的地位一样，所有的原始素材和操作都存储在 FLA 文件中。由于它包含所需要的全部原始信息，所以体积较大。FLA 文件十分重要，它使后期的修改和再次使用变得更加快捷，所以建议将其保留完好，方便下次直接使用。

7.2 二维数字动画

7.2.1 二维数字动画制作概述

二维动画的制作流程通常分为两种，一种是采用纸质媒介进行的传统二维动画制作，多以纸上手绘为主；另一种是采用计算机媒介进行的数字二维动画制作，整个过程由计算机通过软件来实现。

传统二维动画的制作流程分为以下几个步骤，分别是剧本的编写、角色与场景的设计、分镜头脚本的绘制、绘制关键帧画面、绘制关键帧间画面、着色、拍摄、剪辑、配音和添加字幕等 10 个环节。

而对于二维数字动画而言，数字技术的出现大大改变了传统动画的制作流程，并运用于传统流程中的大部分环节，节省了大量的人力物力与时间，增加了产出、提高了效率。当今世界上大部分动画公司与企业都已经实现了二维动画中后期制作的数字化，并在此基础上不断研发新的技术手段进一步完善动画的制作。二维数字动画的制作流程与二维传统动画的制作流程基本一致，区别在于原本由大量人工耗时完成的“绘制关键帧间画面”、“着色”、“剪辑”等环节完全由计算机软件自动完成，或通过人工半自动完成，速度快、效果好。故而，我们可以简化中间的制作环节，重新为二维数字动画的制作流程进行细化。

1. 策划筹备阶段

动画的策划与筹备阶段虽然并不涉及技术方面的问题，但却是整个流程中最为重要与核心的一个阶段。该阶段包括选题、策划方案、剧本创作、市场调查分析、形象搜集、制定生产进度等细节性的工作。这些工作完成的好坏直接会影响到动画后期的制作效果，甚至会导致整部动画的一夜成名或一败涂地。正如我们之前所说，任何一部好的动画都不是由高难度的技术实现的，而是通过美好的灵魂创意和深刻的内涵取胜的。

2. 前期设计阶段

前期的设计阶段也是动画制作过程中至关重要的一个环节。好的想法最终要通过动画角色形象与场景等视觉化语言来呈现，所以此环节完成的质量会影响整部动画的艺术效果。在本阶段中主要需要完成动画角色形象设计、动画场景设计、动画标准造型、色彩关系等工作。

3. 中期制作阶段

中期制作阶段是将动画前期创作与设计好的内容以镜头画面的形式展现出来，每一张画即相当于电影当中的一格画面。在真实的拍摄中，动作由人直接完成。但在动画中，角色的任何一处细微的变化都要通过工作人员的手进行调整和绘制，因而过程复杂且漫长。本阶段需完成镜头画面设计、背景绘制、添加中间动画、描边上色等工作。不仅如此，绘制人员还要根据动画的整体风格对镜头中的内容呈现方式、角度等问题进行整体把握，实现导演最初的设计风格。

4. 后期加工阶段

动画的制作就好比铸造一把剑，最后磨刀开刃就好比动画的后期加工阶段，是不是一把好剑就在这刀刃上。后期加工得好，就能削铁如泥，万人敬仰。这一阶段主要包括镜头合成、剪辑、录音合成、配乐等工作，由专业技术人员操作，并由导演统一支配和指导。

应该说，使用数字方式制作二维动画的优势在于可以大幅度降低制作成本、实现高速便捷传输、提高绘画质量、提高制作效率、生成传统动画无法实现的特效等。正是基于这些显著的优势，无论是传统媒介——电视、电影，抑或是新兴媒介——网络、手机，都无一例外地大量搜集和使用着经典的二维动画，并坚信依靠这种动画方式可以辅助相关的增值业务。而事实上，也的确如此。

7.2.2 常用二维数字动画制作软件

1. Ulead GIF Animator

Ulead GIF Animator(UGA)，是友立公司(Ulead)研发的 GIF 动画制作软件。该软件可作为 Photoshop 的 Plugin(插件)使用，并内置许多现成的特效可以立即套用。同时，UGA 可将 AVI 视频文件直接转成 GIF 动画文件，而且还能将动画 GIF 图片最佳化，并以最小的体积在网络上传输。

UGA(图 7-28)是 Ulead 公司最早在 1992 年发布的一个 GIF 动画制作工具。直到 2001 年 4 月 3 日，Ulead 公司又推出了 Ulead GIF Animator 5.0 的最新版本(目前最高版本 5.11)。Ulead GIF Animator 5 是一个学习简单、操作快捷、使用灵活，且功能强大的制作动画的软件，且只占用 17.6MB 的空间。因为该软件可以还原真彩色动画，所以专业人员可以用 UGA 做出十分绚丽逼真的效果。

【实例】制作扇动翅膀的天鹅(逐帧动画)。

(1) 首先，使用照相机连拍下天鹅扇动翅膀的画面，如图 7-29 所示。

(2) 打开 UGA 软件，单击标准工具栏上的“打开图像”按钮，在弹出的对话框中单击 Swan1. jpg，打开第一张天鹅的图像。

(3) 单击标准工具栏上的“添加图像”按钮，在“添加图像”对话框中导入图像 Swan2. jpg、Swan3. jpg，如图 7-30 所示。

(4) 单击动画控制条中的“添加帧”按钮，并在右侧的对象设置面板上单击“显示/隐藏”按钮，选定需要的第二张天鹅扇动翅膀的图片，如图 7-31 所示。

(5) 重复(4)再选择第三张图片。如果图片多于 3 张，则继续重复(4)，直至插入所有图片，如图 7-32 所示。

(6) 单击工作区上的“预览”按钮查看效果。

图 7-28　UGA 的操作界面

图 7-29　一组 JPEG 格式的图片素材文件

图 7-30　“添加图像”对话框

图 7-31　选择需要的第二张图片

图 7-32　选择需要的第三张图片

(7) 如果对当前效果不满意，可单击工作区的“编辑”按钮，返回到编辑状态。在动画制作面板中双击任一幅图片，调整“画面帧属性”即可，如图 7-33 所示。

(8) 选择菜单栏中的“文件”→“另存为” →“GIF 文件”，将当前效果保存为 GIF 动画文件格式，如图 7-34 所示。

2. Flash

Flash(图 7-35)的前身是 Future Wave 公司的 Future Splash，是世界上第一个商用的二维矢量动画软件，用于设计和编辑 Flash 文档。1996 年 11 月，美国 Macromedia 公司收购了 Future Wave，并将其改名为 Flash。在出到 Flash 8 以后，Macromedia 又被 Adobe 公司收购。最新版本为 Adobe Flash CS5。Flash 通常也指 Macromedia Flash Player（现 Adobe Flash Player），用于播放 Flash 文件。

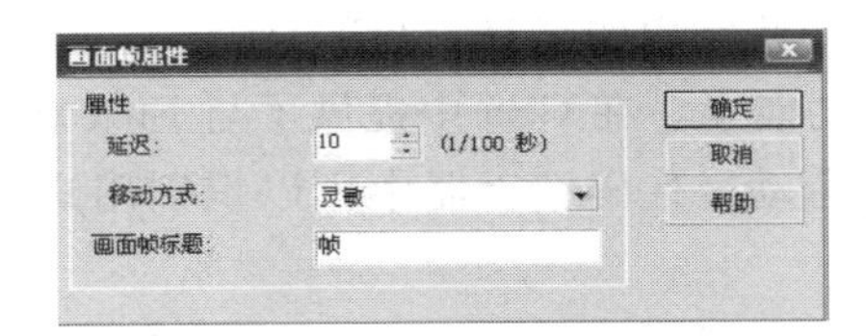

图 7-33 “画面帧属性”对话框

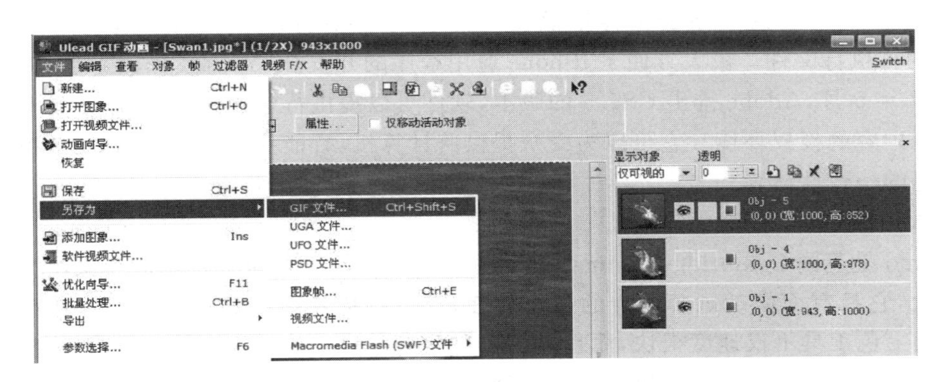

图 7-34 保存动画

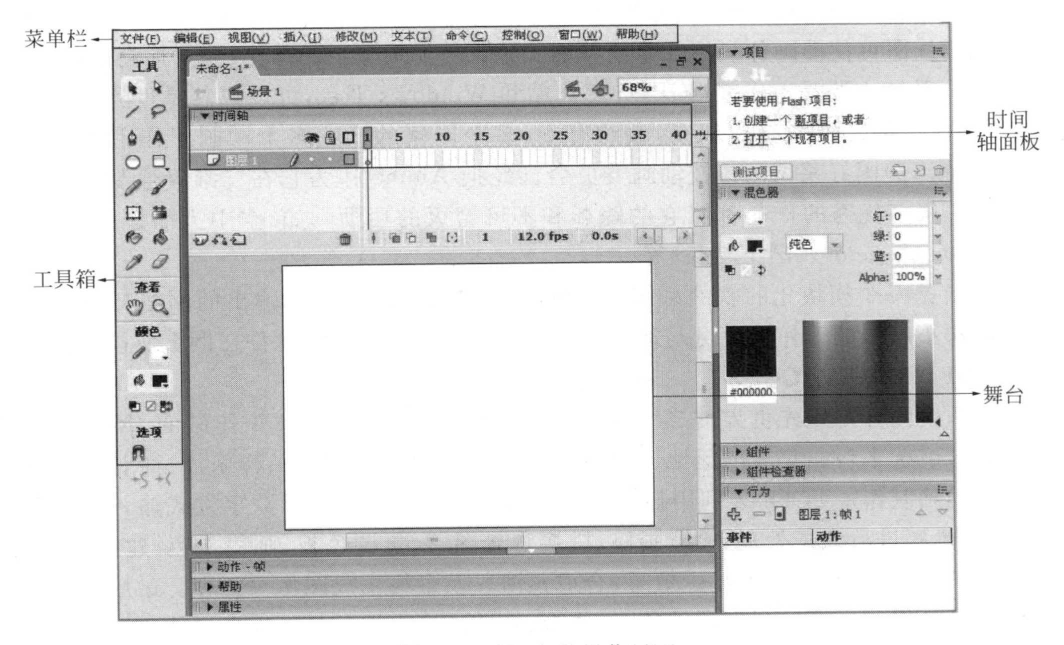

图 7-35 Flash 的操作界面

2010 年 5 月，Adobe 公司推出了 Adobe CS5 系列软件。其中备受人们瞩目的就属 Flash CS5 和 Photoshop CS5。这两款软件也是 Adobe 重磅推出的多媒体处理软件。

新版本的 Flash(CS5 版本)具有许多新特点,如 XFL 格式、文本布局、代码片段库、对于 Flash Builder 的完美集成、对于 Flash Catalyst 的完美集成以及 Flash Player 10.1 的功能匹配无处不在等。

在这个版本中新添加了一些实用的工具,包括自动绘图工具等。其中最精彩的功能就要属 ActionScript 代码编辑功能了。在 CS5 中提供了与 Flex 相媲美的代码提示功能,使用户可以摆脱繁重的代码编写劳动。代码编辑器中可以识别用户自己定义的类文件,从而生成对应的代码提示。

同时,Adobe 着重强调的一大特色功能就是 Flash CS5 支持生成 iPhone 执行程序。可以说 Flash 又向跨平台迈进了一步。在新版本的 Flash 软件中,你可以选择创建一个 iPhone 程序项目,在这个项目中你依然使用熟悉的 ActionScript 语言,但软件生成的是 iPhone 的可执行文件。极大方便了 iPhone 应用程序的开发。

2011 年 5 月,Adobe 推出 CS5.5 的版本,软件可以提供行业领先、用于制作具有表现力的交互式内容的授权环境。它可以为受众提供跨计算机、智能手机、平板电脑和电视平台的令人痴迷的一致性体验。[①]

3. Animo

Animo 是英国 Cambridge Animation 公司开发的一套二维卡通动画制作系统。其功能相当强大,它具有面向动画师设计的工作界面,经过扫描的画稿基本保持了画师原始的线条。它的上色工具不仅速度很快,而且提供了自动上色和自动封闭线条功能,并和颜色模型编辑器集成在一起提供不受数目限制的颜色和调色板。它还具有多种特技效果处理,包括灯光、阴影、摄影机的推拉、背景虚化等,还可以与二维、三维、实拍镜头进行合成。它所提供的可视化场景图可使动画师只用几个简单的步骤就可完成复杂的操作,大大提高工作效率。

Animo 系统主要是工作在 SGI O2 工作站和 Windows 平台,可以说它是世界上最受欢迎、使用最广泛的二维系统。现在,大约有 50 多个国家的 300 多个动画工作室正在使用 Animo 系统。美国好莱坞的特技动画委员会已经把 Animo 作为它在二维卡通制作方面的一个标准。很多优秀的作品都有它的踪影和不可磨灭的功勋。如《空中大灌篮》、《埃及王子》、*One for Camelot*、《国王与我》等。

Animo 是一个模块化的软件系统,适用于从扫描、上色到最后输出的网络环境中的卡通节目制作小组协同工作。也可与运行在其他平台上的其他动画软件在网上协同合作。[②]

4. SOFTIMAGE/TOONZ

这套系统同样是领先世界的二维卡通制作系统,它运行于 SGI 工作站的 IRIX 平台和 PC 的 Windows 平台。它被广泛地运用在卡通动画系列片、教育片、音乐片、商业广告片等中的卡通动画制作。TOONZ 利用扫描仪将动画师所绘的铅笔稿以数字方式输入到计算机中,然后对画稿进行线条处理、检测画稿、拼接背景图、配置调色板、画稿上色、建立摄影表、上色的画稿与背景合成、增加特殊效果、合成预演以及最终生成图像等处理。最后再利用不同的输出设备将结果输出到电影胶片、录像带、高清晰度电视及其他视觉媒体。

---

① Flash. http://baike.baidu.com/view/7641.htm.

② 孙立军,贾云鹏.三维动画设计.北京:人民邮电出版社,2008.

5. USanimation

USanimation 是世界上唯一的一套全矢量化的二维卡通制作系统，它采用自动扫描，质量实时预示，这使得系统运行的很快。USanimation 以矢量化为基础的上色系统被业界公认为是最快的上色系统。阴影色、特效和高光都是自动着色，使整个上色过程节省 30%～40%的时间却不损失任何的图像质量，USanimation 系统能产生最完美的"手绘"线，保持艺术家所有的笔触和线条。在时间表由于某种原因停滞的时候，非平行的合成速度和生产速度可提供用户最大的自由度。

应用 USanimation 可以得到业界最强大的武器库服务于创作。它可以自由地创造出传统卡通技法无法想象的效果，轻松地组合二维动画和三维动画。利用多位面拍摄、旋转聚焦以及镜头的推、拉、摇、移等功能完美打造逼真视觉体验。USanimation 创新开发的相互连接合成系统能够在任何一层进行修改后，即时显示所有层的模拟效果。

6. RETAS Pro

RETAS 是日本 Celsys 株式会社开发的一套应用于普通计算机和苹果机的专业二维动画制作系统，全称是 Revolutionary Engineering Total Animation System。

RETAS Pro 的出现，迅速填补了 PC 和苹果机没有专业二维动画制作系统的空白。从 1993 年 10 月 RETAS 1.0 版在日本问世以来，直至现在 RETAS Windows 95、Windows 98、Windows NT、MAC 版的制作成功，RETAS Pro 已占领了日本动画界 80%以上的市场份额，雄踞近四年日本动画软件销售额之冠。

7.3 三维数字动画

7.3.1 三维数字动画制作概述

三维动画，又称 3D(3 Dimention)动画，是随着数字化工具使用的不断普及与计算机硬件指数升级而产生并飞速发展的一项新类型、新感受、魅力非凡的动画形式。三维动画最大的特点就是在一个虚拟的三维场景中，安排三维角色按照指定方式运动，并通过模拟摄像机的镜头感来控制镜头画面，最后渲染生成。看似这些步骤与二维数字动画的制作流程颇为相似，但是具体环节却十分烦琐，每一项工作都需要专业人员精雕细琢、反复调试，才能还原一个更为真实、更具说服力的虚拟世界。

三维数字动画的制作流程主要有建模、动画编辑、材质选定、贴图、灯光、渲染合成 6 个步骤。

1. 建模

建模是指利用三维软件进行三维物体和场景的创建。如人体模型、建筑模型、动物模型等。在创建的过程中，首先要绘制出平面的造型，再通过三维软件将其立体化，以相应的建模方式赋予形象指定的复杂形体。或可以直接在三维软件中进行模型的创建，再将各个模块最终组合在一起形成一个完整的物体模型。

2. 动画编辑

在建模阶段中所创建出的模型仅仅是静态的立体形象，还没有任何行为与肢体语言。怎样使形象活起来呢？这就需要通过专业的动画编辑师赋予形象活灵活现的动作。根据物理动画的基本规律，使用关键帧技术、轨迹驱动技术、物体变形和形状过渡技术、表达式动画和剧本动画技术、正逆向关节链结构运动技术、粒子技术、传感和语言驱动技术①等方法为角色形象设定运动路径和关键帧动画，再由计算机运算生成中间帧动画。这样不仅加速了制作流程，更能获得流畅自然的动作效果。

在动画编辑阶段，各种软件可以帮助完成动作的设计与创建。比如提供人物动画数据的 Credo Interactive、能够设定和运行脸部动画的软件 Facial Animation Solutions 与 Pacific Title Mirage Studio、用于捕捉动作与三维场景合成的 Project Messiah、美国魔神公司出品的各种相关运动捕捉的系列软件（图 7-36 和图 7-37）等②。

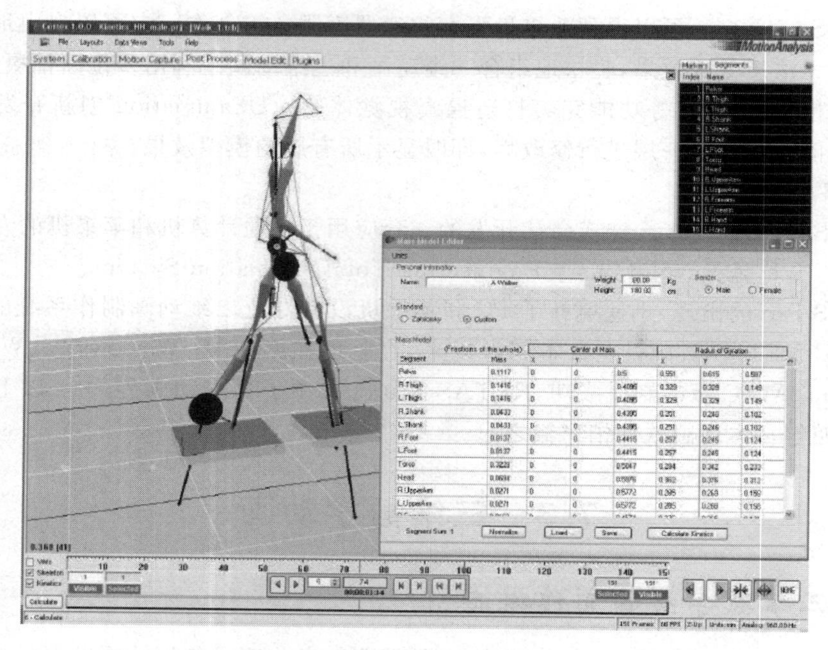

图 7-36　美国魔神公司的 Kinetics 运动学及动力学解算系统

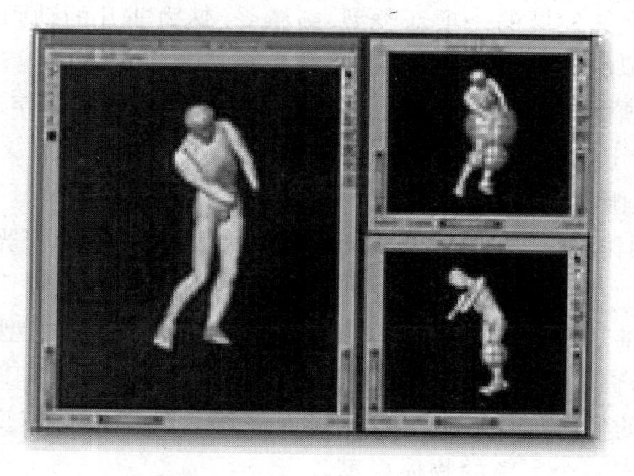

图 7-37　美国魔神公司 KinTrak 生物力学软件

① 王可. 动画概论. 北京：清华大学出版社，2010.

② MotionAnalysis. 美国魔神运动分析技术公司. http://www.motionanalysis.com.cn/index.html.

3. 材质选定

材质选定是指对模型的光滑度、反光度、透明度等材质效果的选定。例如木质的纹理和低反光度的材质、玻璃的光滑与透明度的材质、金属的反光度与透明度的材质等。经过材质选定这一阶段渲染生成的模型是具有单色且质感细腻的物体模型。

4. 贴图

通过第一阶段的建模与第二阶段的动画编辑已经基本完成了形体上的设计，但是对于一个形象或场景而言，它还需要具备相应的纹理和图像效果，如人物模型需要选定皮肤、穿着等贴图效果，道具模型需要选定木纹、花纹、金属等贴图效果，那么，这些工作就由第四阶段"贴图"来完成。这些能够附着在模型表面的图实际上就是二维的平面效果图，将其像贴纸一样贴在模型表面即可赋予模型逼真感。

5. 灯光

对于灯光的设定其实就是针对场景中的环境与剧情设置灯光强度、角度与位置。通常情况下，在场景中会设置多盏灯以烘托出不同的效果。模拟出来的灯光有主光和辅光之分，包括太阳光、方向光源、点光源、线光源、面光源、泛光源，以及聚光灯、环境光源等。专业人员可设置灯光的各种参数来控制画面的明暗效果。打灯之后的角色与场景就和现实生活中的实际效果基本一致了。

6. 渲染合成

渲染(Rendering)是三维动画视频制作的最后一步，也是将前序各阶段整合在一起的综合性阶段。在渲染过程中，需要将繁杂的数据渲染并输出，加上后期制作(添加音频等)，形成最终可以用于放映的影片。3D模型的渲染需要花费大量的时间，而且对于计算机硬件的要求很高，一般情况下都要数台处理工作站连同作业才能完成。渲染的方式很多，但都基于三种基本渲染算法：扫描线(Scan-liner)、光线跟踪(Ray-trace)和辐射度(Radiosity)。例如，《里约大冒险》(图7-38)中运用了光线跟踪技术，使景物和各种鸟儿看起来更真实，但是也大大增加了渲染的时间。

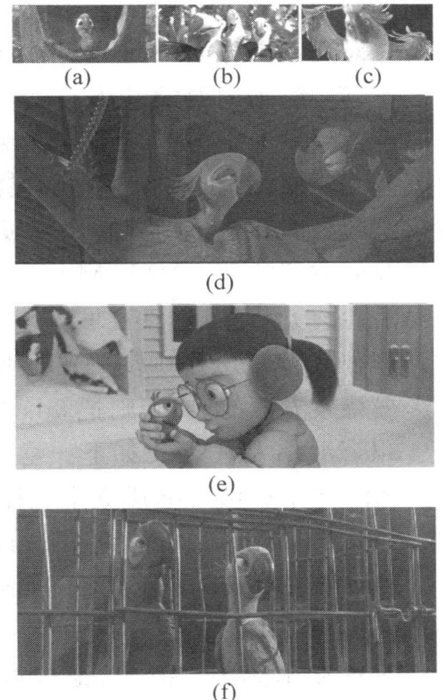
(a) (b) (c) (d) (e) (f)

图7-38 《里约大冒险》剧照

7.3.2 常用三维数字动画制作软件

1. SOFTIMAGE XSI

早先的SOFTIMAGE 3D曾经是三维动画界的元老级大哥。SOFTIMAGE XSI是SOFTIMAGE公司研制的新一代三维动画系统，它是业界第一个真正的全新概念的非线性动画系统，它大大地提高了艺术家的创作力和灵活性，从而带来快速的投资回报。SOFTIMAGE XSI的高级直观工具包可以进行完美无缺的角色动画、非破坏性的动画混合以及高质量交互式的动画生成。它革新了数字艺术家传统制作三维动画的方式，并可应用在视频、电影、广播电视、交互媒介和娱乐等诸多领域。

2. LightWave 3D

LightWave 3D一直凭借其软件动力学方面的优势，在三维领域成为一方霸主。目前LightWave 3D在好莱坞的影响也非常大。具有出色品质的它，价格却是相对低廉，这也是众多公司选用它的主要原因之一。《泰坦尼克号》中的泰坦尼克号模型，就是用LightWave 3D制作的。

3. 3D Studio Max

3D Studio Max，常简称为3ds Max或MAX，是Autodesk公司开发的基于PC系统的三维动画渲染和制作软件。其前身是基于DOS操作系统的3D Studio系列软件。在Windows NT出现以前，工业级的CG制作被SGI图形工作站所垄断。3D Studio Max和Windows NT组合的出现一下子降低了CG制作的门槛。该模式首先被运用在计算机游戏中的动画制作中，随后更进一步参与影视片的特效制作，例如《X战警II》、《最后的武士》等。

在应用范围方面，3D Studio Max被广泛应用于广告、影视、工业设计、建筑设计、多媒体制作、游戏、辅助教学以及工程可视化等领域。拥有强大功能的3ds MAX被深入地应用于电视及娱乐业中，比如片头动画和视频游戏的制作，深深扎根于玩家心中的劳拉的角色形象就是3ds MAX的杰作。在影视特效方面也有一定的应用。而在国内发展相对比较成熟的建筑效果图和建筑动画制作领域中，3ds MAX的使用率更是占据了绝对的优势。根据不同行业的应用特点，对3ds MAX的掌握程度也有不同的要求。在建筑方面的应用相对来说局限性会大一些，它只要求单帧的渲染效果和环境效果，仅涉及比较简单的动画；在片头动画和视频游戏应用中动画占的比例很大，特别是视频游戏对角色动画的要求要高一些；在影视特效方面的应用，则把3ds MAX的功能发挥到了极致。①

3ds MAX版本历史如下。

1990年，Autodesk成立多媒体部，推出了第一个动画工具——3D Studio软件。

1996年，Autodesk成立Kinetix分部，负责3ds的发行。

1999年，Autodesk收购Discreet Logic公司，并与Kinetix合并成立了新的Discreet分部。

DOS版本的3D Studio诞生在20世纪80年代末，那时只要有一台386DX以上的个人计算机就可以圆一个计算机设计师的梦。但是，进入20世纪90年代后，个人计算机业及Windows 9x操作系统的进步，使DOS下的设计软件在颜色深度、内存、渲染和速度上存在严重不足，同时，基于工作站大型三维设计软件SOFTIMAGE、LightWave、Wavefront等在电影特技行业的成功使用，使3D Studio的设计者决心迎头赶上。3D Studio从DOS向Windows的移植十分困难，而3D Studio MAX的开发则几乎从零开始。

1）3D Studio MAX 1.0

1996年4月，3D Studio MAX 1.0诞生了，这是3D Studio系列的第一个Windows版本。

2）3D Studio MAX R2

1997年8月4日，3D Studio MAX R2在加利福尼亚洛杉矶Siggraph 97上正式发布。新的软件不仅具有超过以往3D Studio MAX几倍的性能，而且还支持各种三维图形应用程序开发接口，包括OpenGL和Direct3D。3D Studio MAX R2针对Intel Pentium Pro和

① 百度百科. 3D. http://baike.baidu.com/view/23805.htm.

Pentium Ⅱ处理器进行了优化，特别适合 Intel Pentium 多处理系统。

3）3D Studio MAX R3

1999 年 4 月，3D Studio MAX R3 加利福尼亚圣何塞游戏开发者会议上正式发布。这是带有 Kinetix 标志的最后版本。

4）Discreet 3ds Max 4

Discreet 3ds Max 4 在新奥尔良 Siggraph 2000 上发布。从 4.0 版开始，软件名称改写为 3ds Max。3ds Max 4 主要在角色动画制作方面有了较大提高。

5）Discreet 3ds Max 5

2002 年 6 月 26 和 27 日，Discreet 3ds Max 5 分别在波兰、西雅图、华盛顿等地举办的 3ds Max 5 演示会上发布。这是一版本支持最早版本的插件格式，3ds Max 4 的插件可以用在 Discreet 3ds Max 5 上，不用重新编写。Discreet 3ds Max 5.0 在动画制作、纹理、场景管理工具、建模、灯光等方面都有所提高，加入了骨头工具(Bone Tools)和重新设计的 UV 工具(UV Tools)。

6）Discreet 3ds Max 6

2003 年 7 月，Discreet 发布了著名的 3D 软件 3ds Max 的新版本 3ds Max6，主要是集成了 Mental Ray 渲染器。

7）Discreet 3ds Max 7

Discreet 公司于 2004 年 8 月 3 日，发布 Discreet 3ds Max 7。这个版本是基于 3ds Max 6 的核心上进化的。3ds Max 7 为了满足业内对威力强大而且使用方便的非线性动画工具的需求，集成了获奖的高级任务动作工具套件(Character Studio)。并且这个版本开始 3ds Max 正式支持法线贴图技术。

8）Autodesk 3ds Max 8

2005 年 10 月 11 日，Autodesk 宣布 3ds Max 软件的最新版本 3ds Max 8 正式发售。

9）Autodesk 3ds Max 9

Autodesk 在 Siggraph 2006 User Group 大会上正式公布 3ds Max 9 与 Maya 8，首次发布包含 32 位和 64 位的版本。

10）Autodesk 3ds Max 2008

2007 年 10 月 17 日，Autodesk 3ds Max 2008 在加利福尼亚圣地亚哥 Siggraph 2007 上发布，该版本正式支持 Windows Vista 操作系统。Vista 32 位和 Vista 64 位操作系统以及 Microsoft Direct 10 平台正式兼容的第一个完整版本。

11）Autodesk 3ds Max 2009

2008 年 2 月 12 日，Autodesk 推出面向娱乐专业人士的 Autodesk 3ds Max 2009 软件，同时也首次推出 3ds Max Design 2009 软件，这是一款专门为建筑师、设计师以及可视化专业人士量身订制的 3D 应用软件。Autodesk 3ds Max 的两个版本均提供了新的渲染功能，增强了与包括 Revit 软件在内的行业标准产品之间的互通性，以及更多的节省大量时间的动画和制图工作流工具。3ds Max Design 2009 还提供了灯光模拟和分析技术。

12）Autodesk 3ds Max 2010

2009 年 4 月，3ds Max 2010 终于浮出水面，Autodesk 最近几年的并购、收购行为让它瞬间拥有了几乎全部动画多媒体软件功能的工具，而且其他机械、建筑领域也在进行着同样的工作。在这些收购的背后，意味着"整合"。早在2009年底美国拉斯维加斯的Autodesk ATC大会上，Autodesk就首先公布了3ds Max 2010(图7-39)的相关情况。

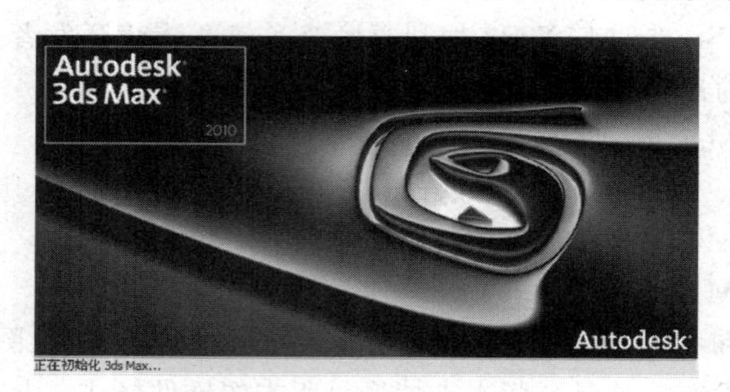

图7-39　Autodesk 3ds Max 2010 启动界面

13）Autodesk 3ds Max 2011

Autodesk公司宣布，2010年4月正式发布最新版本3ds Max 2011。新版软件加入以下几项新功能。[①]

- 新增Slate工具。这是一种新的基于节点的材质编辑器。使用这种编辑器，软件用户可以更加方便地编辑材质。
- Quicksilver硬件渲染引擎。新款多线程渲染引擎，可以利用CPU和GPU为绘图场景提供渲染加速，速度要比旧款引擎提升10倍左右。
- 新增功能让用户在Viewport视窗直接观察纹理，材质贴图效果的功能。用户无须为了挑选合适的纹理或材质贴图而反复渲染。
- 新增3ds Max Composite合成贴图工具。新的3ds Max Composite合成贴图工具可支持动态高光(HDR)等特效，该工具开发基于Autodesk公司的Toxik软件。Autodesk公司数字娱乐部门的副总裁Stig Gruman表示："我们推出3ds Max 2011的首要目标是要提升用户日常创作工具的效率。我们对3ds Max 2011的核心部件进行了重新设计，推出了新的基于节点的材质编辑器工具，并为这款软件加入了包括Quicksilver硬件渲染等许多新功能，在3ds Max 2011的帮助下，3D创作者将能在更短的时间内创作出更高质量的3D作品。"

14）Autodesk 3ds Max 2012

Autodesk 3ds Max 2012软件提供了全新的创意工具集、增强型迭代工作流和加速图形核心(见图7-40)，能够帮助用户显著提高整体工作效率。在Autodesk 3ds Max 2012里，Nitrous可通过利用GPU加速的多核工作站，更快速地进行迭代设计，处理更大的数据集，并且对交互性的影响非常有限。还提供了具备渲染质量的显示环境，可支持无限光、软阴影、屏幕空间环境光吸收、色调贴图和更高质量的透明度。在性能和视窗的可视化质量上进行了显著的提升。具体的新功能有如下几项。

- Autodesk Alias产品互操作性。借助面向工业设计的Autodesk Alias Design软件，用户可以享受顺畅的互操作性，并具有将.wire文件导入到3ds Max Design中的能力。

---

① 视觉中国. http://app.chinavisual.com/app/site/content/vimage/pid/400801.

➢ 物质程序纹理(Substance Procedural Textures)。将 80 个程序纹理物理化,显示出非常真实的效果。

➢ Iray 渲染器。不必担心渲染设置,就可以获得可预测的、真实的效果。

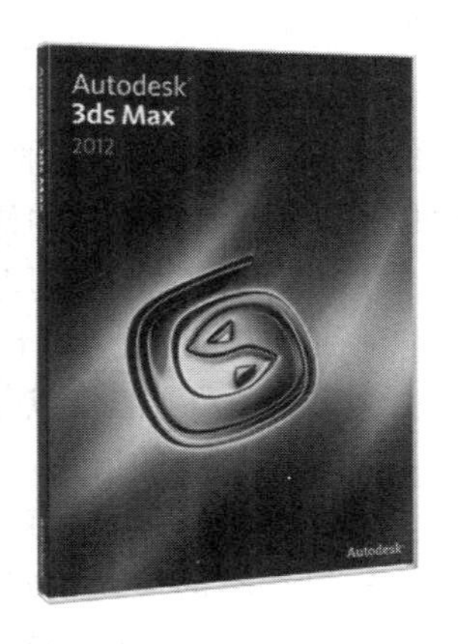

图 7-40　Autodesk 3ds Max 2012 套件

➢ 风格化渲染。可以创建各种各样的非真实(NPR)效果,用以仿真手工创建的艺术效果。并有能力直接在视窗中渲染风格化图片。

➢ 增强的雕刻和绘制。利用对样条笔刷的全新遵循(Conform)、转换(Transform)和约束(Constrain),可享受对笔触和效果更大的控制。

➢ mRigids 刚体动力学。利用 NVIDIA PhysX 引擎可以直接在视窗中创建动力学刚体仿真。

➢ 增强的 UVW 展开。借助全新的映射方法,可以在更少的时间内创建出更好的 UVW 贴图。

➢ 改善的 ProOptimizer。使用增强的 ProOptimizer 功能,可以以更快、更高效和更好的结果来优化模型。

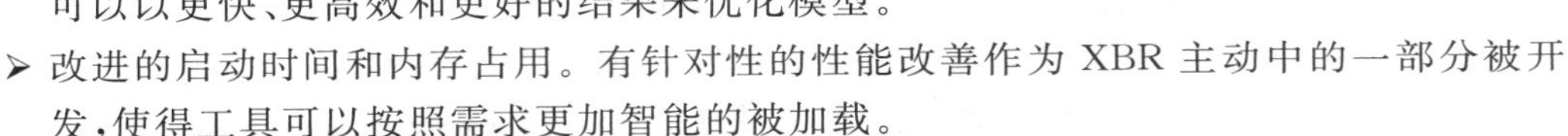

➢ 改进的启动时间和内存占用。有针对性的性能改善作为 XBR 主动中的一部分被开发,使得工具可以按照需求更加智能的被加载。

➢ 增强的 Autodesk 材质库。享受从 AutoCAD 导入材质的一致性,改善的视窗反馈,更加直观的用户界面体验。

➢ 改善的用户界面。增强的用户界面调整为深色系配色方案,执行得更快,并提供了更加一致的用户界面。

➢ 改善的 Caddy。借助可预测的用户界面定位,更快速的交互,画布中的 Caddy 用户界面将具有更好的可用性。

4. Maya

Maya 是美国 Autodesk 公司出品的世界顶级的三维动画软件,应用对象是专业的影视广告,角色动画,电影特技等。Maya 功能完善、工作灵活、易学易用、制作效率极高、渲染真实感极强,是电影级别的高端制作软件。

Maya 售价高昂,声名显赫,是动画创作者梦寐以求的制作工具。掌握了 Maya,会极大地提高制作效率和品质,调节出仿真的角色动画,渲染出电影一般的真实效果,向世界顶级动画师迈进。

Maya 集成了 Alias、Wavefront 最先进的动画及数字效果技术。它不仅包括一般三维和视觉效果制作的功能,而且还与最先进的建模、数字化布料模拟、毛发渲染、运动匹配技术相结合。Maya 可在 Windows NT 与 SGI IRIX 操作系统上运行。在目前市场上用来进行数字和三维制作的工具中,Maya 是首选的解决方案。

目前,Autodesk 公司发布的最新版本是 Autodesk Maya 2012。该版本在原有版本的基础上增加了功能,尤其在动画和动力学特效上的改进最为引人注目。Maya 2012 提供了可编辑的运动轨迹和新相机装置提供了帮助制作、微调角色和相机动画的新方法,可制作更高质量、更可信的内容。

此外,Maya 2012(图 7-41)可集成 NVIDIA PhysX 等业界领先的第三方技术,并直接在 Maya 视窗中进行刚体仿真。同时,Nucleus 统一仿真框架及其相关模块的增强意味着用户能够更轻松地实现逼真的倾倒、飞溅和沸腾的液体效果。Maya 2012 软件、Autodesk MotionBuilder 2012 软件与 Autodesk SOFTIMAGE 2012 软件的交互式创作环境(ICE)之间的新型一步式互操作性,以及与 Autodesk Mudbox 2012 软件之间的增强型互操作性。运用 Python 脚本编写的语言,更好地实现对 Maya 的扩展和定制。

Autodesk Maya 2012 的主要新功能有如下几项。

- Viewport 增强。借助 Viewport 2.0 中的新增全屏动作模糊、景深和环境阴影遮罩效果,无须渲染或导出到游戏引擎即可在更高保真度的环境中工作。
- 基于节点的渲染通道。直接在 Maya 2012 中创建和编辑基于节点的渲染通道演示图,并在 Mental Ray 渲染器中渲染合成输出。
- 可编辑的运动轨迹。在查看三维空间中一段时间的运动路径的同时,直接在视口中直观地编辑关键帧的位置和时间。可编辑运动轨迹提供了一种微调动画的更快、更简易方法,不必将背景切换到图形编辑器。
- 物质过程纹理。借助包含 80 种物质过程纹理的新素材库实现多种外观变化。这些与分辨率无关的动态纹理可以通过 Substance Air 中间件(Allegorithmic SAS 提供,需单独购买)导出到特定的游戏引擎中,或转换为位图进行渲染。
- 工艺动画工具。用户利用 Craft Director Studio 动画工具中 4 个新的相机装置模仿真实世界的设置,可以更轻松地创建令人信服、复杂的镜头运动。这些工具还包括 4 个预装置的模型,可用来仿真复杂的汽车和飞机运动。

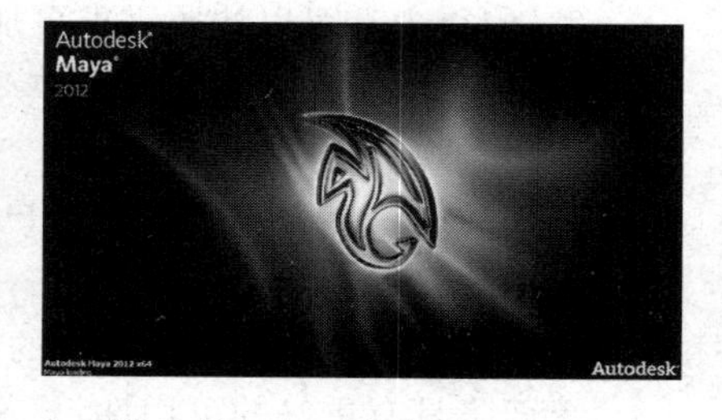

图 7-41　Autodesk Maya 2012 启动界面

- 增强、一致的图形编辑器。享受欧特克 Maya 娱乐创作套件 2012 每种产品中 f 曲线编辑器的部分最优特性,它们合并入一个工具集中以提供更为一致的功能和术语,支持您更轻松地在各产品间进行切换。
- 新仿真选项。利用多线程 NVIDIA PhysX 引擎直接在 Maya 视窗中创建静态、动态和运动学刚体仿真。使用来自 Pixelux Entertainment 的新的"数字分子物质"插件,更容易实现逼真的破碎仿真。

Autodesk Maya 版本沿革过程如下。

1998 年 2 月:Maya 1.0

1998 年 6 月:Maya 1.0(第一个 Windows 版本)

1998 年 6 月:Maya 1.01(IRIX 版本)

1998 年 10 月:Maya 1.5(只有 IRIX 版本)

1998 年 10 月:Maya 2.0

1999 年 11 月:Maya 2.5

2000 年 3 月:Maya 2.5.2

2001 年 2 月:Maya 3.0(第一个 Linux 版本)

2001 年 10 月：Maya 3.5(第一个 Mac OS X 版本)

2002 年 9 月：Maya 3.5.1(只有 Mac OS X 版本)

2001 年 6 月：Maya 4.0(无 Mac OS X 版本)

2002 年 7 月：Maya 4.5

2003 年 5 月：Maya 5.0

2004 年 5 月：Maya 6.0

2005 年 1 月：Maya 6.5

2005 年 8 月：Maya 7.0

2005 年 12 月：Maya 7.01

2006 年 8 月：Maya 8.0

2007 年 1 月：Maya 8.5

2007 年 6 月：Maya 8.5 SP1

2007 年 11 月：Maya 2008(支持 Windows Vista,9.0)

2007 年 9 月：Maya 2008 Extension 1(仅针对付费用户,9.1)

2008 年 2 月：Maya 2008 Extension 1(仅针对付费用户,9.2)

2008 年 10 月：Maya 2009(十年版)

2009 年 8 月：Maya 2010

2010 年 3 月：Maya 2011

2011 年 4 月：Maya 2012

5. ZBrush

随着三维动画技术的发展,对于角色的动画设计已经开发出专门的软件进行制作,我们也把这种将角色模型细化的技术称之为“数字雕刻”。当前,主流的数字雕刻软件主要有三类。第一类是以 Mudbox 和 ZBrush 为代表的数字雕刻软件,其主要功能是雕刻模型,建模功能强大,支持面数较高的多边形。第二类是以 3D Max 、Maya 和 Modo 等具有数字雕刻功能的三维软件。由于数字雕刻并非它们的主要功能,所以在雕刻功能和面数支持方面与前一类相比稍显逊色,但使用这类软件避免了不同制作环节跨平台、更换软件的问题。第三类是 FreeForm 等工业设计软件,这一类软件相对于前两类软件应用的范围更为专业化,使用的用户也少很多。

1999 年,Pixologic 公司开发并推出了 Zbrush(图 7-42)。作为一款出现时间较早的数字雕刻软件,曾因为 Weta 将其应用于大片《魔戒》而名噪一时。目前,Zbrush 已为广大用户所熟知,在各种动画项目中的应用也最为广泛。ZBrush 发展至今已有 10 年的历史,它是第一个让艺术家可以自由创作的设计工具。它的出现完全颠覆了过去传统三维设计工具的工作模式,开创了数字雕塑软件的先河。

ZBrush 的发展过程中比较重要的版本有 1.55、2.0、3.1 等。这些版本的每一次更新都让软件功能有了很大的发展,尤其是 2007 年 Pixologic 推出的 ZBrush 3.1 版本。这个版本的推出让软件功能有了新的飞跃,设计师可以更加自由地制作自己的模型,使用更加细腻的笔刷塑造细节。目前,ZBrush 是很多游戏和影视数字特效中的重要辅助工具。利用 ZBrush 软件创作的角色和数字雕塑如图 7-43～图 7-45 所示。

图 7-42　在 ZBrush 中建立的人物模型

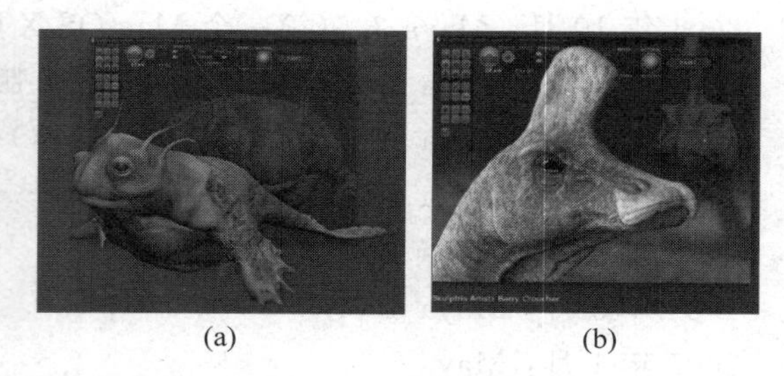

(a)　(b)

图 7-43　Zbrush 创作的角色 1①

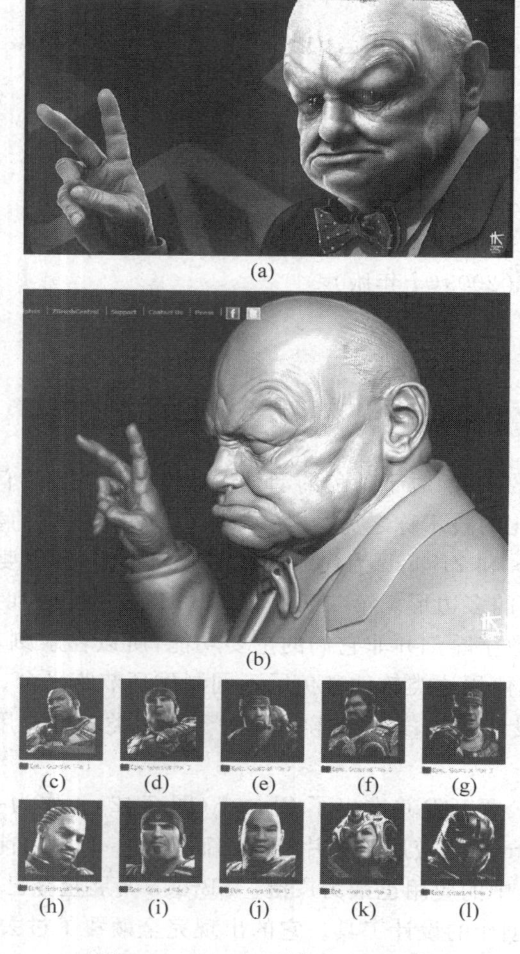

(a)

(b)

(c) (d) (e) (f) (g)

(h) (i) (j) (k) (l)

图 7-44　Zbrush 创作的角色 2②

① Zbrush 官网. http://www.zbrushchina.com/sculptris/.

② http://www.pixologic.com/zbrush/gallery/2010/.

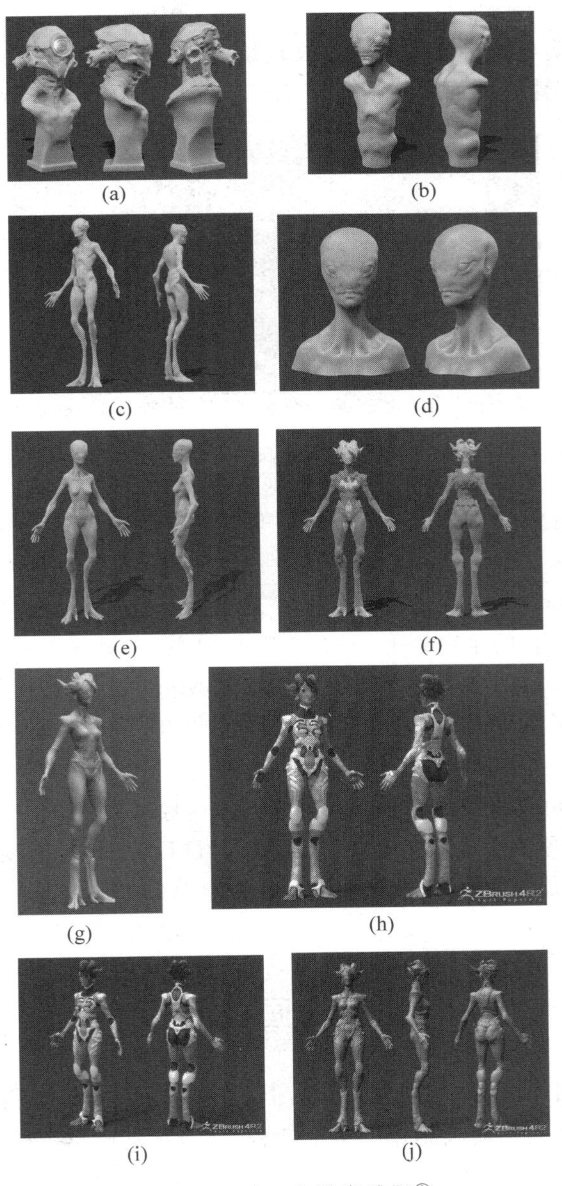

图 7-45　Zbrush 数字雕塑①

ZBrush 是一款纯美国血统的软件，它的开发公司 Pixologic 总部设置在美国的洛杉矶，开发部门在美国的硅谷。2008 年 Pixologic 推出了 ZBrush 的最新版本 3.12，但是这个版本只针对 MAC 系统用户。尽管更多的 PC 用户对新的 3.12 版本或是 3.5 版本都相当的期待并表现出了不少的热情，但是 Pixologic 官方论坛上总是以“新版本会有的”这句话来打发大家，难免让人有些失落。目前的新版本是 ZBrush 4.0。

① http://www.zbrushcentral.com/showthread.php?&p=892585&viewfull=1#post892585.

6. Mudbox

Mudbox是另一款杰出的数字雕刻与纹理绘画软件，融合了高度直观的用户界面和强大的创作工具包，用于建立多面多边形的精细三维模型，如图7-46所示。

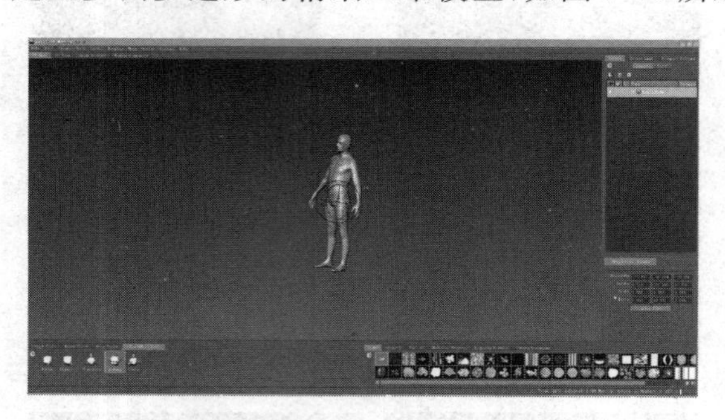

图7-46　在Mudbox中建立人体模型

Mudbox最初是由新西兰Skymatter公司开发的一款独立运行且易于使用的数字雕刻软件。软件推出时作为ZBrush的直接竞争对手出现，被网络上冠以“ZBrush杀手”的称号。不过虽然当时的Mudbox 1.0经过了多位CG艺术家及程序员的开发和测试，并盛传软件应用到了著名电影《金刚》的生产线上，但在实际使用中，大部分用户还是觉得ZBrush在雕刻的流畅性和多边形面数的支持上做得更好。当然Mudbox也以它更接近传统三维软件的界面和操作方式吸引了不少的用户，以至于在2006年8月被美国龙头老大Autodesk公司收购。

此外，还有3D-Coat等相对于ZBrush和Mudbox略显稚嫩的数字雕刻软件，之所以将它也加到这里，其主要原因是看好它的发展前景。3D-Coat目前正在持续不断地做着快速的更新，而且在某些功能上也显示了开发者不俗的能力。更重要的是，它是一款唯一有中文界面的数字雕塑软件，对广大的中文用户来说是个不错的选择。①

7.4　数字动画的应用领域

动画的诞生与发展同电影一直相随相伴，但是动画的影响与应用领域更为广阔和多元化。尤其在数字技术介入到动画制作的整个流程后，数字动画洪流般席卷了各行各业，突破了传统一元化的孤军作战，带给人们崭新的视像形式与浸入式体验，将数字动画的优点、特点与其他行业相结合，屡屡碰撞出惊艳的火花。

经过调查研究与归纳总结，数字动画的应用领域主要有娱乐业、工程建筑、教育、科研与军事等几个方面。在娱乐业中，包括广告、片头、电视、电影、游戏等诸多方面都应用到数字动画；在工程建筑中，数字动画可模拟展示工业产品与建筑模型，甚至当下大多数具有强大竞争实力的房地产企业也采用数字动画的方式对新楼盘和样板间进行数字化全方位模拟漫游与展示；在教育中，数字动画可应用于网上教学、多媒体课件等辅助教学的方式；在科研与军事中，数字动画更是在医学、航天航空以及军事演习与模拟训练中发挥了重要的作用。

① 数字雕塑软件大比拼. 华山论剑. http://www.hxsd.com/news/zhuantipindao/090423hslj/.

1. 娱乐业

娱乐业是一个变化无限的万花筒，所有美丽的、神奇的、亦真亦幻的物象都能在娱乐中崭露头角。而数字技术与动画艺术的完美结合恰恰为娱乐业中的众多门类带来激情与灵感、创意与色彩。

以广告设计为例，数字动画在该领域已经大有作为。无论是二维动画还是三维动画，加入到实际的影视拍摄的后期合成可以创造出令人意想不到的新颖效果。比如奥迪汽车的一部广告，采用了实拍与二维动画相融合的方式，以从纸箱子中出现的二维动画人物将纸箱折叠塑造成纸质奥迪模型为整个线索，配以轻快的音乐与男人的哼唱，表现出二维动画主人公对奥迪车的热爱和渴望，如图 7-47 所示。如此简单的形式却经由二维数字动画的参与变得惊喜连连，可看性更强、吸引力更浓，让观众过目不忘，实现了十分有效的传播效果。

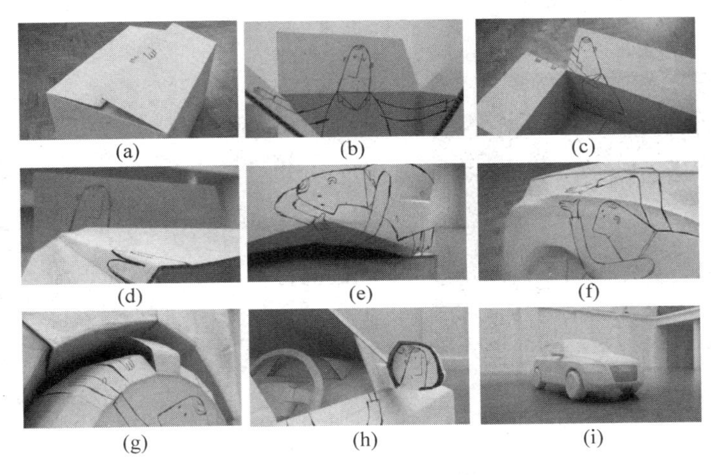

图 7-47　奥迪汽车广告

数字动画在电影产业当中的应用更是令人眼花缭乱、目不暇接。《侏罗纪公园》(图 7-48)中的数字恐龙惟妙惟肖，观众仿佛置身于原始丛林，与曾经的世界霸主邂逅；《诸神之战》(图 7-49)中如真似幻的景致，好似无意间的古今大碰撞、进行了一次免费的时空穿梭；《魔戒》(图 7-50)系列中梦境般的仙界、充满神奇力量的法术让人好似梦一场，醒来之后仍不舍遗忘；《纳尼亚传奇》(图 7-51)系列中镜子后面的世界是一个真实的童话王国，使每一个普通的孩子都有权利拥有美好与希望；《料理鼠王》中全三维的动画角色将“励志”一次突破了物种的界限，人与鼠类之间也能互助互爱……在电影的世界里，数字动画不仅仅是一种技术的体现，更是人类精神家园、甚至是“自由王国”的直接映射。人类从古希腊时期开始就进行着哲学的思辨，从“此岸”到“彼岸”，从“必然王国”到“自由王国”，这些看似玄乎又玄的意念终于以一种全视觉化的形式表现出来，这不能不说是人类实现自我价值的又一种美好途径。

2. 工程建筑

在工程建筑领域，数字动画同样展露了极具商业价值的一面。无论是房地产漫游动画、小区浏览动画、楼盘漫游动画、楼盘 3D 动画宣传片、三维虚拟样板房、地产工程投标动画、建筑概念动画、房地产电子楼书、房地产虚拟现实，抑或是城市的建筑规划、隧道、矿井的三维显示模型、场馆、数字校园的搭建都与数字动画紧密相关，如图 7-52～图 7-58 所示。应该说，数字动画技术的每次革新都会给工程建筑领域注入新的生机与力量。

图 7-48 《侏罗纪公园》

图 7-49 《诸神之战》

图 7-50 《魔戒》

图 7-51 《纳尼亚传奇》

图 7-52 世园会三维场馆漫游

(a) (b) (c)

图 7-53 三维建筑设计及动画模型展示效果

图 7-54　西安主城区规划示意图

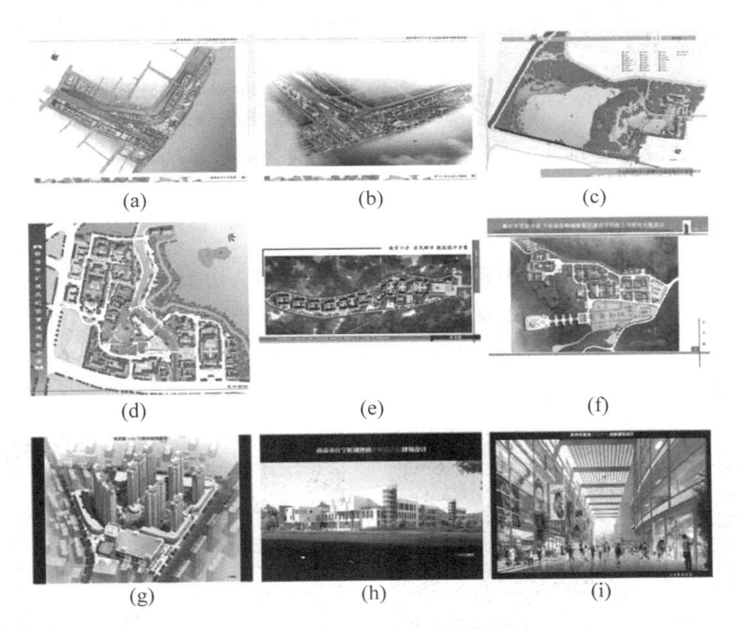

图 7-55　三维城市规划效果图

图 7-56　园林景观模拟

图 7-57　三维汽车设计

3. 教育

随着计算机的普及，PC 已经成为城市家庭中的必备品，而学生对于 PC 的使用已不止在娱乐和游戏上，在学习上的运用也成为一块重要的实验田。网上课堂、多媒体互动课件、各种辅助教学的软件层出不穷。而其中的动画则是最易于理解和接受的一种传播知识的途径。通过数字动画的方式，可以让学生观察化学反应过程、通过互动完成物理实验，模拟真实课堂环境，以自学自验的过程来补充知识、夯实基本功，如图 7-59 所示的打字辅助游戏软件。应该说，数字动画在教育行业中有着令人欣喜的今天，同样会有辉煌灿烂的明天。

图 7-58　三维机械设计

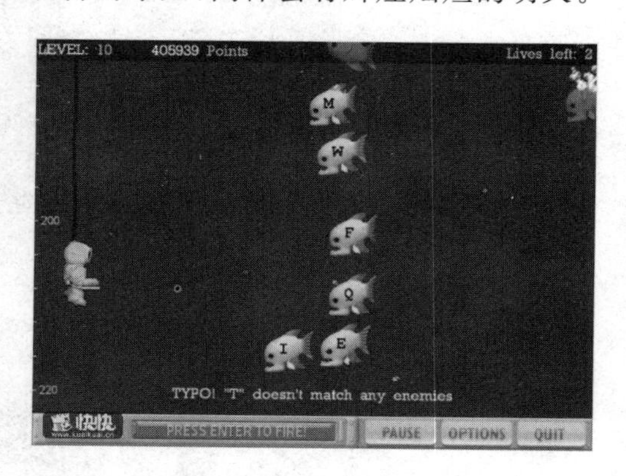

图 7-59　打字辅助游戏软件

4. 科研与军事

数字动画在科研与军事领域中被大量用来进行模拟、仿真以及实训。在航空航天领域，通过数字动画方式模拟飞行器及天体的运行情况可以很好地实现工作人员对探索过程的控制与观察。比如，前不久的天宫神八对接的全过程就是通过数字动画的方式展现出来的，一方面便于观看，另一方面也能够直观地向全国观众进行可视化介绍，如图 7-60 所示。

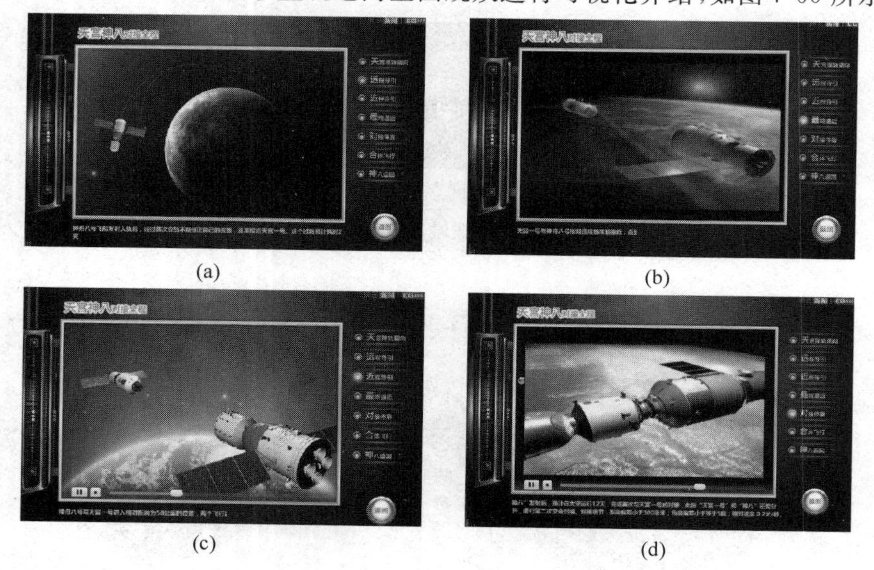

(a)　(b)　(c)　(d)

图 7-60　天宫神八对接的数字动画

数字动画可以在军事中完成虚拟训练的功能。比如飞行员在实际飞行前会进行陆地上的模拟测试，这种测试能根据飞行员在模拟过程中的操作情况进行评估与分析，并适时反馈相应的数字图像与飞机状况，既节约成本，又能确保人民财产的安全，如图 7-61 所示。

随着计算机技术与互联网技术的突飞猛进，数字动画与其他领域的融合将会越来越深，数字动画不仅能在娱乐业中带给人们视觉震撼，还能够完成更实际与艰巨的任务，帮助各行业的专业人士找到一条更为便捷、人性、简易的操作途径。

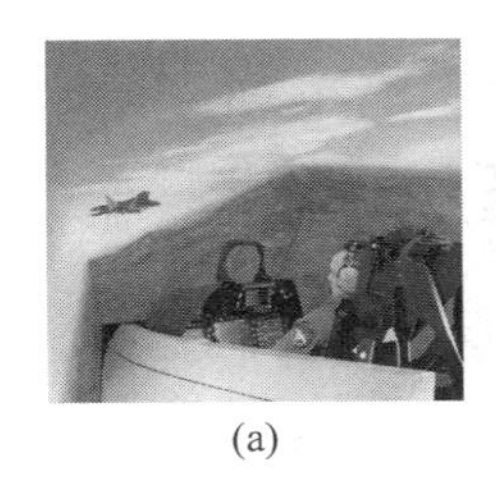

(a)

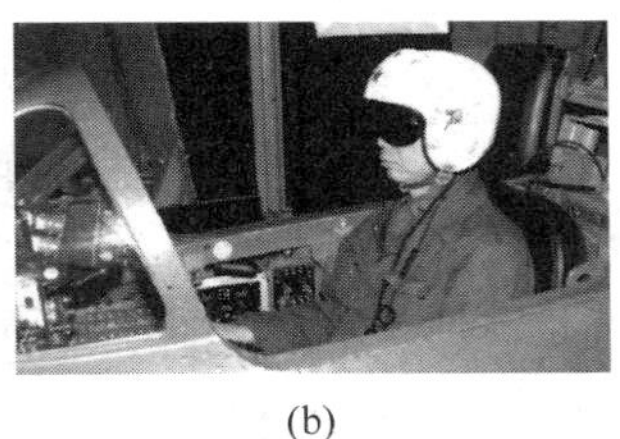

(b)

图 7-61　飞行模拟训练

第8章 数字压缩技术

8.1 数字压缩概述

数字压缩技术的出现打破了人们从前认为的视音频数据不能够被压缩的传统认识。并且从根本上为数字技术的处理、传输、保存及应用提供了有力的保障。目前，大量的数字化的信息亟待被进一步处理并存储，比如影视剧、音乐、照片、用户的网络邮件等，都需要进一步通过数字压缩技术进行处理。而实时的视频聊天通信、视音频 VOD 素材、网游信息、视频会议数据、网络远程教学等领域的发展，也都得益于不断进步的数据压缩技术。

8.1.1 数据压缩的基本概念

在电子信息技术不断发展的今天，人们对于高质量的图、音、视像的需求越来越多，与此同时，对于网络传输的速率也要求甚高。面对这样两难的挑战，如何在博弈中找到一个双赢的解决方案呢？信息论中的一些观点似乎可以帮助我们重新审视这一矛盾。

在信息论中，多媒体类型的数据都含有信息冗余，而正是这些冗余的存在才使数据压缩成为可能。冗余即指多媒体信息中即使被去掉也不会影响信息正常使用的那部分数据。而压缩则是去掉信息中的冗余，保留不确定的信息，去除确定的信息(或可推知的)，也就是用一种更接近信息本质的描述来代替原有冗余的描述。

面对大量的多媒体信息，什么样的数据类型可以被视为冗余呢？

1. 时间冗余

时间冗余也被称为时域冗余，大量存在于视频数据中。根据人眼的视觉暂留原理，当两幅图像序列之间的时间小于 0.04s 便可以形成连动的画面，而这个时间间隔 0.04s 是十分微小、不易被察觉到的，因而，我们可以认为间隔前后的两个图像序列在内容上是非常接近的，即具有极大的相关性。通过这样的原理，我们可以从前一幅图像的部分信息与运动轨迹推测出下一幅图像中的数据信息。对于视频压缩而言，通常可以采用运动补偿预测和运动估值等技术来去除时间冗余。如图 8-1 所示的两张画面分别为相邻的两张图像序列，用肉眼来观察是无法区分开来的，因而完全可以由第一幅画面推测估算出第二幅画面，并且对于整个视频而言是没有任何视觉影响的。

2. 空间冗余

空间冗余也被称为空域冗余，大量存在于图像数据中，是一种帧内图像中像素间的相关性。在同一图像中，场景与物体的亮度、色度信息的变化是相对平缓的，并且相邻像素间的信息数据又比较接近，具有极强的相关性，因而使得静态图像存在大量冗余，如图 8-2 所示。这也是进行图像空间压缩的理论基础。

(a) 第一帧画面

(b) 第二帧画面

图 8-1　韩国电影《冠军》视频序列中的时间冗余

图 8-2　同一图像中相邻像素点的空间冗余

3. 统计冗余

统计冗余也被称为编码表示冗余或符号冗余，常用于图像数据的处理。理论上来说，在表示同一图像的不同像素点时，可以根据其信息熵的大小分配相应的数据量。但是，在实际操作中，很难确定每一个像素点的信息熵，因而均使用固定长度的数据量来表示，这便产生了冗余。对于统计冗余的去除可采用熵编码的方式来节约码字数据量。

4. 知识冗余

根据人类日常的生活经验与知识结构，对于视频、图像中的某些信息可以进行提前的建模，而不是直接使用视频、图像中的像素值来进行编码。比如，对于人脸都是通过眼睛、鼻子、嘴的相对位置等信息进行识别的。那么，我们可以利用这种经验为编码建立脸的模型，从而达到较高的压缩比，这也是模型基编码的基本思想。

5. 结构冗余

结构冗余常存在于结构重复、纹理相似的图像信息中。比如，分形图像(图 8-3)就是一种典型的自相关性图像，即图像是不断地重复自身特征的式样，这在结构上产生了大量的冗余，可以采用分形图像编码等相关编码进行去除。

图 8-3　分形图像①

6. 听/视觉冗余

无论是音频、图像还是视频，最终的接收者都是人。根据人听觉和视觉上的特点与局限，可以对多媒体信息进行压缩，同时，将被压缩的部分称为冗余。对于人耳来说，音频的信号幅度、音调中无法被辨别或不敏感的信息都是冗余。对于人眼而言，图像亮度信息总是不如色度信息的接收更敏感和清

① http://bbs.tejiawang.com/simple/index.php?t183954.html.

晰，因而对于诸如高频信号、运动图像等人眼不敏感的信息可以进行压缩处理而不影响观看。

以上 6 种冗余是多媒体信息数据中经常存在的冗余形式，而数字压缩正是基于这些原理，在保证重建音频、图像、视频质量一定的前提下，以最小的数据量表述信息。

8.1.2 数字压缩技术的发展

随着信息技术的发展，对于压缩技术而言经历了从无损压缩到有损压缩的过程。有损或无损的概念是相对的，即没有绝对的无损压缩。无损压缩只是相对于有损压缩而言压缩数据量更少而已。

1. 无损压缩

无损压缩是根据 8.1.1 节中的统计冗余而发展出来的编码方式。即根据数据中的最小单位进行分割，对于每一个最小值都可以根据其信息熵的大小来确定表述数据的比特数。因为在实际操作中很难完成这样的信息熵划分，故而采用一个平均比特数来表示每个最小单位的参数数据。而无损压缩则通过特殊的计算方法为每个最小单位的信息熵划分相应大小的比特数，进而节省了大量的数据空间，一般可实现 2∶1～5∶1 的压缩比，并且完全不会导致任何形式的失真。重建后的音频、图像与视频都与原始数据保持一致，故而称之为无损压缩。

常用的无损压缩编码方法有哈夫曼编码（Huffman Encoding）、游程编码（Run-Length Encoding）、算术编码等。由无损压缩生成的数据量比较大，不适合网络传播或存储，故只应用于特殊场合，如指纹识别、医学图像分析等。

2. 有损压缩

相对于无损压缩，有损压缩是指利用人的听、视觉特性有针对性地减少冗余数据量，即直接去除冗余信息。由此重建的信息与原始信息的大小是有差异的，并且存在一定程度的失真现象。但是这种“失”可以解决存储、处理与传播中遇到的文件过大的问题，因而适合普遍使用与网络传送。

压缩比例越大，生成的文件效果越差，但文件体积越小；压缩比例越小，生成的文件效果越好，但体积就会越大。对于选用什么样的压缩比而言，需要有相应的评价标准进行衡量。既要有效地降低文件体积，又要兼顾文件质量与压缩速度。当然这几个指标不可能兼得，只能采取一种较为折中的方式。

常见的有损压缩编码有预测编码、变换编码、基于模型的编码等。

当然，我们还可以根据压缩技术所使用的数学理论与计算方法进行分类，可分为统计编码、预测编码和变换编码；也可根据压缩过程的可逆性分为熵压缩编码和冗余度压缩编码等。

8.2 常用数字压缩编码类型

8.2.1 数据统计编码

数据压缩技术的理论基础就是信息论。信息论中的信源编码理论解决的主要问题是数据压缩的理论极限和数据压缩的基本途径。根据信息论的原理，可以找到最佳数据压缩编码的方法。数据压缩的理论极限即为信息熵。如果要求编码过程中不丢失信息量，即要求保存信息熵，这种信息保持编码称为熵编码，也叫做数据统计编码，是根据消息出现概率的分布特性而进行概率统计的编码方法，它让出现概率较高的符号分配较短的码字表达，反之分配较长的码字表述，是无损数据压缩编码。

最常见的统计编码方法如哈夫曼编码和自适应编码。哈夫曼编码方法非常便于硬件实现。但是，哈夫曼树(哈夫曼表)作为编码环境，必须输入接收端，通过信道传输接收哈夫曼表，以重建哈夫曼树，供解码器使用。同时，要得到最佳压缩效果，哈夫曼编码必须精确知道图像的统计特性，不利于实现实时编码。

自适应算法编码方法较哈夫曼编码方法更为复杂，但它不需要像哈夫曼编码那样的哈夫曼表。由于其过程的自适应性，而无须在编码前扫描图像以获得图像的概率统计特性。在一般情况下，对于很多图像而言，自适应算法编码的效果要比哈夫曼编码的效果好5%～10%。

8.2.2 行程编码

行程编码(Run-Length Encoding，RLE)，或称游程编码，是一种熵编码，也是一种简单的无损数据压缩编码形式。这种编码方式常用于各种图像格式的数据压缩处理中，尤其对于减少灰度图像的存储容量很有效果。比如BMP、PCX、TIFF和JPEG等各种图像格式中都使用到行程编码进行图像数据的压缩。这种编码方式建立在数据相关性的基础上，其原理是在给定的图像数据中寻找连续重复的数值，然后仅存储该像素值以及具有相同颜色的像素数目，即将具有相同值的连续串用其串长和一个代表值来表示，该连续串就称为行程，串长称为行程长度。该压缩编码技术相当直观和经济，运算也相当简单，因此解压缩速度很快。

以一幅灰度图像为例，图8-4为该图像第n行的像素值。

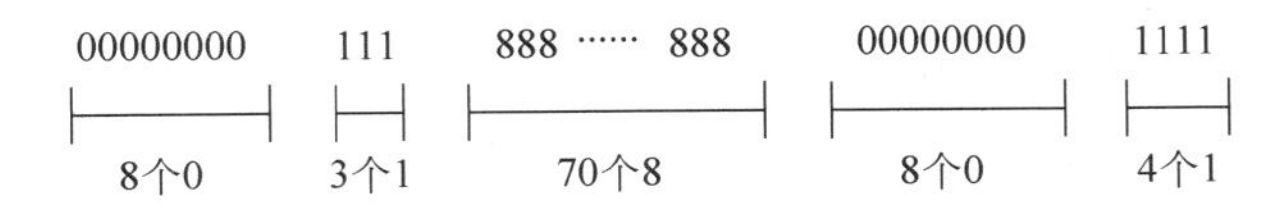

图8-4 RLE编码的概念

当我们采用行程编码进行统计时，可以得到代码为8 0 3 1 70 8 8 0 4 1。代码中有阴影的数字是行程长度，后面的数字代表像素的颜色值。例如，阴影数字70代表有连续70个像素具有相同的颜色值，它的颜色值是8。

对比RLE编码前后的代码长度不难发现，原本需要使用93个字节表示的一行数据，在行程编码中仅需要10个字节即可。压缩比达到了93∶10，约为9∶1，这个例子可以很好地说明行程编码的高压缩比，以及其压缩的便捷和经济。

行程编码分为定长编码与不定长编码两种方式。定长编码指编码的行程长度所用的二进制位数是固定的，而变长行程编码则在位数的要求上并不固定，可依据不同范围的行程长度使用不同位数的二进制进行编码。需要注意的是，在采用变长行程编码时，需要增加标志位标明使用二进制的位数。

行程编码的特点在于可以快速、简单地对颜色单一、构图明晰的灰度图像进行无损式压缩，但对于颜色丰富、构图复杂的彩色图像来说并不能很好地起到压缩的效果，反而会增加数据量。通常情况下,行程压缩会与其他压缩编码技术联合使用。

8.2.3 哈夫曼编码

哈夫曼编码(Huffman Encoding)是由 Huffman 于 1952 年提出的一种常用的无损编码方式,也是可变字长编码(VLC)的一种。该方法完全依据字符出现概率来构造异字头的平均长度最短的码字,因此也可称之为最佳编码。哈夫曼编码被广泛应用于图像压缩技术中,如 JPEG 标准中的基准模式采用的就是哈夫曼编码,如图 8-5 所示。

哈夫曼编码是可变字长编码,即代表各元素的码字长度不等。该编码基于不同符号的概率分布,对出现次数较多的符号(码值)赋予较短的代码(码字),对出现次数较少的符号赋予较长的代码。在这里举个例子说明如何生成哈夫曼表,如表 8-1 所示。

表 8-1 哈夫曼编码过程表

符号	出现的概率	哈夫曼编码过程	分配码字
C	0.41	1	1
A	0.21	0 0.36 1	000
B	0.15	0 0.59 1	001
E	0.13	0 0.23 0	010
D	0.10	1 1	011

假设符号 A、B、C、D、E 出现的概率如下:

A	B	C	D	E
0.21	0.15	0.41	0.10	0.13

其哈夫曼编码过程如下。

(1) 根据符号出现概率的大小进行降序排列。

(2) 把出现概率最小的两个符号组成一个新的符号,如图 8-5 所示,将 D 和 E 组成新符号 P1。

(3) 重复(1)和(2),得到新符号 P2、P3…直到概率和为 1 时停止。

(4) 形成一棵完整的树后,从树根(即概率为 1 时的符号)开始向前进行编码,对每个叶子赋值,概率大的赋值为 0,概率小的赋值为 1,从而得到每个符号的代码。

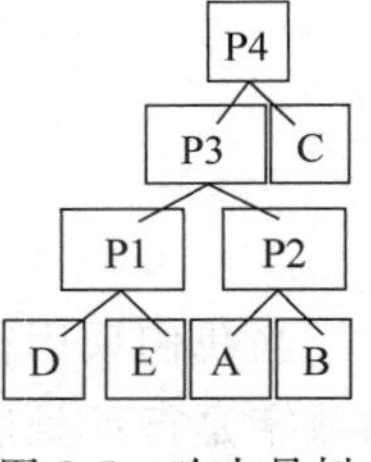

图 8-5 哈夫曼树

平均字码长 $L=1\times0.41+3\times0.21+3\times0.15+3\times0.13+3\times0.10=2.18$

哈夫曼编码具有以下几个特点。

(1) 哈夫曼编码构造出来的编码值不是唯一的。原因在于给两个最小概率进行编码时,可以为大概率赋值为“0”,小概率赋值为“1”,反过来亦可。当两个概率相同时,“0”和“1”的赋值也是人为的,这样就产生了编码的不唯一性。但是,由于生成的平均码长都是一样的,所以不会影响译码的正确性。

(2) 哈夫曼编码对于不同信源的编码效率是不一样的。当信源概率分布很不均匀时,哈夫曼编码的效率极高,效果显著;而当概率相等时,哈夫曼编码效率最低。

(3) 哈夫曼编码与译码时间较长。由于编码长度是可变的,因此译码时间较长,并且对硬件的要求也较高。

8.2.4 算术编码

算术编码是图像无损数据压缩的主要算法之一，也是一种熵编码的方法。和其他熵编码方法不同的地方在于，其他的熵编码方法通常是把输入的消息分割为符号，然后对每个符号进行编码，而算术编码是将被编码的信息表示成实数 0 和 1 之间的一个间隔。信息越长，编码表示它的间隔就越小，表示这一间隔所需的二进制位就越多。信息源中连续的符号根据某一模式生成概率的大小来减少间隔。可能出现的符号要比不太可能出现的符号减少的范围小，因此只增加了较少的比特位。

假设信源符号为{00,01,10,11}，出现概率为{0.1,0.4,0.2,0.3}，根据这些概率可以把间隔[0,1)分成 4 个子间隔：[0,0.1)、[0.1,0.5)、[0.5,0.7)、[0.7,1)，其中[x,y)代表半开半闭间隔，即包含 x 值，而不包含 y 值。可将上述信息汇总于表 8-2。

表 8-2 信源符号、概率和初始编码间隔

符号	00	01	10	11
概率	0.1	0.4	0.2	0.3
初始编码间隔	[0,0.1)	[0.1,0.5)	[0.5,0.7)	[0.7,1)

如果二进制消息序列的输入为：10 00 11 00 10 11 01，编码时首先输入的符号是 10，找到它的编码范围是[0.5,0.7)。由于消息中第二个符号 00 的编码范围是[0,0.1)，因此它的间隔就取[0.5,0.7)的第一个 1/10 作为新间隔[0.5,0.52)。以此类推，编码第三个符号 11 时取新间隔为[0.514,0.52)，编码第四个符号 00 时，取新间隔为[0.514,0.5146)，……消息的编码输出可以是最后一个间隔中的任意数，整个编码过程如图 8-6 所示。

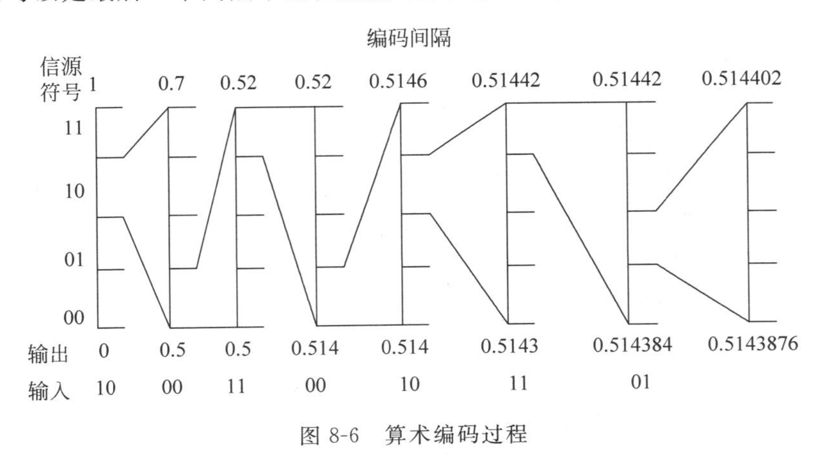

图 8-6 算术编码过程

在算术编码过程中，有几个问题是需要特别注意的。第一，由于实际的计算机精度不可能无限长，运算中出现溢出是一个明显的问题。但多数机器都有 16 位、32 位或者 64 位的精度，因此需要通过比例缩放的方式来解决这个问题。第二，算术编码器对整个消息只产生一个码子，这个码子是在间隔[0,1)中的任意一个实数，因此译码器在接收到表示这个实数的所有位之前不能进行译码。第三，算术编码也是一种对错误很敏感的编码方法，如果有一

位发生错误就会导致整个消息译错。

由于算术编码在硬件实现上的要求较高，编码也比哈夫曼编码要复杂。所以，人们往往愿意采用相对简单的哈夫曼编码进行数据压缩。另外，算术编码方法常常是基于概率统计的固定模式，除此之外还有其他模式，例如自适应模式。自适应模式各个符号的概率初始值有相同的修改值的方法，因此它们的概率模型是一致的。在实际应用中，利用该模式就不必对全部信息进行概率统计，可以有效提高效率。

8.2.5 预测编码

预测编码是根据离散信号之间存在着一定关联性的特点，利用以往的样本值对于新样本值进行预测，然后将样本的实际值与其预测值相减得到一个误差值，对这一误差值进行编码。如果预测比较准确，误差就会很小。在同等精度要求的条件下，就可以用比较少的比特进行编码，达到压缩数据的目的。这种编码可应用于大多数视频、图像数据的压缩过程中。一般分为线性预测和非线性预测两大类。

对于图像数据的压缩而言，预测编码方法是从相邻像素之间有很强相关性的角度来考虑的。比如当前像素的灰度或颜色信号，数值上与其相邻像素总是比较接近，除非处于边界状态。那么，当前像素的灰度或颜色信号的数值，可用前面已出现的像素的值预测（估计）得到一个预测值，再将实际值与预测值作差值计算，对这个差值信号进行编码、传送，即完成了预测编码的过程，如图 8-7 所示。

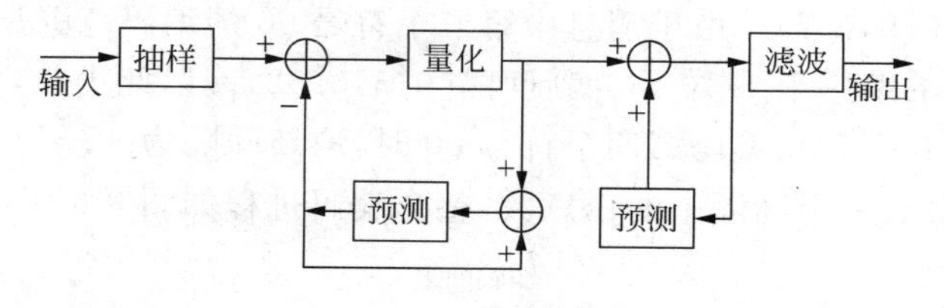

图 8-7　预测编码过程

对于视频信号而言，通过预测编码，可以根据预测像素选取的位置不同，分为帧内预测编码和帧间预测编码。帧内预测编码预测的像素要位于编码像素同一帧的相邻位置，而帧间预测像素则要选取时间上相邻帧内的像素进行预测。

1. 差分脉冲编码调制

差分脉冲编码调制（Differential Paulse Code Modulation，DPCM）是根据已知样本值与预测值之间的差值进行预测的编码方式。DPCM 的基本工作原理是比较相邻的两个像素，如果两个像素之间存在差异，则将差异之处的差值传送出去；若没有差异，则不传送差值。

2. 自适应差分脉冲编码调制

自适应差分脉冲编码调制（Adaptive Differential Paulse Code Modulation，ADPCM）综合了 APCM 的自适应特性和 DPCM 系统的差分特性，是一种性能比较好的波形编码。它的核心思想是：①利用自适应的思想改变量化阶的大小，即使用小的量化阶（Step-size）去编码小的差值，使用大的量化阶去编码大的差值；②使用过去的样本值估计下一个输入样本的预测值，使实际样本值和预测值之间的差值总是最小。

8.2.6 变换编码

变换编码不是直接对空域图像信号进行编码，而是首先将空域图像信号映射变换到另一个正交矢量空间(变换域或频域)，产生一批变换系数，然后对这些变换系数进行编码处理。变换编码是一种间接编码方法，在时域或空域描述时，数据之间相关性大，数据冗余度大；经过变换，在变换域中描述时，数据相关性大大减少，数据冗余量减少，参数独立，数据量少，这样再进行量化，编码就能得到较大的压缩比。目前常用的正交变换有：傅立叶(Fouries)变换、沃尔什(Walsh)变换、哈尔(Haar)变换、斜(Slant)变换、余弦变换、正弦变换、K-L(Karhunen-Loeve)变换等。

变换编码主要由映射变换、量化及编码几部分操作组成。映射变换是把图像中的各个像素从一种空间换到另一种空间，然后针对变换后的信号再进行量化与编码操作。在接收端，首先对接收到的信号进行译码，然后针对变换以后的信号恢复图像。映射变化的关键在于能够产生一系列更加有效的系数。对这些系数进行编码所需的总比特数比对原始图像进行编码所需要的总比特数要少得多，这使得数据得以高效压缩。

8.2.7 分形编码

分形理论是当今世界十分风靡和活跃的新理论、新学科。分形(Fractal)是美籍法国数学家曼德布罗特(Benoit B. Mandelbrot)于 1975 年在创立分形几何学(Fractal Geometry)时所造的术语，指具有一定自相似性的复杂不规则形体，一般为自然界中的物体和形态。

1967 年，他在美国权威的《科学》杂志上发表了题为“英国的海岸线有多长?”的著名论文。海岸线作为曲线，其特征是极不规则、极不光滑的，呈现极其蜿蜒复杂的变化。我们不能从形状和结构上区分这部分海岸与那部分海岸有什么本质上的不同，这种几乎同样程度的不规则性和复杂性，说明海岸线在形貌上是自相似的，在空中拍摄的 100km 长的海岸线与放大了的 10km 长海岸线的两张照片，看上去会十分相似。事实上，具有自相似性的形态广泛存在于自然界中，如连绵的山川、漂浮的云朵、岩石的断裂口、布朗粒子运动的轨迹等。曼德布罗特把这些部分与整体以某种方式相似的形体称为分形。1975 年，他创立了分形几何学。在此基础上，形成了研究分形性质及其应用的科学，成为分形理论。

自相似原则和迭代生成原则是分形理论中两个重要原则。它表征分形在通常的集合变换下具有不变性，即标度无关性。由于自相似性是从不同尺寸的对称出发，也就意味着递归。分形形体中的自相似性可以是完全相同，也可以是统计意义上的相似。标准的自相似分形是数学上的抽象，迭代生成无限精细的结构，如科契(Koch)雪花曲线、谢尔宾斯基(Sierpinski)地毯曲线等。这种有规分形只是少数，绝大部分分形是统计意义上的无规分形。

分形理论既是非线性科学的前沿和重要分支，也是一门新型的横断学科。作为一种方法论和认识论，其启示是多方面的：一是分形整体与局部形态的相似，启发人们通过认识部分来认识整体，从有限中认识无限；二是分形解释了介于整体与部分、有序与无序、复杂与简单之间的新形态、新秩序；三是分形从特定层面揭示了世界的普遍联系和统一的图景。

分形理论的发展离不开计算机图形学的支持，一个分形构造的表达式没有计算机的帮助是很难让人理解的。不仅如此，分形算法与现有计算机图形学的其他算法相结合，还会产生出非常美丽的图形，构造出复杂纹理和复杂形状，从而产生非常逼真的物质形态和视觉效果。

基于分形理论的基本思想和方式。分形压缩编码主要利用数据的自仿射或自相似的特点，通过构造相应的迭代函数系统实现。分形压缩把原始图像分割成若干个子图像，然后每一个子图像对应一个迭代函数，子图像以迭代函数存储，迭代函数越简单，压缩比也就越大。同样译码时只要调出每一个子图像对应的迭代函数反复迭代，就可以恢复出原来的子图像，从而得到原始图像。

分形压缩编码是基于分形几何中利用小尺度度量不规则曲线长度的方法，类似于传统的亚取样和内插方法，其主要不同之处在于引入了分形的思想，尺度随着各个组成部分复杂性的不同而改变。

8.3 数字压缩分类

8.3.1 数字音频压缩

对数字化的音频进行压缩，首先要了解两个基本概念，即音频的码率和文件大小。

音频的码率是指声音每秒的数据量，也称为比特率，声音的码率就是每秒记录音频数据所需要的比特值，通常以 Kb/s(千比特/秒)为单位。例如数字语音的码率是 64Kb/s，MP3 音频的码率范围约在 48～320Kb/s。声音未经压缩时的码率可由以下公式算出：

声音的码率＝采样频率×量化精度×声道数

声音未经压缩时数据量以 B 为单位，可由下式算出：

声音数据量＝采样频率×(量化精度/8)×声道数×时间

＝(声音的码率/8)×时间

由此可以看出，取样频率和量化精度越高，声道数越多，所需存储空间也就越大。也就是说，声音的码率越大，所需存储空间也就越大。当然数据量大小还跟保存声音的时间有关。

对声音数据进行压缩，有很多压缩算法。其中压缩率是指音乐文件压缩前和压缩后大小的比值，用来简单描述数字声音的压缩效率。按照声音数据压缩后损失的对照来看，可以分为有损压缩和无损压缩，实际上有损压缩和无损压缩也只是相对的。音频编码最多只能做到无限接近于自然界的信号，任何数字音频编码都无法做到完全还原自然的声音信号。在所有的数字音频编码中，PCM 编码代表了最高的保真水平，因此，它被约定为无损编码。按照具体编码方案可以分为时域波形编码、参数编码、感知编码，以及混合编码等。

8.3.2 数字图像压缩

数字图像压缩是指通过去除多余数据来表示数字图像的编码方式。以数学的观点来看，这一过程实际上就是将二维像素阵列变换为一个在统计上无关联的数据集合。图像数据之所以能被压缩，就是因为数据中存在着冗余，主要表现为：图像中相邻像素间的相关性引起的空间冗余；图像序列中不同帧之间存在相关性引起的时间冗余；不同彩色平面或频谱带的相关性引起的频谱冗余。数据压缩的目的就是通过去除这些数据冗余来减少表示数据所需的比特数。由于图像数据量庞大，在存储、传输、处理时非常困难，因此图像数据的压缩就显得非常重要。[①]

图像压缩可以分为有损数据压缩和无损数据压缩，在不同场合与使用方式可以采用不同的压缩方法。最为著名的一种图像压缩方式为JPEG与JPEG 2000压缩编码。

JPEG(Joint Photographic Expert Group)是一种多灰度静止图像的压缩编码。它是由国际标准化组织(International Organization for Standardization，ISO)和国际电报电话咨询委员会(International Telegraph and Telephone Consultative Committee，CCITT)成立的"联合图片专家组"于1991年3月推出的数字图像压缩标准。

在联合图片专家组建立之初，该小组就将研究和制定适用于连续色调、多级灰度、彩色或单色静止图像数据压缩的国际标准作为主要研究任务。它由两部分组成：第一部分是无损压缩，即基于空间线性预测技术的无失真压缩算法，这种算法的压缩比很低；第二部分是有损压缩，这是一种基于自适应离散余弦变换(Discrete Cosine Transform，DTC)和哈弗曼编码的有损压缩，极大提高了压缩效率。例如，运用JPEG压缩标准对自然景物图像进行压缩，即使压缩到0.75位/像素，压缩比达到20∶1，该图像仍可以被识别，并满足大多数情况的应用。

为了摒除JPEG静止图像压缩标准在低比特率情况下不能很好地重建图像且不适于网络传播等缺点，JPEG工作组于2000年底公布了最新的静止图像压缩编码标准JPEG 2000。JPEG 2000比JPEG具有更好的低比特率压缩性能，其压缩率比JPEG高10%～30%左右；它是JPEG的升级版，同样支持有损和无损压缩；它可以实现连续色调图像压缩和二值图像压缩；它可以按照像素精度和图像分辨率进行渐进式传输；良好的抗误码性和开放式的体系结构；另外，JPEG 2000还支持"感兴趣区域"压缩，即选择指定的部分先解压缩等优点。

8.3.3 数字视频压缩

在数字压缩应用不断普及的趋势下，行业对数字压缩非标准化的问题已经到了不得不解决的地步。于是，ITU、ISO等国际组织积极推动数字压缩标准化的工作。目前，最常见的压缩标准有：JPEG、MPEG以及ITU的H.264等标准。目前有多种视频压缩编码方法，但其中最有代表性的是MPEG数字视频格式和AVI数字视频格式。

1. MPEG

MPEG(Moving Picture Expert Group，活动图像专家组)，成立于1988年，由国际标准化组织与国际电工委员会(International Electrotechnical Commission，IEC)联合组成的工作组。MPEG应用的数字存储媒体包括CD-ROM(只读光盘)、CD-R(可写光盘)、DAT(数字录音带)、DISK(磁盘)、LAN(局域网)和通信网络如ISDN(综合业务数字网)等。视频压缩算法必须具有与存储媒体相适应的特性，比如能够实现快进/快退、音像同步、检索、随机访问、容错能力、倒放、可编辑性等。

MPEG于1991年11月提出了1.5Mb/s的编码方案。1992年通过了ISO11172号建议，后来在发展中又出现了MPEG-2、MPEG-4、MPEG-7和MPEG-21等针对不同应用的多种标准。

1) MPEG-1

MPEG-1标准于1992年正式出版，标准的编号为ISO/IEC11172，其标题为"码率约为

---

① 图像压缩. http://baike.baidu.com/view/1197608.htm .

1.5Mb/s 用于数字存储媒体活动图像及其伴音的编码”。MPEG-1 视频压缩技术是针对运动图像的数据压缩格式，使用了帧内与帧间两种压缩技术，并采用基于 DCT 的变换编码技术，用以减少空间冗余信息。

MPEG-1 标准的体系结构分为 5 个组成部分，分别为系统（规定视频数据、声音数据及其他相关数据的同步）、视频（规定视频数据的编码和解码）、声音（规定声音数据的编码和解码）、一致性测试与软件仿真。在声音部分，该压缩编码是国际上第一个高保真声音数据压缩的国际标准，它分为三个层次：Layer 1 用于数字盒式录音磁带、Layer 2 用于数字音频广播(DAB)和 VCD 等、Layer 3 用于互联网上的高质量声音的传输。我们熟知的 MP3 即为 Layer 3 上的音频文件。

总之，MPEG-1 标准体现了低码率、高保真的优良压缩特性，亦被诸如 VCD、MP3 等相关产业所采用，市场应用前景明朗。

2）MPEG-2

随着数字技术、多媒体技术以及数据传输等相关技术的发展，MPEG-1 显示出了诸多缺陷和不足，为了突破 MPEG-1 在技术上的瓶颈，同时进一步兼容 MPEG-1 标准的基础上，MPEG-2 标准被开发了出来，并被广泛应用于多媒体计算机、数据库、通信、高清数字电视等方面。

1994 年，ISO/IEC 制定公布了 MPEG-2，它包括了 7 部分内容：系统（规定视频数据、声音数据及其他相关数据的同步）、视频（规定视频数据的编码和译码）、声音（规定声音数据的编码和译码）、一致性测试、软件仿真、数字存储媒体命令和控制扩展协议。MPEG-2 的音频部分仍沿用 MPEG-1 音频压缩编码技术分为三个层次，但扩展了多声道方式，即三级的音频都在原来的单声道、双声道的基础上增加了 5.1 声道环绕立体声，码率扩展到 1Mb/s。

与 MPEG-1 相比，MPEG-2 有很多优点，并对 MPEG-1 做出了重要的改进和扩充。比如 MPEG-1 只能用于处理顺序扫描的图像，而 MPEG-2 还可以处理隔行扫描的图像，并且几乎可以处理所有格式的图像文件。另外，MPEG-2 具有高质量图像编码所需的技术，所以经 MPEG-2 处理后的同一文件的质量比 MPEG-1 要好得多。再比如，MPEG-2 具有可伸缩的分层编码方式，并且其编码器和译码器的构成十分灵活，可与 MPEG-1 兼容等优势。

3）MPEG-4

1998 年 11 月，MPEG 正式公布了 MPEG-4 国际性标准，其编号为 ISO14496-2。MPEG-4 的提出主要目的在于制定一个通用的低码率(64Kb/s 以下)的活动图像与语音压缩标准。

在功能方面，MPEG-4 几乎涵盖了 MPEG-2 的所有功能，并且引入了 AV 对象(Audio/Visual Objects)用于支持基于内容的访问、检索和操作。MPEG-4 具有基于内容的多媒体数据存取工具、可以实现基于内容的管理和数码流的编辑、自然的与合成的景物混合编码、时间域的随机存取、改进编码效率、多路并存的数码流编码、具有通用存取差错环境中的坚韧性以及基于内容的可分级性等特点。这些功能与特点被广泛应用到现代移动通信和个人通信的多媒体业务当中，即提供文字、声音、图形和视频等多媒体信息，使用户在移动通信网中实现更为生动、丰富和有效的富媒体信息交流。

基于内容的视频编码过程可分为三个步骤：①从原始视频中分割出视频对象 AV；②对视频对象的形状、运动、纹理信息分别进行独立的编码；③将各个视频对象的码流复合成一个可以在 MPEG-4 中编解码的比特流。并且在第二、第三阶段中可以加入用户的交互控制或由智能化算法实现的控制。MPEG-4 在多媒体通信中应用十分广泛，如实时多媒体监控、网络上的视频流与游戏、基于面部表情模拟的虚拟会议以及演播室和电视的节目制作等。

4）MPEG-7

随着多媒体信息的广泛使用与传播，人们对于信息的检索已经不再拘泥于文字的表述，而转向采用基于视听内容的信息检索方式。针对图像、音频、动画与视频的海量信息的管理与搜索，MPEG 提出了 MPEG-7 作为解决方案，产生一种描述多媒体内容数据的标准，实现多媒体信息的快速有效检索。

MPEG-7 标准主要由 7 个部分构成。系统（Systems）、描述定义语言（Description Definition Language，DDL）、视频（Video）、音频（Audio）、多媒体描述方案（Multimedia Description Schemes，MMDS）、参考软件（Reference Software）以及一致性测试（Conformance Testing）。为了对多媒体内容进行标准化的描述，MPEG-7 定义了一系列的标准化工具和方法。①描述符 D(Descriptors)，对实体特征进行描述。②描述方案 DS (Description Schemes)，规定了描述方案中各元素之间的结构和语义关系，这些元素既可以是描述符也可以是描述方案。③描述定义语言 DDL(Description Definition Language)，规定描述方案和描述符的语言，描述定义语言允许对现有的描述方案进行修改和扩展。

MPEG-7 的潜在应用主要分为三大类：索引和检索类、选择和过滤类、专业化应用，如表 8-3 所示。

表 8-3　MPEG-7 的应用类型与应用范围

MPEG-7 的应用类型	应用范围
第一类：索引和检索类	视频数据库的存储检索； 向专业生产者提供图像和视频商用音乐； 音响效果库； 历史演讲库根据听觉提取影视片段； 商标的注册和检索
第二类：选择和过滤类	用户代理驱动的媒体选择和过滤； 个人化电视服务、智能化多媒体表达； 消费者个人化的浏览、过滤和搜索； 向残疾人提供信息服务
第三类：专业化应用	远程购物； 生物医学应用； 通用接入遥感应用； 半自动多媒体编辑、教学教育； 保安监视； 基于视觉的控制

5）MPEG-21

为了使多媒体业务畅通无阻、保证多媒体信息在不同地点以统一的方式进行交互等一系列功能得以实现，活动图像专家组从 2000 年 6 月开始着手制定 21 世纪多媒体应用的标准化技术——MPEG-21。MPEG-21 是一个支持通过异构网络和设备，使用户更加透明和广泛地使用多媒体资源的一种标准，其目标是建立一个将不同的协议、标准和技术有机地融合在一起的多媒体框架。

MPEG-21 标准其实就是一些关键技术的集成，如数字项声明、内容表示、数字项的标识和描述、内容的管理和使用、知识产权管理和保护、终端和网络、事件报告等技术。通过这种集成环境对全球数字媒体资源进行透明的有效管理,实现内容描述、创建、发布、使用、识别、收费管理、产权保护、用户隐私权保护、终端和网络资源抽取、事件报告等功能。从纯技术角度来看,MPEG-21对于"内容供应商"和"消费者"来说是毫无区别的。MPEG-21多媒体框架标准中包括如下几条用户需求:内容传送和价值交换的安全性、数字项的理解、内容的个性化、价值链中的商业规则、兼容实体的操作、其他多媒体框架的引入等。

当今世界正值数字化、网络化和全球一体化的信息时代,多媒体信息技术和互联网技术是促进社会全面实现信息化的关键技术。从MPEG-1、MPEG-2、MPEG-4到MPEG-7,MPEG标准正在向整个多媒体领域扩展,而MPEG-21就是一个有关多媒体框架及其综合应用的全新多媒体框架标准。MPEG-21远远超出了一个统一的活动图像压缩标准的范畴,必将对多媒体信息技术的广泛应用产生深远的影响。MPEG-21多媒体框架标准将会为多媒体信息的用户提供综合统一的、高效集成的和透明交互的电子交易和使用环境,能够解决如何获取、如何传送各种不同类型的多媒体信息,以及如何进行内容的管理、各种权利的保护、非授权存取和修改保护等问题,为用户提供透明的和完全个性化的多媒体信息服务。MPEG-21必将在多媒体信息服务和电子商务活动中发挥空前的重要作用。[①]

2. H.26x

1) H.261

H.261又称为P×64,其中P为64Kb/s的取值范围为1～30的可变参数,是世界上第一个得到广泛承认并产生巨大影响的数字视频图像压缩标准。国际上制订的JPEG、MPEG-1、MPEG-2、MPEG-4、MPEG-7等数字图像压缩编码标准都是以H.261标准为基础的。H.261最初由ITU-TS第15研究组于1988年设计研发,主要用于实现在ISDN上实现电信会议的应用,特别是面对面双向声像业务中的可视电话与视频会议的应用。H.261的编码算法类似于MPEG算法,但比MPEG所占用CPU的运算量少得多,优化了带宽的占用量,并且引进了在图像质量与运动幅度之间平衡折中的机制。

H.261标准中规定了如何进行视频的编码,如利用二维DCT、利用运动补偿预测、视觉加权量化、熵编码等压缩方法减少图像中的冗余度。但H.261标准并没有定义编/译码器的实现过程。所以,编码器可以按照自己的需要对输入的视频进行任何预处理,译码器也可以在显示视频之前自由地进行任何处理。表8-4为H.261的视频格式。

表8-4 H.261视频格式

	CIF		QCIF	
	行/帧	像素/行	行/帧	像素/行
亮度Y	288	352	144	176
色度U	144	176	72	88
色度V	144	176	72	88

2) H.264标准概述

H.264是由ITU-T的VCEG(视频编码专家组)和ISO/IEC的MPEG(活动图像编码

① 郑阿奇,刘毅编.多媒体实用教程.北京:电子工业出版社,2007:207.

专家组)联合组建的联合视频组(Joint Video Team,JVT)所提出的一个新的数字视频编码标准,它既是 ITU-T 的 H.264,又是 ISO/IEC 的 MPEG-4 的第 10 部分。[①]

H.264 与之前的 H.263 相比,具有 4 大优势。第一,H.264 可以将每个视频帧分离成由像素组成的块,因此视频帧编码处理的精度可达到块的级别。第二,对原始视频帧中的块可进行空间冗余的探测,并采用空间预测、转换、优化和熵编码的操作。第三,对连续帧的不同块采用临时存放的方法。第四,利用剩余空间冗余技术,对视频帧里的残留块进行编码。在技术上,H.264 使用了帧内预测编码、帧间预测编码、整数变换、量化、熵编码等关键性技术,为其应用保驾护航。

H.264 应用的目标范围较宽,高效的编码性能可以满足不同速率、不同解析度、不同传输和存储场合的需求。它可以用于:多种网络,如基于电缆、卫星、Modem、DST 等信道的广播;视频数据在光学或磁性介质上的存储;基于 ISDN、以太网、DSL 无线及移动网络的通话服务、视频流服务、彩信服务等。由于 H.264 比以往的视频标准更具明显优势,因此它将被应用于 HDTV、移动通信、视频会议等几个重大领域,并必将展现其广泛的应用前景与强大的生命力。

3. AVS

数字音视频编解码技术标准工作组(AVS)由国家信息产业部科学技术司于 2002 年 6 月批准成立。工作组的任务是:面向我国的信息产业需求,联合国内企业和科研机构,制(修)订数字音视频的压缩、解压缩、处理和表示等共性技术标准,为数字音视频设备与系统提供高效经济的编解码技术,服务于高分辨率的数字广播、高密度激光数字存储媒体、无线宽带多媒体通信、互联网宽带流媒体等重大信息产业应用。

据预测,数字音视频产业将在 2008 年超过通信产业,于 2010 年成为国民经济第一大产业。AVS 作为数字音视频产业“牵一发动全身”的基础性标准,为我国构建“技术→专利→标准→芯片与软件→整机与系统制造→数字媒体运营与文化产业”的产业链条提供了难得的机遇,如图 8-8 所示。

媒体运营商
- 电视台
- 音像发行
- 电信运营
- 内容提供商

(高清晰)数字电视
广播电视直播卫星
移动视频通信
宽带网络流媒体
视频会议与视频监控
激光视盘播放机

用户
- 电视机
- 机顶盒
- 计算机
- 手机

广电电信设备系统
家电、PC、消费电子
编解码芯片与软件
标准
技术、算法、专利
信源编码理论

图 8-8 数字音视频产业链

① http://mp3.zol.com.cn/topic/1442998.html.

对于数字电视接收机制造业来说，采用AVS十分简单。无论是AVS标准还是其他标准，物理实现都是基于一块译码芯片。这块芯片和整机其他部分之间的接口可以是统一的，也就是说，可以通过更换译码芯片，使一台数字电视接收机支持不同的信源标准。因此采用AVS标准进行换代或替换，成本并不高。

AVS对于数字电视运营而言意义重大。数字电视运营系统包括三个主要环节：制作、播出和传输。其中制作（电视台演播室）和传输（数字电视传输网）是投入最大的两个部分。但二者都与播出节目所采用的格式无关，因此采用AVS并不影响这些设备的既有投入。AVS唯一要求增加的是编码器。相比之下，采用AVS得到的回报远大于替换编码器的投入——至少可以节省一半传输带宽资源，并且可以为标清业务的传输系统直接提供高清业务。

我国正在发展自己的光盘和光盘技术与标准。虽然，红光光学伺服系统和盘片已经较为实际可行，但是，需要三张甚至更多盘片才能存放一部MPEG-2编码的高清电影。由于AVS压缩高清节目的效率比MPEG-2高出三倍，因此使用一张盘片就可以存放一部高清电影了。AVS标准和光盘标准配合，能够在新一代高清激光视盘市场开辟出一片新天地。在片源方面，不同地区会发行不同的格式。而这一情况的出现实际上是节目制作商所希望的（DVD强制划分成不同地区的版本），而且在中国市场出版AVS格式的光盘，对于中国音像发行行业和高清光盘机产业的健康发展都是有利的。

AVS的产业化步伐在标准制订时已经开始了，目前正处于大规模产业化的启动期。

AVS产业化的主要产品形态包括以下几种。

(1) 芯片：国内对于高清晰度/标准清晰度的AVS译码芯片和编码芯片的需求量，在未来10年的时间内年均将达到4000多万片。

(2) 软件：AVS节目的制作与管理系统是基于Linux和Windows平台所进行的流媒体播出、点播及回放的软件。

(3) 整机：整机包括AVS机顶盒、AVS硬盘播出服务器、AVS编码器、AVS高清晰度激光视盘机、AVS高清晰度数字电视机顶盒和接收机、AVS手机、AVS便携式数码产品等。

AVS具备以下三大特点。

(1) 我国牵头制定的、技术先进的第二代信源编码标准——先进。

(2) 领导国际潮流的专利池管理方案，完备的标准工作组法律文件——自主。

(3) 制定过程开放、国际化——开放。①

简言之，AVS最直接的产业化成果是未来10年我国需要的3～5亿颗译码芯片，最直接效益是节省超过10亿美元的专利费。而AVS最大的应用价值在于面向标清数字电视传输系统直接提供高清业务、利用当前的光盘技术制造出新一代高清晰度激光视盘机，从而为我国数字音视频产业的跨越式发展提供了难得契机。AVS将在标准工作组的基础上，联合家电、IT、广电、电信、音响等领域的芯片、软件、整机、媒体运营方面的强势企业，共同打造中国数字音视频产业的光辉未来。

---

① AVS官网. http://www.avs.org.cn/.

第9章　网络多媒体技术

9.1　网络多媒体概述

自网络诞生以来，无论是物理介质形成的网状互联，抑或是人与人之间形成的一种全新的虚拟化的网状沟通，都深深地影响着世界的发展与变化。而网络自身的拓展也不容小觑，从简单的局域网到覆盖全球的信息高速公路，从有线固定的网络到无限移动网络，从静态单向的网络到动态交互的网络，这一系列的变化都无形中改变了人们的思维方式与传播习惯。

9.1.1　网络的定义

网络原指用一个巨大的虚拟画面，把所有东西连接起来，也可以作为动词使用。在计算机领域中，网络是计算机技术与通信技术相结合的产物，具体指物理链路将各个孤立的工作站或主机连接一起，组成数据链路，并在网络操作系统的控制下，按照约定的通信协议进行信息交换，从而实现远程通信、远程信息处理和资源共享的目的。凡将地理位置不同，并具有独立功能的多个计算机系统通过通信设备和线路连接起来，且以功能完善的网络软件（网络协议、信息交换方式及网络操作系统等）实现网络资源共享的系统，均可称为计算机网络。

9.1.2　网络功能

网络为用户主要提供数据通信、资源共享、分布处理和高可靠性等功能。

数据通信是计算机网络的主要功能之一，也是计算机网络最基本的功能，用以完成网络中各个节点之间的信息传递。通过网络，可以使连入网络的计算机系统之间进行硬件资源与软件资源的共享，从而提高系统资源的利用率。当网络中的某台计算机任务过重时，可以将任务分派给其他空闲的多台计算机，使多台计算机相互协作、均衡负载、分布式处理，共同完成任务。而计算机网络的高可靠性是指在网络中的各台计算机可以通过网络彼此互为后备机。一旦某台计算机出现故障，故障机的任务便可以转给其他计算机代为处理，从而提高系统的可靠性。

我们可以通过几个简单的例子来重新阐述网络的这几个功能，如图9-1所示。

(1) Tony喜欢在网络上通过即时通信软件，如QQ、MSN等给中国朋友传递英语的学习资料与娱乐资源，这体现了网络的数据通信的功能。

(2) Tony把自己在中国上海参加世博会的照片与视频，传到网上供其他网友下载，这体现了网络的资源共享功能。

(3) 天宫神八对接时，Tony看到新闻上展示出所有计算机网络协同完成整个对接过程的一部分数据处理工作，这体现了网络的分布处理和高可靠性的功能。

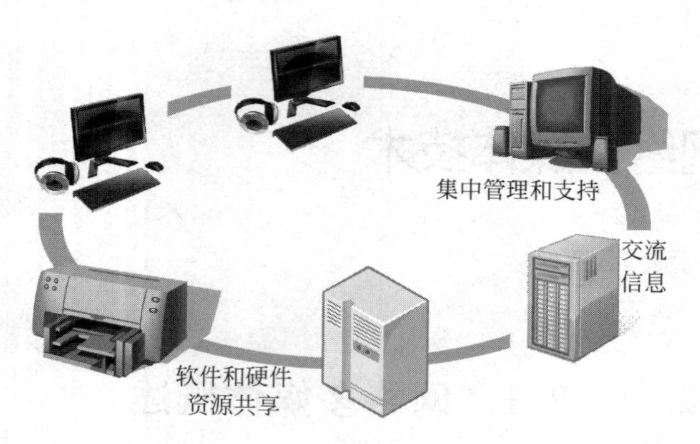

图 9-1 网络的功能

9.1.3 网络划分

根据不同的角度,可以将网络划分成各种不同的种类。

1. 按网络的地理位置分类

(1) 局域网(LAN):一般限定在较小的区域内,小于 10km 的范围,通常采用有线的方式连接起来,如图 9-2 所示。

(2) 广域网(WAN):网络跨越国界、洲界,甚至全球范围,如图 9-3 所示。

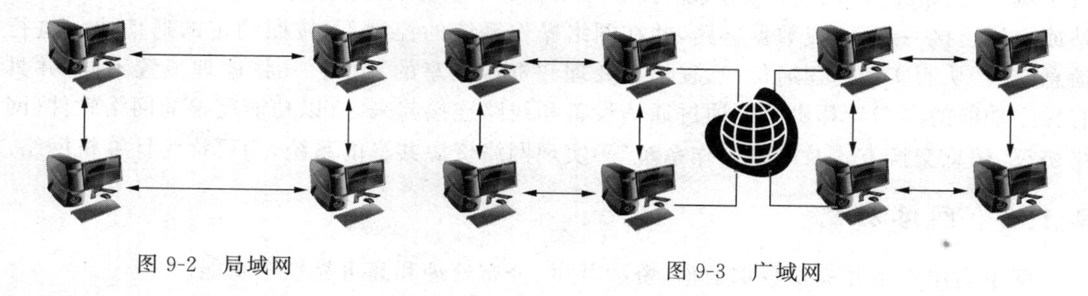

图 9-2 局域网 图 9-3 广域网

2. 按传输介质分类

(1) 有线网:采用同轴电缆和双绞线来连接的计算机网络。

(2) 光纤网:光纤网也是有线网的一种,但由于其特殊性而被单独列出,光纤网采用光导纤维作为传输介质。

(3) 无线网:采用空气作为传输介质,用电磁波作为载体来传输数据。目前,无线网联网费用较高,还不太普及。但由于联网方式灵活方便,故而是一种很有前途的联网方式。

3. 按网络的拓扑结构分类

网络的拓扑结构是指网络中通信线路和站点(计算机或设备)的几何排列形式。

(1) 星形网络:各站点通过点到点的链路与中心站相连。特点是很容易在网络中增加新的站点,数据的安全性和优先级容易控制,易实现网络监控,但中心节点的故障会引起整个网络瘫痪。

(2) 环形网络:各站点通过通信介质连成一个封闭的环形。环形网容易安装和监控,但容量有限,网络建成后,难以增加新的站点。

(3) 总线型网络：网络中所有的站点共享一条数据通道。总线型网络安装简单方便，需要铺设的电缆最短且成本低，某个站点的故障一般不会影响整个网络。但介质的故障会导致网络瘫痪，总线网安全性低，监控比较困难，增加新站点也不如星型网容易。

4. 按通信方式分类

(1) 点对点传输网络：数据以点到点的方式在计算机或通信设备中传输。星形网、环形网采用这种传输方式。

(2) 广播式传输网络：数据在共用介质中传输。无线网和总线型网络属于这种类型。

5. 按网络使用的目的分类

(1) 共享资源网：使用者可共享网络中的各种资源，如文件、扫描仪、绘图仪、打印机以及各种服务。Internet 是典型的共享资源网。

(2) 数据处理网：用于处理数据的网络，例如科学计算网络、企业经营管理网络。

(3) 数据传输网：用来收集、交换、传输数据的网络，如情报检索网络等。

6. 按服务方式分类

(1) 客户机/服务器网络：服务器是指专门提供服务的高性能计算机或专用设备，客户机是用户计算机。这是客户机向服务器发出请求并获得服务的一种网络形式，多台客户机可以共享服务器提供的各种资源。这是最常用、最重要的一种网络类型。不仅适合于同类计算机联网，也适合于不同类型的计算机联网，如 PC、Mac 的混合联网。

(2) 对等网：对等网中每台客户机都可以与其他每台客户机对话，共享彼此的信息资源和硬件资源，组网的计算机一般类型相同。这种网络方式灵活方便，但是较难实现集中管理与监控，安全性也低，较适合于部门内部协同工作的小型网络。①

9.1.4 网络传输

TCP/IP 协议是 Internet 的核心协议，它不包含具体的物理层和数据链路层，只定义了网络接口层作为物理层与网络链路层的规范。这个物理层可以是广域网，也可以是局域网。任何物理网络只要按照这个接口规范开发网络接口的驱动程序，都能够与 TCP/IP 协议集成起来。网络接口层处于 TCP/IP 协议的最底层，主要负责管理为物理网络准备数据所需的全部服务程序和功能。

1. IP 协议

IP 协议主要工作在网络层，它提供的服务是无连接的和不可靠的。IP 协议的主要功能包括以下几项。

(1) 将上层数据或同层的其他数据封装到 IP 数据包中。

(2) 将 IP 数据报传送到最终的目的地。

(3) 为了使数据能够在链路层上进行传输，对数据进行分段。

(4) 确定数据报到达其他网络目的地的路径。

2. TCP 协议和 UDP 协议

TCP(传输控制协议)是整个 TCP/IP 协议簇最重要的协议之一。它在 IP 协议提供的不可靠数据服务的基础上，为应用程序提供了一个可靠的、面向连接的、全双工的数据传输

① http://www.lzeweb.com/bbs/thread-22664-1-1.html.

服务。当 TCP 协议在源主机和目的主机之间建立和关闭连接操作时，均需要通过三次握手来确认建立和关闭是否成功。

UDP(即用户数据报协议)是一种不可靠的、无连接的协议。它不负责重新发送丢失的或出错的数据信息，不对接收到的无序 IP 数据报重新排序，不消除重复的 IP 数据报，对已收到的数据报不进行确认，也不负责建立或终止连接。

TCP 协议和 UDP 协议都工作在传输层。

9.2 "超媒体"概述

9.2.1 Internet 和万维网

1. 万维网

万维网(亦做"网络"、"WWW"、"3W"，英文"Web"或"World Wide Web")，是基于 Internet 的信息服务系统，也可以看做是一个资料空间。它的官方定义是"WWW is a wide-area hypermedia information retrieval initiative aiming to give universal access to a large universe of documents"(万维网是一个广域范围内的超媒体信息获取发端，目的是全球任何地方都可以访问全球范围内的文档)。

在万维网中，各种资源通过超文本传输协议(Hypertext Transfer Protocol)传送给使用者，而后者通过点击链接来获得资源。所以，我们亦可以认为万维网是以超文本技术为基础，用面向文件的阅览方式替代通常的菜单列表方式，并且能提供具有一定格式的文本和图形以及各种多媒体信息的资源库。

2. W3C

万维网联盟(World Wide Web Consortium，W3C)，又称 W3C 理事会。1994 年 10 月在麻省理工学院计算机科学实验室成立，建立者是万维网的发明者蒂姆·伯纳斯·李。万维网联盟是国际著名的标准化组织，它是一个国家化的联盟机构，一个非正式的论坛机构。该论坛主要进行对于万维网的公开讨论，主要用于各会员之间相互通信、加强商贸、实现沟通和相互谅解。

1994 年成立后，至今已发布近百项相关万维网的标准，对万维网发展做出了杰出的贡献。目前，万维网联盟拥有来自全世界 40 个国家的 400 多个会员组织，已在全世界 16 个地区设立了办事处。2006 年 4 月 28 日，万维网联盟在中国内地设立首个办事处。

W3C 的出现，解决了 Web 应用中不同平台、技术和开发者不兼容等问题，为了保障 Web 信息的顺利和完整流通，万维网联盟制定了一系列标准并督促 Web 应用开发者和内容提供者遵循这些标准。标准的内容包括使用语言的规范，开发中使用的导则和解释引擎的行为等。W3C 也制定了包括 XML 和 CSS 等众多影响深远的标准规范。①

9.2.2 HTTP

1. 超文本

超文本(Hypertext)是一种用超链接的方法，将各种不同空间的文字信息组织在一起的

① http://baike.baidu.com/view/7913.htm.

网状文本。它将文本中遇到的一些相关内容通过链接组织在一起,用户可以很方便地阅览这些相关内容。超文本普遍以电子文档方式存在。其中:文字包含可以连接到其他位置或者文档的连接信息,并允许从当前阅读位置直接切换到超文本链接所指向的位置等操作。超文本的格式有很多,目前最常使用的是超文本标记语言(HyperText Markup Language,HTML)及富文本格式(Rich Text Format,RTF)。超文本是一种文本管理技术,它以节点为单位组织信息,在节点与节点之间通过表示它们之间关系的链加以连接,构成具有特定内容的信息网络。因而,节点、链和网络即为超文本的三个基本要素。

(1) 节点:超文本中存储信息的单元,由若干个文本信息块组成。

(2) 链:建立不同节点之间的联系。每个节点都有若干个指向其他节点或被其他节点所指向的指针,这种指针称为链。链通常是有方向的,即从源节点指向目的节点。通常,源节点可以是文字、图片、区域或其他节点。目的节点则均为节点。

(3) 网络:由节点和链组成的一个非单一、非顺序的非线性网状结构。[①]

2. 超媒体

超媒体,指用超文本的方式组织和处理多媒体信息,可以简单地理解为"超文本"+"多媒体"。随着多媒体技术的发展,人们对于多媒体信息的需求越来越广泛,故将超文本的范围进行了扩充,变为多媒体超文本,简称超媒体。

超媒体的范围很广泛,既包括文字,又包含图形、图像、动画、声音和影视图像片段。这些媒体信息之间也是用超链接组织的,而且它们之间的链接是错综复杂的。超媒体与超文本之间的区别在于,超文本主要以文字的形式表示信息,建立的链接关系主要存在于文句之间;而超媒体除了使用文本外,还使用图形、图像、动画、声音或影视片段等多种媒体形式来表示信息。如图 9-4 所示为文本的线性结构与超文本结构在 Web 网页上,有连接关系的文档元素通常采用不同颜色的字体或下划线来表示,以示区分,如图 9-5 所示为网页上的超链接。

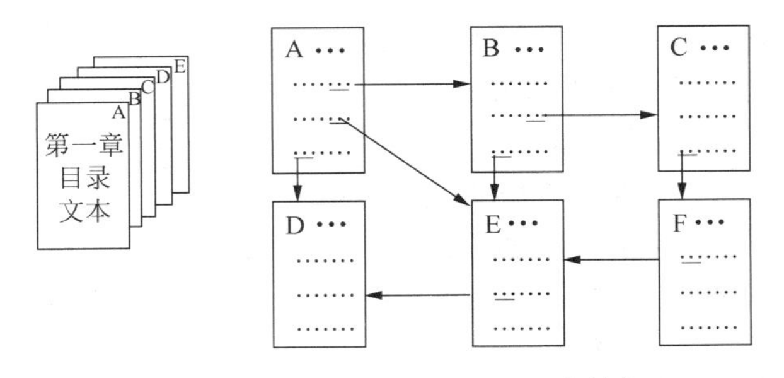

图 9-4 文本的线性结构与超文本结构

3. 超文本传输协议

超文本传输协议(HyperText Transfer Protocol,HTTP)是互联网上应用最为广泛的一种网络协议,主要用于通过 WWW 服务器传输超文本至本地浏览器。HTTP 适用于所有的 WWW 文件,并且改变了传统的线性浏览方式,实现了文档间的快速跳转以及高速浏览。

万维网协会(World Wide Web Consortium)和 Internet 工作小组(Internet Engineering

① 沈林兴,张淑平. 程序员教程. 第 2 版. 北京:清华大学出版社,2006.

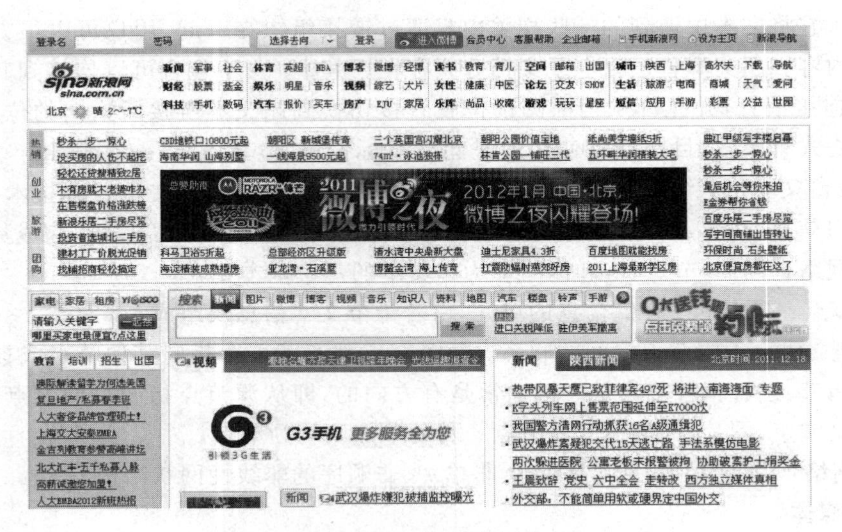

图 9-5　网页上的超链接

Task Force)的共同合作使 HTTP 得到了长足的发展。迄今为止,已经发布了一系列的 RFC(Request For Comments,一系列以编号排定的文件),其中最著名的就是 RFC 2616。RFC 2616 定义了我们今天普遍使用的 HTTP 协议中的一个版本——HTTP 1.1。

常用的 HTTP 服务器有三个,分别是共享软件 Apache Web 服务器、网景公司的企业服务器、微软公司的 Internet 信息服务器(IIS)。其中,网景公司的企业服务器可以在大多数平台上运行,而微软公司的 IIS 只能在 Windows 平台上运行。

HTTP 是一个客户端和服务器端请求与应答的标准。客户端指终端用户,服务器端一般情况下指网站,如图 9-6 所示。HTTP 为客户与服务器的通信提供了握手方式,即消息传送格式。通过使用 Web 浏览器、网络爬虫或者其他工具,客户端发起一个指定服务器端口(默认端口为 80)的 HTTP 请求。应答的服务器上存储着一些资源,比如 HTML 文件和图像信息等。这个应答服务器为源服务器(Origin Server)。在用户代理(客户端)和源服务器中间可能存在多个中间层,比如代理、网关、或者隧道(Tunnels)等。尽管 TCP/IP 协议是互联网上最为流行的应用,但是,HTTP 协议并没有规定必须使用 TCP/IP 协议以及该协议支持的层。事实上,HTTP 可以通过任何其他互联网协议,或者经由其他网络实现。HTTP 只假定(其下层协议提供)可靠的传输,任何能够提供这种保证的协议都可以被使用。①

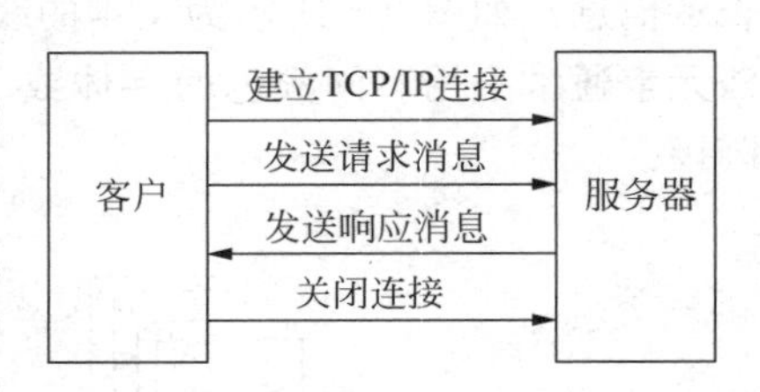

图 9-6　HTTP 定义的事务处理运作的基本过程

HTTP 的通信方式主要有以下三种方式。

(1) 点对点方式:这是最简单的传输方式,用户经过请求与源服务器间通过 HTTP 建立起点对点的连接。

(2) 具有中间服务器方式:中间服务器系统充当通信中继功能,客户发出的请求通过

① http://baike.soso.com/v26357.htm?syn=http.

中继到达相关的服务器,同样服务器的响应也要通过中继才能返回给客户。

(3) 缓存方式:这种方式会暂时保存一定时间内的客户请求及该客户请求所对应的服务器响应,这样的缓存便于处理新的客户请求,节省网络流量和当地计算资源。

9.3 网络流媒体

9.3.1 流媒体的基本概念

流媒体技术发端于美国,又称流式媒体,是一种新的媒体传送方式,而非新的媒体类型。所谓流媒体是指在网络中采用流式传输的方式,由视频服务器把连续的影像和声音信息经过压缩处理成数据包,随后,向用户进行连续、实时的传送,用户可在 Internet 上一边下载一边观看或收听,而不必等待整个文件全部下载完毕再观看的技术。这种对多媒体文件边下载边播放的流式传输方式不仅使启动延时大幅度地缩短,而且对系统缓存容量的需求也大大降低。流媒体融合了多种网络以及音视频技术,在网络中要实现流媒体技术,必须完成流媒体的制作、发布、传播以及播放等环节。

为了保证传输过程的实时与流畅,多媒体数据在传输前必须要先经过编码器进行有效地压缩,尽可能地减少对网络资源的占用率。目前常用的视频编码器有 MPEG-2、MPEG-4、H. 261、H. 263、H. 264、Windows Media 视频编码器和 Real System 视频编码器等;音频编码器有 MP3、MPEG AAC、Windows Media 音频编码器和 AMR 等;图像编码器有 JPEG 和 JPEG 2000 等。[①]

一套流媒体系统通常由 5 部分组成。

(1) 流媒体编码工具:用来生成流式格式的媒体文件。

(2) 流媒体数据:音频、视频、动画等多媒体信息。

(3) 流媒体服务组件:用来通过网络服务器发布流媒体文件。

(4) 传输网络:多媒体传输协议运行的网络。

(5) 流媒体播放器:用于客户端对流媒体文件的解压和播放环节。目前,应用比较广泛的流媒体系统主要有 Windows Media 系统、Real System 系统和 Quick Time 系统等。

9.3.2 流媒体的传输原理和协议

流媒体的传输一般采用建立在用户数据报协议(UDP)上的实时传输协议和实时流协议(RTP/RTSP)完成实时传输影音数据。我们可以根据图 9-7 简单地描述流媒体传输的基本原理。

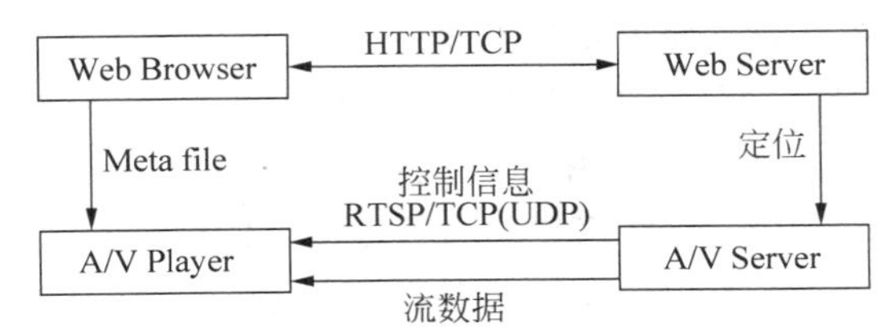

图 9-7 流媒体传输基本原理图

① 刘雄武. eNet 硅谷动力. 2005 年 06 月 13 日 11:39. http://www.enet.com.cn/cio/.

在图 9-7 中，由 Web 服务器为用户提供使用流媒体的操作界面，客户端用户在浏览器中选择播放流媒体文件后，Web 服务器会将该流媒体文件的服务器地址、资源路径以及编码类型等相关信息打包提供给客户端，之后客户端就会自动启动流媒体播放器，同时与流媒体服务器进行链接，得到资源。

1. 资源预订协议

资源预订协议(Resource ReSerVation Protocol，RSVP)是一种支持多媒体通信的传输协议，它主要是为流媒体的实时播放而提前在 Internet 上预留一部分网络资源(带宽)，并为传输过程提供 Qos(服务质量)。

对于资源的预订方案可由接收方根据发送方所通告的网络资源状况来确定。每个接收方可以选择不同的资源保留策略，其资源保留方案可以是异构的，具有较好的伸缩性和灵活性。现实 RSVP 的关键技术在于路由器对 RSVP 的支持能力，包括路由器的 QoS 编码方案、资源调度策略、可提供的 RSVP 连接数量等。为了适应不断增长的 Internet 综合服务的需求，IETF 设立了综合服务工作组，专门负责制定有关综合服务的服务质量 QoS 类，并且指定与 RSVP 一起使用。

2. 实时传输协议与实时传输控制协议

实时传输协议(Real-time Transport Protocol，RTP)是由多媒体传输工作小组(IETF)于 1996 年开发的一种实时传输协议，主要应用于 Internet 对于多媒体数据流的处理与控制。该协议可以在面向连接或无连接的下层协议上工作，通常和 UDP 协议一起使用，但也可以在 TCP 或 ATM 等其他协议上工作。

当应用程序开始一个 RTP 会话时将启动两个接口，分别为实时传输协议和实时传输控制协议。RTP 本身主要实现一种端到端的多媒体流同步控制机制，但并不能为按顺序传送的数据包提供可靠的传送机制，也不能提供流量控制或拥塞控制。而 RTCP 恰恰可以提供这些服务。RTP 与 RTCP 的配合使用，能有效地使传输效率最优化，较好地实现网上的实时传输。

3. 实时流协议

实时流协议(RealTime Streaming Protocol，RTSP)是由 RealNetworks 和 Netscape 共同提出的 TCP/IP 协议体系中属于应用层的实时流传输协议，该协议定义了多应用程序是如何有效地通过 IP 网络传送多媒体数据的。RTSP 在体系结构上位于 RTP 和 RTCP 之上，它使用 TCP 或 RTP 完成数据的传输。与 HTTP 相比，RTP 传送的是多媒体数据，而非 HTML，并且在客户端与服务器之间可以进行双向互动。RTSP 具有可扩展性、易解析、安全、独立于传输、多服务器支持等多种优点。

协议支持的具体操作过程有如下几个步骤：

(1) 从媒体服务器上检索媒体：用户可通过 HTTP 或其他方法提交一个演示描述。如果演示为组播形式，演示式中则会包含用于连续传输流媒体的组播地址和端口。如果演示仅通过单播形式发送，那么为了安全，用户会为其提供目的地址。

(2) 媒体服务器邀请进入会议：媒体服务器可被邀请参加正在进行的会议或回放媒体，记录其中一部分或全部。这种模式在分布式教育领域中应用广泛，会议中的多方可轮流通过远程来控制按钮。

(3) 将媒体加到现成讲座中：如果服务器告诉用户可获得附加媒体内容，则会对现场讲座的效果影响颇大。与 HTTP 1.1 的过程类似，RTSP 请求可由代理、通道与缓存进行处理。

4. 多功能网际邮件扩充协议

多功能网际邮件扩充协议(Multipurpose Internet Mail Extensions，MIME)是一个扩展了的电子邮件互联网标准，在 1992 年最早应用于电子邮件系统，使其能够支持非 ASCII 字符、二进制格式附件等多种数据类型的邮件消息。后来，MIME 也被应用于浏览器，HTTP 协议中也使用了该协议框架。

9.3.3 流媒体的应用

随着经济的发展、互联网技术的进步，高速的信息化时代已经完全改变了人们生活的方式。计算机和网络成为人们工作、学习和生活必不可少的物质基础。流媒体作为一种新兴的技术被广泛地应用于互联网，并日渐流行。人们常说"思维改变技术"，而有时"技术"也会"改变思维"，这种相辅相成的紧密关系恰好体现在了流媒体技术的应用与社会生活演进的关系上。从远程教育、视频点播、互联网直播、视频会议、远程医疗等，所有这些以技术为支撑的应用领域都给人类的社会文化、思想观念、行为方式、生活模式带来了巨大的变革。

1. 远程教育

远程教育(Distance Education，图 9-8)，又称远距教学，是指使用电视或互联网等现代传播媒介的教学模式，它突破传统的"面授"教学对时空的局限，解放了学习时间与地点的限制，提供更具个性化、人性化的教学新模式，并将共享性与互动性完美结合、融为一体。它通过建立多媒体应用系统，运用现代通信网络将教学过程中的图像、声音、视频和其他学习资料传送给学生，学生只需坐在一台可以上网的计算机前便可以进行学习的全过程。教学方式简单、资源材料丰富、互动范围广阔，是目前广受好评且可实行性强的一种教学方式。

中国远程教育网是目前中国最全面、最系统、最详细的远程教育学习与资源共享平台。所有课程及教学资源均围绕基础教育教学大纲而设计，与各套教材版本同步。借助线上功能强大的网络平台为全国广大中小学生、教师及学校提供立体、系统、专业的服务。该网络平台提供同步课堂、互动答疑、测评系统、资源中心、教育资讯、学校联盟、家长学堂等多个板块与功能，为学生提供了一个广阔的学习天地。

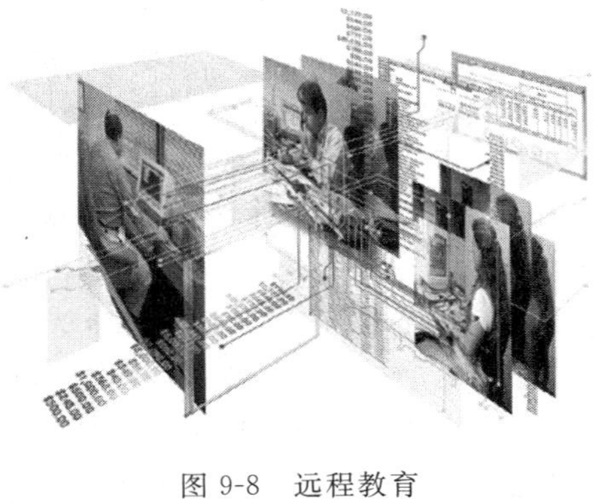

图 9-8 远程教育

2. 视频点播

VOD(Video On Demand)是视频点播技术的简称，也称为交互式电视点播系统，即根据观众的需要播放相应节目的视频点播系统。它是 20 世纪 90 年代在国外发展起来的一种由计算机技术、网络技术，与多媒体技术融合产生的新型信息服务与技术，从根本上改变了观众过去被动式看电视的束缚，解决了收听、收看的个性化与自主化。观众在观看的时候，只需要通过遥控器选择想看的节目，便可以实时由网络进行传输。

在 VOD 技术发展与应用的过程中，庞大的音视频信息如何实现流畅、实时的传输，一直是亟须解决的问题。而流媒体的出现完全改变了这一被动局面。流媒体特殊的压缩编码，使得多媒体文件很适合在互联网上进行传输。很多大型的新闻娱乐媒体都在网上提供基于流媒体技术的音视频点播节目，如国外的CNN、CBS以及我国的CCTV、各大地方台等，如图9-9所示为商铺视频点播结构示意。因此，有人将这种网上播放的节目称之为"WebCast"。

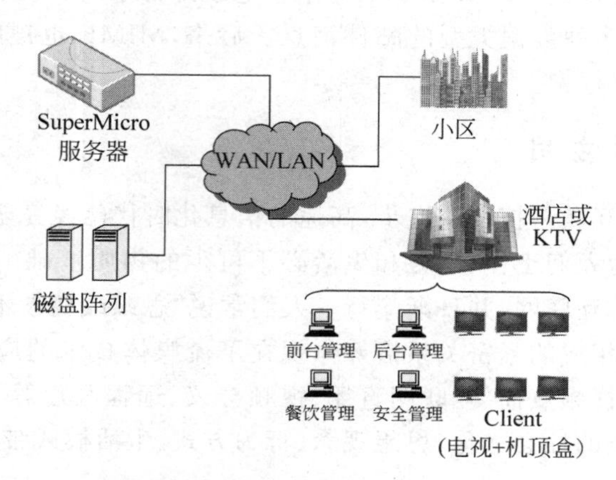

图9-9　商铺的视频点播

VOD技术不仅应用在新兴的媒介中，同时也可以与传统媒介相融合。比如应用于住宅小区局域网及有线电视的宽带网络中。用户通过将计算机、电视机与机顶盒相连的方式实现VOD视频点播的应用。而有线电视可以经过双向改造，让广大的电视用户通过有线电视网点播视频节目。

3. 互联网直播

随着第四媒体——网络的普及，人们收听收看的方式也发生了改变，对于视听终端的选择也更趋向于一体化的PC。为了满足用户对于电视节目的喜爱，以及实时观看电视节目的渴望，互联网直播的功能已被大力发展。该项业务依托中国电信宽带互联网(Chinanet)和互联星空业务平台(Chinavnet)以及第三方宽带直播中心的资源，融合宽带网络技术与视音频表现手段，通过流媒体播放平台，为各类客户提供宽带网络现场直播及衍生的相关专业服务。

从互联网直播平台上观看各种文艺演出、竞技比赛、新闻发布会、开幕式、商贸展览等视频的方式，一方面符合计算机使用者的收看习惯，另一方面也成为各种厂商推广品牌、产品的有效途径。作为用户，只需要在计算机上安装特定的视频播放软件，如Windows Media、Real Player等即可以通过网络的连接实时观看电视中的直播内容。

4. 视频会议

视频会议又称会议电视、视讯会议等，是指通过电信通信传输媒体，将人物的静态/动态图像、语音、文字、图片等多种信息在两点和多点间实时传送，使得在地理上分散的用户"共聚"一处，形成一种"面对面"的沟通方式，增加双方对内容的理解渠道。这种技术先进、功能实用、价格低廉的信息交流平台的问世，得到了社会各界的关注。一些机关、企业、高校纷纷建立视频会议系统，为信息的快速交流提供了可靠的保障。

视频会议系统由终端设备、数字通信网络、网路节点交换设备等部分组成。

(1) 终端设备：终端设备主要用于完成视频会议信号发送和接收任务。包括摄像机、显示器、调制解调器、编译码器、图像处理设备,控制切换设备等。

(2) 传输设备:主要包括电缆、光缆、卫星、数字微波等长距离数字信道,通常情况下,根据电视会议的需要临时组建。

(3) 节点交换设备:它是电视会议开通必不可少的设备,是设置在电视会议网路节点上的一种交换设备。

视频会议使我们每个人之间的距离越来越近,就像《爱你一万年》的歌词中写的一样:"飞越了时间的局限,拉近了地域的平面,紧紧的相连"。

5. 远程医疗

远程医疗(Telemedicine)从广义上讲,即指使用远程通信技术、全息影像技术、新电子技术和计算机多媒体技术发挥大型医学中心医疗技术和设备优势对医疗卫生条件较差及特殊环境提供远距离医学信息和服务的系统,如图 9-10 所示。从狭义上讲,指通过互联网和多媒体技术在相隔较远的求医者和医生之间进行双向信息传送,完成求医者的信息搜集、诊断以及医疗方案的实施等过程的系统。与传统"面对面"的医疗模式相比,这种方式具有提高诊断与医疗水平、降低医疗开支、满足广大人民群众保健需求等优势。虽然远程医疗在我国起步较晚、发展较慢,但我国地域辽阔、人口众多、医疗水平发展不平衡的现状预示着在我国发展远程医疗事业不仅具有现实意义,更拥有广阔的市场空间。

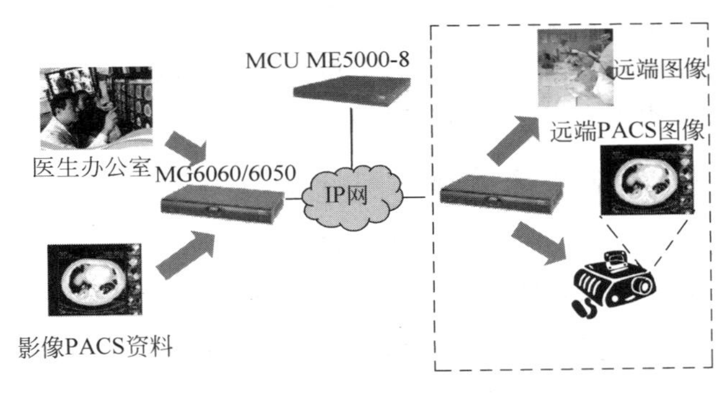

图 9-10　远程医疗示意图

9.4　网络多媒体的应用

随着网络环境的改善和网络技术的发展,网络多媒体的应用不断拓宽着新的领域。如可视电话、多媒体会议系统、多媒体邮件系统、多媒体信息咨询系统、交互式信息点播系统、远程教育系统、远程医疗系统,IP 电话等。作为一门综合性、跨学科的交叉性技术,它将计算机技术、网络技术、通信技术以及多种信息科学领域的技术融为一体,为人们的网络世界提供了丰富多彩、种类繁多的应用与服务。

9.4.1　网络多媒体应用概述

国际电信联盟制定了许多与多媒体计算和通信系统相关的标准,旨在促进各国之间的电信合作。国际电信联盟的 26 个(Series A～Z)系列推荐标准中,与多媒体通信关系最密切的有 7 个系列标准,分别是 Series G、Series H、Series I、Series J、Series Q、Series T 和

Series V。其中，H. 320、H. 323(V1/V2)、H. 324 分别为网络多媒体应用系统的核心技术标准。

网络多媒体相关业务的发展基于计算机网络的应用，而网络多媒体应用系统则是以电路交换网络与分组交换网络的融合为出发点进行构造的。网络多媒体应用系统主要由以下几个部分组成。

(1) 网关(Gateway)：又称网间连接器、协议转换器。网关在传输层上以实现网络互连，是最复杂的网络互连设备，仅用于两个高层协议中不同的网络互连。网关有转换协议、转换信息格式以及传输信息三个基本功能。

(2) 会务器(Gatekeeper)：用于连接 IP 网络上 H. 323 的电视会议客户，是电视会议系统的关键部件，可以被视为电视会议的"大脑"。它具有地址转换、准入控制、区域管理、带宽控制等基本功能以及选择功能，并通过软件实现。

(3) 通信终端：通信终端包括执行 H. 320、H. 323 或 H. 324 协议的计算机和执行 H. 324 的电话机。

(4) 多点控制单元(Multipoint Control Unit，MCU)：它是由 H. 323 定义的一个部件，是 H. 320 和 H. 323 的一个重要设备，可作为一个单独的设备接入到网络上。在 H. 323 协议中，把通信终端、网关、会务器或者 MCU 叫做断点(Endpoint)。

在整个网络多媒体应用系统中，网关和会务器是两个最为重要的组成部分。二者密切配合以完成多媒体通信的任务。网关提供面向媒体的功能，如传送声音和电视图像数据和接收数据包等。会务器提供面向服务的功能，如身份验证、呼叫路由选择和地址转换等。

9.4.2 典型的网络多媒体应用

1. 网络视频会议

随着 IP 数据网络的发展，基于 IP 网络的各种业务不断扩展，而远程视频会议则成为该技术的主流应用。网络视频会议(图 9-11)是一种现代化的办公系统，它将两个或多个地点的用户之间的多媒体终端通过通信网络连接起来，实时地传送声音、图像、视频等信号。参与网络视频会议的人，可以发表意见，观察对方的形象、动作、表情等，并能出示实物、图纸、文件等实拍的电视图像或者显示在黑板、白板上写的字和画的图，进行"面对面"的交谈。从显示效果上来看，网络视频会议使人如临现场，完全可以代替现场举行的会议。

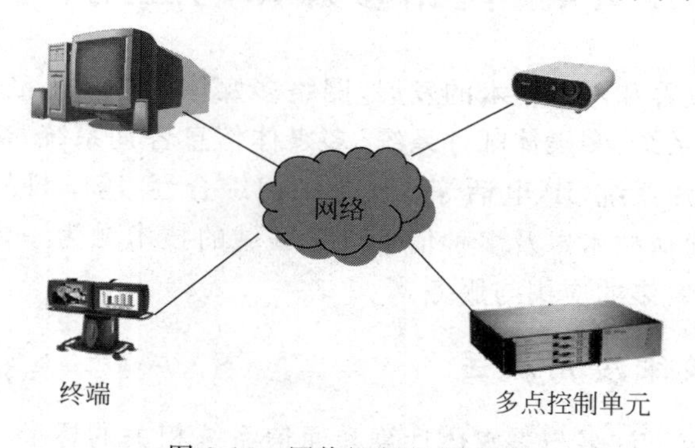

图 9-11　网络视频会议系统

典型的网络视频会议系统可以分为两种类型：会议室型视频会议系统与桌面型视频会议系统。

(1) 会议室型视频会议系统：会议室型视频会议系统的媒介终端一般都是专用级别的硬件设备，产品集成化程度较高，具有多种外接接口。系统共包括三个组成部分，分别为会议控制中心、多点音视频分发控制单元以及视频会议系统终端。因为在会议室中可以连接电视机，故而，视频会议系统早期又称为电视会议系统或者会议电视系统，如图 9-12 所示。

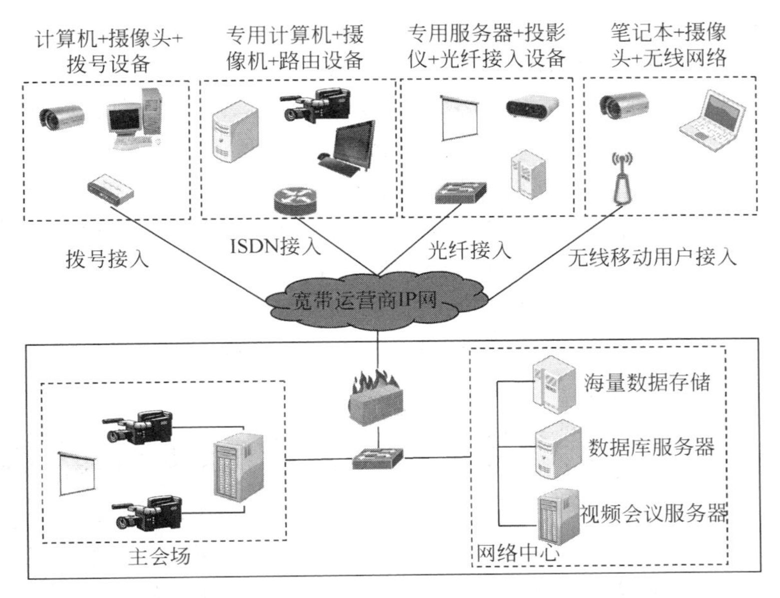

图 9-12　典型会议室型视频会议系统应用

(2) 桌面型视频会议系统：桌面型视频会议系统与会议室型视频会议系统相比，具有一定的随意性。该系统可利用普通的 USB 摄像头、麦克风、耳机等第三方通用辅助设备进行会议交流，没有配摄像头的计算机终端也能以旁听者的身份参加会议。使用桌面型视频会议系统的计算机用户终端都可以进行视频会议，并能够满足近百个用户同时使用。

视频会议系统会议具备电子白板、屏幕幻灯、屏幕视频、屏幕控制、文件传输、即时短信等功能，并具有诸多优秀特质，如分布式系统结构、高安全性、会议录像、电话呼叫、会议室的多屏功能、控制功能等，如图 9-13 所示为 V2 Conference 视频会议界面。

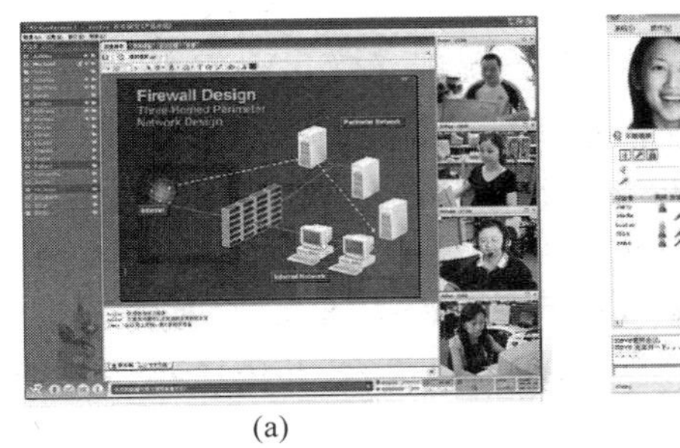

(a)

(b)

图 9-13　V2 Conference 视频会议界面

1988年到1992年期间，国际电报电话咨询委员会在务国会议电视研究的基础上，形成了国际电视会议的统一标准(H.200系列建议)，规定了统一的视频网上通信模式交换标准等，从此就诞生了先行国际统一标准的电视会议系统，为国际电视会议提供了开展的完备条件。1994年，以因特尔为首的九十多家计算机和通信公司联合制定了一项个人会议标准PCS(Personal Conferencing Specification)。ITU-T制定的H.232与MPEG制定的MPEG-4协议是目前视频会议中应用最广的标准。

2. 视频点播系统

视频点播(Video On Demand，VOD)系统，也称为交互式电视点播系统，是一种交互多媒体信息服务系统，如图9-14所示为视频点播操作界面。为了更好地满足用户对自主收看视频节目的需求，视频点播将计算机技术、网络技术以及多媒体技术融合发展，形成一种贯穿于传统媒介与新兴媒介的全新信息服务。用户可根据自己的需要和兴趣选择多媒体信息内容，摆脱传统电视受时空限制的束缚。作为VOD系统，不仅可以通过有线电视系统为终端用户提供多样化的媒体信息流，扩大人们的信息渠道，丰富人们的精神生活，并且在远程教育系统、医院、宾馆、飞机以及各种公共信息咨询和服务系统中也显示了它强大的功能。VOD系统采用C/S(Client/Server)模型，并由三个部分组成：视频服务器、高速网络、客户端(机顶盒或计算机)。

根据视频点播系统的响应时长，可以将VOD系统分为真点播TVOD(True VOD)和准点播NVOD(Near VOD)两类。

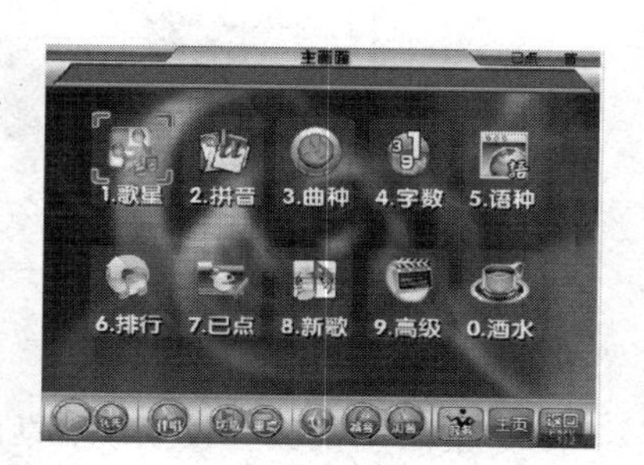

图9-14 视频点播操作界面

1) TVOD

一般被译为“即点即播”，“真视频点播”。这种类型的视频点播对响应时间、CPU的处理能力，以及计算机的缓存空间、吞吐量、网络带宽等条件要求很高，并且被点播的节目只允许点播的用户收看。所以，也可以称其为“独占式点播”。

2) NVOD

NVOD被翻译成“准实时视频点播”，意思是接近于实时点播，也有人简称它为“准点播”。与TVOD相比，NVOD对于响应时间的限制并不高，允许在一定范围内上下浮动。在实际应用中，NVOD的服务面向全网用户，使用的是“广播式”的网络通道，因此，它也被称为“共享点播”。由于对各种因素的要求较之TVOD都有所降低，成本也相继下降，因此得到了更多用户的喜爱与支持。目前很多VOD系统都支持NVOD的点播方式。

VOD系统中涉及很多技术，与很多相关领域结合得十分密切。其中，最为关键的几项技术为网络支持环境、视频服务器以及用户接纳控制等。一般的工作流程为：用户在客户端启动播放请求，这个请求通过网络发出，到达时由服务器的网卡接收，再传送给服务器。经过请求验证后，服务器把存储子系统中可访问的节目名准备好，使用户可以浏览节目菜单。用户选择节目后，服务器从存储子系统中取出节目内容，并传送到客户端进行播放。通常，一个“回放连接”定义为一个“流”。采用先进的“带有控制的流”技术，可支持上百个高质量的多媒体“流”传送至网络客户机。客户端可以在任何时间播放服务器视频存储器中的任何多媒体资料。客户端在接收到一小部分数据时，便可以观看所选择的多媒体资料。这种技术改进了"下载"或简单的"流"技术的缺陷,能够动态调整系统工作状态,以适应变化的网络流量,保证恒定的播放质量。

3. IP电话

IP电话(Voice over Internet Protocol,VoIP)是一种基于网络协议的语音技术,即通过互联网使用IP技术来实现的新型电话通信。随着人们国际化的互动往来日益加深,跨境通信的数量也大幅飙升。传统电话业务价格昂贵、通信受限等一系列问题已成为沟通的严重阻碍,而网络的普及与便捷启发人们构想一种将电话业务移植到网络的新途径。目前,IP电话常被应用于长途电话业务、固网通信等领域。它以低通话成本、低建设成本、易扩充性及日渐优良化的通话质量等主要特点占有了很大一部分用户,被国际电信企业看成是传统电信业务的有力竞争者。

IP电话的发展从最初的个人计算机与个人计算机的连接,到计算机与电话的连接,再到后期以互联网为基础的电话与电话之间的通信,每一阶段的突破都为用户带来了巨大的便利。初始阶段的计算机相连虽然可以实现使用方便、价格低廉的国际通话,但是无法形成商用化或公众通信的集群领域。为了解决这一瓶颈,国际上许多大的电信公司又推出了普通电话与普通电话之间的通话。这种方式要求通话双方使用同一家公司生产的网关(Gateway)产品,通过输入账号、密码,确认被叫号等操作实现普通电话客户通过本地电话拨号,本地与远端的网络电话通过网关透过Internet网络进行连接,远端的Internet网关通过当地的电话网呼叫被叫用户,从而完成普通电话客户之间的电话通信。

基于IP网络传输语音的过程主要经过从模拟信号到数字信号的转换、数字语音封装成IP分组、IP分组通过网络的传送、IP分组的解包和数字语音还原到模拟信号等过程。如图9-15所示。

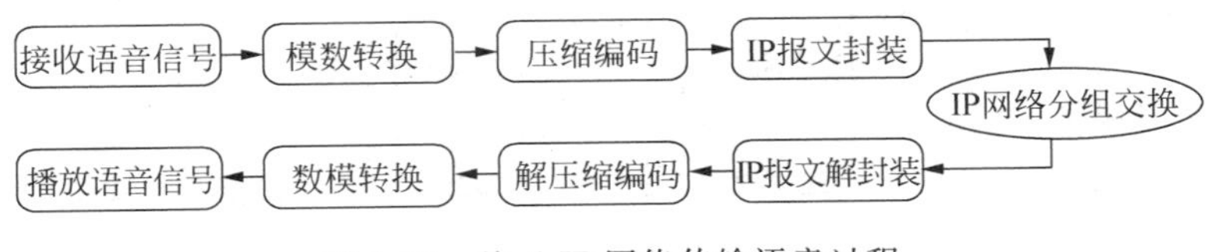

图9-15 基于IP网络传输语音过程

IP电话的诞生为通信领域打开了一条新兴之路,而各大电信营运商也逐渐意识到这一功能的重要性,纷纷建立自己的IP网络来争夺国内市场,并以电话记账卡的方式实现从普通电话机到普通电话机的通话。与传统电话相比,IP电话在各环节与考核参数上均具有非常明显的优势,如表9-1所示。

表9-1 VoIP与传统电话的比较

	IP 电 话	现 有 电 话
承载网络	IP网	PSTN
交换方式	分组交换	电路交换
每个呼叫所需宽带	10Kb/s以下	64Kb/s
网络利用率	高	低
话音质量	低	高
提供的功能	多	少

续表

	IP 电 话	现 有 电 话
信令	信令分为外部信令和内部信令	通话需要建立多种形式的信令
寻址	TCP/IP 的寻址规则和协议	依靠电话号码
路由	成熟的 IP 路由协议	路由与编号规则和线路密切相关
延迟	容易出现较大的延迟和延迟的变化	距离是导致延迟的主要因素

Skype(图 9-16)是一家全球性互联网电话公司,它通过在全世界范围内向客户提供免费的高质量通话服务逐渐改变着电信业的发展轨迹。Skype 是网络即时语音的沟通工具。具备 IM 所需的所有功能,比如视频聊天、多人语音会议、多人聊天、传送文件、文字聊天等功能。它可以免费与其他用户进行高清晰的语音对话,也可以拨打国内国际电话。无论固定电话、手机、小灵通均可直接拨打,并且可以实现呼叫转移、短信发送等功能。2011 年 5 月 11 日,微软宣布以 85 亿美元收购 Skype。

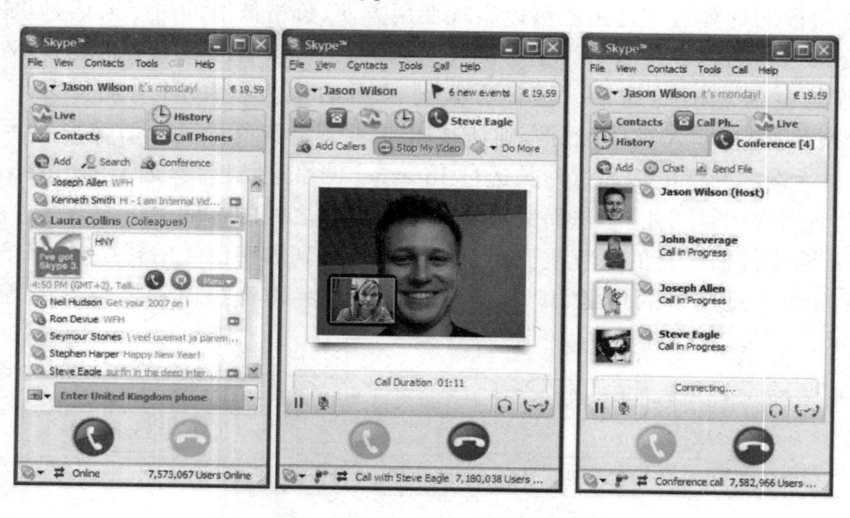

图 9-16 Skype 通话窗口

9.5 无线网络多媒体

9.5.1 3G 移动通信

3G(第三代移动通信技术)是英文 3rd Generation 的缩写,指将无线通信与国际互联网等多媒体通信结合的第三代移动通信系统。相对于第一代模拟制式手机(1G)和第二代 GSM、TDMA 等数字手机(2G),第三代手机能够处理图像、音乐、视频流等多种媒体形式,提供包括网页浏览、电话会议、电子商务等多种信息服务,如图 9-17 所示。为了提供这种服务,无线网络必须能够支持不同的数据传输速度,也就是在室内、室外和行车的环境中能够分别支持至少 2Mb/s(兆字节/每秒)、384Kb/s 以及 144Kb/s 的传输速度。

国际电信联盟在 2000 年 5 月确定 WCDMA、CDMA 2000、TD-SCDMA 三大主流无线接口标准,并写入 3G 技术指导性文件《2000 年国际移动通信计划》(简称 IMT—2000);

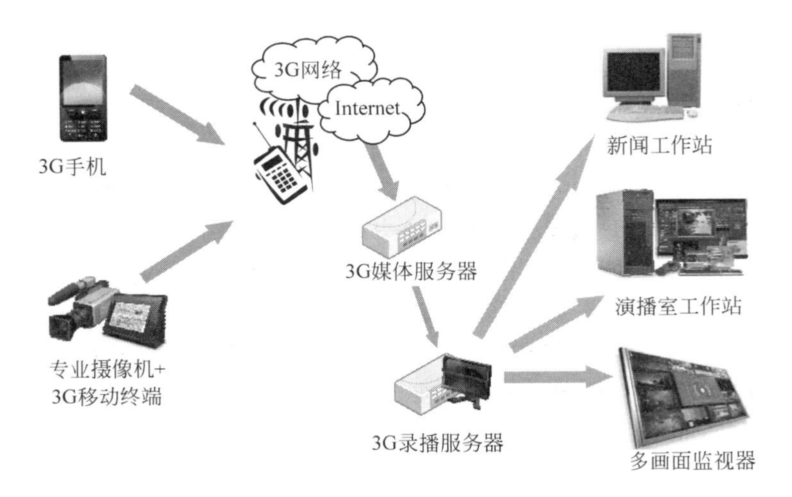

图 9-17　3G 的应用

2007 年，WiMAX 亦被接受为 3G 标准之一。CDMA 是 Code Division Multiple Access（码分多址）的缩写，是第三代移动通信系统的技术基础。第一代移动通信系统采用频分多址的模拟调制方式，这种系统的主要缺点是频谱利用率低，信令干扰话音业务。第二代移动通信系统主要采用时分多址的数字调制方式，提高了系统容量，并采用独立信道传送信令，使系统性能大大改善。但 TDMA 的系统容量仍然有限，越区切换性能仍不完善。CDMA 系统以其频率规划简单、系统容量大、频率复用系数高、抗多径能力强、通信质量好、软容量、软切换等特点显示出巨大的发展潜力。下面分别介绍一下 3G 的几种标准。

1. WCDMA

WCDMA（Wideband CDMA），也称为 CDMA Direct Spread，意为宽频分码多重存取。这是基于 GSM 网发展出来的 3G 技术规范，是欧洲提出的宽带 CDMA 技术，它与日本提出的宽带 CDMA 技术基本相同，目前正在进一步融合。WCDMA 的支持者主要是以 GSM 系统为主的欧洲厂商，日本公司也或多或少参与其中，包括欧美的爱立信、阿尔卡特、诺基亚、朗讯、北电，以及日本的 NTT、富士通、夏普等厂商。该标准提出了 GSM（2G）→GPRS→EDGE→WCDMA（3G）的演进策略。这套系统能够架设在现有的 GSM 网络上，对于系统提供商而言可以较轻松地进行过渡。预计在 GSM 系统相当普及的亚洲，对这套新技术的接受度会相当高。因此 WCDMA 具有先天的市场优势。

2. CDMA 2000

CDMA 2000 是由窄带 CDMA（CDMA IS95）技术发展而来的宽带 CDMA 技术，也称为 CDMA Multi-Carrier，它是由美国高通北美公司为主导提出的，摩托罗拉、Lucent 和后来加入的韩国三星都曾参与其中，而韩国则成为该标准的现行主导者。这套系统是从窄频 CDMA One 数字标准衍生出来的，可以从原有的 CDMA One 结构直接升级到 3G，建设成本低廉。但目前使用 CDMA 的地区只有日、韩和北美，所以 CDMA 2000 的支持者不如 WCDMA 多。不过 CDMA 2000 的研发技术却是目前各标准中进度最快的，许多 3G 手机已经率先面世。该标准提出了从 CDMA IS95（2G）→CDMA 20001x→CDMA 20003x（3G）的演进策略。CDMA 20001x 被称为 2.5 代移动通信技术。CDMA 20003x 与 CDMA

20001x 的主要区别在于应用了多路载波技术，通过采用三载波使带宽提高。目前中国电信正在采用这一方案向 3G 过渡，并已建成了 CDMA IS95 网络。

3. TD-SCDMA

TD-SCDMA(Time Division-Synchronous CDMA，时分同步 CDMA)，该标准是由中国大陆独自制定的 3G 标准。1999 年 6 月 29 日，中国原邮电部电信科学技术研究院(大唐电信)向 ITU 提出该标准，但该技术的发明却始于西门子公司。TD-SCDMA 具有辐射低的特点，被誉为绿色 3G。该标准将智能无线、同步 CDMA 和软件无线电等当今国际领先技术融于其中，在频谱利用率、对业务支持具有灵活性、频率灵活性及成本等方面的独特优势。另外，由于中国内地庞大的市场，该标准受到各大主要电信设备厂商的重视。全球一半以上的设备厂商都宣布可以支持 TD-SCDMA 标准。该标准提出"不经过 2.5 代的中间环节，直接向 3G 过渡"的口号，非常适用于 GSM 系统向 3G 升级。军用通信网也是 TD-SCDMA 的核心任务。

4. WiMAX

WiMAX(Worldwide Interoperability for Microwave Access，微波存取全球互通)，又称为 802.16 无线城域网，是一种为企业和家庭用户提供"最后一英里"的宽带无线连接方案。将此技术与需要授权或免授权的微波设备相结合的成本较低，因此会扩大宽带无线市场，进而改善企业与服务供应商对该技术的认知度。2007 年 10 月 19 日，国际电信联盟在日内瓦举行的无线通信全体会议上，经过多数国家投票通过，WiMAX 正式被批准成为继 WCDMA、CDMA 2000 和 TD-SCDMA 之后的第 4 个全球 3G 标准。

9.5.2 4G 移动通信

对移动通信技术发展史进行分析，不难发现其中存在的一些规律。比如说所有的技术都不会凭空出现，除了基于研究人员的深入研发之外，人们日益增加的服务需求也是促进技术发展的最主要动力之一。从 2G 到 3G，移动通信技术的更新速率呈加速度发展的态势。目前，业界、学界已经逐步把对 4G 移动通信技术的研究提上了日程。

在 4G 发展的道路上，不得不提及 LTE(Long Term Evolution，长期演进)。2004 年，3GPP 在多伦多会议上首次提出了 LTE 的概念，但是它并非人们所理解的 4G 技术，而是一种 3G 与 4G 技术之间的过渡技术，俗称为 3.9G 的全球标准。它采用 OFDM 和 MIMO 作为其无线网络演进的唯一标准，改进并增强了 3G 的空中接入技术。

根据市场调研公司 Juniper Research 于 2010 年 9 月所发布的报告称，到 2015 年，下一代高速无线服务长期演进技术的用户数量将达到 3 亿人，远超过 2012 年的 50 万人。

2008 年 6 月，3GPP 在对 LTE 进行后续研发的基础上，提出并完成了 LTE-A(LTE-Advanced)的技术需求报告，确定了 LTE-A 的最小需求。下行峰值速率 1Gb/s，上行峰值速率 500Mb/s，上下行峰值频谱利用率分别达到 15Mbps/Hz 和 30Mbps/Hz。与 ITU 所提供的最小技术需求指标相比较，具有非常明显的优势。换句话说，LTE-A 技术才可以称之为真正的 4G 移动通信技术标准。

截至目前为止，业内还没有一个被广泛认可的 4G 移动通信的精确定义。有人认为 4G 通信是系统中的系统，可利用各种不同的无线技术；有人认为 4G 通信的概念来自从无线应用、无线服务到 3G 的相关技术；也有人认为 4G 只是一种技术指标的相对提升；还有人认为 4G 是集 3G 与 WLAN 于一体，并能够传输高质量视频图像以及图像（传输质量与高清晰度电视不相上下）的技术产品。从用户的角度来看，用户完全可以根据自身的需求获取到相应的服务。此外，4G 兼具多模式集成的无线通信服务，从室内的无线局域网及蓝牙网络、蜂窝信号、广播电视到卫星通信，移动用户可以自由地从一个标准漫游到另一个标准，中间的数据格式转换对用户而言都是完全透明的，可以在 DSL 和有线电视调制解调器没有覆盖的地方部署，然后再扩展到整个地区。

第四代移动通信系统的关键技术包括：信道传输；抗干扰性强的高速接入技术、调制和信息传输技术；高性能、小型化和低成本的自适应阵列智能天线；大容量、低成本的无线接口和光接口；系统管理资源；软件无线电、网络结构协议等。当然，4G 通信技术发展并没有完全脱离传统通信技术，它仍然是以传统通信技术为基础，并在一些功能和应用层面上进行更大的突破。与传统的通信技术相比，4G 通信技术最明显的优势在于通话质量及数据通信速度。高速的数据通信速度为移动电话消费者在通话品质方面提供了更大的保证。另外，由于技术的先进性大大减少了成本的投资，故而我们可以预测到，未来的 4G 通信费用将比 2009 年的通信费用还要低。

4G 移动通信系统的网络结构可分为三层：物理网络层、中间环境层、应用网络层。4G 移动通信对加速增长的宽带无线连接的要求提供技术上的回应，对跨越公众的和专用的、室内和室外的多种无线系统和网络保证提供无缝的服务。移动通信会向数据化、高速化、宽带化、频段更高化的方向发展。移动数据、移动 IP 预计会成为未来移动网的主流业务。

随着 4G 移动通信技术的不断发展，未来的人们将可以享受到更为便捷、高效、安全的应用服务。在 4G 时代，移动通信的终端设备也将发生巨大的变化，笔者认为计算机手机化将会超越手机电话化的发展趋势。以高质量多媒体通信、低通信资费、丰富的增值服务、高智能化、多平台运行为特征的 4G 移动通信必将成为移动网络多媒体发展的新航标。

第10章 数字游戏技术

10.1 数字游戏概述

数字游戏是数字时代的"游走宝贝"，它的受众群跨度极大，影响范围也十分广泛。由电影改编成游戏或由经典游戏改编成影视剧的现象比比皆是。这正说明，在玩家的心中，数字游戏是一种非常具有魅力、吸引力，并且兼具娱乐性与互动性的数字艺术形式。数字游戏从诞生到现在虽只有半个世纪，但伴随游戏软件和硬件的发展，以及游戏产业的整体进步，电子游戏已经成为数字艺术门类中一颗闪亮的星。

10.1.1 数字游戏定义及特点

1. 关于游戏定义

游戏是人的一种基本需求，换句话说它是人的天性。柏拉图认为，游戏是一切幼子（动物的或人的）生活和能力跳跃需要而产生的有意识的模拟活动；亚里斯多德认为，游戏是劳作后的休息和消遣，本身不带有任何目的性的一种行为活动；索尼在线娱乐的首席创意官拉夫·科斯特则认为，游戏就是在快乐中学会某种本领的活动；David Kelley 在 *The Art of Reasoning* 中定义游戏是一种休闲形式，它由一组规则组成，这些规则规范了一个物件被获得及其获得的可许可途径（A form of recreation constituted by a set of rules that specify an object to be attained and the permissible means of attaining it）；《辞海》中对游戏概念的定义，以直接获得快感为主要目的，且必须有主体参与互动的活动。

2. 数字游戏的定义

通过上述对游戏定义的分析，结合游戏在数字时代的演进与表现，本书认为数字游戏的概念应当定义为，以数字技术、网络技术为手段，包含用户主体参与的人人或人机交互，并令用户体验愉悦的休闲娱乐、游戏兴趣或学习养成的活动。从该定义中可以归纳出数字游戏两个最基本的特性：①以直接获得快感为主要目的，其中包括生理和心理的愉悦；②主体参与互动。主体参与互动是指主体动作、语言、表情等变化与获得快感的刺激方式，以及刺激程度有直接联系。

3. 游戏的特征

游戏交互设计大师 Chris Crawford 在他的专著《计算机游戏设计艺术》（*The Art of Computer Game Design*）里总结了游戏的 4 个方面的特征。

1）表现

游戏是一个有一定规则且闭合规范的体系，用于表现（Representation）游戏设计者主观的世界。为了让大家容易理解游戏这个概念，先来比较游戏和模拟仿真的差别。模拟仿真需要尽量去模拟并且表现出某一真实的现象。而游戏只是简单地表现一个现象。模拟仿真项目的设计师由于素材、技术等方面的限制，不得不做出让步，但是如果简化了现象的表述，仿真系统的表现就会大打折扣。游戏设计师设计游戏时，肯定是想吸引更多的玩家，自然会做很多调整。

游戏创造的世界是一个主观的、简化的世界，只要可以表现现实情感即可。游戏无须准确表现现实，但是玩家的幻想使得游戏在其心理上的感觉和真实情况一样，玩家不会认为这是假的。

2）互动

游戏区别于其他娱乐方式的核心就在于游戏的互动(Interaction)性。像油画、雕塑等都能够真实地表现某物，但是它们是静止的。像电影、音乐，甚至舞蹈，它们虽然可以随时间而变化，但是最激动人心的还是怎样去改变它们，而不是它们本身的改变。

3）冲突

在所有游戏中都会出现的第三个元素是冲突(Conflict)。冲突自然而然地在玩家与游戏交互的过程中产生。玩家会主动探求一些目标，探求过程中会遇到很多障碍物，从而不能很容易地达到目标。假如障碍物是被动的或者静态的，挑战就成了解密或者体育挑战；假如这些障碍物是主动的或者动态的，它们会对玩家有目的地做出反应，那么挑战就成了游戏。

4）安全

冲突意味着危险，而冒险就会受到伤害，人们肯定不希望受到伤害。因此，游戏是一种提供安全(Safety)心理体验冲突和威胁的方式。简单来说，游戏就是一种安全体验现实的方式。例如，玩家可以置身于不同场景的游戏之中，去体会现实中不能或者说难以完成和体验的经历，甚至有时一些游戏当中的任务或行为在现实中是被法律所禁止的。总之，玩家在游戏中可以很安全地体验现实中不能随意去做的事情。

10.1.2 数字游戏分类

通过对数字游戏的定义，可以看出孕育并成长在数字时代的数字游戏具有许多独有的特点，这些特点使得数字游戏具有比传统游戏更大的发展空间，也令游戏的式样层出不穷。从不同的划分角度可以对数字游戏的类别进行区分。按游戏运行平台来划分，可以分为单机游戏、网络游戏和 Web 游戏；按游戏的视场来划分，可以分为 2D 游戏和 3D 游戏。按游戏运行的平台来划分，可以分为大型游戏、TV 游戏、掌上游戏和计算机游戏等。本书从当前数字游戏在用户方面的认可程度以及在市场中普及程度，把数字游戏分为如下几类。

1. 益智类数字游戏

益智类游戏是由纸上游戏，如象棋、跳棋等各种棋盘游戏，魔方与九连环等传统益智玩具衍生而来。

作为最早出现的游戏类型之一，益智类游戏不要求具备华丽的声光效果，而是对于玩家的思维与逻辑判断能力等方面的探索更为重视。通过引导玩家完成游戏设置的目标启发玩家进行思维活动。有的益智类游戏是将传统纸上游戏、桌面游戏进行数字化，把游戏的操作平台移植到数字平台上，但是游戏本身的基本机制或者游戏规则并没有改变。益智类游戏一般不要求玩家进行过多地设备操作，例如疯狂点击鼠标、猛敲键盘。但是游戏的进程与玩家的思维活动是紧密结合的，只有进行思考做出正确地判断，游戏才可顺利进行。当然，为了增加刺激感，有时还会在游戏中加入时间限制、难易程度等晋级性质的设置。益智类游戏的代表作有：《3D 魔方》、《华容道》（图 10-1）、《苹果棋》、《泡泡龙》、《连连看》、《祖玛》（图 10-2）等。

图 10-1 《华容道》游戏界面

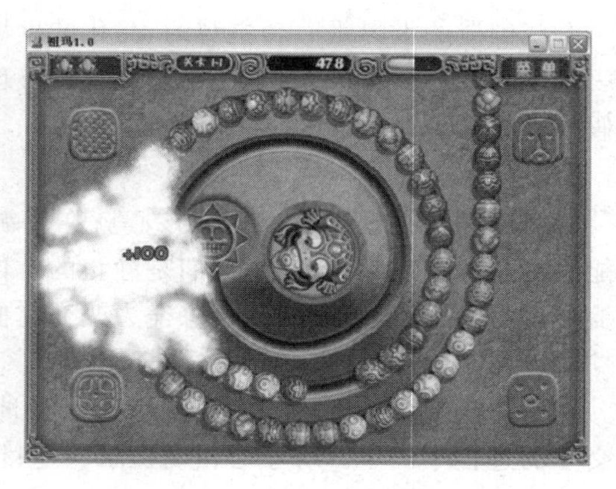

图 10-2 《祖玛》游戏界面

2. 策略类数字游戏

策略类游戏是指需要玩家在游戏中通过逻辑思考、统筹规划和判断，进而确定抉择的游戏。只有能够通过战略和战术战胜对手的玩家才能最终成为游戏的胜利者。

策略类游戏的设计出发点不同于其他类别的数字游戏，需要设计师对游戏的规则和目标进行设计，玩家可以选择策略来达到目标并战胜对手。策略类游戏可以分为即时性策略游戏和回合制策略游戏两类。在即时性策略游戏中，所有玩家包括计算机本身控制的玩家都是即时控制的，例如《命令与征服：红色警戒》就属于即时性策略游戏；在回合制游戏中，只有当一个玩家完成攻击后，下一个玩家才能开始攻击，例如《三国志》就属于回合制策略游戏。另外，在经典的《三国志》系列中，玩家的目标都是统一领土，玩家首先可以自行从游戏的角色库中选择喜欢的君主，既可以是刘备，也可以是曹操，甚至可以选择诸葛亮作为君主，以重塑属于自己的三国历史。

战争游戏作为策略类游戏中的一个大类，其叙事线索多以某个历史事件为背景进而展开叙述，例如《重返德军司令部》就是以第二次世界大战为背景的策略类游戏。

3. 模拟类数字游戏

模拟类游戏是所有数字游戏中最能体现游戏制作水准的一类游戏。模拟类游戏是指用户在模拟的情景中，通过操作模拟设备以完成游戏目标的游戏。这类游戏高度模拟现实，多以第一人称的视角模拟完成各种动作。模拟游戏需要用户浸入于游戏的模拟情景中。用户不仅需要完成相关的操作，还应对所处环境具有如同对现实世界一般的了解与掌控才能进行复杂地控制与操作。这些操作具体指游戏阶段性任务与执行方法，完成后才能通过游戏。玩家在游戏中还能自由构建游戏中人与人之间的关系，并如现实中一样进行人际交往，且可通过联网与众多玩家一起游戏，如《模拟人生》。

由于模拟类游戏需要真实性与强烈的沉浸感，所以，在设计此类游戏时一定要注意以下两方面内容的设置。第一是操控的模拟精确度。在游戏过程中会使用到很多道具或工具。

比如一些实战交通汽车、战斗机、坦克等，都需要计算机精确地模拟出其特有的性能与实时反应，并且以不同的视角为玩家提供操控的平台与效果，为玩家带来一种身临其境、大敌当前的刺激感。如果能达到这样的效果，那么这款游戏就是成功的。第二是影像的逼真度。很多大型模拟类游戏已经拒绝采用二维绘制技术，转而采用三维的方式为玩家营造出真实的情景与情境。为了能够将这些虚拟景物完美再现，对于玩家终端设备中的声卡、显卡、CUP 运算能力提出了较高的要求。值得庆幸的是，现如今随着计算机软硬件技术的发展，对于三维动态游戏的渲染已经完全可以实现实时呈现与交互，大多数普通玩家是远跟不上计算机的处理节奏的。

由 Microsoft 推出的“《模拟飞行》(*Flight Simulator*)”系列游戏，其宏伟的画面环境、游戏设置和超逼真的视觉效果震撼了每一位模拟游戏玩家，如图 10-3 所示为《模拟飞行》中的场景。在《微软模拟飞行 10》中，游戏提供 2400 万条不同特色的路线，1 万个独特的坐标位置和 2.4 万个飞机场。在 DirectX 10 的支持下，云彩的几何变形、高动态的光线变化、雨水的飞溅、纹理方面制作、灯光照明等一切环境与物体都会显得更加逼真。同时，游戏还人性化地提供了 5000 个气象站，它可以让玩家随时了解各地的天气变化状况。

(a) 飞机起飞前的舱内场景

(b) 飞机飞行体态

(c) 飞行中外景一览

图 10-3 《模拟飞行》中的场景

此外，该作品的声音效果也令人耳目一新。游戏中发动机的声音听起来就相当震撼，而且操作也相当灵巧。比如每一个玩家都拥有一个专用语音聊天的耳麦，不管你是楼上楼下的邻居，或者还是在将要睡觉的时候，都可以利用这种工具进行亲切交谈。不过大多数情况下，玩家们是在机舱内互相密切联系的。

图 10-4 和图 10-5 是《欧战之翼：冷战升温》(*Wings Over Europe - Cold War Gone Hot*)和《钢铁战士：T72 坦克指挥官》(*Iron Warriors: T72 Tank Command*)两款模拟类游戏中的精彩画面。

(a)

(b)

(c)

图 10-4 《欧战之翼》中不同战斗机的模拟飞行

(a)

(b)

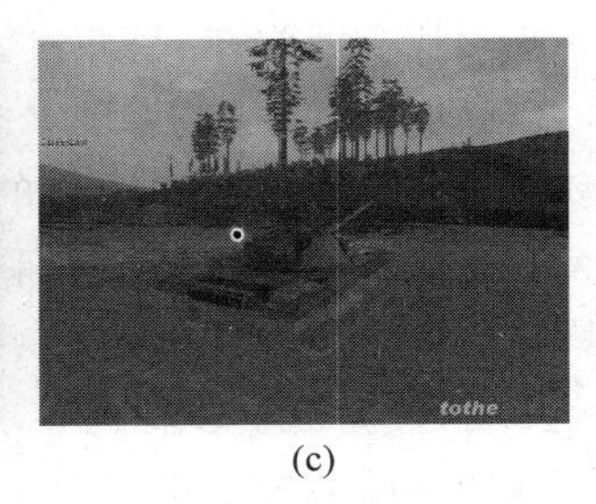
(c)

图 10-5 《钢铁战士》中坦克行走、瞄准及涉水图片

4. 动作类数字游戏

动作类游戏是指玩家可以通过控制角色的一系列动作，例如走、跑、跳，甚至俯身、爬行、翻滚、飞行、爬墙等动作，并且选用各种武器，包括进程、远程、定时武器，以及大量的辅助道具，完成游戏设定的目标。一些更为逼真的动作类游戏可以根据不同场景的地形效果，如流沙、冰地、履带、齿轮等，配合场景中的种种机关，使游戏过程千变万化。在红白机时代，动作游戏就非常流行。动作游戏以其独特的魅力，时至今日仍然吸引着大量的游戏玩家。

动作类游戏不刻意追求故事情节，玩家在并不困难的情况下即可通关。如经典的《魂斗罗》、熟悉的《超级玛丽》、轻松惬意的《雷曼》、爽快的《真三国无双》、酣畅的《合金弹头》等。该类游戏设计的主旨是面向普通玩家，以纯粹的娱乐休闲为目的，一般伴有少部分简单的解谜成分，操作简单、易于上手、紧张刺激，属于"大众化"游戏。

动作类游戏讲究打击的爽快感和流畅的游戏感觉，其中日本 CAPCOM 公司出品的动作类游戏最具代表性。在 2D 系统上来说，该公司的游戏设置在卷动（横向、纵向）的背景上，根据代表玩家与敌人的活动块间的攻击与被攻击进行碰撞计算，同时加入各种视觉、听觉效果，打造出畅快淋漓的动作类游戏。

5. 体育类数字游戏

体育类游戏是深得玩家喜爱的一种游戏类型。这种类型的游戏操作简单、情景设置单一，除了对该项运动的基本了解之外，几乎对玩家没有更多的要求。体育类数字游戏经常会被收录在大型电玩场所中，将机械的运动以实物的形式与玩家互动，摆脱了鼠标、键盘的生硬与距离感。最具代表性的游戏有《极品飞车》系列(图 10-6)、《划艇》、《实况足球》、《FIFA》系列等。

图 10-6 《极品飞车》的精彩画面与真实感呈现

6. 休闲类数字游戏

休闲类游戏的定义比较宽泛，音乐类游戏也属于休闲类游戏，这亦是根据游戏的内容和目的来划分的。音乐类游戏旨在培养玩家音乐敏感性，增强音乐感知力。伴随着美妙的音乐，有的要求玩家翩翩起舞，有的要求玩家做手指体操。例如时下的人气网络游戏《劲舞团》、《劲乐团》等都属于该列。作为休闲类游戏的一大类，音乐类游戏从《太鼓达人》被广泛

知晓后，吸引了越来越多年轻的音乐爱好玩家。更早的音乐类游戏要追溯到日本 KONAMI 公司的《复员热舞革命》。此游戏的系统说起来相对简单，就是玩家在准确的时间内做出指定的输入，结束后给出玩家对节奏把握程度的量化评分。这类游戏的发展还依赖于各类音乐的流行和普及程度。

休闲类数字游戏种类繁多，例如《国际象棋》、《五子棋》(图 10-7)、《梭哈》、《霍伊尔益智和桌面游戏》(*Hoyle Board Games*，图 10-8)等。

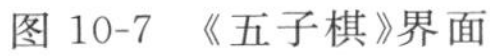
图 10-7 《五子棋》界面

图 10-8 《霍伊尔益智和桌面游戏》

7. 角色扮演类数字游戏

角色扮演类游戏(Role-Playing Game，RPG)是最为常见的游戏类型之一。在 RPG 中，由玩家扮演游戏中的一个或多个角色，以一定的故事情节为线索展开叙事兼体验。梳理一下角色扮演游戏的发展历程，最早的 RPG 游戏竟是由一种纸牌游戏发展而来的桌面角色扮演游戏(Table-top Role Playing Game，TRPG)。这种纸牌游戏的规则很简单，与我们平时玩的纸牌基本同理，都是采用比较大小的方式来出牌。经过不断地完善，这套纸牌游戏最终成为世界上最伟大的 RPG 游戏《龙与地下城》(*Dungeons & Dragons*，*D&D*)。

按照游戏中的文化元素可以将 RPG 分为欧美 RPG 和日本 RPG 两大类。欧美 RPG 的游戏自由度较高，背景设计严谨，具有完整、细腻并且开放的地图数据和转折的剧情，耐玩度较高，如《暗黑破坏神》系列(图 10-9)。日本 RPG 则以情制胜。游戏中多采用回合制或半即时制战斗，感情细腻、情节动人、人物性格鲜明、形象精美，如《最终幻想》系列游戏(图 10-10)。

(a)

(b)

图 10-9 《暗黑破坏神》游戏场景

(a)

(b)

图 10-10 《最终幻想》

国产 RPG 多模仿日本 RPG 的设计理念，且多以武侠题材为创作源头，如《仙剑奇侠传》（图 10-11 和图 10-12）、《剑侠情缘》等。其中大宇公司开发的《仙剑奇侠传》堪称华人游戏世界中最成功的 RPG。

图 10-11 《仙剑奇侠传》98 柔情版

图 10-12 历代《仙剑奇侠传》Logo 集合

RPG 游戏之所以拥有大量的玩家，很重要的一个原因在于玩家在游戏过程中的“情感投入”。对于每一个玩家来说，游戏中的体验已经超出了游戏的简单刺激感，而是得到一种认可或共鸣，将自己化身为游戏故事中的主人公，感受英雄的豪情壮志，生活在虚拟的武侠世界中。这也不失为一种逃离现实世界，重塑自我性格的机会。但是，很多青年人在没有正确观念的引导下，误入歧途，沉迷于虚拟世界，甚至分不清现实与游戏，耽误了大好前程，这也远非 PRG 游戏的初衷。

8. 冒险类数字游戏

冒险类游戏比较容易和 RPG 混淆，其实两者有着显著的区别。RPG 更倾向于故事的叙述，而冒险类游戏则更注重玩家在固定情节或某个故事背景下的冒险体验，它要求玩家根据故事情节的进展逐步逼近最终目标。

早期的冒险类游戏多通过文字的叙述以及影像的展现推进故事情节的发展，例如著名的《亚特兰蒂斯》系列、《古墓丽影》系列、《生化危机》系列等。起初，这类游戏以脑力冒险为主，借游戏使玩家在故事中揭秘解密，酷似侦探破案。但是纯脑力的较量往往会损失掉大量的玩家，故经常将这类游戏与其他动作游戏结合在一起，打造一种体脑同用的竞技方式，形成了后来的动作类冒险游戏。

9. 在线游戏

随着计算机技术与互联网的发展，一个人的游戏逐渐演变成网络众人的集体娱乐。这种在线的游戏方式突破了以往单机版游戏中苦于没有战友或故事情节单一俗套的烦恼，将联网登录到游戏中的所有玩家集中于游戏中。各玩家可以孤军奋战，也可以集体作战，可以相互掩护，也可以谈情说爱，使游戏不仅仅是活生生的、真实多变的战场，更是交流沟通的会客厅。

一般来说，我们可以将在线游戏的联机机制划分为两大类。

1）实时战略类游戏

实时战略类游戏是以团队合作作为基础的网络游戏模式。首先需要由玩家在服务器上建立一个游戏空间，其他玩家再加入该服务器参与游戏。由于参与人数众多，每个玩家的反应都会影响到竞技的结果，因而竞赛更有真实感与不可预知性。比如网上曾经红极一时的在线游戏《反恐精英》、《星际争霸》、《魔兽争霸》等，都是以这种模式设计的游戏。

2）角色扮演类游戏

将普通的角色扮演类游戏升级为在线版，并且可由多人同时在线游戏的一种模式——Massive Multiplayer Online Game（MMOG）。这种游戏是当下最为流行、深受玩家喜爱的一种模式。在此类游戏中，各玩家可以构建自己的虚拟环境与社交，一方面可以遵照游戏本身进行，另一方面可以将自己的想法加载于游戏过程中。将真实的交流、沟通与虚幻的游戏融合在一起，亦真亦幻。比如《天堂在线》、《创世纪在线》及金庸的《群侠传 Online》等游戏都属于这种模式。

10. 手机游戏

自手机成为第五媒体后，人们对于手机功能的需求猛烈增长，而手机的发展也是如火如荼。从早期的语音、短信等纯信息沟通功能，到娱乐、个人助理与无线上网等功能，手机将很多与计算机相关的功能移植了过来，而体积与屏幕大小也已经阻碍不了手机功能的开拓。手机越来越像一个小型的计算机，方便人们随时随地使用。手机游戏就是在这样的背景下应运而生的。

手机游戏的发展是随着手机内存大小与带宽流速一并升级的。在手机产生的初期，由于内存资源十分有限，故大部分的空间都应用于电话、短信等相关重要信息的存储。相对不那么重要的游戏只能可怜地占用极少的内存，所以，游戏的简易与粗糙是可想而知的。随着内存技术的不断发展，一块小小的存储卡就可以承载2G的容量，对于文字数据来说完全用不完。这时，手机游戏摇身一变，成为多媒体信息的复合体，将图像、视频、音乐融为一体，为手机用户带去大量的休闲娱乐。

手机游戏与计算机上的游戏不同，并不是所有的手机都能支持同一款游戏。所以，在安装之前，一定要首先判别该游戏是基于什么平台编写的，只有平台一致才能正常使用。除了二维的游戏外，很多三维版的游戏也开始大量在手机上运行。当然，这要求手机具有大量的内存空间、高速的图形图像处理速度等性能。

以上这些游戏类别并不是一成不变的，技术的革新和用户需求会促进它们相互之间的融合或分离。笔者认为，随着数字技术的发展、游戏制作工艺的流程化，数字游戏的种类也将呈现出更多的复合化、综合化趋势。目前，融合了模拟、策略、动作等类别的跨界型数字游戏作品已经悄然进入手机等可移动网络平台，融入到用户的生活中。还有一些大型综合式游戏平台，更将各类数字游戏尽收其中，为用户提供更加人性化的游戏服务，尽享游戏乐趣。

10.2 游戏开发设计流程

游戏的设计开发是一项集成性强、内容繁杂、需要大量人力物力的工程。根据游戏的类型不同，设计所需的时间长度也有所区别。比如以小说为原型设计的角色扮演类游戏开发的时间周期就会比较长，而动作类、休闲类的游戏的开发周期就会相对较短。下面，首先让我们一同了解一下游戏设计开发的流程。

游戏设计开发的流程可以分为前期策划、中期制作、后期测试，以及出版发布4个阶段。在这4个阶段中，还有一些重要的基本元素，比如剧本、造型、程序研发、视听效果和完善、代理等。

10.2.1 前期策划

前期策划是整个游戏开发流程的灵魂所在，也是游戏设计的第一项工作。在这一阶段中主要完成策划方案与游戏制作过程的规划与协调等工作。以团队形式合作的所有部门和人员需要根据当前游戏市场的情况进行分析和预测，并结合现有资源制定游戏的设计方向，比如游戏类型、风格、角色、创新性、时长等问题。而团队中的策划人员更应该成为统领全局的关键性人物，对整个设计流程进行具体跟踪与掌控。

一部完整的游戏策划书需要包括以下几项。

(1) 游戏概述及基本指导原则：包括设计思路概述、市场分析及运营思路、游戏周边预测等信息。

(2) 游戏机制及设计原则：包括游戏类型及特色定位、玩家远景分析、游戏风格及设计原则的制定。

(3) 世界观概述：包括游戏背景简介、世界观分析以及故事参考原型。

(4) 数据库分类及架构原则：包括数据单元设定、参数交换及关联、数据库及插件设计原则的制定。

(5) 角色设定：包括玩家角色、协同角色、战斗及互动功能设定、角色参数设计、其他角色设定等。

(6) 道具设定：包括装备品及功能、消耗品及功能、道具价值体系及参数关联、其他道具开发思路的设定。

(7) 游戏进程：包括主线设计思路、关卡设计思路、玩家进阶设计、奖励思路等。

(8) 功能操作：包括主要操作界面及功能关联、数据查询界面及权限设定、系统提示界面及功能关联说明等。

10.2.2 中期制作

中期的制作阶段是整个游戏设计的重要环节，各个工作小组会以前期制定的策划书中的方案进行紧张有序地制作。

1. 程序组

程序的编写会隐性地影响到游戏的质量。虽然程序内容不能直接表现为图形图像，但它的优化水平会在反馈速度与其他方面表现得淋漓尽致。如果说，策划是游戏设计的灵魂，那么，程序便是游戏设计的骨骼。健康的程序将各方面要素组合在一起，才能最终实现游戏的完整效果。

程序设计主管必须首先充分了解策划人员的构想计划，分析程序的可行性，确定游戏所要使用的各种资源等细节问题，然后再规划游戏程序的执行流程，将程序划分为数个细部单元，并转交相关开发人员进行代码编写工作。

2. 美工组

美工组的工作相当于为游戏穿上一套华丽的外衣。主要的工作是为背景与角色设计形式与颜色等。对于很多玩家来说，画面的精美程度直接影响到是否愿意开始或继续游戏。所以，美工的意义十分重大，是一项备受关注的"面子工程"。其中包括人物设计、场景设计、物品设计、界面绘制、动画制作等环节。

根据游戏的不同种类，美工的工作也会随之变动。对于关卡要求不高的简单游戏而言，背景的搭建与物品的摆放并不影响玩家的游戏过程，所以可以完全由美工完成。但是对于关卡要求很高的冒险类游戏，物品位置、场景的安排稍有区别就会极大地影响到手感。因此，这类游戏通常先由策划组制定出场景等具体位置与构架，再由美工人员去完善和修整。

3. 动画组

动画组主要负责制作角色的动画效果。游戏是一种交互的过程，玩家进行任一操作都会对角色的行为产生影响。而这种影响需要通过一定的动画来展现与完成。角色动作的流畅性与合理性取决于动画人员工作的细腻程度。与美工组一样，如果遇到对于关卡要求不高的游戏，角色的动画可以直接由动画组完成；如果关卡要求高，那么，很多动作制作后需要先由策划组核对，再由程序组逐帧定位才能实现完美的效果。

4. 音效组

音效是游戏中妙笔生花的重要一项，其中包括背景音乐、主题音乐与各种音效。缺少了音效的辅助，游戏的娱乐性和互动性都会大为失色。音乐伴随着玩家进入到各个情景中，有舒缓的音效，有紧张刺激的音效，有不断重复的节奏性强的旋律，也有抒发情感的美妙唱词。

5. 策划组

策划组的工作贯穿于整个中期制作的流程中，而且与其他各组紧密地融合在一起。它负责游戏各要素的细化、游戏逻辑及其他元素的集成，以及角色动画场景的调整等众多繁杂的工作。

10.2.3 后期测试

完成了中期制作阶段后所生成的游戏被称为 Alpha 版，即内部测试版。但是这个版本还有很多问题需要解决和完善。比如游戏中途死机、花屏、玩家任意操作等问题都需要在后期测试中逐一调试，进入到 Bate 版(公开测试版)和 Master 版(成品版)。

Bate 版是指游戏过程完全不会死机、可以顺利运行，图像、动画位置正确，界面完成的状态。而 Master 版是指该游戏的开发已经全部完成，可以进入到出版发布的阶段。

10.2.4 出版发布

该阶段对于商家来说是最能够产生商业价值的重要环节。商家可以通过申请版权、加注官方编号等方式保护开发设计版权，并得到投入市场的许可。

10.3 游戏开发技术

10.3.1 游戏开发工具简介

1. DirectX

DirectX(Direct eXtension,DX)是由微软公司开发、由C++编程语言实现的多媒体编程接口。由于其优良的性能,游戏程序设计时不再需要编写底层程序代码,取消了与硬件打交道,而是只须调用DirectX中的各类组件,便可轻松制作出高性能的游戏程序。DirectX被广泛应用于Microsoft Windows、Microsoft Xbox和Microsoft Xbox 360等各种电子游戏的开发过程中。但是,DirectX只能支持微软下的操作平台。

DirectX是由很多API(Application Programming Interface,应用程序编程接口)组成的,按照其性质可以分为5大部分,即显示部分、声音部分、输入部分、输出部分和网络部分。

➢ 显示部分

显示部分(DirectGraphics)是图形处理的关键,分为DirectDraw(DDraw)和Direct3D(D3D)。在早期的DirectX中,绘图部分主要由处理2D平面图像的DirectDraw负责。它包括播放MPG、DVD电影、看图、玩小游戏等很多方面。而后者则主要负责3D效果的显示,比如CS中的场景和人物、FIFA中的人物等,都是使用了DirectX的Direct3D。但由于Direct3D过多的复杂设置与操作让初学者望而却步,使得早期的多媒体程序很少使用Direct3D技术开发。

➢ 声音部分

声音部分(DirectSound)中最主要的API是DirectSound,它的功能十分强大,可以同时播放多个音频对象,如声卡(DirectSound)、2D缓冲区(DirectSound Buffer)、3D缓冲区(DirectSound3D Buffer)与3D空间倾听者(DirectSound3D Listener)。2D缓冲区可以进行平面的音效播放,而3D缓冲区则拥有计算与控制3D音效的功能。

➢ 输入部分

输入部分(DirectInput)可以支持很多游戏外围设备的输入,例如游戏杆、方向盘、VR手套、力回馈、跳舞毯等外围装置。这种输入设备的诞生进一步拉近了计算机与电视的距离,使得很多游戏都能够以电视机为视像终端,交互信息由硬件及外围设备同时定义。

对于DirectInput组件可以按照其操作方式来进行分类:"键盘"、"鼠标"与"游戏杆"。键盘即是我们常用的标准键盘,而各类鼠标、数字板或是触摸屏,都归类为鼠标类操作设备,其他的设备则归类为游戏杆类操作设备。

➢ 输出部分

输出部分(DirectShow)是微软公司在ActiveMovie和Video for Windows的基础上推出的新一代基于COM(Component Object Model)流媒体处理的开发包,与DirectX开发包一起发布,主要负责多媒体文件的播放。它使用Filter Graph模型管理整个数据流的处理过程,操作简单,并且广泛地支持各种媒体格式,包括ASF、MPEG、AVI、DV、MP3、WAVE等多媒体格式。

DirectShow的架构也非常复杂,但是呈现得十分简单,所以得到大多数人的认可与使用，甚至现在已经很少有人去研究它的工作原理了。

➢ 网络部分

网络部分(DirectPlay)主要就是为具有网络功能的游戏提供多种连接方式，TCP/IP、IPX、Modem、串口等，是一款为开发者提供诸如多人游戏或聊天程序的工具。DirectPlay可以完成与用户连接相关的所有复杂工作，使后台网络地址转化(NAT)设备保持一致，并管理会话。它允许用户创建、查找、连接多人游戏。连接以后，DirectPlay可以让用户向其他玩家发送已验证或未验证的信息。

DirectX在发展过程中经历了5.0、6.0、7.0、8.0、9.0、10.0等版本，随着技术的日新月异、游戏开发者需求的日渐细致，新版DirectX一直在推陈出新，激流勇进。

在2008年的大会上，微软首次公布了DirectX 11的技术细节，这也是目前为止DirectX的最新版本。DirectX 11新加入了Tessellation和Compute Shade两种技术，改变了整个渲染流程，对于游戏和应用程序开发有着非常重大的意义。Tessellation引进了新的固定功能渲染流程和新的可编程性，可以为3D游戏和建模任务带来稳定的高质量表现效果。而Compute Shade可以挖掘硬件的计算能力。其关键特性包括随机访问、线程间数据通信以及流式I/O操作单元等，简化并加快了图像处理效果等技术。同时，Direct3D 11在上一个版本的基础上针对API和新硬件进行了增强与拓展，以帮助技术人员对相异分辨率、显卡和处理器实现更多的操作与控制。

2. OpenGL

OpenGL(Open Graphics Library)是由SGI公司于1992年提出的一个行业领域中最为广泛接纳的开发2D、3D图形应用程序的API。OpenGL实际上是一套"计算器三维图形"处理函数库，其自诞生至今已催生了各种计算机平台及设备上的众多优秀应用程序。基本上所有的显卡厂商都会注明支持OpenGL加速。

1) OpenGL的功能

OpenGL的功能十分强大，可以方便地调用底层的三维图形软件包，并且独立于窗口系统和操作系统。在算法上，OpenGL可以与Visual C++紧密接口，便于实现机械手的有关计算和图形算法。OpenGL具有建模、变换、颜色模式设置、光照和材质设置、纹理映射(Texture Mapping)、位图显示和图像增强、双缓存动画(Double Buffering)7大功能。

(1) 建模：OpenGL图形库提供了点、线、多边形等基本绘制函数，并且提供了各种三维物体的基本模型(球、锥、多面体、工具模型等)以及复杂曲线和曲面绘制函数。

(2) 变换：为了减少算法的运行时间，提高三维图形的显示速度，OpenGL提供了图形库的变换。其中包括基本变换和投影变换。基本变换有平移、旋转、变比镜像4种变换，投影变换有平行投影(又称正射投影)和透视投影两种变换。

(3) 颜色模式设置：在OpenGL中，颜色模式只有两种，分别为直接由RGB值确定的RGBA模式和由颜色表中的索引值确定的颜色索引(Color Index)。

(4) 光照和材质设置：OpenGL中的光有很多种类型，包括辐射光(Emitted Light)、环境光(Ambient Light)、漫反射光(Diffuse Light)和镜面光(Specular Light)等。而材质的设定是通过光反射率来表示的。场景(Scene)中物体最终反映到人眼的颜色即由光的颜色与材质的反射率相乘后得到的。

(5) 纹理映射(Texture Mapping)：为了能够真实地、细腻地表现物体表面的细节信息,OpenGL 设置了纹理映射的强大功能。

(6) 位图显示和图像增强：基于图形图像的拷贝和像素读写等基本功能,OpenGL 还提供融合(Blending)、反走样(Antialiasing)和雾(Fog)等特殊图像效果处理,可使生成的物体还原度更高、真实感更强。

(7) 双缓存动画(Double Buffering)：双缓存即同时启动前台与后台的缓存,并赋予不同的角色与功能。后台缓存用于计算场景、生成画面,前台缓存用于显示后台缓存已绘制成形的场景。

2) OpenGL 的工作流程

OpenGL 的工作流程如图 10-13 所示。具体来说,几何顶点的数据经过运算器、逐个顶点操作,以及图元组接等处理过程,并与经过图像操作的图像数据一并进行光栅化、逐个片元的处理,再将最后的光栅数据写入帧缓冲区中。其中,几何顶点数据包括模型的顶点集、线集、多边形集；图像数据包括像素集、影像集、位图集等。

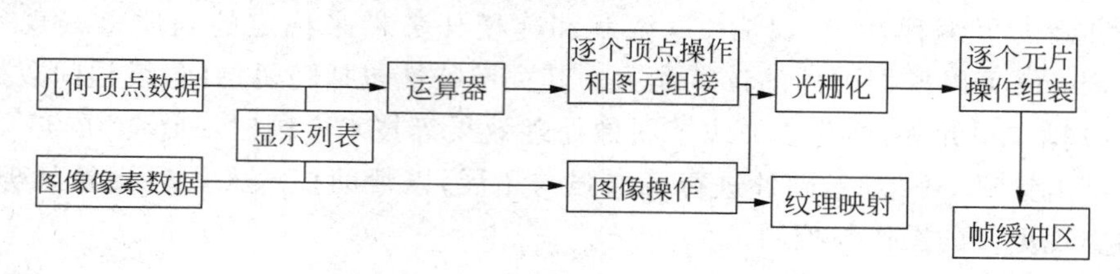

图 10-13　OpenGL 基本工作流程

OpenGL 要求把所有的几何图形单元都通过顶点的方式进行描述,这样就可以由运算器和逐个顶点操作来完成针对每个顶点的处理与计算,再经由光栅化操作形成图形碎片。而对于图像像素数据而言,像素操作的结果会被存储在纹理映射的内存中,再与几何顶点数据的操作一样完成光栅化后形成图形片元。

3) OpenGL 的发展现状

OpenGL 在世界游戏开发领域中占据着重要的地位。它所具有的对于高端图形设备的支持与专业级的应用是其他三维软件无法实现的,甚至 3D Max 在该领域也无法企及。对于游戏开发团队而言,硬件的技术保障、软件的兼容与扩展力都是十分关键的因素,而大部分的开发人员仍在使用 OpenGL,这也说明了 OpenGL 在该领域具备强有力的话语权。

当前,国内的三维游戏开发正处于赶超国外的关键时期。各企业、团队纷纷从游戏开发的各个角度与过程进行有针对性的探索与研究。而 OpenGL 不拘泥于单一平台的高兼容性正满足了当下设计人员对于游戏开发技术的需求。OpenGL 是一种独立的与平台无关的三维图形开发库,在各种语言环境下都可以结合 OpenGL 函数进行三维游戏主框架的设计与开发。目前,大部分的三维游戏都采用 OpenGL 进行图形图像的渲染,应用十分广泛。

10.3.2　游戏开发语言简介

在开始进行游戏开发之前,首先要选定使用何种程序语言进行开发,程序设计是游戏软件的核心。John Hattan 是位于德克萨斯州的 Watauga 最大的软件公司——Code Zone 的主要负责人。他十分谙熟于各种计算机编程语言,在他的《我该使用什么语言》一书中对各个程序语言进行了简单易懂的解释与说明。以下是我们从中选取的可以用于游戏开发的几种语言的说明。

1. C 语言

如果说 FORTRAN 和 COBOL 是第一代高级编译语言，那么 C 语言就是它们的孙子辈。C 语言是 Dennis Ritchie 在 20 世纪 70 年代创建的，它的功能更强大且与 ALGOL 保持着连续的继承性，而 ALGOL 则是 COBOL 和 FORTRAN 的结构化继承者。C 语言被设计成一个比它的前辈更精巧、更简单的版本，它适于编写系统级的程序，比如操作系统。在此之前，操作系统是使用汇编语言编写的，而且不可移植。C 语言是第一个使系统级代码移植成为可能的编程语言。

C 语言支持结构化编程，也就是说 C 语言的程序被编写成一些分离的函数呼叫（调用）的集合。这些呼叫是自上而下运行，而不像一个单独的集成块的代码使用 GOTO 语句控制流程。因此，C 语言程序比起集成性的 FORTRAN 及 COBOL 的空心粉式代码要简单得多。事实上，C 语言仍然具有 GOTO 语句，不过它的功能被限制了，仅当结构化方案非常复杂时才建议使用。

正由于它的系统编程根源，将 C 语言和汇编语言进行结合是相当容易的。函数调用接口非常简单，而且汇编语言指令还能内嵌到 C 语言代码中，所以，不需要连接独立的汇编模块。

优点：有益于编写小而快的程序。很容易与汇编语言结合。具有很高的标准化，因此其他平台上的各版本均非常相似。

缺点：不容易支持面向对象技术。语法有时会非常难以理解，并造成滥用。

移植性：C 语言的核心以及 ANSI 函数调用都具有移植性，但仅限于流程控制、内存管理和简单的文件处理。其他的东西都跟平台有关。比如说，Windows 和 MAC 开发可移植的程序，用户界面部分就需要用到与系统相关的函数调用。这一般意味着你必须写两次用户界面代码，不过还好有一些库可以减轻工作量。

用 C 语言编写的游戏非常多。C 语言的经典著作 *The C Programming Language* 经过多次修改，已经扩展到最初的三倍大，但它仍然是介绍 C 的优秀书本。

2. C++程序语言

C++语言是具有面向对象特性的 C 语言的继承者。面向对象编程，或称 OOP，是结构化编程的下一步。OOP 程序由对象组成，其中的对象是数据和函数离散集合。有许多可用的对象库存在，这使得编程简单得只需要将一些程序像建筑材料一样堆在一起(至少理论上是这样)即可。比如说，有很多的 GUI 和数据库的库实现为对象的集合。

C++总是辩论的主题，尤其是在游戏开发论坛里。有几项 C++的功能，比如虚拟函数，它为函数呼叫的决策制定增加了一个额外层次。批评家很快指出 C++程序将变得比相同功能的 C 程序来得大和慢。C++的拥护者则认为，用 C 写出与虚拟函数等价的代码同样会增加开支。这将是一个还在进行，而且不可能很快得出结论的争论。

优点：组织大型程序时比 C 语言好得多。很好的支持面向对象机制。通用数据结构，如链表和可增长的阵列组成的库，减轻了由于处理低层细节的负担。

缺点：非常大而复杂。与 C 语言一样存在语法滥用问题。比 C 语言慢。大多数编译器没有把整个语言正确的实现。

移植性：比 C 语言好多了，但依然不是很乐观。因为它具有与 C 语言相同的缺点，大多数可移植性用户界面库都使用 C++对象实现。

使用 C++编写的游戏非常多。大多数的商业游戏是使用 C 或 C++编写的。

3. Java 程序语言

Java 是由 Sun 最初设计用于嵌入程序的可移植性的小 C++。在网页上运行小程序的想法着实吸引了不少人的目光，于是，这门语言迅速崛起。事实证明，Java 不仅仅适于在网页上内嵌动画，它也是一门极好的软件编程小语言。“虚拟机”机制、垃圾回收以及没有指针等使它成为不易崩溃且不会泄漏资源的可靠程序。

虽然不是 C++的正式续篇，Java 却从 C++中借用了大量的语法。它丢弃了很多 C++的复杂功能，从而形成一门紧凑而易学的语言。不同于 C++，Java 强制面向对象编程，要在 Java 里写非面向对象的程序就像要在 Pascal 里写“空心粉式”代码一样困难。

优点：二进制码可移植到其他平台。程序可以在网页中运行。内含的类库非常标准且极其健壮。自动分配和垃圾回收避免了程序中的资源泄漏。网上拥有数量巨大的代码例程。

缺点：使用一个“虚拟机”来运行可移植的字节码而非本地机器码，程序将比真正编译器慢。

移植性：最好的，但仍未达到它本应达到的水平。低级代码具有非常高的可移植性，但是，很多 UI 及新功能在某些平台上不稳定。

使用 Java 编写的游戏：网页上有大量游戏都是由 Java 小程序编写的，但具有商业性的却不多。当然，也有个别商业游戏使用 Java 作为内部脚本语言。

4. 创作工具

多数创作工具有点像 Visual Basic，只是它们工作在更高的层次上。大多数工具使用一些拖拉式的流程图来模拟流程控制。虽然大多数创作工具都内置解释的程序语言，但是这些语言都无法像上面所说的单独的语言那样健壮。

优点：快速原型。如果你的游戏符合工具制作的主旨，你或许能使你的游戏跑得比使用其他语言快。在很多情况下，你可以创造一个不需要任何代码的简单游戏。使用插件程序，如 Shockware 及 IconAuthor 播放器，你可以在网页上发布很多创作工具生成的程序。

缺点：你必须考虑这些工具是否能满足你游戏的需要，因为有很多事情是那些创作工具无法完成的。某些工具会产生臃肿得可怕的程序。

移植性：因为创作工具是具有专利权的，你的移植性以他们提供的功能息息相关。有些系统，如 Director 可以在几种平台上创作和运行，有些工具则只能在某一平台上创作。

使用创作工具编写的游戏：《神秘岛》和其他一些同类型的探险游戏。

10.3.3 游戏引擎简介

目前的游戏引擎从渲染到物理系统、声音框体、脚本、人工智能和网络组件，都能够顺利地、稳定地完成对于游戏的强化，并且为制作团队省下大量的研发时间，是当今游戏开发中重要的一个环节。

对于游戏引擎的概念一直没有一个具体统一的解释。但是，从其名称来看，我们可以对它进行形象的理解。“引擎”在机械工业当中是相当于心脏的角色与功能，而游戏的引擎则是可以完成游戏中的剧情表现、画面呈现、碰撞计算、物理系统、相对位置、动作表现、玩家输入行为、音乐及音效播放等操作的链接库及对应的工具组合。

游戏引擎经过多年来的不断发展变化，已经可以实现从建立模型、画面呈现、行为动画、光影处理、分子特效、物理演算、碰撞侦测、数据管理、网络联机，以及其他专业性的编辑工具与套件等整体的覆盖与调配，使得游戏具有更华丽的界面与更流畅的速度。

表 10-1 为世界各大顶级的游戏引擎，以及用这些引擎生产出的经典游戏。

表 10-1　游戏及其使用的引擎

引　　擎	游　　戏	公　　司
Gaimo GEngine	NULL	GaimoSoft
Nebula Device 3	黑暗之眼	Radon Labs
GoldSrc	半条命	Valve
SAGE 引擎	命令与征服 命令与征服 3：泰伯利亚战争 魔戒：中土大战 II	EA
Source 引擎	半条命 2 Sin Episodes 魔法门之黑暗弥赛亚	Valve Ritual Entertainment Arkane Studios
CryENGINE	孤岛惊魂	Crytek
CryENGINE2	孤岛惊魂 孤岛惊魂：弹头	Crytek
Essence 引擎	英雄连 英雄连：对立前线	Relic Entertainment
Scimitar	刺客信条	育碧公司
zerodinengine	RF oline dark eden2 Dragona	CCR，SOFTON(开发中) GRAVITY(开发中)
Alamo	星球大战：帝国战争 星球大战：帝国战争-堕落之军 宇宙战争：地球突击战	Petroglyph
Unreal Engine 3	虚幻竞技场 3	Epic Games
Doom 3 引擎	毁灭战士 3 雷神之锤 4 深入敌后：雷神战争	Id Software
EGO(Neon) 引擎	闪点行动：龙之崛起 极速房车赛 越野精英赛：大地长征 1&2	Codemasters
GFX3D	复活 (游戏)、天骄	目标软件公司

比如 RAGE 引擎(狂暴引擎)。由它生产出的游戏有 *GTA4*(图 10-14)、《午夜俱乐部：洛杉矶》、《荒野大镖客》等。RAGE 的能力主要体现在世界地图流缓冲技术、复杂人工智能管理、天气特效、快速网络代码与众多游戏方式等方面。而且它对合作插件的兼容性非常好。

再比如 CryENGINE(顶级游戏引擎："尖叫引擎")，它参与制作了《孤岛惊魂》、《孤岛危机》、《孤岛危机：弹头》、《孤岛危机 2》、《永恒之塔》等经典游戏，如图 10-15 所示。

图 10-14　*GTA4* 游戏场景　　　图 10-15　CryENGINE 游戏界面

The Dead Engine(死亡引擎)的代表力作为《死亡空间》,以及史上最恐怖的游戏之一《但丁的地狱》(图 10-16)等。

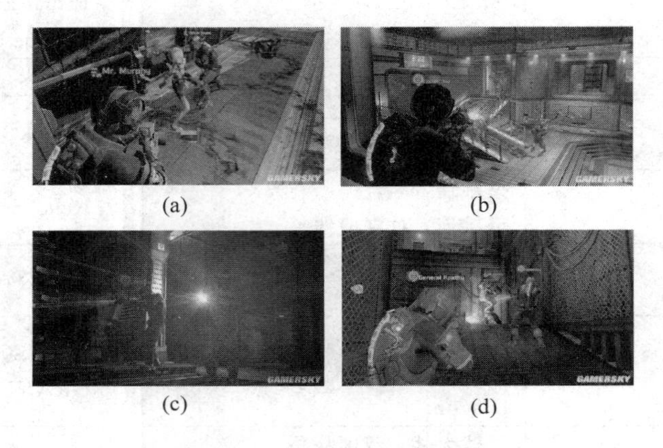

图 10-16　《但丁的地狱》界面

游戏引擎可以实现对光影效果的处理、画面成像、物理系统的设定,以及网络与输入的设置等功能,使用各种算法处理大量的复杂运算,帮助游戏呈现最佳的效果。①

10.4　数字游戏的发展

数字游戏的产生与发展并不是一朝一夕之事,而是经由不同国家、几代人的共同努力才有了今天的“游戏盛世”。数字游戏依托于不同的平台,如网络、PC、手机等现代新媒体终端产生了多样化的游戏类型、人性化的操作方式、个性化的故事情节,以及产业化的运营模式,可谓全方位、立体化、多角度的实现了大发展。为了数字游戏更快更好地发展,对于其发展的历史应该做出详细而明确的梳理,并在其中探寻成功的奥秘。

① http://www.gamersky.com/news/201110/181401_4.shtml.

10.4.1 国外游戏的发展简史

1. 第一阶段：1969—1977 年

数字游戏的起始阶段，因为受限于当时的计算机硬件和软件标准的不统一，所以，第一代数字游戏的操作平台、操作系统和语言都不尽相同。作为实验阶段的产物，大部分的数字游戏都在国外的高等院校的计算机实验中心运行与调试。

该阶段的游戏不具有记录功能，即关机重启后无法保留原有的游戏记录。另外，由于技术的阻碍，当时的游戏不能跨系统运行，只能在同一服务器或终端机系统内部执行。

第一款真正意义上的网络数字游戏为 1969 年的《太空大战》(*SpaceWar*)，该游戏以第一款计算机游戏《太空大战》为蓝本，并支持两人远程连线，如图 10-17 所示。

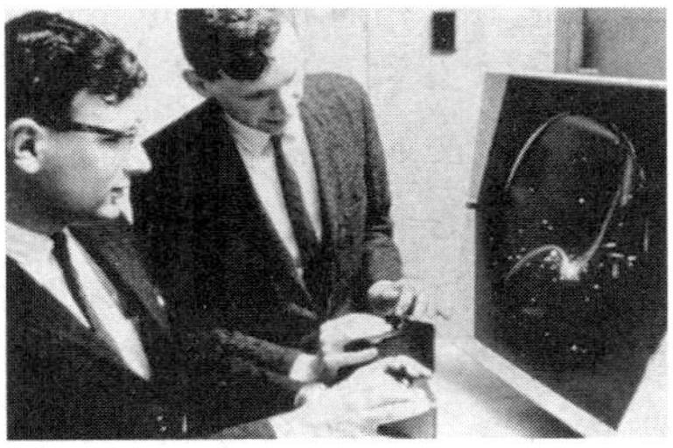

图 10-17 世界上第一款网络数字游戏

之后，基于 PLATO 平台出现了各种不同类型的游戏，有供学生自娱自乐的单机游戏，也有多台远程终端机之间进行的联机游戏，而这些联机游戏即是网络游戏的雏形。PLATO 成为早期网络游戏的温床。

PLATO 系统上最流行的游戏是《圣者》(*Avatar*)和《帝国》(*Empire*)，以及各种改编游戏，如《飞行模拟》(*Flight Simulator*)等。1975 年发布的《奥布里特》(*Oubliette*)是一款地牢类游戏，大名鼎鼎的角色扮演游戏《巫术》(*Wizardry*)系列即源于此。

2. 第二阶段：1978—1995 年

看到网络游戏在萌芽期所取得的成就，专业的游戏开发商和发行商被激发出很多商业灵感，并逐步渗入到网络数字游戏的阵容当中，如 Activision、Interplay、Sierra Online、Stormfront Studios、Virgin Interactive、SSI 和 TSR 等，都曾在这一阶段试探性地进入过这一新兴产业，它们与 GEnie、Prodigy、AOL 和 CompuServe 等运营商合作，推出了第一批具有普及意义的网络游戏。

该阶段的网络游戏已经具备了可持续性功能，即保留玩家的游戏记录。与此同时，随着网络与计算机硬件的发展，游戏也扩展到全世界任何地方，只要有网络的地方即可联接进入同一游戏。

1978 年在英国的埃塞克斯大学，罗伊·特鲁布肖用 DEC-10 编写了世界上第一款 MUD 游戏——MUD1，这也是第一款真正意义上的实时多人交互网络游戏。它可以保证整个虚拟世界的持续发展，并且可以在全世界任何一台 PDP-10 计算机上运行，而不局限于埃塞克斯大学的内部系统。

1984 年，马克·雅克布斯组建 AUSI 公司(《亚瑟王的暗黑时代》的开发者 Mythic 娱乐公司的前身)，并推出游戏《阿拉达特》(*Aradath*)。1990 年，AUSI 公司出品了游戏《龙门》(*Dragon's Gate*)。1991 年，Sierra 公司架设了世界上第一个专门用于网络游戏的服务平台——The Sierra Network(后改名为 ImagiNation Network，1996 年被 AOL 收购)。当网络游戏如火如荼地发展时，游戏的商业模式也在发生着翻天覆地的变化。游戏不再是免费的午餐，而是以每小时 20 美元的高额标准收费。尽管如此，游戏的魅力仍然使越来越多的人为此着迷。

3. 第三阶段：1996—2006 年

网络游戏的发展促使着与此相关的各个行业的功能逐步细化、集群合作性越来越强，一个一个规模庞大、分工明确的产业生态环境最终形成。“大型网络游戏”(MMOG)如一粒重炮弹横空出世，以其跨平台、多服务商的优势统一了全球游戏市场。

吸取之前的经验，网游的价格逐渐演变为包月制下的流量计费标准，进而，网游走进了千家万户。第三代网络游戏始于 1996 年秋季《子午线 59》的发布。这款游戏由 Archetype 公司独立开发。Archetype 公司的创建者为克姆斯兄弟。即将发售的《模拟人生在线》的设计师迈克·塞勒斯和已被取消的《网络创世纪 2》的设计师戴蒙·舒伯特都曾在这家公司工作过。1997 年，《网络创世纪》正式推出，用户人数很快突破 10 万大关。而它的成功也加速了网络游戏产业链的形成。《无尽的任务》、《天堂》、《艾莎隆的召唤》和《亚瑟王的暗黑时代》等一大批优秀游戏活跃在市场中，创造着越来越多的价值。

如果上述游戏还没有唤醒你的记忆，那么下面这个游戏的名字一定会让你如梦初醒。《魔兽世界》(*World of Warcraft*)——一部少有的网络游戏杰作，一个无数人为之着迷的经典虚拟魔幻世界，这便是著名的游戏公司暴雪(Blizzard Entertainment)所制作的第一款大型多人在线角色扮演类网络游戏。新的历险、未知的世界、各异的怪物，无数的历险与探索，让人乐此不疲、深陷其中、无法自拔。

4. 第四阶段：2006 年至今

随着 Web 2.0 技术的发展，网络游戏也逐渐突破客户端式的游戏模式，新型的网页游戏悄然进入人们的视线。这种游戏开启简单，基本与打开网页是同样的步骤；上手容易，只需鼠标和键盘个别按键即可操控；规则简单，更适合快节奏的城市生活。2007 年开始，中国大陆也陆续开始有许多网页游戏进行较大规模的运营。网页游戏作为网络游戏的一个分支已经逐渐形成规模。

10.4.2 中国网络游戏的现状

网络游戏从 2001 年走入中国后，一夜成为明星，无数网友如众星捧月般视网游为珍宝，而中国网游的市场也欣欣向荣，呈现出一片繁荣的景象。

历数中国的网游作品，从 2000 年华彩公司发行的第一款大型多人在线 RPG《万王之王》、智冠公司制作的《网络三国》、宇智科通的《黑暗之光》，到 2001 年北京中文之星出品的《第四世界》以及各种代理游戏的出现，都为中国的网游奠定了一条夯实的启程之路。之后的《决战》、《精灵》、《三国演义 Online》、《圣者无敌》、《疯狂坦克》、《传奇》等网游更是开辟了中国网游的发展之路。

2009 年，中国网游走过第一个 10 年。在这 10 年间，依靠政府的大力扶持、产品的日益丰富、市场的快速膨胀、出口的不断增长，中国网游得到了飞速地发展。用户数量、市场规模逐渐增加，产业系统逐步体系化。2009 年，中国网游市场规模达到 258 亿元人民币，而国产网游占到总体市场的一大半比例，发布自主研发游戏 80 余款。各种数字游戏技术竞相发展，3D 仿真技术、无线宽带、3G 技术的出炉更为网游的持续升温添柴加油。

2010 年，新浪通过网络进行线上投票，评选出《穿越火线》、《问道》、《地下城与勇士》、《梦幻西游》、《天龙八部 2》、《龙之谷》、《天下贰》、《魔兽世界》、《诛仙 2》、《醉·逍遥》为“十大最受欢迎网络游戏”,《英雄联盟》、《笑傲江湖》、《泡泡战士》、《星辰变》、《御龙在天》、《桃园》、《神仙传》、《鹿鼎记》、《书剑恩仇录》、《凡人修仙传》获得“十大最受期待网络游戏”的奖项。

据专业研究机构艾瑞咨询发布最新统计数据显示,2011 年中国网络游戏市场规模将达到 414.3 亿元,较 2010 年增长 18.1%。从行业规模发展状况来看,网络游戏的商业模式和用户消费习惯已经非常成熟;网络游戏产品数量增多,对用户的参与形成刺激作用;盈利模式多样化,FTP 模式稳定发展;继续扩展网络游戏广告等盈利模式;厂商支付和市场推广渠道的快速发展带来的推动作用;产业投资力度不断加强;网络游戏人才培育加强等。虽然网络游戏很难再迎来整体式的高速增长,但是依托于各细分领域市场的扩展和从业公司产品服务能力的提高,其市场容量仍有进一步提升的空间。[①]

① http://it.sohu.com/20080104/n254459729.shtml.

第11章 虚拟现实技术

11.1 虚拟现实概述

虚拟现实(Virtual Reality,VR)技术又称人工现实、灵境现实、虚拟环境等,它依托于计算机、数学、力学、声学、光学、机械学、生物学乃至美学和社会科学等多学科,综合了计算机图形、多媒体、传感器、智能识别、网络技术、人工智能等多门学科技术。目前,虚拟现实技术已经被广泛应用于科研、工业设计、教育培训、商业、军事、医学、影视、艺术和娱乐等众多领域。

11.1.1 虚拟现实的基本概念

虚拟现实,最早是由美国 VPL Research 公司创始人 Jaron Lanier 于 20 世纪 80 年初提出的。作为一项高新科技,虚拟现实集成了计算机图形技术、计算机仿真技术、人工智能技术、传感技术、显示技术、网格计算等最新发展成果,是一种由计算机生成的高技术模拟系统。

由于虚拟现实技术的实时三维空间表现能力、人机交互式的操作环境可以为用户带来逼真的现实模拟。近年来,随着计算机软硬件技术的发展,虚拟技术在各行各业都得到了不同程度的发展,并越来越显示出巨大市场应用潜力。虚拟战争、虚拟生活、虚拟城市等基于虚拟现实技术的各类应用,使得数字地球的"幻想"从概念设计走向现实应用。

虚拟现实的定义可以从广义和狭义两种来理解。广义的定义认为虚拟现实是对虚拟想象或真实、多感官的三维虚拟世界的模拟。为用户提供高级人机交互接口,用户可以通过自然的方式接收和响应模拟环境的各种感官刺激,与虚拟世界中的人及物体进行行为,甚至思想的交流,使用户产生身临其境的体验感受。狭义的定义认为虚拟现实技术就是一种先进的人机交互方式。在虚拟现实环境中,用户看到的是彩色的、立体的、随视点不同而变化的景象,听到的是虚拟环境中的声响,手、脚等身体部位可以感受到虚拟环境反馈的作用力,人可以与感受真实世界一样自然的方式来感受计算机生成的虚拟世界。

虚拟现实技术是采用计算机技术生成三维虚拟环境,通过人的视觉、听觉、触觉等一体化进行体验。用户借助必要的设备以自然的方式与虚拟世界中的物体进行交互,从而产生亲临真实环境的感受。

11.1.2 虚拟现实的基本特征

作为一个新型的应用型技术,虚拟现实具有 4 大特征,如图 11-1 所示。

(1) 交互性(Interactivity),是指参与者在虚拟场景中通过专用设备与各种对象进行相关操作,它是虚拟现实最重要的特征之一。例如用户可通过传感器,进行交互式操作,而被操作的对象能够显示出逼真的物理状态,包括其基本的物理属性,如液体的流动、风力大小、重力、物理碰撞的弹力等。

(2) 沉浸性(Immersion),由计算机所创建的虚拟环境,可以给人以身临其境的感觉。沉浸性是虚拟现实技术的核心,计算机创造的仿真环境不仅可以以假乱真,还能让用户在虚拟环境中完成基于自身视、听、触等多感官的沉浸式体验。

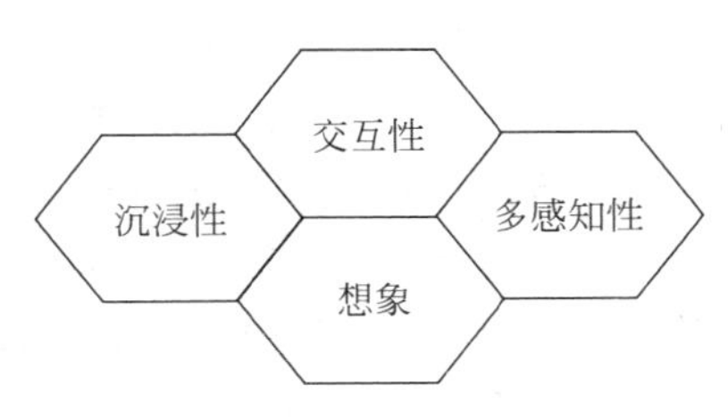

图 11-1　虚拟现实的基本特征

(3) 想象(Imagination),虚拟现实既是一种媒体,也是一种高级的 UI(用户接口),设计人员通过研发虚拟现实技术能够辅助解决工程、医学、军事等多个领域的问题,所虚拟的环境就是由设计者为实现一定目标而想象出来的。

(4) 多感知性(Multiple Sense Perception),除了上述虚拟现实的 3I(Interactivity、Immersion、Imagination)特性,多感知性也是虚拟现实的突出特性之一,利用计算机不仅可以实现视觉和听觉的感知效果,还能模拟触觉、味觉和嗅觉的感知,给用户以多种感知并存的真实体验。

11.1.3　虚拟现实系统的构成及分类

1. 虚拟现实系统的构成

虚拟现实系统是虚拟现实的集成化应用结构,通过软硬件的配合构建三维虚拟世界供用户体验。类似地,虚拟现实系统主要包括:核心的数据库系统、应用软件和 I/O 三个主要部分。

1) 虚拟现实核心数据库

在虚拟现实系统中,所有对象的模型数据、行为参数,以及用户的体验值等大量信息都需要进行相应的存储和调用,这些数据信息都保存在虚拟现实核心数据库中。虚拟现实的核心数据库是一套实时的信息系统管理软件,当虚拟现实系统被开启后,相应的数据即被加载,相应的模块被启动,并在三维虚拟场景中呈现在用户面前。虚拟现实核心数据库中的数据是整个系统的核心,由虚拟现实核心数据库对该数据进行匹配性的存储和优化,并对其安全性负责,以保证整个虚拟现实系统各功能模块之间数据的准确性和安全性。

2) 应用软件

应用软件是虚拟现实系统中起承转合的部分,它负责实现各部件之间连接通信,对虚拟现实核心数据库中的数据进行调用。运行稳定快捷的应用软件将令整个虚拟现实系统的显示效果更佳,交互性能更实时、更自然。

3) I/O

I/O,即输入和输出设备。虚拟现实系统所要实现的目标是当用户置身于由计算机生成的三维虚拟世界中时,用户的视觉、听觉、触觉等感觉直接与眼睛、耳朵、皮肤等感觉器官相对应,在虚拟现实系统中正是通过一定的输入和输出设备来实现对用户的感官刺激。

2. 虚拟现实系统的分类

虚拟现实系统可分为 4 大类:桌面虚拟现实系统、沉浸虚拟现实系统、增强式虚拟现实系统和分布式虚拟现实系统。

(1) 桌面虚拟现实系统(Desktop VR)——采用标准的CRT显示器和立体(Stereoscopic)显示技术,其分辨率较高,价格较便宜。在使用时,桌面虚拟现实系统设定一个虚拟观察者的位置。桌面虚拟现实系统多用于工程CAD、建筑设计以及医疗教育等领域。

(2) 沉浸虚拟现实系统(Immerse VR)——为用户提供沉浸式的体验,使用户有一种仿佛置身于真实世界的感觉。它通常采用头盔式立体显示装置,把用户的视觉、听觉、触觉及其他感觉封闭起来,利用其他的虚拟现实输入设备,使用户产生一种身临其境的感觉。

(3) 增强式虚拟现实系统(Augmented VR)——把真实环境和虚拟环境组合在一起的系统,在增强式虚拟现实系统中,虚拟对象所提供的信息往往是用户无法直接感知的深层信息,用户可以利用虚拟对象所提供的信息来加强现实世界中的认知。

(4) 分布式虚拟现实系统(Distributed VR)——是虚拟现实技术和网络技术发展相结合的产物。在沉浸虚拟现实的基础上,将不同地理位置上的多个用户或多个虚拟世界通过网络连接在一起,使每个用户同时参与到一个虚拟空间,计算机通过网络与其他用户进行交互,共同体验虚拟世界。

11.2 虚拟现实技术

为了满足用户身临其境的体验需求,所构建的虚拟现实系统必须有相应的硬件设施、配套软件,及相关技术作为支撑。

11.2.1 虚拟现实技术的相关硬件设备

与虚拟现实技术相关的硬件主要是指虚拟现实系统中负责输入/输出的硬件设备。通过这些硬件设备的信息采集来完成用户的感官体验。具体来说有以下几种。

1. 数据手套

数据手套(Data Glove),是虚拟现实系统中常见的交互式设备,是一种穿戴在用户手上,作为一只虚拟的手在虚拟世界中对物件进行抓取、移动、装配、操纵、控制,并能将各种手势转换成数字信号传送给计算机,通过相应的应用程序识别,执行相应的操作指令,如图11-2所示。目前,各类数据手套产品层出不穷,除了早期由美国VPL公司生产的数据手套,后来Vertex公司的Cyber Glove、Exos公司的Dextrous Hand Master、Mattel公司的Power Glove和5DT公司的Glove 16等数据手套在传感精度和性能稳定度方面都有较大提高。当然,数据手套也存在一些不足,数据手套的精准度还不能与人类的手完全媲美,仍存在一些误差和延迟。随着技术的不断革新,数据手套的性能必将大幅度提高以满足用户在虚拟现实系统中更前沿的应用。

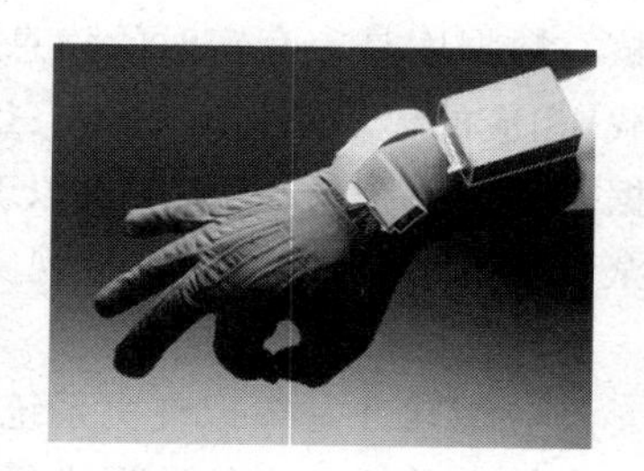

图11-2 数据手套

2. 动捕仪

在一些虚拟与实拍相结合的数字电影中,或多或少地使用了动作捕捉仪。动捕仪通过收集绑定在实体人、动物或其他物体上的运动传感器所产生的数据，经处理单位的分析，在计算机上把运动数据赋予相应的三维模型，以完成相应的动作捕捉。在运动捕捉系统中，通常并不要求捕捉表演者身上每个点的动作，而只需捕捉若干个关键点的运动轨迹，再根据造型中各部分的物理、生理约束就可以合成最终的三维运动画面，如图 11-3 和图 11-4 分别表示了动捕仪运动捕捉过程中的跟踪定位示意图以及 Marker 点在人体上的分布。运动捕捉系统可以对人物的表情、动作进行数字化的数据采集，提供了全新的人机交互方式。

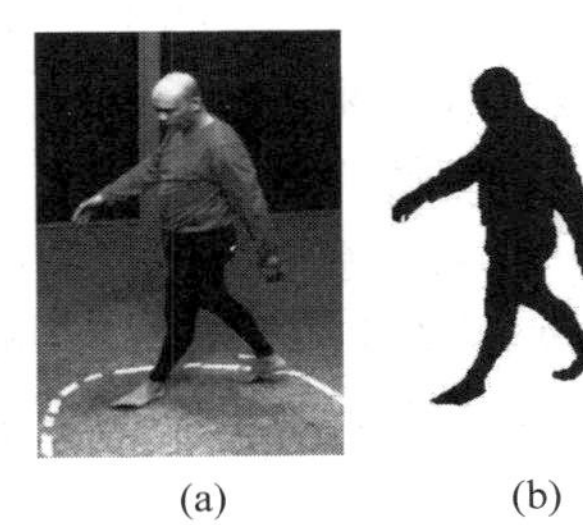
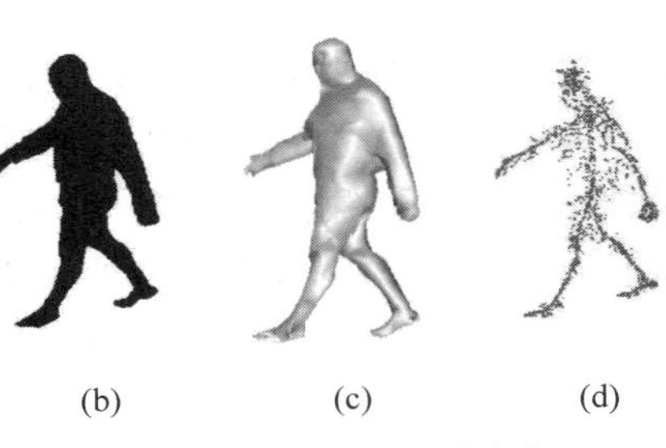

(a) (b) (c) (d)

图 11-3 动捕仪运动捕捉过程中的跟踪定位

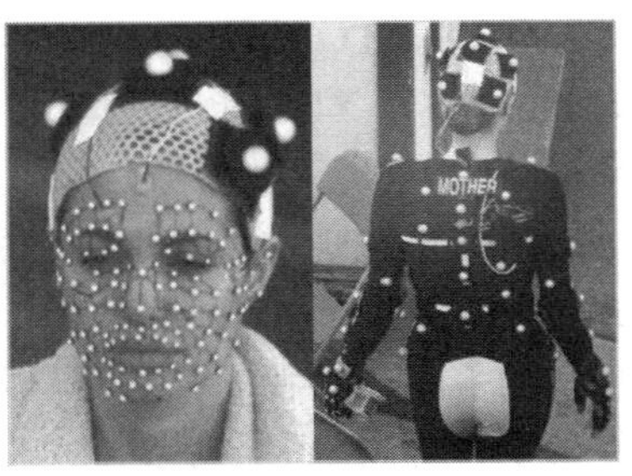

图 11-4 Marker 点在人体上的分布

3. 三维操作器

三维操作器是(图 11-5)可以辅助用户在三维空间中进行相应操作行为的硬件设备，它突破了从前只能在平面内进行相应操作的局限，为用户在三维虚拟世界中进行相应的操作提供了有效的手段。常见的三维操作器有三维鼠标，它可以在虚拟空间中完成 6 个自由度的操作，包括 3 个平移参数与 3 个旋转参数，其工作原理是在鼠标内部装有超声波或电磁发射器，利用配套的接收设备检测鼠标在空间中的位置与方向，多应用于建筑设计等领域。

4. 三维扫描仪

三维扫描仪(3Dimensional Scanner)，是一种对实际物体进行三维建模的重要工具，能快速方便地将真实世界的立体彩色的物体信息转换为计算机所识别的数字信号，为实物数字化提供有效的手段，如图 11-6 所示。与传统的平面扫描仪、摄像机等设备相比，三维扫描仪的突出特点在于立体化、色彩扫描，同时所输出的模型也是三维模型，可直接导入 3D Max、Maya 等三维软件进行再处理。

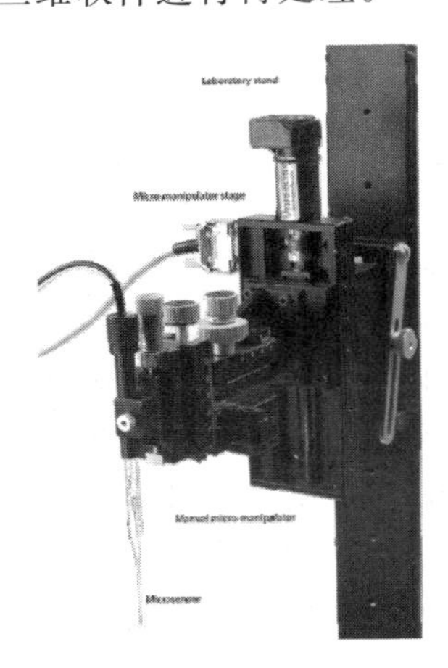

图 11-5 三维操作器

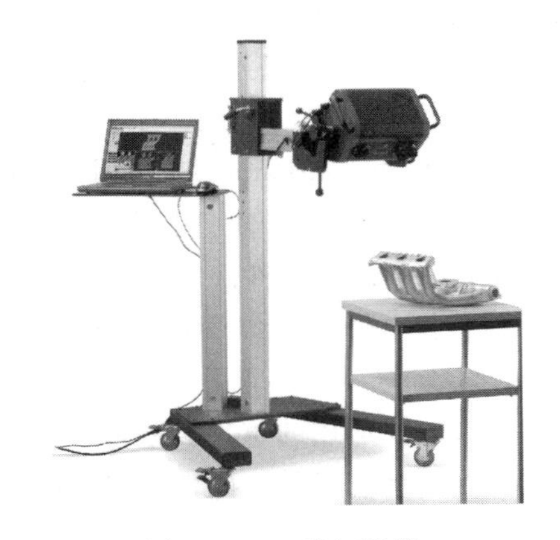

图 11-6 三维扫描仪

5. 立体显示装置

虚拟现实系统的主要体验和展示方式都是经由人类的视觉感官完成的，立体显示装置也是虚拟现实系统中最重要的硬件设备之一。根据虚拟现实系统的具体功能，立体显示装置也有不同的分类，有台式显示装置、头盔显示装置、墙式立体显示装置等。以墙式立体显示装置为例，EON CYVIZ 3D 开发的 XPO 系列“3D 立体处理器”，使得在采用普通 LCD、DLP 投影机、通用 PC 工作站和标准的软件环境下，实现了高质量的 3D 立体再现。Cyviz XPO2 Stereo 3D Converte 使用一般的计算机配置，一部工作站和两部 LCD 或 DLP 投影机，再接上一台 XPO Stereo 3D Convertes 就可以展现出完美的 3D 立体效果。

6. 耳机

耳机是虚拟现实系统中重要的听觉输出硬件设备，根据电声特性、尺寸重量以及安装的方式，耳机的样式也不同。尽管耳机已经被广泛使用在音乐播放等娱乐应用方面，但是在虚拟现实的应用还存在一些不足，耳机对人耳的刺激难以达到特殊虚拟场景的需要，如高能量爆炸的场景等，仅靠耳机完成对人听觉感官的作用还远远不够。

7. 力反馈装置

在虚拟世界中，人对周围世界的认识还需要通过触觉的方式进行，有效的触觉反馈会令虚拟现实世界更加真实。通过力反馈装置可以对三维场景中物件的摩擦力、平滑度、重力等进行实时计算，以完成力反馈的完美模拟体现。力反馈手柄、力反馈手臂等都是可以针对重力和惯性模拟控制，当用户在与虚拟环境进行交互时给予相应的力反馈补偿。

11.2.2 虚拟现实技术的相关软件

近年来，随着数字技术的不断发展以及 CG 技术的普及应用，出现了许多用来进行虚拟现实技术开发的软件，常见的有：3ds Max、XSI 和 Maya 等相关软件。

1. 开发工具

1） WTK

WTK（Word Tool Kit）是由美国 Sense8 公司开发的虚拟现实开发软件包。它是一种基于 OpenGL 或 DirectX 的实时 3D 图形驱动系统，具有强大地跨平台运行能力。尽管 WTK 是一个 C 语言的函数库，但是 WTK 其实是面向对象的。WTK 为用户提供了大量面向对象的基类，如 Light 类、Universe 类、Node 类、Geometry 类、Windows 类等，用户可以轻松构建虚拟场景，并对虚拟场景进行管理、操作、交互等。

2） Vega

Vega 是美国 Multigen-Paradiam 公司开发的用于虚拟现实、视景仿真、声音仿真和其他可视化领域的世界领先级应用软件。它是在 SGIPerformer 软件的基础之上发展起来的，为 Performer 增加了许多重要特性。它将易用的点击式图形用户界面开发环境 LynX 和高级仿真功能巧妙地结合起来，使用户以简单的操作迅速地创建、编辑和运行复杂的仿真程序。Vega 由 Vega、DLL、函数库（Lib）和应用程序接口构成。LynX 可以在不需要编写程序代码或重新编译的情况下，通过改变应用的重要参数来对场景进行预览，从而极大地提高了工作效率。Vega 支持多种数据调入、允许多种不同数据格式的综合显示，还提供了高效的 CAD 数据转换。

3） Virtools

Virtools 是法国的一家交互三维开发公司开发的通过可视化的接口，进行实时三维虚拟现实的开发系统。以代表产品 Virtools Dev 为例，Virtools 具有方便易用的特点，Virtools Dev 提供 3D 实时的分子运动、动态光源与多重材质等视觉特效模块；摄像机运动与编辑模块；角色控制模块、行为引擎模块等功能模块。采用流程图式的高度逻辑接口，令设计程序更加高效快捷。此外，Virtools 还可以将所制作的虚拟现实系统以多种形式在不同平台进行播放。

4）VR-Platform

VR-Platform 是国内的中视典数字科技有限公司独立开发的具有完全自主知识产权的三维虚拟现实开发平台，已经被广泛地应用于城市规划、工业仿真、桥梁设计、教学娱乐等领域。该软件易学易用、操作简单、功能强大、高度可视化、所见即所得。近年来，中视典立足本土资源，以 VRP 引擎为核心，衍生出 8 个相关三维产品的软件平台：VRP-BUILDER（虚拟现实编辑器）、VRP-DIGICITY（数字城市仿真平台）、VRP-PHYSICS（物理模拟系统）、VRP-SDK（三维仿真系统开发包）、VRPIE-3D（互联网平台）、VRP-INDUSIM（工业仿真平台）、VRP-TRAVEL（虚拟旅游平台）和 VRP-MUSEUM（网络三维虚拟展馆）。

此外，VR-Platform 具有以下特点：人性化、易操作、所见即所得；高真实感实时画质、高效渲染引擎和良好的硬件兼容性；完全知识产权，支持二次开发；良好的交互性；高效、高精度碰撞检测算法；丰富的特效；功能强大的实时材质编辑器；与 3ds Max 的无缝集成；强大的界面编辑、独立运行功能；快速的贴图查看和资源管理；骨骼动画、位移动画、变形动画；数据库关联；多行业应用专业模块；支持全景模块；支持虚拟现实相关硬件设备；可嵌入 IE 和多媒体软件。

5）Java 3D

Java 3D 是 Java 语言的应用程序接口（API），由原 Sun 公司定义，用于实现 3D 的显示。Java 3D 的编写方式和 Java 一样，都是面向对象。Java 是开源的，当前多数的浏览器都已经支持 Java 技术，利用 Java 3D 所提供的不同类，可以编写出基于网页的三维动画、三维游戏，编程人员只需调用相应的 AIP 即可，客户端利用 Java 虚拟机即可进行浏览，无须安装其他的插件。通过 Java 3D 可以提供变形动画、位移动画；三维环境下的灯光制作和控制；物体的纹理贴图，Alpha 通道；进行行为判断操作等。

6）Unity 3D

Unity 3D 作为一个跨平台的浏览和开发移动软件框架，采用了和专业的 Web 3D 引擎相同的架构方式和实现方式，在 Web 3D 应用领域具有极强的易用性，对网络新媒体应用设计和开发、游戏设计和开发有着广阔的易用性。Unity 3D 具有集成的编辑器，可实现相应的再编辑功能；Unity 3D 生成的 3D 程序可以在 Windows、MAC、Android、Wii、iPhone 和 Xbox360 等多个平台进行发布；易用性、灵活性和高性能兼具的着色器系统；对 DirectX 和 OpenGL 拥有高度优化的图形渲染管道；支持 JavaScript，C#，Boo 等多种脚本语言。

7）EON Studio

EON Studio 是一套适合工商业、学术界与军事单位使用的多用途 3D/VR 内容整合制作套件。这套工具强调易学易用、表现逼真以及整合性强、制作的档案小（例如 Solidedge 制作的机械零件，档案有 10MB，基本上要顺利上传是很困难的。但经过此工具处理后，不但更真实而且档案只有 345KB）。另外可轻易结合 Web 及立体眼镜，让企业、学校、研究单位可以整合设计、营销与教育训练资源。

支持 Direct 3D 和 OpenGL；可接受多种 3D 标准格式，无需模型重建；预先设定的节点，可帮助用户节省更多的时间；高灵活性与实用性；支持 JavaScript、VB-Script 等脚本程序语言；支持 720°环场背景；内建光源贴图、反锯齿装置等功能，可将金属材质表现得几近真实；支持影音档，可于场景中加入 *.avi、*.mpg、*.mov 等多媒体文件；仿真重力状态；支持立体显示效果。

2. 三维建模软件

三维建模常用的有 3ds MAX 、Softimge 和 Maya 等软件，关于该类软件，在前面的章节中已经进行了介绍，需要说明的是，在虚拟现实中，这类软件主要完成的工作是运用不同的三维模型制作方式进行视觉模型的建立。

11.2.3 虚拟现实的核心技术

虚拟现实技术融合了多种高新技术，是一种技术的集成应用，涉及 CG 技术、多媒体技术、立体现实技术、网格计算及仿真技术等众多领域。

1. 三维建模技术

在虚拟现实应用中，为了给用户呈现出逼真的效果，犹如身临其境的感受，必须对虚拟环境中的各类元素进行完美的构建。因此，在视觉场景中建立既逼真又合理的三维模型也成为虚拟现实效果可否令人满意的基础。三维模型就是用三维图形来定义的系统模型。虚拟环境的模型主要包括三维视觉建模和三维听觉建模。

1）视觉建模

在虚拟环境中，视觉建模常常包括几何建模、物理建模、运动建模、对象行为建模等。绝大部分的视觉模型要素都是由基本的几何体所构成的，每个物体包含形状和外观两个方面。物体的形状由构造物体的各个多边形、三角形和顶点等来确定，物体的外观则由表面纹理、颜色和光照系数等来确定。因此，用于存储虚拟环境中几何模型的文件应该能够提供上述信息。同时，还要满足虚拟建模技术对虚拟对象模型要求的三个常用指标——交互显示能力、交互式操纵能力和易于构造的能力。

对于静态的三维模型还不能直接使用，为了达到逼真的立体显示效果，所有的三维模型还应具备真实世界中物体的物理属性，例如质量、重力、纹理、弹性等。在进行三维建模时，还要考虑到相关对象的物理性质，运用计算机图形学和物理学，采用诸如分形技术、粒子系统、碰撞检测系统等方法和技术配合完成。以纹理为例，好的纹理映射能为虚拟现实的视觉效果增光添彩，纹理映射是将纹理图像贴在简单物体的几何表面，以近似描述物体表面的纹理细节。当用户在不同的位置和角度对物体进行观察时，物体表面的纹理在进行相应的视角取景变换后也显现出令观察者倍感真实的效果。通过利用二维平面图像代替局部三维建模这种简单而有效的方式，纹理映射极大地改善了显示效果的逼真性，

建立虚拟环境时，仅建立静态的三维模型还不能满足要求。三维模型的位移、旋转、缩放和轴心点等属于模型的动态属性，改变其中的属性，则三维模型的运动状态就会发生变化，但是三维模型的运动变化要根据一定的参照系来确定，所有的三维建模系统都设定了世界坐标和相对的环境坐标系。

通过几何建模和物理建模，一些虚拟现实中的场景已经具备了相应的真实感，但是要想达到完全彻底的逼真效果，还要进行行为建模，即解决物体运动的处理和对其行为的描述。

试想，如果在虚拟现实世界里的物体没有任何行为和反应，那么这个虚拟环境是静止的、没有生命力的，对于虚拟现实用户而言也就没有任何意义。一般而言，在对虚拟现实实施行为建模时，多采用运动学方法和动力学仿真两种方式。运动学方法是指对物体进行诸如移动、缩放和旋转等几何变化来描述相关的运动描述。例如第 7 章讲述的关键帧动画，动画设计师通过设置关键帧记录物体的运动状态，在不同的时间点上的关键帧之间由计算机自动生成相应的中间动画效果。运动学的方法往往被应用于较简单的三维虚拟场景建模，对于较复杂的场景或在物件过多的场景中则显得效率低下。

2）听觉建模

作为虚拟现实系统中仅次于视觉信息的传感通道，对听觉信息进行逼真的建模能为用户提供更为逼真的感觉，当人感觉处在立体声场中，同时配合视觉信息，能够极大地增强用户的沉浸感和交互性，如图 11-7 所示为三维虚拟声场示意图。

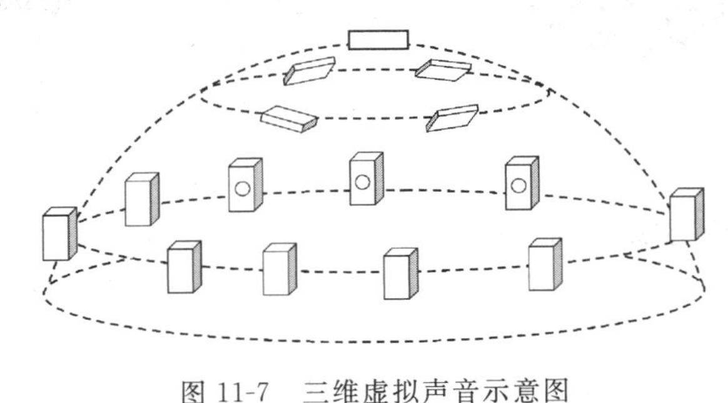

图 11-7　三维虚拟声音示意图

2. 立体显示技术

立体显示是虚拟现实最基本的技术之一。计算机图形学的先驱 Ivan Sutherland 在其 Sword of Damocles 系统中实现了三维立体显示，用人眼观察空中悬浮的框子。人类有八成以上的信息来自视觉，视觉信息的获取是人类感知外部世界最主要的渠道。从早期的 CRT 显示器到后来的 CGA、EGA、VGA、SVGA、LED 等，相应的硬件加速也使得计算机终端显示技术得到高速提升。目前，不仅在计算机领域，在电影娱乐方面的立体显示技术也得到了质的飞跃，特别在影片《阿凡达》上映后，许多城市兴办了 3D、IMAX[①]（图 11-8）院线，为用户进行三维立体的视觉体验提供了场所。主流的虚拟现实系统，如 WTK、DVISE 等还支持立体眼镜、头盔式显示器（图 11-9）和数据手套等，来协助完成立体显示效果。但是立体眼镜和头盔式显示器也存在不少问题，例如头盔三维立体显示器过重（约 1.5～2.0kg），其次分辨率低、刷新速率慢、视场窄、使用不便、易疲劳等都成为限制其发展的因素。

3. 碰撞检测技术

碰撞检测的基本任务是确定两个或多个物体彼此之间是否有接触或穿透，并给出相交部分的信息。由于现实世界中的两个或多个物体不能同时占有同一空间区域，碰撞检测技术的应用正好能够很好地实现这一效果。目前，在一些虚拟现实的应用案例中，对碰撞检测

① IMAX（Image Maximum）是一种能够放映比传统胶片更大和更高解像度的电影放映系统。标准的 IMAX 银幕为 22m 宽、16m 高。IMAX 达到 6K 分辨率，即使是普通 35mm 的影片，分辨率也相当于 4K（4096×3072）分辨率，IMAX 胶片的播片速度是一般胶片的三倍，每 6 毫秒放映一格，每秒钟放映的胶片长 1.7m。

技术的要求不断提高，不仅需要将实时地进行碰撞检测的数据，还要对碰撞时的效果进行实时地显示。例如在三维数字矿井中，当采掘机进行挖掘时，由计算机图像生成的煤粒会发生碰撞，这类实景模拟现场中会产生大量的碰撞数据，如何对这些数据进行检测处理，都必须利用碰撞检测技术来完成。

图 11-8　IMAX 影院

图 11-9　头盔式显示器

4. 交互技术

在虚拟现实中，为了实现更加逼真的效果，不仅需要常见的人机交互操作，还需要类似人与人之间的自然交互，这种交互方式对用户而言是透明的、实时的，当用户在虚拟世界中进行交互时，完全意识不到计算机固件及其他设备的存在，所有的视觉、听觉、触觉都可以得到及时的反馈。目前，脸部识别、手势识别、语音识别，以及重力反馈等相关技术已经实现了市场化，在众多虚拟现实应用中得到了广泛的应用。随着虚拟现实交互技术的不断发展，未来用户的交互将不再需要借助鼠标、键盘、头盔或数据手套等体外设备就可以实现“真实”的体验与感受。

11.2.4　虚拟现实建模语言

VRML(Virtual Reality Modeling Language)即虚拟现实建模语言，是一种基于 Web 的面向对象语言，其对象可以包括任何事物，如三维几何体、JPEG 图像、AVI 视频等。VRML 定义了一组用以描述三维图形的对象，称为节点(Node)，节点被组织成一种分层结构，称为场景(Scene)。VRML 规范支持纹理映射、全景背景、雾、视频、音频、对象运动和碰撞检测等一切用于建立虚拟世界所具有的功能。

自 20 世纪 90 年代初 VRML 诞生开始，在 1994 年 3 月日内瓦召开的第一届 WWW 大会上，首次正式确立了 VRML 的名称。1995 年，在芝加哥召开的这两届 WWW 大会上公布了规范的 VRML 1.0 草案。1996 年 5 月，在 SIGGRAPH 1996 上发布了 VRML 2.0 版，并增加了动画、声音和交互功能，为进一步构造更为复杂的三维世界提供了可能。直至 1997 年，VRML 2.0 才成为第一个在网页上发布的 ISO 国际标准。1998 年，VRML 组织更名为 Web 3D，同时制定了一个新的标准 Extensible 3D(X3D)。到了 2000 年春天，Web 3D 组织完成了 VRML 到 X3D 的转换。X3D 整合了正在发展的 XML、Java、流技术等先进技术，包括了更强大、更高效的 3D 计算能力、渲染质量和传输速度①。

① 翟彤. 基于 Web 3D 的 Cult3D 的应用与实践. 武汉工业学院学报. 2005 年第 01 期.

利用 VRML 的目的主要是为了在网页中实现三维动画效果及基于三维对象的用户交互，它同 HTML 语言一样，都是 ASCII 的描述语言，并且支持超链接，只是 HTML 不支持三维图像和立体声等多媒体技术。过去在基于 HTML 语言的网页中，VRML 只能通过 Java 语言和 JavaScript 脚本语言进行基于平面的制作。随着 Web 2.0 技术、网络传输技术等相关技术的高速发展，很多浏览器、开发平台都为 VRML 提供了相互兼容的接口，使得针对 VRML 的功能可以得到更加充分地展示，制作出逼真而生动的三维虚拟世界。

在 Web 3D 的格式方面，起初的三十多种 Web 3D 格式经过激烈地市场竞争之后，只有颇具实力的一部分最终生存下来。下面简单介绍几种 Web 3D 格式，如表 11-1 所示。

表 11-1　常见 Web 3D 格式

编号	名称	支持软件或平台	功　能
1	3DS 矢量格式	3D Max	动画原始图形文件，含有纹理和光照信息
2	ASE 格式	Velvet Studio	采样文件
3	BSP 格式	Quake	图形文件
4	DWG 格式	AutoCAD 等	工程图文件
5	GRD 格式	3D Max、PS 等	用于远程视景数据产生地图过程的格式文件
6	MD2 格式	Quake 2	模型文件格式
7	MD3 格式	Quake 3	模型文件格式
8	MDL 格式	Quake	模型文件格式
9	WRL 格式	3D Max、Maya 等	模型文件格式
10	OBJ 格式	3D Max、Maya 等	对象文件

1. VRML 的工作原理

VRML 是基于 C/S 模式的工作流程，其中服务器提供 VRML 文件(后缀为. WRL)及支持资源客户通过网络下载希望访问的文件，并通过本地平台上的 VRML 浏览器(Browser)交互式访问该文件描述的虚拟场景(Virtual Scenes)。用文本信息描述三维场景，在 Internet 上传输，在本地上由 VRML 在浏览器解释生成三维场景，解释生成的标准规范即是 VRML 规范。正是基于 VRML 的这种工作机制，才使其可能在网络应用中有很快的发展。当初 VRML 的设计者们考虑的也正是这一点，文本描述的信息在网络上的传输比图形文件迅速，所以 VRML 避开在网络上直接传输图形文件而改用传输图形文件的文本描述信息，把复杂的处理任务交给本地机，从而减轻了网络的负荷。

2. VRML 的特点

(1) 统分结合模式：VRML 的访问方式是基于 C/S 模式的，其中服务器提供 VRML 文件，客户通过网络下载希望访问的文件，并通过本地平台的浏览器对该文件描述的虚拟现实世界进行访问，即 VRML 文件包含了虚拟现实世界的逻辑结构信息，浏览器根据这些信息实现许多 VR 功能。这种由服务器提供统一的描述信息，客户机各自建立虚拟现实世界的访问方式被称为统分结合模式。由于浏览器是本地平台提供的，从而实现了虚拟现实的平台无关性。

(2) 基于 ASCII 码的低带宽可行性：VRML 和 HTML 很像，用 ASCII 文本格式来描述虚拟场景和链接，保证在各种平台上通用，同时也降低了数据量，从而在低带宽的网络上也可以实现。

(3) 实时3D着色引擎：传统的虚拟现实使用的实时3D着色引擎在VRML中得到了更好的体现，这一特性把虚拟现实的建模与实时访问更明确地隔离开来，也是虚拟现实不同于三维建模和动画的地方，后者预先着色，因而不能提供交互性。VRML提供了6+1个自由度，即3个方向的移动和旋转，以及和其他3D空间的超链接。

(4) 可扩充性：VRML作为一种标准，不可能满足所有应用的需要。有的应用希望交互性更强，有的希望画面质量更高，有的希望虚拟世界更复杂。这些要求往往是相互制约的，同时又受到用户平台硬件性能的制约，因而VRML是可扩充的，即可以根据需要定义自己的对象及其属性，并通过Java语言等方式使浏览器可以解释这种对象及其行为。

11.3 虚拟现实技术的应用

随着计算机图形技术的快速发展，虚拟现实技术的应用领域也越来越广泛，从早期的军事仿真应用，目前已经在城市规划、室内设计、文物保护、三维游戏、工业设计和远程教育等方面都获得了巨大的发展。正是由于虚拟现实沉浸性、想象力、交互性及多感官性等特征，在人们工作生活的方方面面都有应用的可能。根据Helsel与Doherty对世界范围内进行的805项VR研究项目所得统计结果说明：目前，虚拟现实在娱乐、教育及艺术方面的应用为21.4%，其次在军事与航空为12.7%，医学方面为6.13%，机器人方面占6.21%，商业方面占4.96%。此外，在可视化计算、制造业等方面都有相当的比重。

1. 军事

虚拟现实技术最早源自军事领域的应用研究，随着虚拟现实技术的不断发展，虚拟现实技术在军事演练、战争模拟等方面都得到了广泛应用。目前，世界各国都非常重视国防建设，特别在军事方面，投入了大量的人力、物力和财力，进行相关虚拟现实的军事化应用研究。从部队训练到大军区演练，再到多国部队联合军事演习，虚拟现实技术的应用不仅节省了大量的资源，还能及时有效地收集相关的军事活动数据，进而完成记录和分析，使原有的军事演习获得更大的成效。

2. 航空航天

航空航天方面一直都是虚拟现实技术应用的重要领域。根据特定要求设计的虚拟现实系统，可以进行宇航员的太空训练，还可以为专家提供相关航空航天系统的实时数据作为研究依据。目前，欧洲航天局(European Space Agency，ESA)、美国国家航空航天局(National Aeronautics and Space Adminitration，NASA)等世界一流的航空航天机构都设立了相应的研究小组，通过虚拟现实技术进行具有针对性的研究，极大提高了宇航员的训练效果、节省了飞船的设计时间。我国的神州系列航天飞船从发射任务的准备和实施过程，采用了航天发射一体化仿真训练，通过该虚拟仿真系统，可以模拟包括装备、测试发射、控制、指挥通信、地勤支持等全部环节，提高了研发的效果，合理节约了研发的成本。

3. 教育

虚拟现实技术的另一个重要的应用领域就是教育和培训。虚拟现实技术所特有的沉浸感、交互性、想象和多感知性，为教育注入了新的活力。

"十年树木，百年树人"，人类谋求发展的基本前提就是全民教育水平的提升。通过运用先进的虚拟现实技术可以有效消解一些教育行业中矛盾。例如，在发挥学生主观能动性方面，利用虚拟现实技术强大的互动性、视听展示效果，可以吸引学生的注意力，让学生从枯燥的学生环境中解脱出来，沉浸在学习的快乐当中。

对于中小学生而言，在上历史、地理、生物等课程时，可以通过虚拟现实技术建立虚拟化的教学环境，让学生身临其境地感受知识，这样还可以更有针对性地记忆相关知识点；对于大学生而言，虚拟现实技术可以应用于各类实践教学过程中，从前的集中实习环节迫于场地、设备的限制，并不是每位同学都能反复进行实验，而在虚拟实验室中，即使实验失败，学生还可以再次进行，并且避免了实验用品的浪费，根据对学生实验数据的分析，可以对学生的实验能力进行量化考核；对于成人大学生而言，VR技术所构建的虚拟教师免去了他们下班后赶路上课的麻烦，直接通过网络就可以进行学习，有不明白的内容可以及时和虚拟的教师进行沟通，简化了学习的流程，实现便捷的远程教育。

4. 培训

在培训方面，虚拟现实技术的应用也能起到高效快捷的效果，座舱式虚拟现实模拟器。它可以是一个宇宙飞船模型器、飞行模拟器、坦克模拟器、汽车模拟器、气垫登陆艇模拟器、潜艇虚拟器等。将其安装在室内，用来培训宇航员、飞行员、坦克手、汽车司机、船员和艇长等。如驾驶员培训等，学员可以佩戴虚拟3D眼睛，在虚拟的驾驶舱反复地练习驾驶技巧。

5. 文化与艺术

文化和艺术是虚拟现实另一个重要的应用领域。随着世界各国对文化产业的重视，虚拟现实技术也被越来越多地应用在文化、艺术及相关的行业内。艺术与技术就像一个硬币的两个面，对立而统一，通过适当的技术手段来对艺术或文化元素进行再创作和展现往往都可以获得非常惊喜的意外效果。就文化传播而言，最好的虚拟现实应用案例当属在电视栏目中出现的虚拟演播室，虚拟演播室的出现为节目的呈现方式开辟了广阔的空间，也为观众提供了赏心的视觉效果。通过虚拟演播室，可以让主持人身处不同的地点，更好呈现世界各地文化，实现完美的文化交流。

虚拟博物馆等虚拟化的文化艺术应用令用户可以随时随地随心地进行观赏。以2010年上海世博会为例，基于Web的虚拟世博会，让用户不去现场也可以领略世博会的风采，甚至比亲自游览世博会来得更轻松、更便捷。

此外，虚拟现实技术在文化遗产的保护与修复方面也具有重要的应用。

6. 娱乐

近年来，虚拟现实技术已经逐步走下神坛，走向平民化，越来越多地被应用到人们的生活娱乐当中，在数字影视、动漫和游戏方面取得了显著的成果。由于虚拟现实在视觉展现方面具有先天的优势，在娱乐领域，特别是游戏研发的应用成为虚拟现实技术近年来的热点区域。目前以虚拟现实技术开发的角色扮演类、动作类、冒险解密类和竞速赛车类的游戏，其先进的图像引擎已经可以与OpenGL、DirectX等主流游戏引擎的图像表现效果相媲美，尤其在整合配套的动力学和人工智能技术后为游戏的研发提供了更为适宜的便利条件。

7. 城市规划与建筑设计

随着城市建设的快速发展，利用传统的图纸绘制测算方式进行城市规划与建筑设计已经很不能满足社会的需求，基于数字化的虚拟现实技术可以为设计者提供更为直观、便捷、可重复、流程化、功能齐全的设计方案，设计者通过三维可视化的窗口，可以清晰了解城市的道路交通、供电设施、排水系统等，利用先进的特效图形引擎，还能进行各类地质气象灾害模拟，完成对城市规划、建筑的测试。

8. 工业设计

目前，虚拟现实技术已经深入到工业设计的各个领域，从产品的原型设计、外观设计、产品生产模拟、产品销售模拟，包括工人的培训等各个环节都有虚拟现实技术的应用。

在工业产品原型设计方面，通过建模和模拟的方法，将方案设计、研发、生产、使用和维护等融合在虚拟的三维环境中进行模拟，例如工业化数字采矿、水电煤气监控系统的模拟，可以有效地节省财力、物力和时间；在产品销售方面，虚拟现实技术在商品促销中有很大的应用空间。随着两化融合、物联网技术，以及相关传感器技术的进一步发展，虚拟现实技术未来在工业方面的应用将更加广泛。

9. 医学

目前，虚拟现实技术与医学相结合，在外科手术训练、手术规划等方面进行了应用，特别是远程手术的发明，节省了运送患者的时间，同时还可以获得异地高水平医生的服务。具体而言，医生和患者通过虚拟现实系统，获取对方的信息，利用虚拟现实中实时的高质量图像传输，对患者进行相应的手术操作，操作的动作被硬件设备转换为数据传输给虚拟现实系统的核心数据库，通过计算分析，将相应的数据在患者处输出系统设备完成相应的操作，中间基本没有延迟，可以实现与真实现场手术相同的效果。

10. 商业

虚拟现实技术在市场化的运作下，已经在许多产品或服务的展示、发布、销售等方面进行了很多商业化应用。IBM公司曾为福特公司设计了一种“虚拟现实体验系统”，让用户在新型福特汽车中进行虚拟驾驶，对促销车辆、活跃市场起到了很好的作用。

房地产行业利用虚拟现实技术构建的商品房、楼盘的三维场景，让住户在楼盘还未建设之前就能身临其境地感受楼盘的布局、房间的结构，通过虚拟现实技术不仅能够完美地表现整个小区中还未建成的绿化带、喷泉、运动场等环境和设施，用户还可以选择白天、夜晚进行查看，对小区中的喷泉、音响，以及房间中的地板、壁纸、天花板、电视机等物件进行交互式的操作控制，以体验不同的场景。

总之，虚拟现实技术已经在不同领域找到了发展的空间和市场，具有极大的应用前景。但是VR技术应用往往需要大量的技术人员和资金的投入，在进行相关建设研究前必须进行反复论证和市场调研，让虚拟现实技术的每一次应用都可以促进行业发展，产生较好的市场反响。

艺术篇

第12章 近现代数字艺术的发展

当岁月之轮碾过21世纪的第一个10年，回头遥望整个20世纪与锋芒微露的21世纪，我们会发现，一百多年的艺术史仿佛在转瞬间幻化为色彩纷呈的万花筒。思想观念的变革、艺术流派的重构、技术手段的创新纠缠杂糅在一起，却都无一例外地组成了万花筒中扑朔迷离的光斑——当人们注视它的时候，它便毫不吝啬地呈现出其独特的艺术魅力。

数字艺术起源于20世纪60年代中后期，根植于传统艺术，以数字技术为创作与展现的主要手段。在研究近现代数字艺术发展的过程中，对于传统艺术的变革与发展的梳理是必不可少的。可以说，传统艺术是数字艺术产生的机遇与基石，是数字艺术创作的灵感与启示，是数字艺术发展的动力与源头。传统艺术中各门类的每一次创新与变革都在数字艺术领域中留下浓重的一笔。传统艺术对于数字艺术的影响可归纳为程度深、范围广、历史久。

下面，我们将数字艺术的发展分为20世纪与21世纪两大时区进行系统研究，并以此为线索，层层铺垫数字艺术的来临。

12.1 20世纪数字艺术发展概述

20世纪是一个推陈出新的、令人振奋的世纪。纵观整个时间维度，每个年代都留给人类无与伦比的艺术瑰宝与知识遗产。

众多艺术流派纷纷涌现，从野兽派开始，经历了表现主义、立体主义、未来主义、抽象主义、达达主义、风格派、形而上画派、包豪斯、超现实主义、巴黎画派、抽象表现主义、新现实主义、波普艺术、欧普艺术、大地艺术、观念艺术、行为表现艺术、照相写实、激浪派、极少主义、女性主义、涂鸦主义、装置艺术、影像艺术、新媒介艺术、象征主义、俄国前卫艺术、构成艺术、现代雕塑，直至世界现代设计。

透过这些流派的产生与发展，我们可以得出从多种角度出发而归纳的结论。在此，我们旨在对数字艺术产生的影响为研究目的，系统探究20世纪艺术发展的历程。

12.1.1 镜花水月——数字艺术产生前的艺术流变

在数字艺术产生以前的40年里，传统艺术伴随着历史的发展不断革新与交融。社会的动荡引起人们意识形态的变化，技术的创新促使人们以新的手段表达感情，进而形成崭新的艺术流派——这种艺术的流变成为数字艺术产生的重要积淀。

19世纪八九十年代，浪漫主义思潮与摄影技术的迅猛发展，使得视觉艺术在摄影方面的成就尤为显著。当时最为流行的两种派别——记录摄影与绘画风格摄影中的创作者大量产生于职业摄影者与业余摄影者中间。作为较专业的记录摄影，早在19世纪80年代便向人们呈现出对动态事物的科学观察，如1885年，埃德沃德·迈布里奇（Eadweard

J. Muybridge,1830—1904)的作品《动态的科学观察——痉挛性步态》(图 12-1,《动态的科学观察——痉挛性步态》,埃德沃德·迈布里奇,1885 年,碘化银纸照片,宾夕法尼亚费城艺术博物馆)。迈布里奇的序列摄影作品表现了运动过程中的人和动物,展示了肉眼无法观察到的运动的细节。艺术家意识到,传统方式中表现马匹跳跃时所使用的“伸出四条腿”的画面在实际观察中却从未发生过,而这种对现实事物运动的真实且细致的记录也成为动画原理理论最早的证据之一。

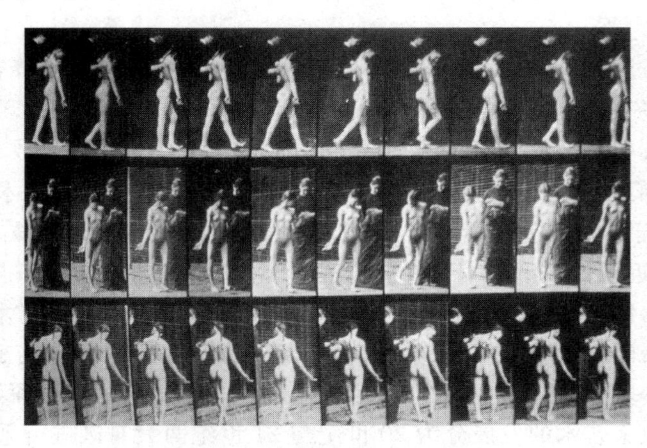

图 12-1 《动态的科学观察——痉挛性步态》(埃德沃德·迈布里奇,1885 年,碘化银纸照片,宾夕法尼亚费城艺术博物馆)

20 世纪的视觉艺术发源于 19 世纪的中后期。当 19 世纪走到尽头的时候,其意识形态与社会状况却并没有得到提升,艺术的创造力也因此陷入低迷。社会各界名流、学者开始重新审视早期的哲学思想,力图从诸如黑格尔、马克思、尼采等哲人的思想中提炼出艺术的本质与思辨。弗洛伊德的《日常生活精神病理学》与亨利·柏格森(Henri Bergson,1851—1941)的《创造进化论》对当代艺术产生了深刻而直接的影响。弗洛伊德是精神分析心理学的创始人,被誉为精神分析之父,是影响 20 世纪最伟大的哲学家、心理学家。他所编著的《日常生活精神病理学》不仅在心理学方面有卓越的贡献,而且影响到社会学、人类学以及文学、艺术等多个领域,成为艺术家追捧膜拜的经典。亨利·柏格森则通过《创造进化论》阐述了人类历史即为“生命动力(élan vital)”的观点,反映出人们对于精细造作的象征主义失去了兴趣,却同时又在对其他类型的流派驻足关注,形成了独特的艺术创造进化现象。这种艺术跟随历史前行的归纳无疑影响和激励着后来的众多艺术家推陈出新。

1. 新艺术派

20 世纪初,各类艺术形式仍在不断地发生着变革,但这些演进依旧与 19 世纪末的象征主义思潮密不可分,并在奥匈帝国的首都维也纳连续上演着新派艺术的秀场,令人目不暇接。绘画方面,汉斯·马卡尔特(Hans Makart,1840—1884)的继承人古斯塔夫·克里姆特(Gustav Klimt,1862—1918)无疑成为最具影响力的人物之一。

1897 年,他因与官方发生有关绘画作品内容的争论而参与组建了维也纳分离派。1898 年,分离派成为欧洲第一个激进艺术家的独立团体。然而,分离派的局限性阻碍了克里姆特的发展,故于 1903 年辞职,协助建立了一个新的团体——维也纳“艺术展览场”。

一些批评家不看好克里姆特创作的作品。维尼尔·哈夫曼曾批评其为了追求强烈的装饰效果采用了各种流派的风格，反而使作品缺乏内涵、华而不实[①]。但正是这样稍显严厉的批评让我们看到克里姆特在创作时兼容并蓄的理念与突破流派界线的创新精神。与克里姆特性主题的作品相比，其作品中凸显的装饰性与创作方法的抽象性更令当今艺术家与评论家着迷。如性主题与抽象联想融合所形成的作品《吻》(图 12-2,《吻》,古斯塔夫·克里姆特,1909 年,裱于木板上的纸质水彩画,1.92m×1.18m,法国斯特拉斯堡现代艺术馆),在扑朔迷离的形式与轮廓背后很难让人诠释作品的真正内涵。

这种难以言表的作品形式恰恰符合新艺术派的特征——任何的创作应为各种艺术流派、风格的杂糅，作品应具备综合特征，避免特性的单一与独立。这样的创作理念影响了一个多世纪的艺术家们，仿佛早在预言着数字艺术的最大特征之一——艺术种类的综合杂糅。

图 12-2 《吻》(古斯塔夫·克里姆特)

2. 野兽派

野兽派(Fauvism)是孕育 20 世纪现代艺术的前卫美术运动，它是最早的主要先锋派风格。其存在时间虽然短暂(1904—1907)，但对艺术的发展与流变却产生了深刻而积极的影响。

1905 年，一些巴黎青年画家参加了在巴黎举办的秋季沙龙展览，其作品强烈的色彩、夸张的造型被批评家路易·沃克赛尔(Louis Vauxecelles)用“野兽”一词来作形容和比喻，故而留下了这样的妙语传世。

野兽派中的著名画家有马蒂斯、马尔凯(Albert Marquet,1875—1947)、鲁奥、弗拉芒克(Maurice de Vlaminck,1876—1958)、德朗(Andre Derain,1880—1954)和杜飞(Raoul Dufy,1877—1953)等人。他们对于色彩使用的关注度与自由度超出了任何一个艺术流派，他们用乐观的心境与真诚的态度大胆地创作出将造型、构图与富有激情的色彩和谐统一的作品，使这短短三年的艺术风格影响了整个西方现代艺术史，并留下了浓重而绚丽的一笔。

图 12-3 《马蒂斯夫人的画像》(亨利·马蒂斯)

亨利·马蒂斯(Henri Matisse,1869—1954)可谓是野兽派画家群体的中坚力量，他的绘画经历也代表着野兽派的发展历程。1905 年的秋季画展上，马蒂斯展出了他的作品《马蒂斯夫人的画像》(图 12-3,《马蒂斯夫人的画像》,亨利·马蒂斯,1905 年,布面油画和蛋彩画,40.5cm×32.5cm,哥本哈根国家美术博物馆)。当时，该画像就因人物脸部鲜绿色的明亮条纹而远近闻名。马蒂斯曾在 1908 年发表的《画家札记》中说到：“艺术作品本身必须具有完整的意义，在观众还没有弄清画的主题时就为之深深吸引。”即强调艺术家需通过各种艺术手段与形式突出作品的特点，使观众在第一时间对作品感兴趣。而这种兴趣点的产生在于艺术家个体的独特创造，并非完全依赖

① Werner Haftmann. Painting in the Twentieth Century. vol. 1(2nd edn). London. 1965,55.

于观众的找寻。再比如《弹吉他的少女》、《红色的和谐》、《金鱼和雕塑》等作品，更是多以自由奔放的线条、鲜亮强烈的色彩、简约欢愉的形象征服了观众。

野兽派的发展历程仿佛流星在天际划过，给黑色的夜空留下明快轻盈的记忆。虽然它并不是群星中最闪耀与最持久的一颗，但却是最为灵动与深刻的精灵。

3. 表现主义

表现主义(Expressionism)也是20世纪初出现的艺术流派，是德国对20世纪世界艺术的独特贡献。该流派作品中表现出强烈的情绪宣泄是其显著的艺术特征，这种对于情绪表达的重视体现出艺术家与社会现实之间的紧张关系。青年艺术家分成两个群体构成了德国表现主义的主体，这就是“桥社”和“青骑士”。虽然两个团体存在的时间并不长，但他们所主张的对于情感宣泄的重视与对现实社会价值的冲撞均对现代艺术产生了深远的影响。

“桥社”于1905年在德累斯顿成立，深受野兽派和立体画派的影响。挪威画家爱德华·蒙克(Edvard Munch，1863—1944年)是表现主义的先驱式人物，其作品中所展现的内心世界阴郁而神经质，与外在现实世界形成强烈的反差与冲突，同时运用令人躁动不安的激烈情感宣泄出视觉的震撼与冲撞。如作品《呼喊》(*The Scream*，图12-4)即为蒙克以油画和版画两种形式进行创作的作品，而作品的创意据说是来源于他的亲身体验。画面中浓重强烈的色彩与扭曲的人物形象造成具有独特表现力的视觉效果。

图12-4 《呼喊》(爱德华·蒙克)

“青骑士”一名得于画家弗朗兹·马尔克(Franz Marc，1880—1916)和瓦西里·康定斯基(Wassily Kandinsky，1866—1944)所出版的《青骑士》年鉴。马克尔的作品中经常寄真实感于动物形象，并以大块色域、和谐的节奏来进行刻画。康定斯基同样注重对于色感的运用与感知，将精神世界平展于画卷之上。如《构图4》，康定斯基用完全抽象的线条与色块创作了一幅需要近距离观察的有人物的风景画。画中间是一座蓝色的山峰，山上有一座城堡，三个穿斗篷的人站在山峰前面。在一篇文章中，康定斯基这样写道：“绘画就像各种不同的世界之间雷鸣般的剧烈撞击，这些不同的世界通过彼此斗争，注定要产生一个世界，一个叫做艺术世界的新世界[①]。”

表现主义的产生是对人类情感的一次释放，无论是内心的恐惧、现实的批判，还是绝望的无助，都大胆地用浓烈的色彩、抽象的形象表达出来，对现代艺术发展的影响不可忽视。

12.1.2 熟悉的陌生人——数字艺术的悄然降临

20世纪初，当威尔伯·莱特和奥维尔·莱特第一次驾驶动力飞机飞行，世界上第一部叙事型电影《火车大劫案》问世了。1907年，奥古斯特·马斯格发明了第一部慢动作电影，同年，路易斯·卢米埃尔发明了彩色摄影……科学技术的发展不断为艺术的创新提供了肥沃的土壤与丰富的养料，孕育出风格迥异、历久弥坚的艺术流派。

1. 立体派

立体派是继先锋派之后的又一艺术流派，也是20世纪早期最有影响力的艺术流派之

① Kandinsky. op. cit.. p. xix.

一。“立体派”一名的由来是取自路易斯·沃克赛尔对于勃拉克展览的评论，文中提到了“立体”一词，其后许多人便在文章都纷纷采用，继而成为意义非凡的专用名词。

立体派与野兽派之间存在着矛盾，但又不乏相似点。立体派用一种新颖的、极为复杂的视觉语言与野兽派同时关注着对于感性的表达与实现。立体派的两个先驱人物巴勃罗·毕加索(Pablo Picasso，1881—1973)和乔治·布拉克(Georges Braque，1882—1963)，后者就是野兽派中的青年成员。

立体派绘画的创作方式打破了传统绘画中所采用的固定视点方式，试图在二维的画卷中展示对象的三维信息，仿佛能感觉到走在某一个人或某一组物体的周围，全方位地观察其中的人或事。毕加索于1907年创作的《阿维农的少女》(*The Women of Avignon*)通过多视角的透视、空间结构的重组、人物形象的几何化表现构成了这幅另类而震撼作品。随后，1909年，波拉克创作了与毕加索艺术风格极为相似的《小提琴和水罐》(*Violin and Pitcher*，图12-5，《小提琴和坛子》，乔治·布拉克，1910，布面油画，117cm×73.5cm，瑞士巴塞尔艺术博物馆)。该作品恰恰向人们展示了立体画中对于时间要素的环视。观众乍看上去不明白作品到底为何物，但从各个角度、各个时刻细细观察，即可明白其中的形象。因此，该作品也被称为分析立体主义(Analytic Cubism)的重要代表作。

《沃拉尔肖像》是毕加索于1910年采用立体视角方法创作的作品。画面中采用各种几何图形拼凑成肖像的轮廓与结构。虽然局部无意义，但观众仍然可以清晰和准确地分辨出沃拉尔的肖像。后期，毕加索更是选用各类形象的局部简易图形拼凑成作品的每个细节，如壁画《格尔尼卡》(1937年)中所描绘的伤马、牛首、肢解的四肢、惊恐的女人等，一个个分割的形象、象征性的元素大胆地汇成了这幅奇特的世界名画。

毕加索将传统的二维画法转化为三维的尝试得到了其他许多艺术家的欣赏与效仿。这些效仿并没有使他们的作品更具独创性，最重要的原因在于效仿者大多为雕塑家，而维度的转变并没有在雕塑领域产生更大的影响。效仿者中最成功的艺术家是出生在立陶宛的雅克·利普希茨(Jacques Lipchitz，1891—1973)和亨利·劳伦斯(Henri Laurens，1885—1954)。劳伦斯创作了坚固的块状雕塑，并由宽阔的平面组成(图12-6，《瓶子、被子和报纸》，亨利·劳伦斯，1916—1917。木质材料和画布，51cm×40cm×22cm，阿姆斯特丹市立现代艺术馆)。

图12-5 《小提琴和坛子》(乔治·布拉克)

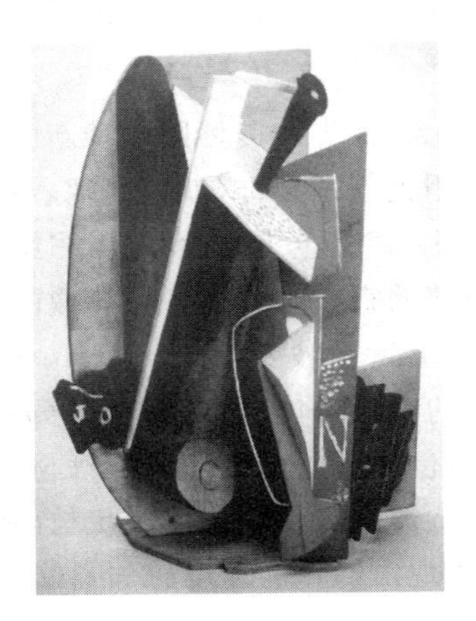

图12-6 《瓶子、被子和报纸》(亨利·劳伦斯)

立体派的成功与杰作弥漫于整个20世纪，渗透于每个时期的艺术流变，直到数字化生存的今天，我们仍然可以从现代数字创作艺术中发现大量的立体派元素与风格，它留给世界太多的惊喜与经典。

2. 拼贴画

拼贴画的产生与立体派艺术家在创作过程中的实验与创新是密不可分的。立体派的重要艺术家帕布罗·毕加索在1913年创作的《构图：小提琴》(图12-7,《构图：小提琴》,帕布罗·毕加索,1913年,水粉画,木炭,板面色粉画,52cm×30cm×4cm,巴黎毕加索博物馆)和乔治·布拉克的《小提琴和风笛》(《小提琴和风笛》(日报),乔治·布拉克,1913—1914。布面混合材料,74cm×106cm,巴黎国家现代艺术博物馆)中都使用了印刷的字母,而对于这些本不属于画面中的素材的使用却成为拼贴画产生的源泉与基础。

图12-7 《构图：小提琴》(帕布罗·毕加索)

布拉克从1912年开始研究拼贴画,尝试用各种素材进行拼贴画创作,构成强烈的视觉效果。在创作中,勃拉克注重作品表达效果的直接与明晰,用抽象的图形叠交拼凑成具体物象进而阐释主题。《单簧管》是他在1913年创作的拼贴画经典。他用报纸、彩色纸和木纹纸在画面中央拼贴出一组简洁的形状,并以铅笔在这组形状的周围勾画出线条和阴影。这些线条和纸张成为一种符号和象征,包含着作品所表达的精神内涵。

通过拼贴这种形式,艺术家将一些似已被人忘却的表现因素,尤其是对材料及色彩的重新审视与组构,向人们昭示了拼贴画的独特魅力。

3. 未来主义

未来主义运动始于巴黎。与其他艺术流派诞生于画展不同,“未来主义”一词来自于《未来主义的成立和宣言》。这篇文章的作者是当时文学界的叛逆者菲利波·托里内·马里内蒂(Filippo Tomaso Marinetti,1876—1944)。他以惊人的言辞使用与对短语的创造力著称。在该宣言中,他以同样精彩的辞藻与句式预言了即将出现的未来主义的内涵与精髓。

“我们认为,世界的美妙因一种新的美丽而变得更加丰富,这种新的美丽就是速度之美。赛车的顶棚用大管子装饰,就像是喘着粗气的毒蛇,呼啸而过的汽车就像是行驶在霰弹上,这样的赛车比‘萨莫色雷斯胜利女神’绚丽得多。”

马里内蒂的宣言吸引了各行各业的应征者。其中,一些年轻的画家是其重要的组成部分,主要有翁贝特·波丘尼(Umberto Boccioni,1882—1916)等人。波丘尼的青铜雕塑《在连续空间中的独特形体》(*Unique Forms of Continuity in Space*)刻画的是一位昂首前行中的人物形象,创作者采用似随风飘舞与动感十足的青铜块与青铜面相结合,充分展现出未来主义的艺术特征与风格。这些块状与面状的青铜是作者想象前行人物与周围环境相融合的形象产物,体现出幻化的速度感与空间感。

未来主义艺术不仅在雕塑方面擅长和热衷于记录运动阶段的不同状态,在绘画和摄影方面同样关注时间与空间的重构。艺术家贾科莫·巴拉取材于法国摄影家艾蒂安·朱尔·马雷在19世纪80年代的实验摄影作品而创作出的《奔跑的拴着链子的狗》(图12-8，《奔跑的拴着链子的狗》，贾科莫·巴拉，1912，布面油画，90cm×110cm，纽约布法罗奥尔布赖特-诺克斯美术馆)，画中鲜明地展现出动作在空间中的持续性，如链子以曲率相似的弧形晃动、狗的腿部似各瞬间定格状态集合的描述，从而生动地显示了无法从正常视角观察到的运动状态。对未来主义同样产生重要意义的摄影家安东·朱利奥·布拉加利亚(Anton Giulio Bragaglia，1890—1960)，也是绝无仅有的、携带未来主义基因与理念而进行创作的摄影家，其作品的与众不同在于对情愫的记录和张扬，而其间对运动过程的连续展现仅成为情感的表达工具和方式。如摄影作品《吸烟者》(图12-9，《吸烟者》，安东·朱利奥·布拉加利亚，1913，明胶银版照片，私人收藏)中吸烟者的惆怅或是忧郁都伴随着连续记录的烟雾线而表现得延长而凝重。波丘尼的画作《心态：留守的人》(图12-10，《心态：留守的人》，安贝托·波丘尼，1911，布面油画，70.8cm×95.9cm，纽约现代艺术博物馆，纳尔逊·A·洛克菲勒收藏)也采用未来主义方式通过对物体运动的展现来传达和流露情感。

图12-8 《奔跑的拴着链子的狗》(贾科莫·巴拉)

图12-9 《吸烟者》(安东·朱利奥·布拉加利亚)

图12-10 《心态：留守的人》(安贝托·波丘尼)

未来主义脱离自然的表现方式在世界很多地方都产生了深远的影响。触动人心的表现方式、别具一格的创新风格都是该艺术流派成功的原因。与此同时，我们也不能忘记马里内蒂从精神与物质两方面对未来主义的发展所做出的杰出贡献。

12.1.3 天使爱美丽——数字艺术的积累与挣脱

20世纪20年代是一个被图像信息席卷的时代。无论是1920年第一次通过照片向全世界展示银河结构，还是1925年第一台莱卡照相机问世，抑或是1926年柯达16mm胶卷的诞生，更不用说1928年乔治·伊斯曼展出的第一批彩色移动图片，都成为图像占据人类世界的有力证据。现实世界受到了彩色记录载体的激烈挑战——静态图片、动态画面让审美更加轻松与平易。

1. 抽象主义

抽象主义的艺术特征是对色彩、形状、构图、线条的强调与掌控，通过非具象的表现方式来描绘人和物。艺术家们在创作的过程中可实现对于具象世界的一种反攻，或者可以把这种非形象化的创作看成从艺术家手中诞生的“美丽新世界”。

在抽象主义画派中，贡献最大的艺术家毫无疑问是出生于莫斯科的瓦西里·康定斯基。他的作品多采用印象主义技法，又受到野兽主义的影响，被认为是抽象主义的鼻祖。从 1910 年开始，康定斯基在绘画中沿用了具有抽象主义特征的画法，创作出了用色彩泼洒而成的没有明晰轮廓形象的物体，如《即兴》(*Improvisation*)。而正是这种尝试与坚持将许多艺术家早前在画中所体现出的“抽象”特征重新定义，使得非具象化的艺术成为可能。当我们再度欣赏这样的作品时，可以顺理成章地将抽象主义因素结合其中，从而获得更加独特的审美情趣。康定斯基之后在几何构成形式上的研究也取得了很好的成绩，代表作《绿与红》(*Green and Red*)中所宣扬的严密精确的几何因素与前期画作中所表现的放纵随意构成了鲜明的对比。

在抽象艺术发展的过程中，一些俄国艺术家通过不同的尝试而形成的风格也在不断地丰富着该艺术形式，并作出了重要的贡献。

“至上主义”(Suprematism)的马列维奇(Kasimir Malevich，1878—1935)的作品《至上主义绘画(白底上的黄色四边形)》与《白色上的白色》用简单大胆的颜色对比与架构体现出对于艺术的解放性思维。“构成主义”(Constructivism)的塔特林(Vladimir Tatlin，1885—1953)所创作的大型《第三国际纪念碑》(模型)，现收藏于斯德哥尔摩现代艺术博物馆。该纪念碑虽未能最终实现，但模型中所展现的独特创意远胜于埃菲尔铁塔。纪念碑将艺术与实际功能结合得十分巧妙，塔内设有无线电广播站和会议大厅，并且各个组成部分均可以以不同的速度旋转，这样大胆的创作理念直至当下很多艺术家、设计者仍在追随和模仿。

2. 达达主义

第一次世界大战带给人类的是巨大的灾难，无论是从身体上还是精神上都遭受到史无前例的摧残。人们对于战争的厌恶、对于社会现实的失望、对于继续生活的无助……种种情绪弥漫在人们的生活中。就是在这样的社会背景与思想观念下，促成了一种艺术表现力更强、精神寄托感更深的艺术流派——达达主义。

“达达”一词的来源同样赋予感染力与传奇性。有一种说法是，几个达达主义的创始人在 1915 年选用德语中“木马”的儿语——“达达”一词。另有一种说法是，达达主义的创始人在苏黎世为该艺术团体起名时采用了随机翻看字典的方式，结果就翻选到了“达达”一词。不论哪种说法属实，有一点是可以肯定的，即从该艺术团体名称的诞生过程便可知其玩世不恭、随意性强、善于讽刺的创作理念。

达达主义艺术家中最具影响力的是法国人马塞尔·杜尚(Marcel Duchamp，1887—1968)。杜尚与立体派的关系千丝万缕，而对其发展的贡献也是有目共睹的。在“艺术家三兄弟”中，杜尚是当时“恶作剧(Blague)”精神最主要的继承者与发扬者。这种精神强调对于幻想的否定与自我释放的追求。杜尚最著名的作品《泉》(图 12-11，Fountain，1917)是直接选用从某个五金百货供应商那里收集来的男士小便池，上面还写有一个假名“R. MUTT”。当时，该作品被送往纽约一个没有评委的展览上，但并没有得到展出的机会。这个“成品”作品是杜尚对于艺术品过剩且艺术表现力欠佳的抨击，也是对于先锋派的一种反讽。当人们发现把日常品放置不同的环境中，如放到艺术展览馆，则会使本来不具有艺术特性的日用品仿佛形成了独特的艺术风格，从而与当时艺术家们所创作的作品相比更具魅力。杜尚另一举世瞩目的名作《蒙娜丽莎》，是在达芬奇的《蒙娜丽莎》的印刷品上进行了细微却效果轰动的加工，用铅笔给主人公添上胡须，并在画上题字 L. H. O. O. Q。这种将现成的艺术品(Ready-made)进行添加的方式实现了对于传统艺术创作理念的颠覆，更是向许多关于艺术本质的观点提出了质疑，同时，也为后现代主义思潮的产生与发展点燃了智慧的明灯。

3. 超现实主义

超现实主义作为 20 世纪 20 年代最重要的新艺术运动，艺术家对于联想之幽秘诡异的迷恋与对于普遍之逻辑规范的放弃，都成为该艺术流派的主要艺术特征。超现实主义囊括了同时代出现的几种不同的艺术倾向，并由此汇集产生了视觉新震撼。著有《梦的解析》的西格蒙德·弗洛伊德与达达主义领袖特里斯坦·查拉等都是超现实主义的创始人，象征主义与达达主义的艺术融合成为超现实主义产生的根基。

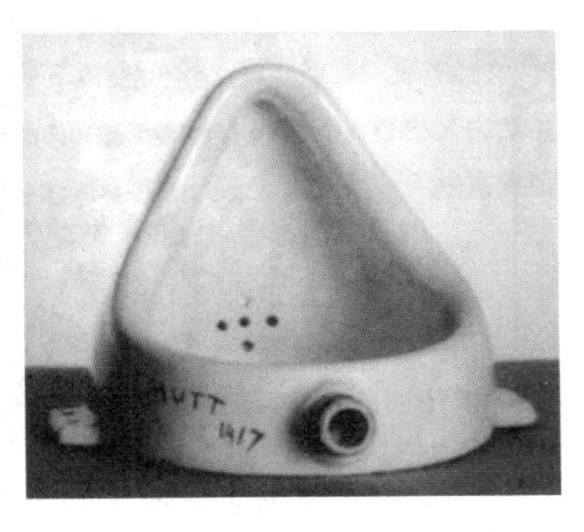

图 12-11 《泉》(马塞尔·杜尚)

1924 年，作家安德烈·布勒东通过《超现实主义宣言》首当其冲，给超现实主义下了一个文学上的定义："超现实主义，为阳性名词，主张通过纯粹的自动性精神进行口头、书面或其他任何形式的真实表达活动。对于思想的真实记录，不得由理智进行任何审核，亦不得以任何美学或伦理学的方式探究。超现实主义的基础是对超级现实的信仰，这里所谓的现实即一直被忽视的某些联想形式，同时，也是对梦境信仰的无穷威力和不以利害关系为转移的思想所进行的种种变幻。"

从文学角度，布勒东翔实而赋予感情地对"超现实主义"进行了描述与概括。从视觉角度，很多艺术大师们也通过自身的努力不断地诠释着这种全新的艺术流派的独特魅力。

马克斯·恩斯特(Max Ernst，1891—1976)在超现实主义运动开始之前就以其对于梦境的独特操纵力闻名于世。他的作品《西里波斯岛的大象》(图 12-12，《西里波斯岛的大象》，马克斯·恩斯特，1921，布面油画，1.24m×1.07m)现收藏于伦敦泰特美术馆。作品中呈现的巨大的机器大象实际上是由一些并无生气的东西拼凑而成的。另外一支小铅笔竟成为支撑大象的底座与基础，彰显出恩斯特在超现实主义之上所擅长的喜剧感。恩斯特十分重视对于绘画技巧的创新。他通过把纸片或布片贴到线上或破旧地板上，然后进行摹拓，从而发明了"拓印"法。在文学创作中，这种方式近乎于"无意识创作"，即文字是随意写出的，完全不受意识控制。恩斯特还对"拼贴"手法进行了更为深入的研究与实验。"拼贴"手法由来已久，立体画派的主要创作方式也是"拼贴"式的。但恩斯特所使用的"拼贴"技法与之前的完全不同，他不由任何理性与逻辑的支配将画面打碎，再梦境般地把各个碎片重组在一起，创作出耐人寻味又不得其解的叙事艺术。最著名的"拼贴"式作品是《百头女郎》(马克斯·恩斯特，《松开你的袋子，朋友》，《百头女郎》插图，1929 年，雕刻，私人收藏)。画的名字在法语中是双关语，单词"Cent(分)"(100 分)的发音与法语中的"Sans"(无)相同，与画面配合则更为巧妙地表达出实际形象的模糊性，似进入梦幻一般。

勒内·玛格丽特(René Magritte，1898—1967)是这一艺术思潮中取得骄人成绩的一位艺术家。玛格丽特在创作的过程中强调对于自由的挥洒，擅长通过率真并直抒胸臆的方式将各种质料与不同事物排列的组合来描绘形象，勾画出梦幻意境中的绚丽与光泽。1927年，玛格丽特所创作的《受威胁的凶手》(图 12-13，《受威胁的凶手》，勒内·玛格丽特，1927，布面油画，1.5m×1.95m)现被收藏于纽约现代艺术博物馆。这幅画是20世纪20年代的犯罪杂志中的插图。画中有两个戴礼帽的人物，是画家刻意勾画出来的资产阶级的形象。

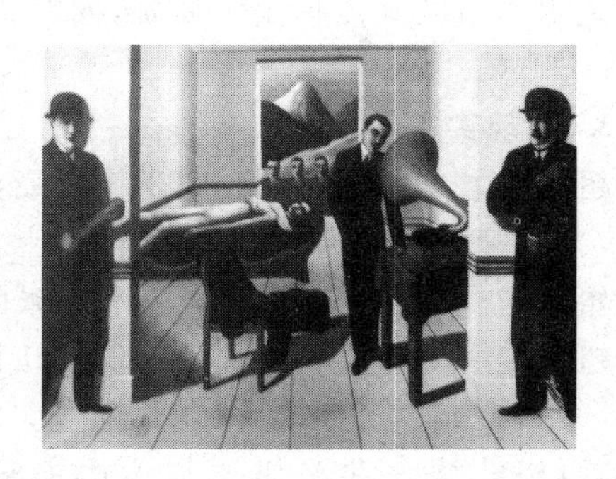

图 12-12 《西里波斯岛的大象》(马克斯·恩斯特)　图 12-13 《受威胁的凶手》(勒内·玛格丽特)

据说超现实主义者发明了一个游戏，参加游戏的人要合作画一个"尸体"，但不能看其他人画的内容。这样作画的结果很像中国成语"盲人摸象"，参与的人各说各话，所画的"尸体"自然会成为杂乱印象的拼贴。加泰罗尼亚人诺安·米罗(Joan Miró，1893—1983)在创作的过程中似乎受到"精美的尸体"游戏的影响。米罗通过这种游戏的做法，创造出了一系列扭曲的，但却不乏精妙之处的形象。《荷兰室景之一》(图 12-14，《荷兰室景之一》，诺安·米罗，1928，布面油画，91.8cm×73cm，纽约现代艺术博物馆)是米罗 1928 年对 17 世纪荷兰画家 H·M·索格尔的一幅风俗画的改作，画中对构图进行了彻底地改变，扭曲了画中所有能找到的形状。这样的画作会使观众产生想象与联想，在无意识中仿佛看到了自己梦中无远弗届的情景。

另一位超现实主义的艺术大师是西班牙画家萨尔瓦多·达利(Salvador Dali，1904—1988 年)，与毕加索、马蒂斯一起被认为是 20 世纪最有代表性的三位画家。达利以"偏执狂批判"(Paranoiac-critical)作为创作的理论基础，同路易·布努埃尔合作拍摄了超现实主义电影《一条安达鲁西亚狗》。而达利最为有名的画作《记忆的永恒》(*The Persistence of Memory*)则将他的理念延伸到画中的各事物形象的变形过程中：柔软的表、蔚蓝的海岸、变形的人脸……这些毫不相关物件的组合让人很难准确理解作者的用意，但这丝毫不影响对观赏者的震撼与启示，如图 12-15 所示。直至今日，那种柔软的、即将流淌的表面已经成为超现实主义的象征符号，并深深启迪着数字艺术创造的新思维。

图 12-14 《荷兰室景之一》(诺安·米罗)

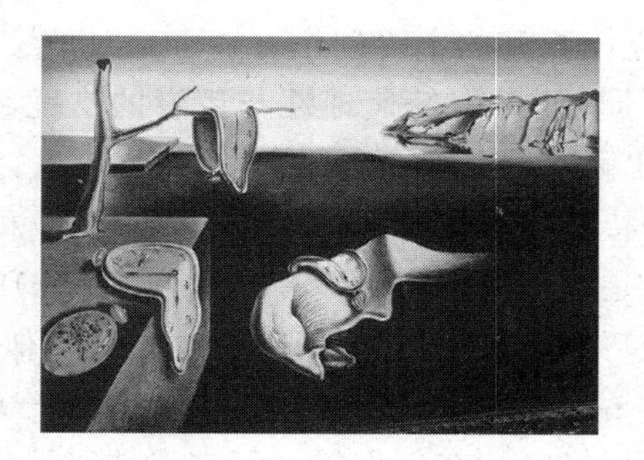

图 12-15 《记忆的永恒》(达利)

12.1.4 双面夏娃——数字艺术的创新与演进

20世纪的四五十年代是数字技术飞跃发展的集中时期。传奇人物沃尔特·迪斯尼不惜花费大量的人力物力绘制千万幅原图,完成了大批制作精良的动画作品,成为动画史上里程碑式的作品。到20世纪40年代,电子计算机作为一种全新的记录与运算方式,迫不及待地闯入了人们的视野。1947年,全息摄影被发明;1951年,美国首次使用彩色电视进行广播;1952年,IBM701计算机在世界大规模生产销售。数字技术的发展昭示着图像世界规则的改变。

1. 波普艺术

波普艺术20世纪50年代初萌发于英国,20世纪50年代中期鼎盛于美国。波普为Popular的缩写,意即流行艺术、通俗艺术。波普艺术一词最早出现于1952年到1955年间,由伦敦当代艺术研究所一批青年艺术家举行的独立者社团讨论会上首创,艺术评论家罗伦斯·艾伟(Laurence Alloway)酌定。他们的作品多由商业领域、大众媒体和日常生活中出现的图像拼凑而成,内容涉及普通大众生活的各个领域,形式为社会所接受且通俗易懂。波普艺术家认为公众创造的都市文化是现代艺术创作的绝好材料。面对消费社会商业文明的冲击,艺术家不仅要正视它,更应该成为通俗文化的歌手。在实践中有力地推动这一思潮发展的艺术家是杜尚的学生英国画家R·汉密尔顿。1956年,他在首届"这是明天"的个人展览会(惠特彻派尔画廊)上陈列出题为《是什么使今天的家如此不同,如此的有魅力?》(图12-16,《是什么使今天的家如此不同,如此的有魅力?》(*Just what is that make today's homes so different, so appealing*?),理查德·汉密尔顿)图中充斥着各种照片——常被人钉在墙上欣赏的妖冶女、一个健壮的网球运动员、现代用品和包装等。网球运动员的手上甚至还拿着一支巨大的棒棒糖,糖纸上印有三个很大的字母POP。这幅作品成为波普艺术的一面旗帜,同时亦为"波普"一词的来源。

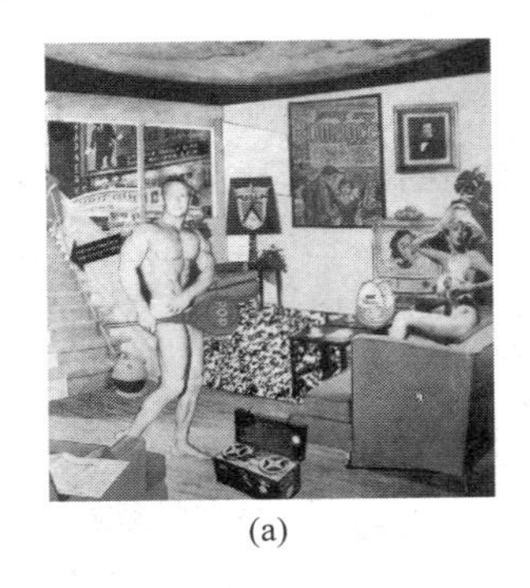
(a)

(b)

图12-16 《是什么使今天的家如此不同,如此的有魅力?》(理查德·汉密尔顿)

英国画家理查德·汉密尔顿曾把波普艺术的特点归纳为:普及的(为大众设计的)、短暂的(短期方案)、易忘的、低廉的、大量生产的、年轻的(对象是青年)、浮华的、性感的、骗人的玩意儿,有魅力和大企业式的。与其他艺术流派相比,波普艺术对于流行时尚的影响经久不息、延绵不绝。以至于到今天,仍有许多艺术设计师通过查阅直接使用或借鉴波普艺术时期的作品来充实自身的创作。波普艺术善于借用流传于商业社会的文化符号元素,并在其艺术作品中不断得到提升与扩充,坚实了主题的流行性。但这种流行性,却不同于以往的艺术创作规律,在高雅与低俗的界限间不断徘徊，使艺术的本质与价值发生了意想不到的变化。

当然，波普艺术带来的不仅仅是社会流行元素的诱惑，更引发了艺术界与普通大众的争论。这种根植于低层艺术市场的艺术形式，以其大量的复制印刷品博得了普罗大众的关注，一些波普艺术家甚至力争博物馆典藏或赞助的机会。但无奈作品的颜料廉价，无法长久保存，这也成为阻碍波普艺术发展的软肋。

在波普艺术家中，最有影响和最具代表性的画家必然是安迪·沃霍尔(Andy Warhol,1927—1986)。他是美国波普艺术运动的发起人和主要倡导者。在他长达十余年的商业设计生涯中，他一直遵循着批量生产和非个性化的原则，这与波普艺术所倡导的理念不谋而合。1962年，他因展出汤罐和布利洛肥皂盒"雕塑"而出名。他的绘画图式几乎千篇一律，把那些取自大众传媒的图像，如坎贝尔汤罐、可口可乐瓶子、美元钞票、蒙娜丽莎像以及玛丽莲·梦露头像等，作为基本元素在画上重复排列。玛丽莲·梦露的头像，是沃霍尔作品中一个最令人关注的主题。1967年，他所作的《玛丽莲·梦露》(图12-17)作品中，将那位生活不幸的好莱坞性感影星的头像作为画面的基本元素，一排排地重复排列。从这样的作品中，我们不难看到在现代商业化社会中，人们在被高度发达的物质资源充斥与满足的同时，精神生活却极其的空虚与迷茫。

图12-17 《玛丽莲·梦露》(安迪·沃霍尔)

罗伊·利希滕斯坦(Roy Lichtenstein,1923—1997)也是一位波普艺术中的领航人物。他对波普艺术的创新与发展是在一次无意的游戏中灵感迸发产生的。他将所绘制的连环漫画放大到画面上，竟产生了非同一般的效果。这种巨幅漫画中的人物给观众一种强烈的冲击力与视觉震撼力，完全打破了原有题材的主题。利希滕斯坦采用黑色的轮廓、鲜明的色彩，甚至不厌其烦地复制印刷网点，产生平面化的形象，重点突出了对于人物造型的重视。大型连环图画(图12-18,《轰!》，罗伊·利希滕斯坦，1963，布面丙稀画，68cm×160cm，伦敦泰特美术馆)是利希滕斯坦因最早的绘画系列，也是树立其声誉的作品。

图12-18 《轰!》(罗伊·利希滕斯坦)

当美国的抽象表现主义高潮接近尾声时，一部分青年艺术家发起了攻击，试图否定绘画本身及其内容，主张要以新的传播工具——表演、电影、电视和录像活动来代替绘画。这方面在美国最著名的代表人物有贾斯帕·约翰斯(1930—)和罗伯特·劳申伯格等。当这两位美术家的作品公展时,引起了社会极大的义愤。他们利用废品、实物、照片等组成画面,再用颜色作些拼合或涂绘,其目的是要打破传统的绘画、雕塑与工艺的界限,把日常生活中最平凡的东西,甚至废物与垃圾也当作素材而加以利用,他们的艺术创作与波普艺术不可分割。1985年,该艺术的重要代表罗伯特·劳申伯格前往我国展出其主要作品。

罗伯特·劳申伯格(Robert Rauschenberg,1925—)最著名的作品为《字母组合》(图12-19,《字母组合》,罗伯特·劳申伯格,1955—1959,混合材料,1.22m×1.83m×1.83m。斯德哥尔摩国家艺术博物馆),该作品以一只内有填满物的山羊和一个汽车轮胎为主体。这种可以以任何材料为绘画工具的思想从该作品中传达出去,强调创作的可能性与想象的自由性。

图12-19 《字母组合》(罗伯特·劳申伯格)

2. 欧普艺术

欧普艺术(Optical Art),又称"光效应艺术"、"视幻艺术"。它产生于法国的20世纪60年代,是一种通过精心计算来使用几何形象制造出的各种光色效果,使用复杂排列、对比、交错和重叠等手法将色彩形成不同组合,利用人类视觉上的错视现象造成刺眼的颤动而产生运动幻觉,达到视觉上的亢奋,强化绘画效果的抽象派艺术。

简而言之,欧普艺术就是要通过绘画达到一种视知觉的运动感和闪烁感,使视神经在与画面图形的接触过程中产生令人眩晕的光效应现象与视幻效果。经过观赏者与作品之间的互动与感受,欧普艺术家可以探索视觉艺术与知觉心理间的关系与规律,试图证明除了感性的艺术设计外,严谨、理性的科学设计同样可以起到激活视觉神经、唤起视觉形象的艺术体验。正是出于这一目的,欧普艺术作品摒弃传统绘画中一切的自然再现,而是使用黑白对比或强烈色彩的几何抽象,在纯粹色彩或几何形态中,以强烈的刺激来冲击人们的视觉,令视觉产生错视效果或空间变形,使其作品具有波动和变化之感。

欧普艺术是一种在平面设计中产生三维立体效果、在静态环境中虚拟动态变化的魔幻艺术。艺术评论家弗波帕曾给欧普艺术作了一个较为科学化的解释:用各种不同的几何体的周期性结构,纬线叠积或色彩排列,同时运用各种不同的艺术手段和使其产生光焦度现象的科学方法——放射光的波纹形效果和色彩的扩散,它的强度分离又并行对比、连续或交叉,色彩和色调的增大或减少,色彩的互相干扰等,所有这些现象都会对视网膜引起刺激、冲动、振动和其他对视觉的混合、重叠等强烈反应(如图像和背景的颠倒、前部暖色与后部冷色之间的相互渗透关系),造成一种含义不明的圆体和一种持久的不稳定的造型。

欧普艺术几乎同时兴起于欧美各国。其最杰出的代表是法国画家维克托·瓦萨雷里,他从20世纪50年代起就开始创作具有运动感和闪烁效果的绘画,成为法国欧普艺术的主流。其他具有影响力的欧普艺术画家有美国的约瑟夫·艾伯斯(Josef Albers)和安德鲁基威斯(R. Anuskiewicz),英国的女艺术家瑞利(B. Riley)及以色列的阿格姆(Y. Agam)、委内瑞拉的萨图(J. R. Soto)等。

虽然欧普艺术盛行的时间并不是很久,到20世纪70年代就走向了衰落。但它变幻无穷的视觉印象,以强烈的刺激性和新奇感,广泛渗透于欧美和日本的建筑装饰、都市规划、家具设计、娱乐玩具、橱窗布置、广告宣传、纺织品印染,以及芭蕾舞、电视观赏等多种设计领域,在国际上产生了很大影响,如图 12-20 所示的欧普艺术作品。

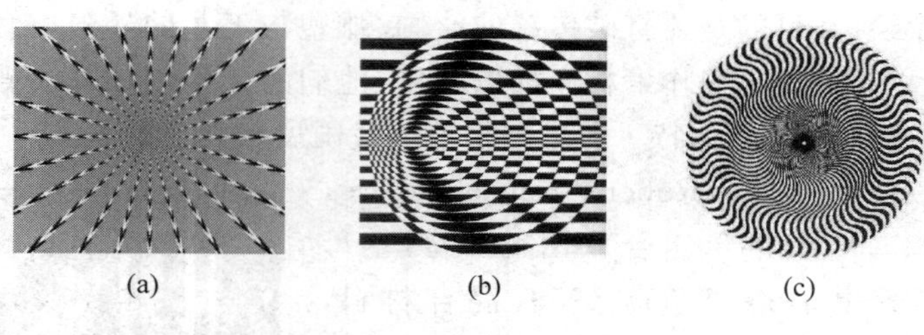

(a) (b) (c)

图 12-20 欧普艺术作品

在服装设计领域中,欧普艺术以展现人体轮廓美、凸显绚丽色彩、强调眩晕与幻觉感成为时尚设计潮流中的弄潮儿。20 世纪 60 年代,欧普艺术就曾经因纺织技术和印花水平的提高而被大量应用在时装设计中。

在家居设计领域中,欧普艺术将其炫动效果渗入到室内装饰、后期配饰、家具采买、视觉陈列等众多门类的新艺术行业中,赋予整体家居以多维的变换和灵动的表现力及健康的居住导引。业内人士表示,形态的变化、色彩的渐变以及几何图形大量和规律的运用使欧普赋予了墙面以前所未有的视觉艺术气质。在形式上,达到的是"流动"的视觉效果;在内涵上,表现出的则是一种"韵律"的意境,最终给了我们的家居生活以一种超印象的独特视觉艺术享受。

欧普艺术元素在建筑中的应用同样让人美不胜收。比如 CCTV(China Central TeleVision)新大楼,其"侧面 S 正面 O"的奇特造型,就像一座浓缩的迷你城市,它的有机性设计和规则,都会深化我们对未来城市的思考。正是这个方案以其突破常规的造型和"挑战地球引力"的结构,引起了巨大争议。据 CCTV 新大楼的设计者雷姆·库哈斯和奥勒·舍仁介绍:新大楼的两个塔楼从一个共同的平台升起,在上部汇合,形成三维体验,突破了摩天楼常规的竖向特征的表现。外立面采用具有金属质感的材质。由槽钢构成的斜交叉网格打破了单调重复的玻璃墙面结构,使之成为一个看起来独立且浮动的菱形玻璃结构体,为整个建筑的形体增添一层与众不同的鳞状表面,并在不同的天气下都具有不同的视觉效果。再比如,富力城"彩蛋"外观的会所,庐师山庄大胆的白色几何体、龙湾别墅区水上会所的流线型窗户、SOHO 尚都不规则的变幻水晶折面等,都具有不同的欧普元素的设计。

3. 极少主义

极少主义出现并流行于 20 世纪五六十年代,盛行于 20 世纪六七十年代的美国。极少主义主张把绘画语言削减至最纯粹、最绝对的色与形的关系,并用极少的色彩和极少的形象去简化画面,使作品从"情境"联想解读的限制中解放出来,节制视觉元素的使用,摒弃一切干扰主体的不必要的东西,故又被称作最低限艺术或 ABC 艺术。

作为一种现代艺术流派,极少主义拥有其自成体系的绘画规律。美国画家阿德·莱因哈特(Ad Reinhardt,1913—1967)在 1957 年发表的《新学院 12 条守则》上,主张画家作画不必讲究构图、色彩、明暗、空间等传统表现方法。这种主张就成为极少主义的作画信条。而莱因哈特本人的作品也成为该流派的经典代表作。

另一位代表人物弗兰克·斯特拉(Frank Stella,1936—),他在 1960 年现代艺术馆举行的一个展览上展出他的作品《十六个美国人》,正是这部作品奠定了他在极少艺术领域中的重要地位。

《十六个美国人》整部作品的画面颜色均为黑色，上面布有宽度相同且彼此平行的条纹(每个条纹宽2.5英寸，即6.35cm)，这些条纹代表了支撑图片的木条支架的宽度。这些条纹中所蕴含的重复与节奏的概念让人印象深刻。在作品《斐兹》中，斯特拉使用铝、铜和深红颜料创作了一幅条纹画(图12-21，《斐兹》，弗兰克·斯特拉，1964，布面丙烯，2.24m×2.23m，纽约利奥·卡斯蒂里艺术馆)。这幅完全由黑色线条构成的作品，以其非客观形象布满画布，给人一种神秘、韵律质感，仿佛在昭告着世界：非真实的事物同样需要展示的空间。

极少主义艺术家在雕塑方面同样进行了颇有成效地尝试。从材料上看，他们多采用非天然或工业材料创作作品。这样做的目的是避免观赏者一味地注意具有历史内涵的材料而忘却作品整体的思想。如美国艺术家唐纳德·贾德(Donald Judd，1928—1994)，从1962年开始，贾德放弃了从事多年的建筑行业，开始转向制作几何形抽象雕塑。其作品完全以极少主义的原则进行质料选择与风格设计。他的雕塑作品《无题》(*Untitled*，图12-22)，即由7个大小相同的立方体排列黏合于墙上。这种对于材料的重复堆砌是贾德多次尝试的主题。经过30余年不懈努力和认真探索，贾德终以“极少主义”雕塑的代表人物载入美术史册。

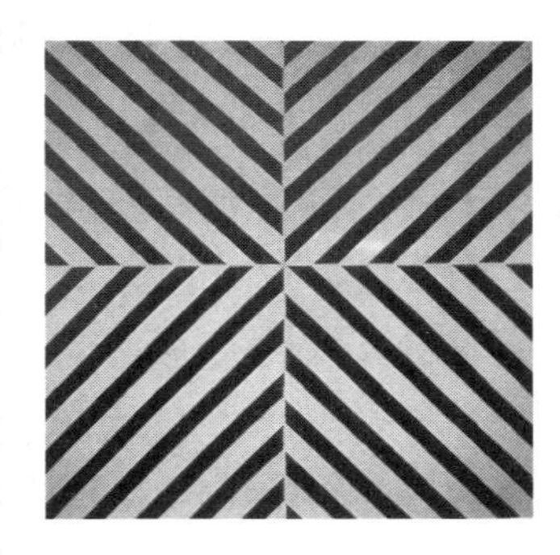

图12-21 《斐兹》(弗兰克·斯特拉)

托尼·史密斯(Tony Smith，1912—1980)，被称为“主要结构主义者”中的一员，其雕塑形式简约，常以长方形盒子为设计元素，将其组合或分置，随性而作。他最著名的作品《黑盒子》(图12-23，《黑盒子(第三版)》，托尼·史密斯，1962，钢板，56.9cm×83.5cm×63.3cm，纽约保拉·库珀美术馆)，以简约的几何图形展现出没有任何情节与情绪的内容。该设计的灵感来源于艺术家看到朋友桌上的一个盒子，里面装着索引卡，经测量之后，史密斯用这些数字乘以系数5，画成图纸，拿到一家工业焊接公司，请他们把它制作组装起来。从中我们可以看出，史密斯对于以独立形式存在的事物十分感兴趣，同时又对手工制作不以为然。他曾说过：“空间都是由大众化的零件组成的。这样看来，似乎连续流动的空间忽然有了很多中断。”①这些思想无疑影响着史密斯后期的创作形式与内容。

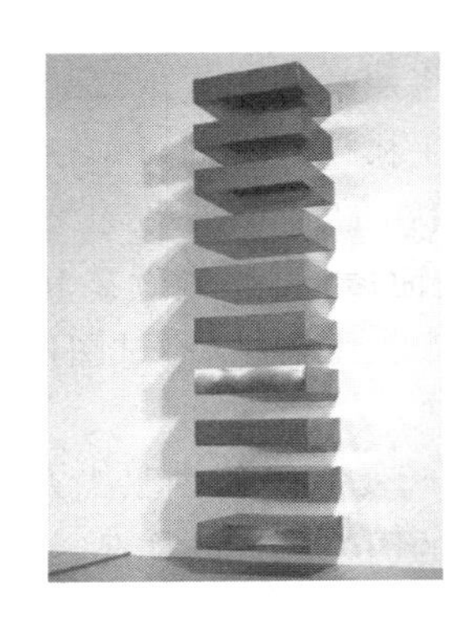

图12-22 《无题》(唐纳德·贾德)

图12-23 《黑盒子(第三版)》(托尼·史密斯)

① Tony Smith. Two Exhibition of Sculpture(Catalogue of exhibition at the Wadsworth Atheneum，Hartford，CT，and the Institude of Contemporary Art，University of Pennylvania). 1966-07.

索尔·勒维特(Sol LeWitt,1923—)也是极少主义流派中重要的雕塑艺术家。他的雕塑展现了一种对于开放和封闭立方体主题的探索与思考,如1968年的作品《没有名字的立方体(6)》(图12-24),采用涂漆的钢板组合成结构对称、形式规则的立方体。这种雕塑形式让观众在心中产生更为完美的整体形象,使想象与联想的功能更为客观地延伸于整个审美鉴赏过程中,将作品与观众的互动与互补发挥到了极致。

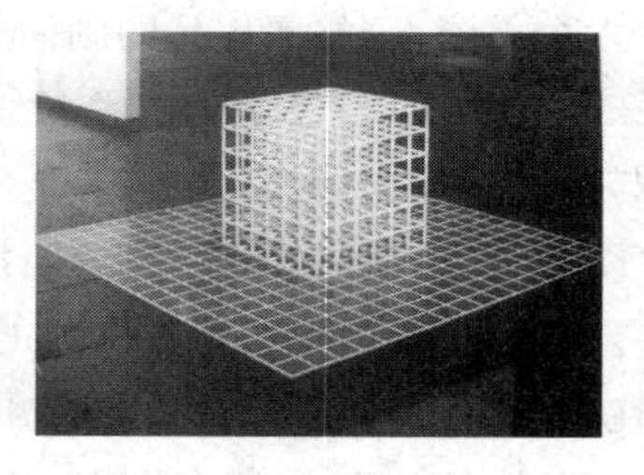

图12-24 《没有名字的立方体(6)》(索尔·勒维特)

12.1.5 蒙娜丽莎的微笑——数字艺术的成熟与魅力

20世纪60年代,不同于20世纪50年代的平稳,是一个历经社会大变革的时代。肯尼迪总统遇刺、马丁·路德·金的民权运动、古巴导弹危机、越南战争与反越南战争等事件频频发生。在这样一个躁动的时局里,学生们纷纷参加政治游行抗议活动,奉行独特的社会价值理念,推崇自由的生活模式,因此也称这个时期为"时髦放纵的六十年代"。

20世纪60年代,又同20世纪50年代一样,也是一个拥有灿烂的艺术发展与革新的时代。众多的流行艺术继超现实主义之后的大力发展与突破,在重塑人类想象力的进程中起到了至关重要的作用。超级写实主义、大地艺术、概念艺术、装置艺术等艺术流派产生并流行于此期间,成为艺术史上美丽的奇葩。在这样特殊的历史时期,数字艺术正悉心梳理自己的羽翼,时刻准备展翅高飞。

1. 超级写实主义

超级写实主义(Hyperrealism)又称为"照相现实主义",在法语中翻译为"Hyperréalisme"。这个名称是由Isy Brachot依据1973年他在比利时布鲁塞尔的一个展览的标题而命名的。该展览主要由数位美国照相写实主义画家组成,其中包括拉尔夫·戈因斯(Ralph Goings)、查克·克洛斯(Chuck Close)、唐埃迪(Don Eddy)、罗伯特·贝克特尔(Robert Bechtle)和理查德·麦克莱恩(Richard McLean)等。另外,还包括一些具有影响力的来自欧洲的艺术家们。这种本意并非单纯地表现皈依写实主义的艺术流派,实际上仍是在延续波普艺术对于抽象表现主义的反叛。

作为波普艺术的后继者,超级写实主义的艺术家们将照片作为作画或雕塑的参考,并在此基础上描绘出比照片更为柔和与精致的作品,渲染产生栩栩如生的对象,或是创造出一种新的幻象。这种创造并非与超现实主义雷同,相反,创造出的形象如此逼真,竟能产生以假乱真、令人信服的效果。在作品中,其对于纹路肌理、表面质地、灯光效果和阴影深度的表现,甚至比参考照片中的实物更为鲜明、精确,但却避开个人主观情感,试图用一种客观甚至冷漠的心态来描绘照片中的现实世界。

马尔科姆·莫利(Malcolm Morley,1931—)是超级写实主义的先驱式人物。莫利从20世纪60年代开始,通过复制明信片、日历或旅行手册上的图片来创作作品。

另一位代表画家是美国超级写实主义画家查克·克劳斯(Chuck Close,1940—),生于华盛顿,曾就学于华盛顿大学、耶鲁大学、维也纳造型艺术学院。他的作品的最大特点即为采用极大的尺度复制人物照片。在他的作品中,大部分画幅很大,原本照片中容易被人忽视的细节都凸显出来,远看十分逼真,但近看局部却很抽象,让人感觉到人物的真情实感也已不复存在，变成了一个机械刻板、缺乏生气的真实的虚幻、具象中的抽象。用他自己的话来说“你选择创作何种事物的方式影响这种事物的外观以及事物的意义，……，应使形象脱离所在的语境”，旨在挑战观众对于现实的观点——真的像假的一样。他的代表作有《约翰像》、《自画像》、《苏珊像》、《菲尔》(图 12-25)等。

再如以都市景观为创作题材的画家理查德·埃斯蒂斯(Richard Estes，1936—)、雕塑家约翰·德·安德烈(John De Andrea，1941—)和杜安·汉森(Duana Hanson，1925—)等人，都为超级写实主义的蓬勃发展贡献了自己最大的力量。

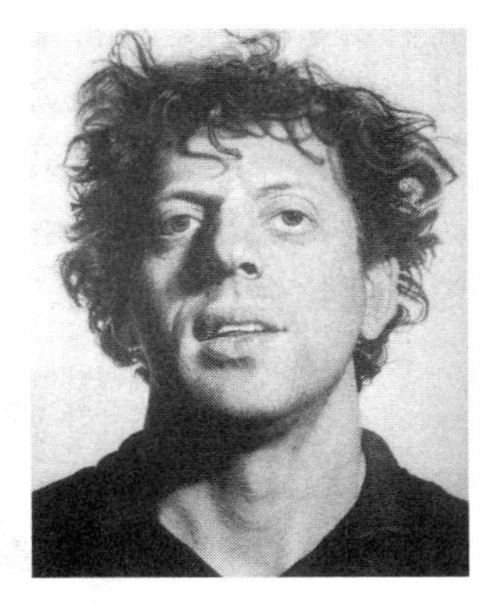

图 12-25 《菲尔》(查克·克劳斯)

这种以纪实为创作方法，却终以脱离现实为特征的艺术流派，给人们带来很多对于现实和人生的思考，是对人类思维的一次洗礼。虽然超级写实主义并没有流行很长时间，后期基本退出主流成为孤立的次要风格，并只受到个人收藏家的喜爱，但这一思潮的产生、发展与盛行留给人们的却是不尽的思索与回味。

2. 大地艺术

大地艺术(Earth Art)又称“地景艺术”、“环境艺术”、“土方工程”，20 世纪 60 年代末出现于欧美的一种艺术思潮。它选取极简艺术的抽象与简单，以大自然作为创造对象，把艺术与大自然有机地结合在一起，创造出的富有艺术整体性情景的视觉化艺术形式。

大地艺术家的创作取材于自然，显示出其对于现代都市生活和高度发展的工业文明的不满与厌倦，主张回归大自然，迷恋金字塔、史前建筑、美洲古墓、禅宗石寺塔等千百年前的文化遗产，将其视为人类文明的精华所在，唯此才具有人与自然亲密无间的联系。大地艺术的创作对象样式丰富、极具想象力与视觉震撼力。很多艺术家们以大地作为艺术创作的对象，如在沙漠上挖坑造型，或移山湮海、垒筑堤岸，或泼溅颜料遍染荒山，故又有“土方工程”、“地景艺术”之称。早期的大地艺术家们性格独特，对于作品展出与否、或被肯定与否并不在意，故常在进行现场施工并完成之后便再无宣传。这种做法诚然体现出艺术家们的洒脱与超俗，但对于整个艺术流派的发展与普及并无太多益处。1968 年，德万画廊首次将大地艺术的一些图片及部分实物进行展览，得到了空前的反响。随后，大地艺术家们便吸取经验，很少进行大规模挖掘工程，而是更多的借助摄影和数字技术来完成作品。

迈克尔·海泽(Michael Heizer，1944—)是大地艺术中的典型代表。他所创作的《移位的团块》(图 12-26，《移位的/置换的团块》，迈克尔·海泽，1969)中显示一块巨大石头从地下挖出，又被安置在地下的情景。与极简主义所派生出的其他艺术形式相比，英国人更青睐于大地艺术。很多艺术家的作品至今仍被人们关注与讨论。美国艺术家罗伯特·史密森(Robert Smithson，1938—1973)和保加利亚裔的美国艺术家克里斯托(Christo Javacheff，1935—)也是大地艺术的杰出代表。史密森曾经把岩石和泥土装入容器送到画廊展出，显示出对自然物的高度兴趣。后来他在犹他州的大盐湖，用沙石泥土筑起了一道从岸边延伸到湖中，直径 48.7m、长 457m 的螺旋形防波提(图 12-27)。这一气魄宏大的艺术品，甚至已成为大地艺术的象征。

克里斯托和他的妻子珍妮·克劳德(Jeanne Claude，1935—2009)多年以来一直是备受关注的夫妻艺术家。他们大胆地使用化工产品对人类建筑和大自然景观进行包裹，故这种艺术也被人们称之为“包裹艺术”。他们所选取的包裹对象令人惊叹，所呈现出的效果也远超出了艺术范畴，近而成为引起人们广泛关注的社会性事件。这些“包裹艺术”无论人们如何评价，都无一例外地震撼着世人，每一次都带给世界巨大的惊喜与思考。他们的作品中最为人们所熟知的是将桥梁、公共建筑物、海岸线等大型或巨型事物作为对象进行包裹，在整个过程中投入大量的人力物力，也打破了政治、经济、艺术、法律间的界限，呈现出一种密密实实又赤裸裸的艺术形式，使人产生一种既熟悉又陌生的感觉，如图 12-28 和图 12-29 所示。对于自己作品的理解，克里斯托曾说：“我们的作品都有关自由，自由的敌人是拥有，因此消失要比存在更永久。”

图 12-26 《移位的/置换的团块》(迈克尔·海泽)

图 12-27 *Spiral Jetty*(罗伯特·史密森)

图 12-28 《被包裹起来的德国国会》(克里斯托夫妇,1971—1995)

(a)

(b)

图 12-29 《门》(纽约中央公园,克里斯托夫妇,1979—2005)

大地艺术(图 12-30)作为一种将人与大自然紧密联系的艺术流派，其影响使艺术与自然之间的互动更加复杂与深入，顺应文化风向与内涵的变化，倡导艺术家们反对现代工业文明，对人与自然怎样和谐相处进行更为具象性的思考。

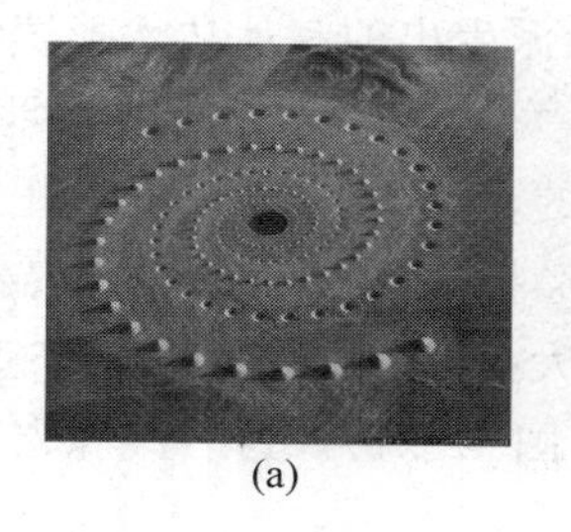

(a)

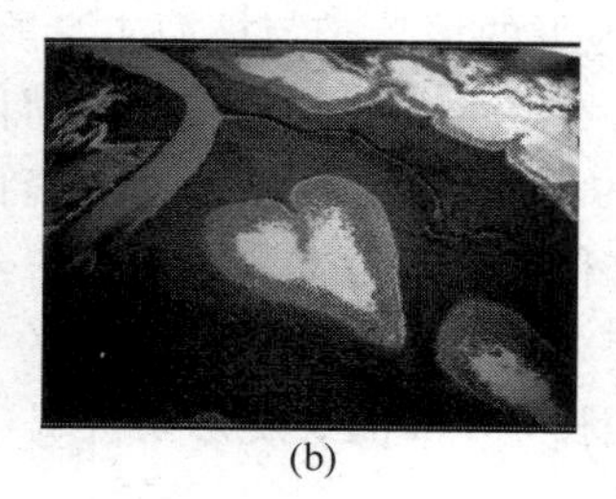

(b)

图 12-30 大地艺术摄影

3. 概念艺术

概念艺术(Conceptual Art)又称为“观念艺术”,出现于 20 世纪 60 年代中后期的欧美各国。概念艺术与其他艺术流派不同,它并不是其艺术流派或风格的名称,而是艺术家对“艺术”一词所蕴涵的内容和意义再作理论上的审视,从而提出关于“艺术”概念重新界定的一种现代艺术形态,实际上应该属于艺术哲学的范畴。概念艺术强调作品中创作者的理念以及作品的意义,而对于作品本身的形式往往不是十分关注。

法国艺术家伊夫·克莱因(Yves Klein,1928—1962)是概念艺术的先行者。他在创作过程中进行过很多实验与尝试,比如,他曾经尝试使用单一颜色作画,并想发明一种称之为“克莱因蓝”的标准颜色;他尝试让雨水流淌在涂满蓝颜料的画布上,留下的痕迹便成为画作的主体;他还举办过什么东西都没有的展览会;最令人称奇的是 1960 年,在乐队的伴奏声中,他将蓝色颜料在裸体女模特的身上涂满,然后把她们在画布上滚动留下的颜料痕迹当作自己的作品,如图 12-31 所示。

约瑟夫·科苏斯(Joseph Kosuth,1945—)也是最著名的概念艺术家之一。他的概念装置继承并发展了极简主义的思想。1965 年,他创作了题为《一把和三把椅子》(图 12-32,《一把和三把椅子》,约瑟夫·科苏斯,1965)的概念艺术作品。该作品展示了一把实物折叠木椅、一张词典中对“椅子”定义的放大图片以及实物木椅在光线的照射下产生的木椅影子。科苏斯的作品似乎在向他的观众提出一个问题,事物的真正个性到底在什么地方——在雕塑表达,在语言描述,还是在事物本身。当然,艺术作品的确由“看得见的”东西构成,但究其本质却并不在于实体给予感官的刺激或形式关系的模式,“观念的椅子”才是艺术家希望在观众心中建立起来的艺术形象。

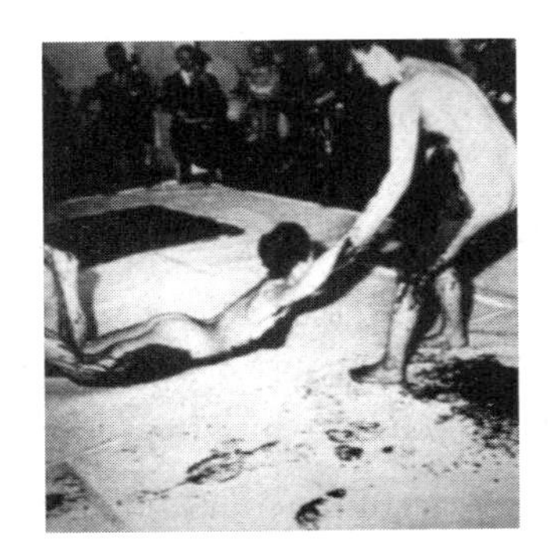

图 12-31 伊夫·克莱因用女模特作画

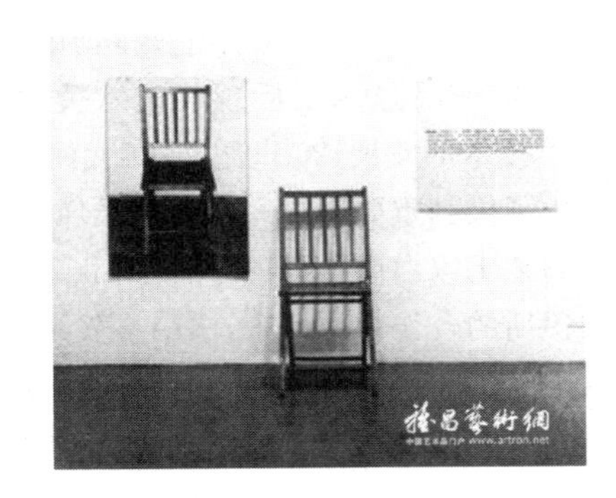

图 12-32 《一把和三把椅子》(约瑟夫·科苏斯)

在概念艺术范畴中,包含有概念美术与概念音乐,二者在艺术思想与创作规律上是基本一致的。概念美术可根据行业不同,分成诸多种类。比如,产品概念设计、游戏概念设计、广告概念设计、电影概念设计、建筑概念设计等。概念艺术在概念美术中的表现即为通过画面把想象力激发出来并概括地展现,传达一种理想化的、概念化的艺术表现形式。

在数字时代语境下,概念艺术的影响仍然广泛且极具独特性的存在着,并以其数码新形式展现在人们面前,成为一道独特的风景线。

4. 装置艺术

装置艺术,是指艺术家在特定的时空环境里,将人类日常生活中的已消费或未消费过的物质文化实体,进行艺术性地有效选择、利用、改造、组合,以令其演绎出新的展示个体或群体丰富的精神文化意蕴的艺术形态。简单地讲，装置艺术，就是“场地＋材料＋情感”的综合展示艺术。

装置艺术是对传统艺术的挑战与革新。装置艺术作品的形式一般表现为能使观众置身其中的、三度空间的“环境”。当然，这种“环境”是广义上的概念，包括室内和室外的环境。对于室内或室外的选择需要艺术家根据展览地点、室内外地点、空间特点等场地条件与限制进行设计与创作。在观众欣赏作品时，需要观众全身心地参与和介入互动，视觉、听觉、触觉、嗅觉，甚至味觉，并给予全方位的独立安排，免受环境干扰。装置艺术的表现形式也是多种多样的，它可以根据创作主题随性地综合使用绘画、雕塑、建筑、音乐、戏剧、诗歌、散文、电影、电视、录音、录像、摄影等任何艺术手段。所以说，装置艺术是一种开放性的艺术。另外，为了引起观众的注意与兴奋度，或是扰乱观众的习惯性思维，作品在设置上通常采用夸张、强化或异化的形象与元素。

装置艺术(Installations)在整个后现代艺术领域中占有举足轻重的地位，不仅因为这种艺术所展现的形式能最大范围地包含后现代艺术中各类元素，还由于观赏者对于装置作品的解读可以是各执己见、不拘一格的。这种艺术魅力是向全世界铺陈开来的，这种思想上的启迪是百花齐放、百家争鸣的。俄国艺术家伊利亚·卡巴科夫(Ilya Kabakov，1933—)是一位享誉西方的装置艺术家。在他的作品中，多将前苏联人在现实生活中使用过的物品展览，再现前苏联人民对社会生活空间与环境状况的记忆，给观众带来一种强烈的现场震撼感。卡巴科夫的代表作品《从公寓跃上太空的人》(*The Man Who Flew into Space from his Apartment*)，该装置作品中将环境设置成一个劳动者居住的房间，内部污浊、幽闭，房间的天花板上裂开了一个大洞，看起来像是有人从这里蹦了出去，飞向太空。艺术家力图引导观众循着他创造的语境去了解世界上曾经有过的特殊存在，由此来达到对人类存在意义的追问。卡巴科夫的作品显示出后现代艺术关注政治和介入社会问题的热情。

随着电子技术的发展，20世纪70年代便携式录像机在艺术界和普通大众中间普及开来，对视觉艺术产生了极其重要影响。在使用录像机进行艺术创作的艺术家中，最为大胆、也最为著名的是韩国实验艺术家白南准(NamJune Paik，1932—2006)。白南准最初是激浪派成员，同时也是约瑟夫·博伊斯的合作者。后来，白南准发现了一种可以改变或破坏出现在显示屏上影像的方法，正是这种方法开启了白南准的影像之路。他最有名的作品是《电视大提琴》(*T. T. Cello*)，其中将电视显示器以大提琴的轮廓罗列在一起，再配以大提琴的琴头，组合成一把有视像的大提琴，如图12-33所示。与此同时，白南准还率先将显示屏用做环境艺术作品的元素(图12-34，《电视钟》，白南准，1963—1981，24台彩色电视屏幕组合在一起，每一台为205.7cm×43.2cm×55.9cm，1982年在纽约惠特尼美国艺术博物馆展出)。自白南准以后，才有更多的艺术家利用电视构成现代艺术作品，并最终确立了电视在西方文化中的主导地位。白南准被认为是新媒体艺术领域的探索者和拓荒者，对后来的视频艺术影响颇多。

与其他艺术发展一样，装置艺术在发展过程中受到了来自外界的各种观念影响与自身发展的涌动，逐渐在内容关注、题材选择、文化指向、艺术定位、价值定位、情感流向、操作方法等方面，呈现出多元繁复的状态。装置艺术以其兼容并包的艺术理念形成自己独特的艺术风格。近年来，随着数字技术的突飞猛进，新的媒介形式也加入到装置艺术的行列中，构成新型艺术种类。比如诸多电子产品，尤其是时下最盛行的3D投影，更成为装置艺术中令人惊叹的艺术展示。

图 12-33 《电视大提琴》(白南准)

图 12-34 《电视钟》(白南准)

12.2 21 世纪数字艺术发展概述

20 世纪,艺术家们通过思想观念的相互融合与摩擦,不断创造新的火花,给人类艺术史留下了浓重绚丽的一笔。21 世纪,科学家们也跻身于艺术领域,将数字技术与传统艺术相杂糅,孕育出全新的媒介艺术——数字媒体艺术。数字媒体艺术继承传统艺术的内容内涵、并以全新的数字技术手段展现艺术形式,将艺术的触角更深入、更全面地接触到人类的终极想象,成为真正意义上的未来主义艺术美学。

作为未来主义艺术美学,数字媒体艺术采用多媒介手段进行艺术综合表达。多媒介手段包含广泛,即与数字技术相关的各种信息传达途径皆为艺术展现的有效方式。比如,文字、图像、声音、动画、游戏、虚拟现实、3D 技术的综合。从静态网页到动态交互网页,从电子游戏到手机游戏、网络游戏,从电视到网络电视、视频点播,从宽屏电影到 3D 虚拟电影、4D 互动触感电影,……,多媒体技术的结合将艺术带到一个史诗般的虚幻世界,所有的已知与未知都成为可能,都将以最真实的形式呈现在观众面前。

如果说,20 世纪是西方现代主义的开始以及后现代主义的终结,那么,21 世纪则是一切形式的开始或重生。它以宽广的胸襟,承载着以往所有的艺术思想与观念,开拓着前无古人的艺术新领域。21 世纪的艺术没有时代的概念,只将异彩纷呈的艺术长河收于囊中。

12.2.1 数字摄影:梦想照进现实

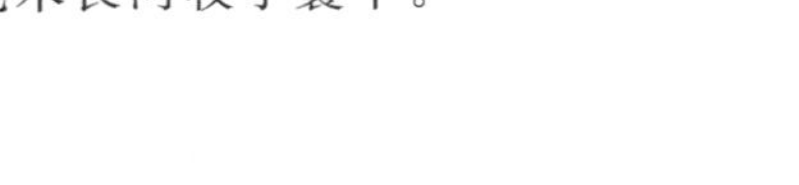

当数字技术与艺术第一次亲密接触时,竟好似魔镜般将梦想照进现实,给双方都带来无与伦比的精致与精彩。数字技术因艺术的润滑不再显得呆板与僵硬,艺术则因数字技术的加盟更添活力与创造力。二者携手同力下,将艺术推向"乱花渐欲迷人眼"的神秘殿堂,并进入了一个艺术表现方式更为生动和更具参与性的新时代。数字媒体艺术家以数字技术为刻刀,把作品创作精雕细刻,让无意闯入神殿的大众有机会以各种不同的方式,体验和感受新形式下多彩的多感官信号。这种从艺术构思、艺术创作、艺术体验,到艺术欣赏的全数字化过程中,需要无尽的想象力作为能量的来源,实现完美的能量流动与传递。

1. 传统摄影概述

1）传统摄影

摄影一词在英文中为 Photography，它来源于希腊语中的光线和绘画两个词，组合在一起表意为“以光线绘图”。摄影的含义，是指使用某种专门设备进行影像记录的过程。通常情况下，人们使用传统机械照相机或数码照相机进行摄影。当然，有时摄影也会被称作“照相”。照相的原理是通过物体所反射的光线使感光介质曝光而生成图像。有人曾对摄影做过精辟地描述：“摄影家的能力是把日常生活中稍纵即逝的平凡事物转化为不朽的视觉图像。”

今天世界上公认的第一张照片是由法国发明家约瑟夫·尼塞福尔·涅普斯(法文：Joseph Nicéphore Nièpce，1765 年 3 月 7 日—1833 年 7 月 5 日，图 12-35)，“涅普斯”又译“尼埃普斯”于 1827 年拍摄的。

传统的摄影技术要通过复杂的人工参与过程才能最终成像。在照相时，首先利用光线通过小孔射入暗盒，再由光入射方向的暗盒背部的介质上成像。这个过程称之为曝光过程。在曝光过程中，可根据照片预留效果而调整选取实际的光强度、光照时间，以及感光介质等内外环境。在拍摄完成后，介质上所存留的影像信息必须通过冲洗扩印等胶片化学流程转换而再度为人眼所读取，如图 12-36 所示为 Phenix 相机。

图 12-35　约瑟夫·尼塞福尔·涅普斯

图 12-36　Phenix 相机

2）传统摄影艺术流派

(1) 绘画主义摄影

绘画主义摄影产生于 19 世纪中叶，流行于 20 世纪初，是摄影领域中重要的艺术流派之一。该流派的摄影师遵从绘画的唯美效果，力图通过摄影的方式将“诗中有画、画中有诗”的意境通过照片的形式进行雕琢。如果将摄影技术提前百年，相信以前的众多绘画大师也会拿起照相机，将最精彩的时刻定格于永恒的照片中。正如绘画主义摄影家所说，“应该产生摄影的拉斐尔和摄影的提茨安”。

希路(1802—1870)是第一个绘画主义的摄影家。他原为一名英国画家，在摄影中发挥出其在绘画中所培养出的画面语言的表达能力。他在拍摄人像方面见长，并以作品中细致的结构与雅致的造型著称。他的艺术实践为绘画主义摄影流派吹起了强劲的春风。1869 年，英国摄影家 HP·罗宾森(1830—1901)出版了《摄影的画意效果》一书，他提出：“摄影家一定要有丰富的情感和深入的艺术认识，方足以成为优秀的摄影家。无疑，摄影技术的继续改良和不断发明启示出更高的目标，足以令摄影家更能自由发挥；但技术上的改良并非就等于艺术上的进步。因为摄影本身无论如何精巧完备，还只是一种带领到更高的目标而已。”这种观念为绘画主义摄影流派奠定了深厚的理论基础。

根据绘画主义摄影在不同阶段所受其他艺术形式的影响，可将其漫长的发展历程大致分为三个阶段：第一阶段为仿画阶段；第二阶段为崇尚古雅阶段；第三阶段为画意阶段。

“艺术摄影之父”奥斯卡·古斯塔夫·雷兰德(Oscar Gustave Reilander，1813—1875)，早年从事绘画，后转为摄影。1857年，雷兰德在“曼彻斯特艺术珍品展览会”上展出了他16英寸×31英寸的摄影作品《两种生活方式》(图12-37)。这幅作品的风格仿自拉斐尔《雅典学院》的绘画风格，以道德寓意为题材，构图颇具有诗意，左边代表勤勉，右边代表娱乐，中间代表悔恨。在摄制过程中，雷兰德选用了10多个专业模特，整幅照片是由30张底片照片拼放叠印而成。这张具有文艺复兴风格的摄影作品在当时引起了极大轰动，获得了社会舆论的普遍赞赏。英国维多利亚女王对《两种生活方式》的象征意义评价极高，专门把这张照片购买下来，送给丈夫阿巴特公爵，据说阿巴特公爵也非常喜爱，常把这幅作品挂在书房里。《两种生活方式》的成功，向世人展示了摄影其独特的艺术魅力，并将摄影作为一种新型的艺术创作手段，与其他艺术形式共浴在艺术的殿堂里。

图12-37 《两种生活方式》(奥斯卡·古斯塔夫·雷兰德，1857)

第一阶段的摄影作品，受到文艺复兴的影响，在题材方面通常选取带有宗教色彩的人物或事件进行拍摄。由于其照片质量要求具有绘画效果，故在开拍前，摄影家们都要预先打好草图，再像导演一样将模特儿、道具、场景等安排妥当后进行拍摄，后期经由暗房加工处理生成影像。

绘画主义摄影进入第二阶段后，在内容选取方面不再限制于宗教故事，而是在继续崇尚古典主义风格与学院派构图造型的基础上，拓宽内容的选择范围与类型，将古典与典雅进行到底。

第三阶段为画意阶段。顾名思义，该阶段的作品追求对于情感和意境的表达，而非完全注重画面的实在内容。所以在创作的过程中，对绘画主义摄影家的艺术修养要求极高，将审美能力提升到上层建筑中。这对于把摄影从初期机械地摹写对象引导到造型艺术的领域中起到了至关重要的作用，对摄影艺术的发展意义重大。

绘画主义摄影无论在哪个阶段，都将画面的美感作为核心要素来处理，所创作的主题必然大多脱离现实生活，限制了该流派的发展。但是，该流派的艺术实践与经典构图仍然使它在摄影艺术殿堂保有它的席位(见图12-38～图12-41)。

(2) 印象派摄影

印象派摄影与印象派绘画有着枝附叶连的紧密关系。19世纪60年代中期到19世纪80年代，印象派绘画盛行于法国，其中著名的印象派画家克劳德·莫奈(Claude Monet，1840年11月14日—1926年12月5日)和皮埃尔·奥古斯特·雷诺阿(Pierre-Auguste Renoir，1841年2月25日—1919年12月3日)在光与影的表现技法上进行了大量实验性创作。他们改变了阴影和轮廓线的传统画法，反观色彩在展现光线与氛围方面的能量。这项具有创新意义的实践不仅为绘画界带来意义非凡的影响，同时也刺激着摄影界，掀起摄影中的色彩之风。

图 12-38 《玛丽露丝纹》(D·O·希尔、R·阿丹森,1850)

图 12-39 《佚题》(J·M·卡梅隆,1870)

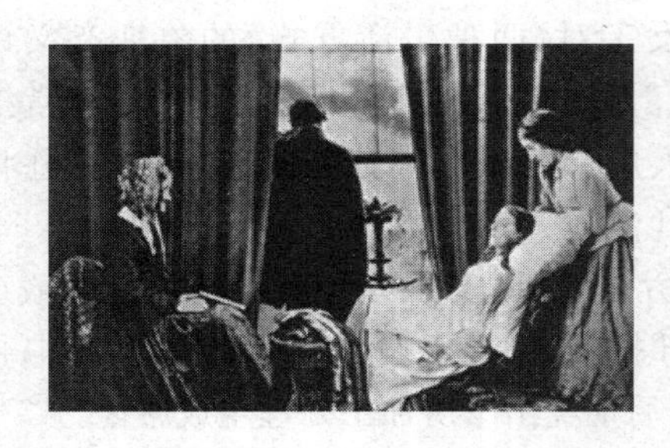

图 12-40 《弥留》(H·P·罗宾森)

图 12-41 《唐吉珂德在他的书房中》(W·L·布拉斯)

英国的艺术家埃默森是最早接受印象派观念的自然主义摄影家。在印象派的影响下,埃默森提出了"焦点摄影理论",认为人视觉边界的不明确会呈现一种中间部分清晰、边缘部分模糊的效果,故而为使照相机实现人类视觉再现的效果,他提出这样的观点——摄影师可以不必在影像清晰度方面过于严密或精确,只需在展现拍摄对象的重点部分,即可获得更为自然且唯美的效果。埃默森的"有差别的调焦"虽然引起保守的英国画意摄影派的强烈反对,但出乎他意料之外的是,后来演进为将画面完全置于焦点之外的做法竟成为印象派理论的基础。

乔治·戴维森(George Davison,1856—1930)通过金属片上的针孔拍摄了摄影史上的经典作品《洋葱田》(图 12-42),看起来完全是"印象派"类型的没有经过调焦的照片。该作品一经推出立即引起众多年轻摄影师们的竞相效仿。他们借助针孔镜头或特殊的柔焦镜头将摄影作品完全覆盖朦胧的感觉,有的甚至直接用画笔在照片上涂抹出朦胧的效果。如拉克罗亚在 1900 年创作的《扫公园的人》(图 12-43),就是一张仿佛画在画布上的炭笔画。

印象派摄影的摄影家主要有:英国摄影家约翰·杜利·约翰斯顿(John Dudley Johnston,1868—1955),法国摄影家罗伯特·德马奇(Robert Demachy,1859—1936),奥地利摄影家海因里希·库恩(Heinrich Kuehn,1866—1944)、普约(1857—1933)、邱恩(1866—1944)、瓦采克(1848—1903)、霍夫梅斯特兄弟(1868—1943;1871—1937)、杜尔柯夫

(1848—1918)、埃夫尔特(1874—1948)、米尊内(1870—1943)、辛吞(1863—1908)、奇里(1861—1947)等。他们将朦胧美和印象派绘画技巧应用于日常生活中的各种事物,做出了各种尝试与挑战。

图 12-42 《洋葱田》(乔治·戴维森)

图 12-43 《打扫公园的人》(拉克罗亚,1900)

由于对印象画派的艺术追捧,印象派摄影家们并没有将摄影艺术的独特性施展在作品中,而是以仿照绘画的形式出现,故有人将其称为"仿画派",也可以说它是绘画主义摄影的一个分支。这一流派的艺术特征是影像调子沉郁,纹路粗糙,富有很强的装饰性,但缺乏空间感。

(3) 写实主义摄影

写实主义摄影,源于现实主义创作方法,根基深厚、流传广泛。在摄影艺术中一直是最为基本的、重要的艺术流派。其根本的艺术特征为对于现实和实际的恪守与对理想主义的排斥。摄影艺术家们通过忠于现实的作品来表现不同于其他艺术媒介的感染力与说服力。

菲利普·德拉莫特是最早的写实摄影家。他于 1853 年拍摄了第一批火棉胶纪录片。紧随其后的是罗斯·芬顿的战地摄影和 20 世纪 60 年代末的威廉·杰克逊的黄石奇观系列。1870 年以后,写实主义摄影日渐成熟,并把镜头从自然、政治等远离大众的主题转向社会基层生活。

当然,对于客观的再现,并不等于像镜子一样呆板地进行影像的复制,而是要依据艺术家们灵感的选择,并对其选择独特的视角与结构来完成艺术的再创作。这是艺术创作的过程,也是审美经验的创新。著名的写实摄影大师路易斯·韦克斯·海因(Lewis Wickes Hine)就曾说过这样的名言:"我要揭露那些应加以纠正的东西;同时,要反映那些应给予表扬的东西。"以海因为代表的写实主义摄影家们对于艺术的崇尚基于对人生的真实反映,再现社会现状。他们敢于正视现实,创作题材大都选取最底层社会人民。作品的风格朴实无华,但却像目击证人一样具有强烈的见证性和警示力度。1908 年,海因成为美国童工委员会(National Child Labor Committee,NCLC)的摄影师。到了 1910 年,他记录了很多有关童工艰苦生活的照片,并以此支援美国童工委员会,向政府申诉童工问题。图 12-44~图 12-49即为海因对童工生活的真实写照,他勇敢地抨击资本主义社会的剥削与贪婪,被人们称之为"曝光童工悲惨生活的勇士"。

图 12-44 《纺织女童工》(路易斯·海因)

图 12-45 《佐治亚州奥古斯塔夫纺织厂的小小织布工》

图 12-46 《报童》

图 12-47 《负担》

图 12-48 《儿童擦鞋工》

图 12-49 《迷茫的报童》

此后,写实主义摄影作品中所表现出强烈的认知作用与震撼的感染力,逐渐在新闻领域中稳固了自己的地位。罗伯特·卡帕(Robert Capa),匈牙利人,20世纪最著名的战地摄影记者之一。1936年,卡帕在西班牙内战战场上拍摄了一个战士中弹将要倒下的瞬间,这幅具有典型代表性并令人如有身临其境之感的作品以《西班牙战士》、《战场的殉难者》(图 12-50)、《阵亡的一瞬间》等标题发表,立刻震动

图 12-50 《战场的殉难者》(罗伯特·卡帕)

了当时的摄影界，成为战争摄影的不朽之作，也成为卡帕的传世之作。

后期，写实主义摄影家人才辈出，将社会残酷的现实进行深刻的剖析。例如英国勃兰德的《拾煤者》（图 12-51）、法国韦丝的《女孩》、美国 R·卡帕的《通敌的法国女人被剃光头游街》（图 15-52）等，不胜枚举。

图 12-51 《拾煤者》（勃兰德）

图 12-52 《通敌的法国女人被剃光头游街》（R·卡帕）

（4）自然主义摄影

1889 年，英国摄影家彼得·埃默森（Peter Henry Emerson，1856—1936）发表了一篇题为《自然主义的摄影》的论文，以该文为旗帜抨击绘画主义摄影是“矫揉造作、支离破碎”的摄影，真正的摄影艺术应充分发挥摄影自身特点，并号召摄影家应该“回归自然”，从大自然中汲取创作灵感。他认为，任何一种艺术都没有摄影能更为精确、细致、忠实地反映自然，如图 12-53～图 12-56 所示。而自然正是艺术的起源和归属，故唯有亲近自然、还原自然的艺术，才是最高层次的艺术。他的摄影理论和实践在当时引起了摄影界的轰动，甚至影响了当时一大批摄影者。这些摄影者在埃默森的感召下，深入到英国的风景区和乡村，拍摄了很多影响深远的自然主义摄影作品。比如，英国摄影家里德尔·沙耶（Lidell Sawyer 1856—1895）、弗兰克·梅多·萨克利夫（Frank M. Sutcliffe，1853—1941）的成就尤为骄人，留下了很多经典之作。

当然，自然主义摄影也存在自身的局限性与缺失性。比如，自然主义摄影强调描写现实的表面和细节处的“绝对”真实，对现实本质的挖掘和提炼却止于表面，忽视了艺术创作中的“典型性”，直接导致其对现实主义的庸俗化，有时也会导致原本刻画真实的作品却产生了歪曲现实的结果。

图 12-53 《采睡莲》（彼得·埃默森）

图 12-54 《黎明》

图 12-55 《大麦收割》

图 12-56 《水中的小家伙》

(5) 纯粹派摄影

纯粹派摄影的创作原则为真正地、完全地,甚至纯粹地运用摄影艺术中的特质与技术中的性能,并力求完美地呈现出通过摄影才能实现的光影美感,如高品质的清晰度、丰富的层次影调、细腻的光影渐变、纯净的黑白对比色调、精致的纹理轮廓、精准明确的对象雕刻等艺术元素。该流派以美国摄影家斯蒂格里兹(1864—1946)为开启者,成熟于20世纪初。简而言之,该派的摄影家会刻意地追求所谓的"摄影素质":即准确地、直接地、精微地和自然地去表现被摄对象的光、色、线、形、纹、质等诸多方面,而不借助任何其他造型艺术的媒介。

摄影艺术大师爱德华·史泰钦(Edward Steichen,1879—1973),美国摄影巨人,16岁开始从事摄影艺术,在他94载的人生旅途中,摄影生涯就有78年,他的一生向人们展示了一部20世纪摄影艺术的发展史。其著名的纯粹派摄影作品《桑德伯格》(图12-57)在一个画面中细致地刻画人物的多个情绪神态,采用多次曝光的方法,突破了单幅作品对于空间、时间的局限性,革新了传统摄影对于图片构图的完整性要求,将影调重新组合,形成一种独特的韵律感。另外,史泰钦在1955年1月24日至1955年5月8日间举办了影响巨大的摄影展——"人类大家庭"展。此次展览自诩为"有史以来最伟大的摄影展——来自68个国家的503幅摄影作品"。史泰钦选出的摄影作品中,既有著名摄影家的创作,也有名不见经传的摄影家的创作,如图12-58~图12-60所示。展览中强调与展示了人类的情感主题。

图 12-57 《桑德伯格》(爱德华·史泰钦)

图 12-58 《双层的"AKELEY"》(P·斯特兰德)

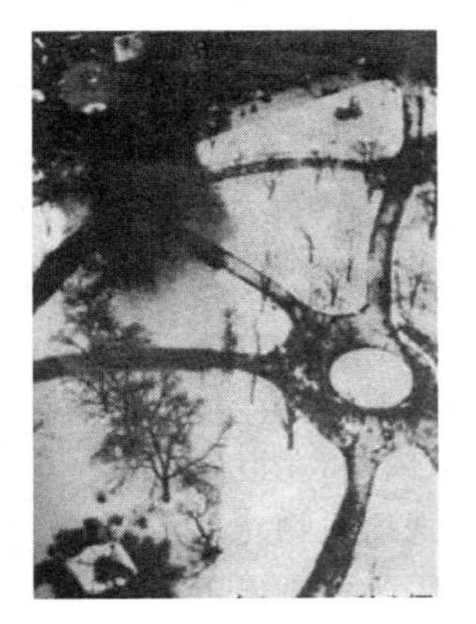

图 12-59 《俯瞰纽约》(A. L. 科班)

图 12-60 《柱状巨石的侧面》(A. 亚当斯)

美国摄影师爱德华·韦斯顿(Edward Weston,图 12-61～图 12-64),他执著于拍摄白云、岩石,感知着自然的润泽。韦斯顿出生于 1886 年。1932 年,他与威拉德·范·戴克(Willard Van Dyke)以及安塞尔·亚当斯(Ansel Adams)共同组成了名为"F·64"的纯粹派摄影团体。从韦斯顿的作品中,我们不难发现他的艺术追求与创作理念。他追求拍摄最丰富且最完整的事物,常迷恋于极简或极端的物件。他喜欢给简单的东西赋予生死之大义,令其作品常带有深刻的隐喻或象征。与写实主义不同,他对真实的社会不为所动,甚至于避而不谈。但对于自然界,他却搜集了大量的形象,记录下自己的观念和情感,以及自己所追逐的本源与客观实在。

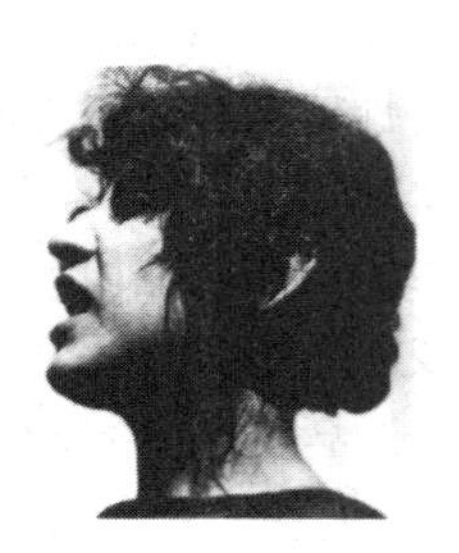

图 12-61 《加德鲁佩·马琳·德里维拉》(爱德华·韦斯顿,1924)

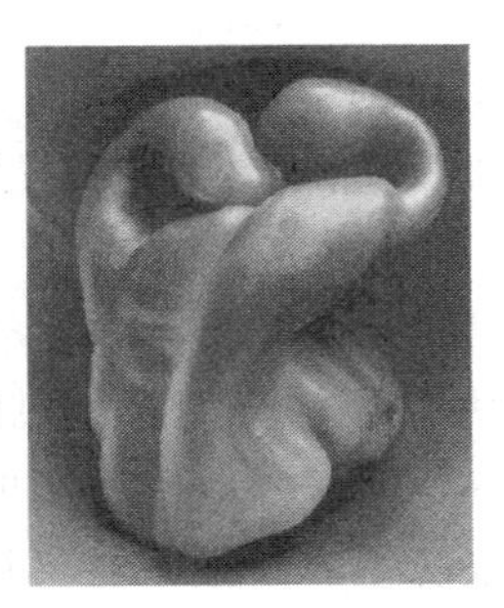

图 12-62 《青椒》(爱德华·韦斯顿)

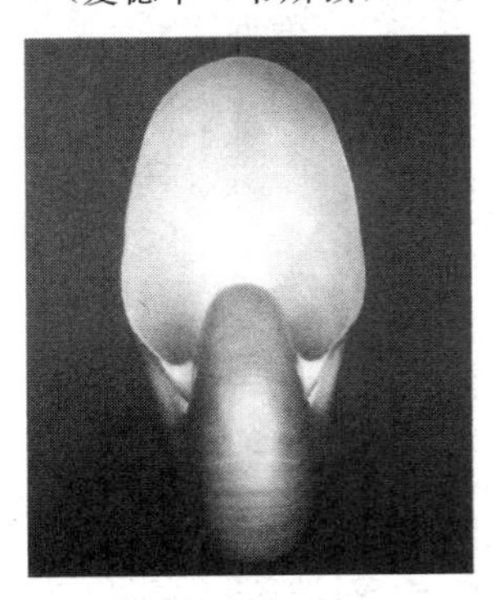

图 12-63 《鹦鹉螺》(爱德华·韦斯顿)

图 12-64 《凯莉丝的裸体》(爱德华·韦斯顿)

(6) 新即物主义摄影

新即物主义摄影又称“支配摄影”、“新现实主义摄影”，出现于20世纪20年代。该流派的艺术特点是在常见事物中寻求“美”的角度与局部。在摄影作品中，摄影家们通常采用近摄、特写等手法，把被摄对象从整体中“分离”或“强调”出来，将对象表面的某一细节、局部经过数倍放大来展现，从而达到眩人耳目，令人耳目一新的视觉效果。

德国的摄影艺术大师奥古斯特·桑德(August Sanderson, 1876—1964)是新即物主义流派的著名代表人物。他20岁开始涉足于商业摄影，擅长捕捉人物和工业建筑在镜头中的动人瞬间，尤以人像摄影传神著称。在他的作品(图12-65、图12-66)中，选取人物对象的范围很广，包括社会各层各界不同人士都以相应的职业姿态出现在镜头中，并给人物进行指导，令其摆出和谐优美的姿势，在穿着方面也是经过精心打扮过的。但在摄影技巧方面，不像其他摄影家选用古怪的角度和大特写拍摄人物的面部，桑德使用最为传统的视角，但却惟妙惟肖地将主题跃然纸上，显示出摄影家卓越的镜头感。桑德认为自己要拍摄的是“与人物性格相一致的环境中表现主题的自然肖像”。他也用毕生的经历向人们证实了摄影在社会进程中的独特价值与作用。图12-67为《甜饼师》人物摄影。

图12-65 《人物照》(桑德)

保罗·斯特兰德(PaulStrand)，美国摄影师，新即物主义的理论先驱。他对新即物主义的艺术特征作了如下规定：“新即物主义即为摄影的本质，也是摄影的产物和界限。”他认为，根据摄影对于生命极强的表现力，摄影师需要具备一双能够正确看待事物的慧眼，同时需要具有纯熟的摄影技术才能将对象的特质刻画出来。这一理论的提出无疑将摄影家从绘画主义的虚幻世界中拉回到有血有肉的现实社会生活中，并且促使人们对摄影自身特性展开更为深入地研究和探索，如图12-68和图12-69所示。

历史的车轮滚滚向前，技术发展的步伐总是能够带动一种艺术门类的开启或创新。1925年前后，大口径的小型照相机的出现，就令新即物主义的表现领域有了新的拓展，产生了不少人像作品及反映社会生活和自然风光的作品。由于作品画面中对细部物质表面结构的过分强调，致使对后来抽象主义摄影的萌发提供了丰厚的土壤。这也体现出艺术不同流派之间的继承性与反哺性。

图12-66 《农家女孩》(桑德)

图12-67 《甜饼师》(科隆)

图 12-68　新即物主义摄影作品 1

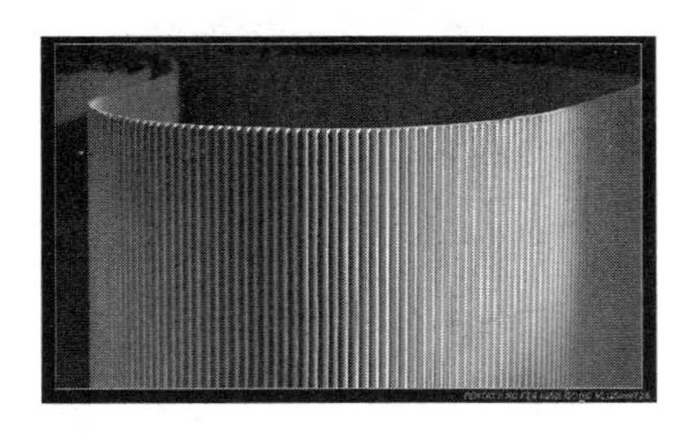

图 12-69　新即物主义摄影作品 2

（7）超现实主义摄影

在达达主义的狂潮逐渐衰退的时期里，超现实主义摄影在摄影艺术领域中脱颖而出、华丽登场，成为兴起于 20 世纪 30 年代影响极为深远的一种艺术流派。与其他流派不同，超现实主义一贯有着较为严谨翔实的艺术纲领和体系完整的艺术理论。在超现实主义摄影家看来，古典主义艺术家早已使用现实主义的创作方法完成了对于现实世界的表现，作为现代艺术家，新的艺术使命是要通过独特的方式方法来剖析与众不同的、从未被触及过的人类柔软的“内心世界”。在这种使命感的催促下，超现实主义摄影家们将人类的下意识活动、突发的灵感、心态变化或梦幻作为表现的对象，利用剪刀、糨糊、暗房等达达时期的技术作为主要的造型手段，把景象加以堆砌、拼凑、改组展现在作品画面上，再把具体的细部表现和任意的夸张、变形、省略和象征的手法结合在一起，创造出一种现实与臆想之间、具体与抽象之间的超现实的“艺术境界”。超现实主义作品具有一种新奇的、荒诞的并且神秘感颇浓的视觉效果。

尤金·阿杰特（Eugene Atget，图 12-70～图 12-74）是摄影超现实主义最早的实践者，他的贡献直到他逝世之后，才逐渐被人们发现。1927 年，他在贫困中默默无闻地死去。在阿杰特的创作生涯中，他收集了 16 世纪至 19 世纪间巴黎所有古代街道的建筑艺术形式，包括老式旅馆、年久独特的房子、有历史的美丽建筑物的全景或局部细节等。在作品中，他将建筑赋予生命，使人们在照片中惊奇地发现雕塑复活了！仿佛在巴黎的每一处，阿杰特都能看到那些成为雕像的男女诸神在林间散步，阿杰特的摄影将他们的灵性和野性充分体现出来，古代的神被恢复成原来的样子。

图 12-70　《旋转的木马》（尤金·阿杰特）

英国摄影家丝顿和美国的布留奎尔被称为超现实主义流派的创始人。使该流派真正发展壮大的艺术家是英国的舞台摄影家马可宾。他在创作中，善于将超现实中的“虚”和现实中的“实”糅合在一起，拼凑成一个既虚幻又实在的创造性新世界。1946 年，他创作的《马可宾的自画像》（图 12-75）是该流派中一幅很典型的作品。在作品中，他运用 4 次曝光的手法进行拍摄：一次正面，两次侧面和一次单眼。超现实主义的作品和广告如图 12-76～图 12-78 所示。此外，这一流派的著名摄影家还有从事超现实主义集锦照片的画家帕尔汗；变形人体摄影家布兰特；肖像兼宣传摄影家卡逊以及布鲁门塔尔、洛林、哈尔斯曼、赖依；美国摄影家曼·雷（Man Ray，1890—1976，图 12-79 和图 12-80）等。

图 12-71 《牛头泉。修女路，圣热尔弗镇》（尤金·阿杰特）

图 12-72 《商店标志，巴黎波旁码头 38 号》（尤金·阿杰特）

图 12-73 尤金·阿杰特的头像

图 12-74 尤金·阿杰特拍摄的街道

图 12-75 《马可宾的自画像》（马可宾）

图 12-76 超现实主义作品 1

图 12-77　超现实主义作品 2

图 12-78　现代超现实主义广告

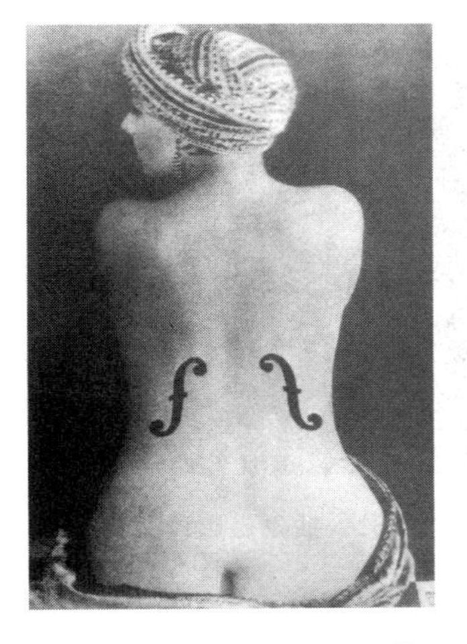

图 12-79　《安格尔的小提琴》(曼·雷)

图 12-80　曼·雷作品

(8) 抽象摄影

抽象主义摄影是出现于第一次世界大战末期的一种摄影流派。其产生的基础与达达主义相似,都源于追随绘画主义流派中抽象元素的艺术特征。在战争时期,欧洲一批对现实不满和倍感失望的摄影家开始放弃之前对于摄影的种种规范与律条,寄期望于客观事物中潜在内涵与韵美,从明晰的具象中解脱出来,把作者的观念、情绪和幻觉渗透其中,逐渐形成独特的表现形式与风格,自成一派。根据可查资料显示,1912 年由 A·L·科伯恩拍摄一套题为《从纽约之巅看纽约》的组照,成为抽象摄影流派之始。

在科伯恩看来,黑白影调的摄影作品是抽象性的,所以不必留有具体的形象供人辨析。他将这种观念赋予实践,借助三面镜子夹成的万花筒拍摄了一套发表于《波尔多画报》上的名为"旋涡式照片"的组图,作品中所展示的象征性图像极具毕加索笔下的立体主义绘画的味道。

认识事物的理念不同,其创作方法也有迥异之处。抽象主义者主要运用无底印相、放大、多次曝光、中途曝光 、晃动镜头以及特殊视点等各种拍摄手段和暗房技术,使物体发生形变,颜色产生变调,以此来改变被摄物体的原有形态和空间结构,使被摄物体转变成某种不能辨认为何物的线条、斑点和形状的结合体，重新创造出脱离或完全脱离其本来面目的幻觉式的抽象影像。抽象派摄影家除了善于表现完全难辨形态物体的科伯恩和史科特外，还有热衷于展现相对具象物体的莫霍伊·纳吉及瑞典的哈马舍尔德(1930—)、美国卡拉汉(1912—)，英国比尔·布兰特(1904—)等人。

英国摄影家比尔·布兰特是一位久负盛名的抽象主义摄影家。20世纪50年代，他专注于人体摄影，并在这方面进行了大胆而深入地探索。在作品中，他将抽象的形式和超现实主义的意念紧密地结合在一起，充分地表现出摄影家内心的惶恐和不安。一方面，布兰特发现现代工业的快速发展无形中引起人性变形和扭曲，但发展的脚步是不容阻隔的。于是，摄影家就试图从他的变形人体中，寻找一处可以释放和解脱的空间。另外一方面，布兰特认为局部和抽象的片段比具体完整的人体更具普遍意义和永恒性。故而，变形和扭曲在他的作品中获得了新生与永生(图12-81)。他的变形人体作品引起了震动世界的巨大反响，如图12-82～图12-86所示的抽象摄影作品。

图12-81 超广角镜中的《裸体的透视》

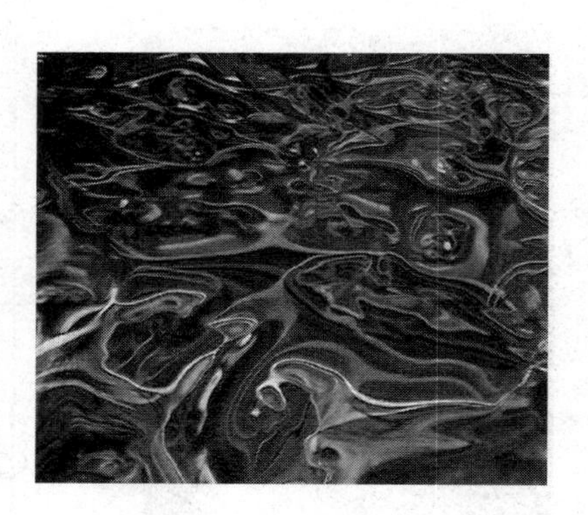

图12-82 抽象摄影作品1

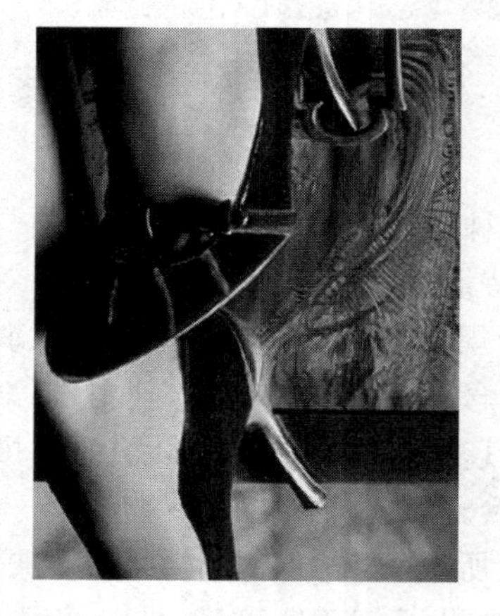

图12-83 抽象摄影作品2

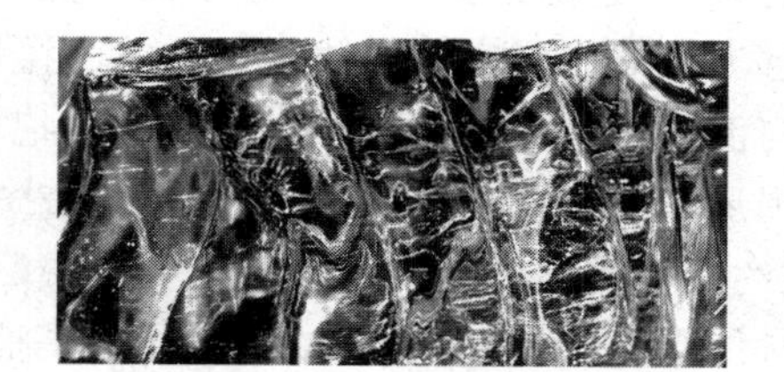

图12-84 抽象摄影作品3

(9) 堪的派摄影

堪的派摄影兴起于第一次世界大战后期，以反对绘画主义摄影为其主要的创作纲领。“堪的”是英语“Candid”的音译，意为“抓拍”，因此该流派又称“抓拍摄影”。顾名思义，这一流派的摄影家认为摄影照片不应该模仿绘画，它强调在真实、自然的环境下，以摄影的自身特性为技术依据，主张拍摄时不干涉、不摆布对象，注重抓取自然状态下被摄对象所流露出的瞬间情态。法国著名的堪的派摄影家卡蒂埃·布列松曾这样叙述“堪的派”摄影的精髓：“对我来说，摄影就是在一瞬间及时地把某一事件的意义和能够确切表达这一事件的精确组织形式记录下来。”根据本流派所倡导的追求自然化的理念，我们可以归纳其艺术特色为客观、真实、自然、亲切、随性、不事雕琢、形象生动而富有生活气息。

图 12-85　抽象摄影作品 4

图 12-86　抽象摄影作品 5

堪的派的摄影家大部分从事新闻摄影工作，因此，堪的派摄影又是专为适应新闻报道的及时与真实特性而衍生出来的摄影流派。该流派的创始者——德国犹太人萨洛蒙，全名埃里奇·萨洛蒙(Erich Salomon，1886—1944)所留下的作品一直深深影响着新闻报道摄影，在摄影史上是不可不提的一位重要人物。

萨洛蒙生于柏林的一个富裕家庭，曾在慕尼黑和柏林读大学，获得法学博士学位。第一次世界大战期间，萨洛蒙应征入伍并开始自学摄影。1927 年，他开始从事摄影，以自由撰稿人的身份为欧美各国重要报刊提供照片。萨洛蒙在拍摄时，自创了“小相机＋现场光＋抓拍”的模式，直到今天还被世界各国的摄影记者所沿用，他也因此被公认为“抓拍鼻祖”，为现代摄影采访开创了成功的范例。1928 年，他在一桩著名的谋杀案庭审现场偷拍照片，发表后轰动了整个德国，为萨洛蒙赢得了极大的声誉。此后，萨洛蒙专门对重大国际会议中的政客和达官显贵做毫无防备的拍摄，其新闻照片传遍了欧美国家，使他成为了国际政治生活中的一个亮点，以至于一个国际会议如果没有萨洛蒙到场拍摄，就没有人认为这是一个重要的会议。1931 年，萨洛蒙把拍摄的 170 幅名人照片编辑出版，名为《名人在毫无防备时刻》，名噪一时，图 12-87 和图 12-88 为萨洛蒙的作品。

图 12-87　《在德国部长和法国部长间的会谈》(萨洛蒙)

图 12-88　《你看这个人像什么样》(萨洛蒙)

该流派的催生作品是1893年由摄影家阿尔弗雷德·斯迪格拍摄的《纽约第五街之冬》，而真正的完成者则是德国的摄影家埃利克·沙乐门博士。他用小型相机在一次德法总理举行的夜间会议结束时拍摄了《罗马政治会议》，由于它的生动、真实、朴实、自然，而成为该流派名垂摄影史的经典作品。

该派著名的摄影家有美国的托马斯·道韦尔·麦阿沃依，英国的茜莉特·摩戴尔、法国的维克托·哈夫门，以及路易斯·达尔·沃尔夫、彼得·斯塔克彼尔·布鲁维奇等。

(10)"达达派"摄影

"达达派"是第一次世界大战期间出现于欧洲的一种文艺思想。"达达"，原为法国儿童语言中"小马"或"玩具马"的不连贯语汇。因为达达主义艺术家在创作中否定理性和传统文化，宣称艺术和美学无缘，主张"弃绘画和所有审美要求"，崇尚虚无，使创作近乎戏谑，因而人们把该艺术流派称之为"达达派"。在这种艺术思潮影响下，摄影艺术领域中也产生了"达达派"。达达派摄影艺术家的创作，大都是利用暗房技术进行剪辑加工，创造某种虚幻的景象来表达自己的意念。

哈尔斯曼曾创作过一幅另类的《蒙娜丽莎》，在原名画的基础上，摄影家为其将那双丰满的手变成了青筋暴突的男人的手，汗毛丛生，而且还塞满了钞票。又在面部添加了向上翘的胡须和圆睁的眼睛，其形象可谓荒诞无稽、不伦不类，如图12-89和图12-90所示。

图12-89 《蒙娜丽莎 达利》(哈尔斯曼)

图12-90 菲利普·哈尔斯曼

作品《原子与达利》(图12-91)拍摄于1948年，其灵感来源于达利的作品《原子的列达》(列达是希腊神话中的一个人物)。画中的所有形象都悬浮于空中，这种表现方式启发了阿尔斯曼，于是萌生了创作摄影版的"原子与达利"。拍摄时，哈尔斯曼借了三只猫，并对几位助手的任务做了周密的安排。在他喊到"一、二、三"的"三"时，他的三位助手把猫抛出去，第四位助手则负责泼水。在猫和水还在空中的时候哈尔斯曼喊出四时，达利跳起来……拍摄持续了6小时，先后经过28次抛出、跳起、泼水的过程，现在看到的这幅照片是选自其中的第16个画面，是哈尔斯曼最为满意的。

《红粉骷髅》原题为《圣安东尼的诱惑》(图12-92)，画面左下方是凝神思考的达利，右边是7个少女裸体搭配构成的头骨骷髅。作品表达了圣人安东尼断定色欲联系着死亡的思想，同时也喻示圣人安东尼不为色欲所动的意志。

图 12-91 《原子与达利》

图 12-92 《粉红骷髅》

他的黑白肖像摄影，构图大胆、角度刁钻，拍摄出别具一格的“心理肖像”照片，达到摄影艺术的高峰，成为世界摄影的典范，如图 12-93～图 12-96 所示。

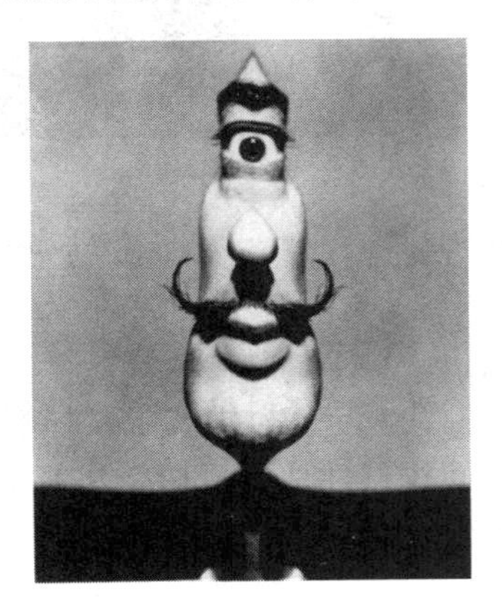

图 12-93 《达利的眼睛》

图 12-94 人物 1

图 12-95 人物 2

图 12-96 人物 3

为了打造不同于现实生活的视像，达达派摄影艺术家在创作的过程中大都利用暗房技术进行后期剪辑加工，将创造出来的虚幻景象用以表达自己的意念。例如乔·彼得·威金的作品《达芙妮和阿波罗》(*Daphne and Apollo*)，如图12-97所示，展现的就是典故太阳神阿波罗追求达芙妮，而达芙妮不堪追赶化成一棵月桂的故事。这幅作品用一种极其特殊的形式表现了这个神话：一头强壮的公山羊追逐一个裸体的女侏儒，照片中将影像处理成一种晦涩怪诞、不可捉摸的图像与线条的组合。威金创造出的作品中，其影像的视觉冲击力大、给人心灵的触痛感强。

由于达达派摄影艺术作品不符合人们一般的审美趣味和审美要求，1924年以后就逐渐受到有较明确、完整的艺术理论和纲领的超现实主义艺术流派的冲击。但其影响仍可在以后出现的现代派摄影艺术中窥见。达达派的著名摄影家还有摩根、拉茨罗摩荷利纳基和利斯特基等人。

图12-97 《达芙妮和阿波罗》(*Daphne and Apollo*，乔·彼得·威金)

(11) 主观主义摄影

第二次世界大战后，存在主义哲学思潮波及并渗透到摄影艺术领域中，与此同时，A·斯蒂格里茨(A·Stieglitz)于1922年提出"等效"的审美概念促生了一种抽象派中的"抽象派"——主观主义摄影流派，又称为"战后派"。该流派强调摄影艺术中的主观因素，并将其扩大与释放，把个性化、人性化的视角和细腻无意识的内心活动彰显无余。德国摄影家O·斯坦内德(O·Steinert)为主观主义摄影的创始人。他提出了摄影艺术需要"主观化"的艺术主张，反对僵硬机械性地将摄影变为写实工具，倡导探究如何最大限度地发挥摄影本身所具备的主观能动性。在斯坦内德的带动下，"人格化、个性化的摄影"成为该流派的艺术纲领。

主观摄影的艺术家们在创作的过程中，极度张扬自身个性，无视原有的艺术法则和审美标准。甚至，该派的理论家曾公开表示，"主观摄影不仅仅是一种实验性的图像艺术，而是一种自由的不受限制的创造性艺术"，"我们可以任意使用技术手段去创造照片"。这种创作理念与倾向对于作品的处理是决定性的，也是区别于其他流派的最大特色。

从图12-98和图12-99主观摄影流派的代表作中，我们不难总结出该流派的创作特点。首先，在内容上，主观摄影家们热衷于选取物体的局部细节，这些内容易与其他具象物体区分开来，并容易与画面其他视觉元素结合在一起实现表意和内心世界的展现。其次，在技术手段上，主观摄影家们善于使用镜头的光学性能改造物体原有形态，并采用近摄的方式强调和突出细节，再利用暗房技法消减画面原有色彩与影调，最后再利用曝光手段(如多次曝光、连续闪光)分离被摄物体，偷换时间概念。经过这样的技术整合，最终呈现在观众面前的作品已经完全褪去了昔日物化的具象，披上了一层厚厚的神秘之感与荒诞之气，仿佛自始至终就生活在自己的世界中。

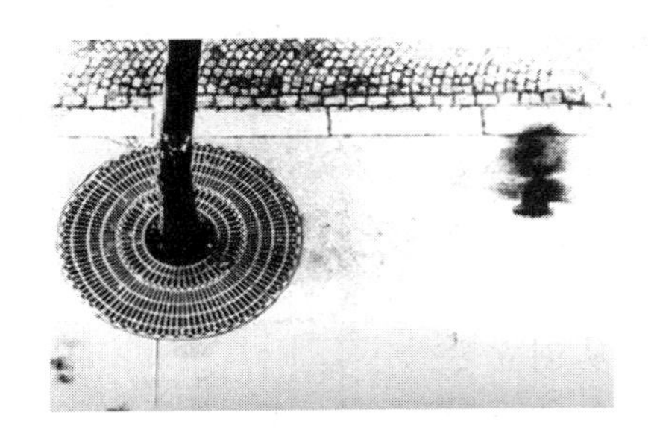

图 12-98 《独步》(O·斯坦内特,1950)

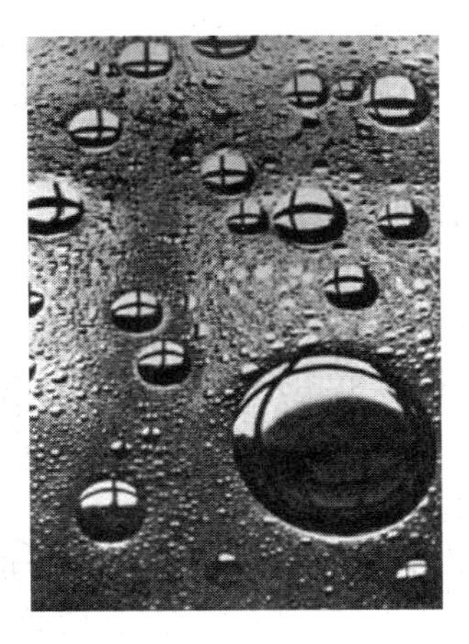

图 12-99 《油滴》(凯特曼,1956)

存在主义产生于第一次世界大战之后,它把孤立的个人的非理性意识活动当作最真实的存在,并作为其全部哲学的出发点。存在主义自称是一种以人为中心,尊重人的个性和自由的哲学。存在主义超出了单纯的哲学范围,波及西方社会精神生活的各个方面,在文学艺术方面的影响尤为突出。而主观主义摄影即为受其影响尤为深刻的一个艺术流派。他们认为,了解世界的本来面目需要通过揭示人内心深处的情感。第二次世界大战后给人心灵带来的伤害促使这一时期的主观主义摄影作品大量产生,常用夸张的艺术语言表现恐惧和不安,反映和表现了经过世界大战浩劫后世人对未来命运的担忧和悲观情绪,如图 12-100 所示。

之后,该流派由一本名为《照相机》的杂志于 1954 年介绍到日本。正值日本战败,国情与民生都与当时的德国相似,便很快在日本摄影界引起共鸣而盛行。1956 年,日本成立了“日本主观主义摄影联盟”,并定期举办展览。有些评论家指出,日本主观主义的追随者并没有真正理解该流派倡导者的理论实质——内容的意识化,而仅仅止于模仿其表面形式——技巧和画面形式。

图 12-100 《浩劫之后的 2958 年》(1957)

该流派著名摄影家有:O·斯坦内德、S·范德坎(S. Vandercam)、L·佩恩(L. Penn)、本章光郎、崛内初太郎等。代表性作品有:《无题》(1948)、《独步》(1950)、《跳舞面具》(1952)、《油滴》(1956)、《佚题》(1956,图 12-101)、《指挥棒通过的空间》(1956)、《浩劫之后的 2958 年》(1957)、《附着在窗口的幻想》(1958)等。

2. 数字摄影

1) 数字摄影概述

数字摄影,又称数位摄影或数码摄影,是指使用数字成像元件(CCD、CMOS)替代传统胶片来记录影像的技术。配备数字成像元件的相机统称为数码相机。

与传统摄影技术相似,数码摄影的成像原理也使用“小孔成像”来捕获视像信息。不同之处在于数字摄影使用的存储介质以及后期进行的数字化处理。数码相机将投射出的光学影像转换为可被记录在数字存储介质中的数据信息，之后，再生成标准的图像格式。在后期的处理阶段中，可借助ACDSee图片编辑器、光影魔术手、Photoshop等图像编辑软件进行后期处理。处理后的成品，可根据使用的需要来进行数字化与非数字化的最终展示。比如，使用数字冲印或打印机输出为实物照片即为非数字化展示；通过计算机与显示器、投影机相连，或由软件等显像工具展示则为数字化的展示。当然，也可将其转换格式用于网络发布或电子邮件的传送。

图 12-101 《佚题》(王英九，1956)

摄影艺术作为艺术门类中重要的造型艺术，从创立之初就以其独特的表现方式、多变的技术手段、丰富的体系派别吸引着一批批专业的艺术家和业余的爱好者。大量的摄影爱好者通过实践不断地浇灌着这朵艺术奇葩，并将其在整个审美过程中的经验分享给世人，从理念与方式上充盈着近现代、以致当代摄影语境中的辞藻，为摄影艺术的发展做出了默默无闻却意义非凡的贡献。

摄影的魅力在于它不仅仅是写实与再现的技术工具，而且还是情感宣泄、立场分明、审美诉求与艺术表达的一种语言架构和表征手段。正是作为一种极具创造力的表现手段，即使在观念烦乱交杂、媒介以指数速度深入生活的今天，我们也无法低估其重要且深远的价值与意义。

摄影艺术根植于科学技术，发展更依靠于科学技术。科学技术的每一次突破都会带给摄影艺术不同程度地影响。数字化生存的今天，人们在生活中无时无刻不将计算机作为主要的办公与娱乐介质，而摄影艺术也顺其自然地过渡到由计算机承担主要创作工作的阶段。应运而生的大量功能先进、设计人性化的处理软件为摄影的革命性突破提供了锋刃利剑。至此，摄影艺术进入到全息数字时代。从前期拍摄、后期制作、作品传播，全程实现了数字化。著名的美国摄影大师安塞尔·伊士顿·亚当斯(Ansel Adams 1902年2月2日—1984年4月22日)在自传中曾这样写道："在某种意义上，摄影师是作曲家，而底片则是他们的乐谱——在电子信息时代，我确信扫描技术会进步到精确再现原始的底片乐谱。如果倒退20年，我或许会希望见到关于我最中意图像的令人惊异的判读。没有人会像我过去那样再现底片，这一点千真万确，但通过电子方式，他们可能会得到更多。图像质量不是一台机器的产品，而是操作机器的人的产品，而且想象和表情不会受到任何限制。"可以说，亚当斯对于摄影未来的预见是精准的。

数字摄影在技术特征上与传统摄影形成了强烈的对比，但使之傲然于艺术领域巅峰的因素是其在使用现代科技的同时能融想象、幻想、虚拟等多种艺术语汇于一体，打造更加赋有艺术独特个性、观念革命性、创作实验性的视觉盛宴。这种纷呈的艺术形式需要数字技术加以创作，更需要数字平台予以展示，使得进行欣赏的人们不再被动地领略艺术的风采，而是通过互动参与其中，品味艺术中饱含的意味。当数字技术为我们开拓一片从未或者不可能亲历的视觉世界时，对以往诸多的艺术表现手段、媒介展现方式、多元语境的渗透都无形中进行了复合式的杂糅，吸收其精华，成为一种有容乃大的艺术服务。

摄影艺术作为一门交叉性极强的艺术形式，在数字阶段更是无所不用其极，与其他门类的艺术相互渗透包容，创造出各种形式的艺术作品。首先，数字摄影与绘画的融合，将历史悠久、流派繁杂的绘画艺术作为灵感来源、以数字的方式“技术再现”，拓展艺术领域，挑战艺术审美方式。在表现手法上，摄影长久以来一直摸索绘画在创作过程中运用的元素，诸如色彩、光影、构图，以及题材等。另外，绘画的种类与形式也将摄影带入一片广阔绚丽的空间。国外的油画、水彩画，国内的版画、水墨画，都无一例外地成为摄影创作的母源。其中具有代表性的摄影家有朗静山、杨泳梁、李小镜等人，他们在摄影中对于意念的把握如同泼墨于纸，既精雕细琢又不失磅礴之气。

成名于20世纪40年代的摄影大师朗静山，将现代科学摄影技术与中国传统绘画中的“六法理论”相结合，以一种“善”意的理念、实用的价值创造出具有“美”的作品。朗静山在创作中，追求山水画的外观，亦捕捉水墨内涵与意境，可谓是最早使用技术手段将两种艺术形式交融的艺术大师，如图12-102所示的朗静山作品。

(a) (b) (c) (d) (e) (f) (g) (h) (i) (j) (k) (l) (m) (n) (o) (p) (q) (r)

图12-102 朗静山作品

在数字技术飞速发展的今天，绘画对于摄影的影响仍然持续，并且在表现形式与创作手法上更赋多样性。青年艺术家杨泳梁借助山水画之形式，结合计算机绘画的高超技术，将现代的物质元素重组，创作出“画似照片”、“照片似画”的影像作品，如图12-103～图12-106所示。

(a) (b) (c)

图12-103 蜃市山水三·三联(2007)

图12-104 蜃市山水一·庐山高瀑图

图12-105 蜃市山水三·股城风云

(a) (b)

图12-106 大型烟灰立体拼贴作品

其次，摄影与广告设计的融合。广告设计需要将图像、文字、色彩、版面、图形等表达广告的元素和谐统一地聚合于作品中。而摄影所能提供的图像与图形正是广告设计中最为重要的元素之一。随着数字技术的不断更新，通过计算机软件对照片进行处理与编辑，为广告设计的发展开拓了更为广阔的天地与无限的可能性。比利时广告创意摄影大师克里斯托弗·吉尔伯特(Christophe Gilbert)被公认是世界上最优秀的广告摄影师之一,他以其惊人的作品与世界对话。他的作品拥有“震慑”的视觉效果、惊人的创意理念、超强的前后期处理、天马行空的想象力和洞入人心的观察力,将数字艺术在平面广告设计领域的应用更为出神入化。图 12-107 为克里斯托弗·吉尔伯特运用数字摄影所创作的作品。

(a) (b) (c) (d) (e) (f) (g) (h) (i)

图 12-107　克里斯托弗·吉尔伯特作品

创建于 1992 年的奥地利超级摄影巡回展(“奥赛”),是由奥地利超级摄影学会主办,以主赞助商哈苏冠名的国际摄影沙龙。经过数年发展它已成为世界上规模最大、水平最高的国际摄影沙龙。同时,也成为广告界作品竞技的重要舞台。在奥赛中的获奖作品,无疑代表着世界数码摄影的最高水平。如奥地利的摄影家 Hannes Kutzler 所创作的《奥地利旅游推广系列》(图 12-108)。照片中以其饱和明快的色彩、神秘浪漫的光线、怡然自得的游人构成奥地利美妙自然风光的写照。

最后,摄影与立体艺术的融合。立体艺术中的雕塑艺术、装置艺术、行为艺术等艺术形式为数字摄影披上了一层神奇魔毯,使真实可触的物体成为由计算机软件创作的虚拟影像,从而诞生出新的摄影语汇和观赏方式。人们面对不断更新换代的绘画、建模软件,所能做的就是打开幻想的翅膀,让梦想多飞一会儿。Maya、3D、Zbrush 等三维软件,Phototshop、光影魔术手等平面绘图软件成为艺术家最得心应手的魔术棒,将立体时空平展于二维桌面,偷换概念创造另类艺术。

桑迪·斯各格兰德(Sandy Skoglund,1946)是美国后现代摄影艺术家。斯各格兰德的创作可以归入装置摄影。像装置艺术家一样，她要使用各种材料布置出一个特殊场景，再把它拍摄下来，如图 12-109 所示。

(a) (b) (c)

图 12-108 《奥地利旅游推广系列》(Hannes Kutzler)

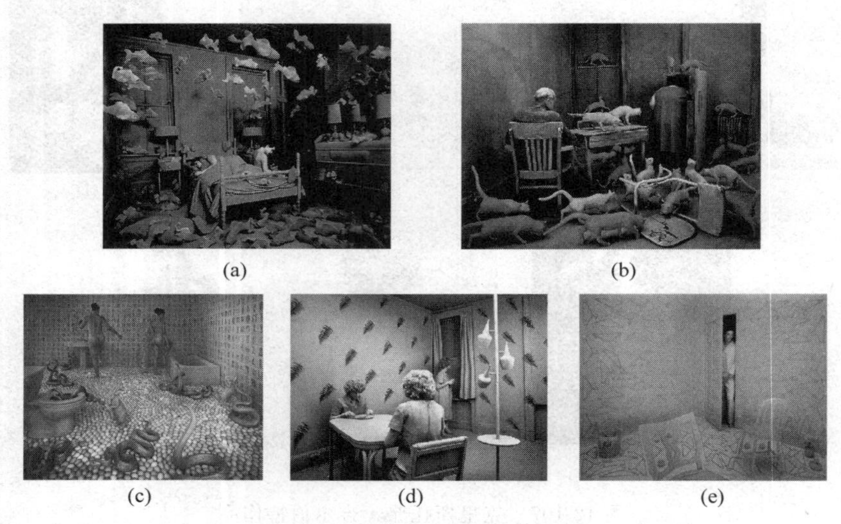

(a) (b) (c) (d) (e)

图 12-109 桑迪·斯各格兰德作品

传统摄影通过对事物的直接再现——即“如实摄影”(Staight Photograph，或译为直接摄影)被动地将对象以光电技术的方式机械“复制”与“还原”。不同于传统摄影，现代数字摄影将“照相”演变为“造像”与“拟象”，将对于现实的复制演变为创造的无限可能性与多样性。当代摄影的现状已经影响到艺术史的形象体系和范畴体系，带来的是观念的嬗变，“类像”和“仿真”取代“机械复制”，从文化与艺术层面更深层次挖掘摄影的表现创造潜能。在当代数字化背景下，利用计算机数码影像“造像”与“拟象”将是未来艺术摄影的主流命题①。

2) 数字摄影艺术代表人物

(1) 杰利·尤斯曼

杰利·尤斯曼(Jerry Uelsmann)，美国著名摄影家。1957 年毕业于罗彻斯特技术学院，1960 年毕业于印第安那大学并获得硕士学位。1960 年开始在盖斯维尔的佛罗里达大学任

① 甲辰. 造像与当代影像艺术[J]. 中国摄影家. 2008(6).

教，1974 年起成为这所大学的研究生指导教授。尤斯曼的摄影作品并非现实经验的记录，而是创造出人们从未体验或经历的景物与形象。故而很多评论家都称他为“影像的魔术师”或“宇宙的占星家”等。在他作品的面前，一切辞藻、诠释都是苍白无力的。

尤斯曼擅长于暗房特技制作，通过多架放大机将不同底片上的影像叠合在一张画面上，从而产生象征、变形、夸张、抽象的荒诞效果，以此来折射现代生活的内在本质。他主张摄影实验(Experimentation in Photograph)和“后期形象化”(Post-Visualization)，认为“头脑认识的要比眼睛和相机看到的多”。他用他那极富创造性的想象力赢得了世人的瞩目，并先后于 1967 年获得古根海姆奖金，1972 年获国家艺术基金会捐赠。同时，他又是英国皇家摄影协会会员、美国摄影教育协会的建立者之一——摄影联盟理事。他的摄影风格正如他在自白中所说的：“尽管暗房可以切断我和外面世界的联系，但是在暗房里，我可以静下心来，进行内心的对话，把我在外面拍到的影像和我内心的思绪结合起来。”

在过去的 30 年里，尤斯曼的作品在美国和世界各地举办过 100 多次个人展览，作品如图 12-110 所示。他的照片被许多世界级的博物馆作为永久收藏，包括纽约的大都市博物馆和现代艺术博物馆、芝加哥艺术学院、乔治·伊斯曼机构的国际摄影博物馆、伦敦的维多利亚和阿尔波特博物馆、华盛顿的美国艺术国家博物馆、斯德哥尔摩的现代博物馆、加拿大的国家画廊、澳大利亚的国家画廊、波士顿的艺术博物馆、苏格兰的国家画廊、亚利桑那州大学的创造摄影中心、东京的大都市摄影博物馆、京都的现代艺术国家博物馆。

(a) (b) (c) (d)

(e) (f) (g) (h)

图 12-110 杰利·尤斯曼作品集

在尤斯曼的作品中，常使用的符号是：女体、手、脸、眼睛、岩石、树木、房屋、天空、湖水等，以此来制造一张张根本不可能存在的世界的影像。例如树桩上升起的雄伟教堂，凌空悬在湖面的船，浮现于道路上的一张嘴，挥动翅膀翱翔的人……他创造的这个幻想世界，奇异、神秘、充满冥思色彩。一棵树拔地而起，连同它的根系一同悬在空中；优美的女人体正在化成顽石，或汩汩流注成溪；光秃秃的山坡上，平凡的岩石内部突然隐现出一方林木葱茏的天地，还有一条幽静的小径；夜晚湖边的树林间，一个女人同时出现在几处，形成不同的姿态和倒影，像是与自己邂逅。时至今日，尤斯曼的手工合成图像依然完美、令人称道。

(2) 李小镜

李小镜，当代著名艺术家，1945 年出生于重庆，早年便随着家人迁移赴台。大学毕业后又赴美深造，进入费城艺术学院(Philadelphia College of Art)主修电影和摄影。1972 年于该校取得硕士学位之后，即投身于当代艺术的大前线——纽约。

大学主修绘画的李小镜，在人生的转折点处恰逢个人计算机的盛行。购买计算机之后，他开始自修如何运用 Photoshop 软件来从事数字影像(Digital Imaging)的创作与制作。在比特世界里，数字影像具有弹性的特质，可以将摄影从传统的角色和框架之中解放出来。传统摄影中很难实现的技巧，在数字空间里却是一件轻而易举的事。数字影像使艺术家不再拘泥于环境的控制，将绝对的主动权交还给艺术家，允许其以近乎绘画的方式来处理图像，使影像成为一种充满可塑性的自由媒材。

通过长时间的摸索，李小镜在传统摄影的基础上添加数字技术，创作了 1993 年的《十二生肖》系列(*Manimals*)、1994 年的《审判》系列(*Judgement*)、1995 年的《缘》系列(*Fate*)、1996 年的《108 众生像》系列(*108 Windows*)、2004 年的《成果》系列(*Harvest*)，以及 2008 年的 *Dream* 系列，如图 12-111 所示。

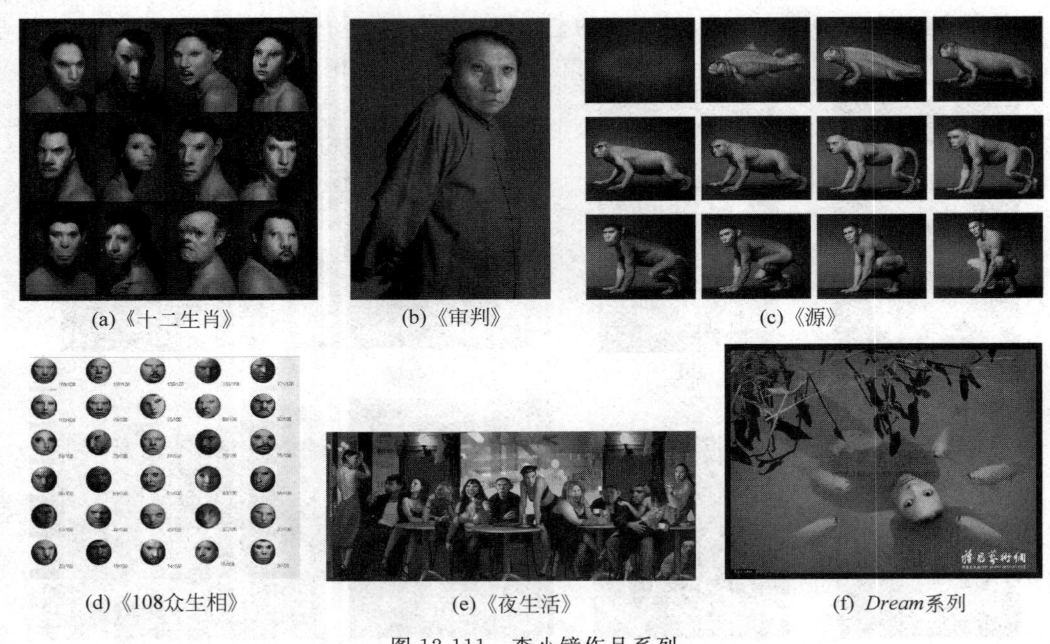

(a)《十二生肖》 (b)《审判》 (c)《源》

(d)《108众生相》 (e)《夜生活》 (f) *Dream*系列

图 12-111 李小镜作品系列

李小镜的作品以摄影为基础，结合数码特技以及绘画技法创作出了一系列独特的影像，早期的《源》、《十二生肖》等系列作品备受国际艺术界的赞誉。从他的作品中，我们切实地看到摄影可以脱离“机械的复制”而具有独特的创造力，摄影创作可以与其他艺术门类进行深层次的融合。这种借鉴或者说融合不仅仅体现在形式上，更将个性、意识、情感等深层次、不可见的内心世界展现于作品之中，真正实现了“造像”的演变。

(3) 光影大师——HDR 图

HDR(High-Dynamic Range，高动态光照渲染)最大的特征即为通过使用超出普通阈值范围的颜色，渲染出颜色鲜亮、明暗皆清楚的更为逼真、立体的场景。基于这种记录亮度值的特征，HDR 常被用于 3D 画面及游戏的场景设计中，如图 12-112 所示。

(a)

(b)

图 12-112　HDR 图

HDRI(High-Dynamic Range(HDR) Image)是一种亮度范围非常广的图像，它拥有比其他图像格式更大的亮度数据存储能力，而它记录亮度的方式也不同于传统图片。传统图片采用非线性的方式将亮度信息压缩到 8b 或 16b 的颜色空间内，而 HDRI 则是采用直接对应的方式记录其亮度信息，或者说记录图片环境中的照明信息。因此，在场景设计中，我们可以使用这种图像提供各像素点的亮度信息，以此来"照亮"整个场景。HDRI 的表现形式多种多样，可以是单幅图片的独特设计、可以是 3D 影视动画场景的整体渲染，也可以是游戏设计中的亮度数据库，当然还可以通过多幅叠加的方式构成全景图。

单幅 HDRI 的制作是比较容易实现的。工业光魔(Industrial Light & Magic，ILM)开发了一种 HDR 的标准——OpenEXR。对于工业光魔这个名字，数字媒体行业的人士都很熟悉，它是由乔治·卢卡斯创办的闻名世界的影视特效公司。迄今为止，工业光魔公司已获得多达 28 项奥斯卡奖，其中 14 项是最佳视效奖，另外 14 项则是技术成就奖。在过去 30 多年时间里，工业光魔公司开创了许多突破性的电影特效和制作流程。

曝光度不同的组图分别呈现出同一场景在曝光度不同时拍摄下的亮度信息，而渲染后的 HDRI 则是通过结合组图亮度信息生成的具有 HDR 特征的影像，即亮的地方非常亮、暗的地方非常暗，但亮暗部的细节都非常清晰明显，如图 12-113～图 12-116 所示。

图 12-113　曝光度不同的三幅组图

图 12-114　经过渲染的 HDRI

图 12-115　曝光度不同的三幅组图

图 12-116　经过渲染的 HDRI

HDR 技术如今已在平面广告、摄影摄像作品中大量运用，无论对象是产品、环境、时尚，抑或是虚拟虚构，很多作品都有着 HDR 的痕迹，或者运用 HDR 原理来进行创作。HDR 摄影将来也必会更多地运用于平面作品中，甚至运用于视频作品中，使得艺术家的创作手法越来越丰富，更加完美地呈现出惊艳的作品。最近，一个位于旧金山的小型视觉特效工作室 Soviet Montage 将 HDR 技术又向前推进了一步，开创了 HDR 的视频领域。如图 12-117 所示的第一部 HDR 视频截图。

3）数字化对摄影的影响

图 12-117　第一部 HDR 视频截图

数字技术为摄影开辟了新天地，但是我们也应该认识到，数字技术是一支带刺的玫瑰，任何对于技术的盲目崇拜与过分滥用，都会与真正的艺术失之交臂。在数字化普及的今天，市场上的数字作品层出不穷，其中精品屡见不鲜，但也有为数不少缺乏思想内涵、纯粹为数字化而数字化的影像作品。这种作品不能区分如何使用恰当的方式来表现内容，而是一律采用数字技术进行处理，结果只能是南辕北辙、适得其反。虽然，数字技术对于现代摄影创作而言十分重要，但真正艺术价值的体现需要由人的智慧与理念赋予作品。

数字摄影为专业或非专业人士提供了更为便捷、有效的编辑图片的功能。但在这种看似好处颇多的技术背后，却渐渐引起了社会的强烈反应，动摇了人们“眼见为实”的信任基础。一些新闻记者，为了达到自己的功利目的，而使用数字技术制造虚假的影像，这是失去职业道德和专业规范的行为。再比如 2007 年震惊网络的“华南虎事件”，都从不同角度警示着人们，有些影像是经不起数字手段来修改的。

科学技术的飞速发展，数码手段的介入使得艺术领域许多门类之间的界限已经变得越来越模糊，甚至出现了交叉性艺术或泛艺术。数字化摄影技术的飞速发展，促使摄影本身的表现能力不断加强。传统摄影与数字摄影之间的关系、谁会取代谁的问题都无需我们争论。这就好比，绘画不会被摄影取代一样，每一种艺术形式都有其生存和发展的土壤。时代在进步，科技在发展，无数新观念不断地涌现，并且很快被大众接受与认同。在这样的背景下，数字摄影将继续吸收传统摄影中的精华，并在自身独特性的引导下，开创一片属于自己的天空，为艺术家们的自由发挥提供更为广阔的平台。

12.2.2 数字影视合成技术：勇闯“效”傲江湖

1. 数字影视合成技术概述

近些年，随着数字合成技术在国内外电影中的大量使用，人们逐渐开始关注和了解数字合成技术的含义。可以毫不夸张地说，现代影视制作中应用最为广泛的一种数字技术即为数字合成技术。几乎所有的好莱坞现代大制作影片都使用了数字合成技术。《侏罗纪公园》、《星际大战》、《黑客帝国》、《爱丽丝梦游仙境》、《唐山大地震》等国内外知名电影，观众对其中的计算机特效画面无不叹为观止。大部分观众会对影片中的3D角色和场景充满好奇和喜爱，而很少会有人能考虑到这些3D恐龙、外星人等角色是如何与真实的场景结合完成表演的。数字合成技术正是能解决这一问题的有力工具。除此之外，一些影片还将数字合成技术运用得滴水不漏、以假乱真，以至于很多观众完全发现不了特效的痕迹，比如电影《阿甘正传》中的阿甘与肯尼迪总统握手、阿甘与约翰·列侬同台接受采访等画面，都是通过计算机特效的处理，实现了这些精彩又不可能在真实生活中出现的画面。

如果说这些大制作电影与我们普通人相距太远，无论是其制作所使用的硬件、软件，还是制作人员的经验水平恐怕都是一般人难以企及的。那么，就让我们一起回到最为普通而熟悉的电视上吧。在电视中，我们经常会看到的栏目片头、MTV、广告等大都是经过数字合成技术进行渲染加工而成的。现在，就连上百集的电视剧都要增加数字合成技术才能更加吸引观众的眼球。随着个人计算机的普及，软件的界面友好程度与操作便捷等指标都提上了日程，使得数字合成技术这种十几年前只能由专业人士掌控的技能，转眼被普罗大众纷纷玩儿转，甚至开始恶搞原作。最典型的就是胡戈的《一个馒头引发的血案》，将《无极》恶搞到无极限。之后便一发不可收拾，又创作了《鸟笼山剿匪记》、《007大战黑衣人》、《春运帝国》等影片，给网络带来更为自由的创作氛围。

2. 数字合成技术的分析与分类

随着数字技术的飞速发展，如今，该技术已被广泛地运用在各媒体领域中。无论是严肃的新闻政治宣传、抑或是轻松的娱乐休闲，都有数字技术的加盟。可以说，对于数字技术的应用在很大程度上是对传统的创作形式和技法提出了挑战，与此同时，也为艺术创作拓展了表现的空间、丰富了设计手段、提高了制作效率，带给人们更新、更奇、更炫的视觉震撼效果。数字合成技术的广泛应用，也使得在种类与形式上不断推陈出新，技术和技法上不断与时俱进。故而，对其进行综合的、系统的分析与比较，予以合理的分类就显得刻不容缓。这种分析与分类不仅有助于数字合成技术在影视制作中的进一步运用与普及，也有助于进一步创造出更多更新的数字合成技法。

1）数字合成技术的发展与分类的必要性

在电影诞生至今的100多年里，数字合成技术一直贯穿在整个电影发展的历程中。1977年，由乔治·卢卡斯执导的电影《星球大战》首开先河，在影片中大量使用计算机合成技术，成为电影史上重要的里程碑，具有极其重要的意义。此后，电影以工业化批量生产的方式迅速进入了数字天地。到1996年为止，美国已有50%以上的电影采用数字合成技术。

21 世纪后,数字合成技术在电影中的运用更是不胜枚举。数字合成技术使现代电影的发展进入了一个崭新的阶段。无论是前期的剧本创作、人员道具的安排,还是中期的拍摄,抑或是后期的剪辑与编辑,都利用计算机辅助完成。数字技术的巨大功能,给人们插上想象的翅膀,在亦真亦幻的世界里尽情翱翔。

《铁达尼号》、《阿甘正传》、《侏罗纪公园》、《指环王》系列、《玩具总动员》、《怪物史莱克》、《海底总动员》、《黑客帝国》、《加勒比海盗》、《阿凡达》等为数众多的电影,无一例外都应用了数字合成技术。中国第一部数字电影 2000 年的《紧急迫降》是一部优秀的国产惊险片,该片场面壮观、情节紧凑、扣人心弦,特别是影片在国内首次大量运用高科技电脑特技制作,电脑特技镜头长达 9′45″,代表了当时中国特技制作的尖端水平。2006 年的《云水谣》凭借数字特技,再现了跨越万水千山、波澜壮阔的大海与航行的船只、翱翔于广袤天空的雄鹰等现实生活中难以实拍的镜头,并以长卷式的连续镜头,全景式地展现了 20 世纪 40 年代中国台湾地区的生活细节、文化氛围和社会状态,使整个画面呈现了“上天入地、登堂入室、时空交错”的恢宏气势,为展现影片的艺术魅力发挥了重要作用。①

早期的数字技术应用于拍摄完片和放映出片之间,采用数字形式对已拍摄的电影素材进行素材编辑、色彩调整、后期合成、特效处理、字幕混合等一系列处理,故称之为数字中间片(Digital Intermediate,DI)。随着技术的发展与普及,数字技术也逐渐渗透并主导于拍摄前期与拍摄中,使后期的数字合成技术更发挥出得天独厚的优势。

数字中间片技术在中国的应用也逐渐地推广开来、日益成熟。虽然暂时无法获得官方统计资料来确认哪一部国产电影首先使用了 DI 技术,但是近几年有影响的国产片都是应用新技术的先行者,无论是前几年的《天下无贼》、《无极》、《千里走单骑》、《太行山上》、《恋爱中的宝贝》,还是 2006 年的《云水谣》、《夜宴》、《满城尽带黄金甲》等都使用了 DI 调色技术。2007 年的影片《太阳照常升起》、《不能说的秘密》、《5 颗子弹》、《宝葫芦的秘密》、《东方大港》、《门》、《姨妈的后现代生活》、《青藏线》、《风雪狼道》、《投名状》以及《集结号》等十几部影片也都使用了 DI 技术。

数字合成技术将影像合成技术、数字图像处理技术和三维动画技术融为一体,在幻想与现实之间架起一座沟通的桥梁,实现了真实叙事和梦幻造型之间的融合。数字合成技术不断更新,创造出一部又一部电影传奇、打造一个又一个令人难忘、难以置信的人物形象、渲染出一场又一场惊心动魄的恢弘场面……但是,这些并不是数字合成技术的全部。从数字合成技术发展的趋势和进程来看,数字合成技术在影视制作中的应用将会逐渐全面渗透,技法的拓展与研发将越来越深入,产生的视觉效果也越来越真假难辨、美不胜收。

鉴于数字合成技术的发展需要根植于过往的经验,更需要汲取基础性技法与信息为新生效果提供必要的理论支持和创作源泉,故而,对于数字合成技术进行全面系统的分类就成为必不可少且亟待解决的工作。下面,我们就从功能和技法两个角度对数字合成技术进行分析与分类。

2)数字合成技术的功能分类

从数字合成技术在影视制作过程中的不同功能进行分类,我们可以将数字合成技术分为数字影像处理、数字影像生成,以及数字影像合成三大类。

---

① 加快数字电影进程,实现中国电影跨越式发展——童刚在深圳文博会 2007 数字电影发展论坛的讲话. http://www.dmcc.gov.cn/publish/main/5/1267/1267429186593278323/1267429186593278323_.html.

（1）数字影像处理

影像视频是一组连续画面信息的集合，与加载的同步声音共同呈现动态的视觉和听觉效果。数字影像处理即为通过使用相关视频软件对实拍的画面信息或计算机生成的画面信息进行加工处理。数字影像处理的功能包括视频剪辑、视频叠加、视频和声音同步、添加特殊效果等。视频剪辑指剪除不需要的视频片段，连接多段视频信息；视频叠加指多个视频影像的叠加；视频和声音同步指在视频信息上添加声音，并精确定位；添加效果指使用特效/滤镜（Effect/Filter）给视频添加特殊效果。其中滤镜效果包括两种，一种是给选定剪辑的每一帧画面添加相同的特殊效果，这相当于 Photoshop 中的特技处理，在视频处理中也可称之为静态效果处理，如剪辑色调的调整等。第二种对剪辑画面进行局部移动或是给剪辑添加渐变的特殊效果，如画面渐渐变模糊或清晰、天色渐渐变暗、快速播放或慢速播放等，这也称为非线性特技，真正体现视频处理技术的动态效果。

（2）数字影像生成

数字影像生成是指利用计算机来生成影像，也就是我们所说的“计算机图形成像（Computer Generated Imagery，CGI）”技术，它是除了手绘和摄影以外的第三种生成影像的方式。数字影像生成是利用计算机进行数字建模，在没有摄影机参与的情况下，完全采用计算机软件生成动态形象与画面。通过摄像机，我们发现生活、展现世界；通过 CGI，我们可以创造世界、重组生活，将想象的一切变为现实，甚至其逼真性比现实还要令人信服。CGI 技术正在影视创作领域中掀起一场声势浩大的革命，将影视作品的无限惊喜与视觉冲击力还给观众。

（3）数字影像合成

数字影像合成的概念我们可以分为两种情况来定义。第一种，是指在实际拍摄中，将要合成的影像通过摄影机拍摄下来，然后以数字格式输入计算机，用计算机处理摄影机实拍的图像，并产生影片所需要的新合成的视觉效果。第二种，是指将实拍的画面与计算机生成的影像进行合成，或者是将一个形象有机地移植到另一个形象上[①]。经由数字影像合成技术打造而成的影视画面，既展现了实拍的真实效果，不会让人产生脱离现实之意，又浸融着合成之后的感官冲击力，引得人们无限想象，并将二者融合得天衣无缝、毫无破绽，创造出超越时空、亦真亦幻的视觉效果。

3）数字合成的技法分类与分析

影视后期制作中集中了大量的数字合成技术。我们通常将影视作品的组成分解为视、听两种素材。根据数字合成技术在影视后期制作过程中的不同应用技法与功能，我们将其分为三大类，分别针对字幕、影像与影像间转场的数字合成技法。数字合成技术的分类如图 12-118 所示。

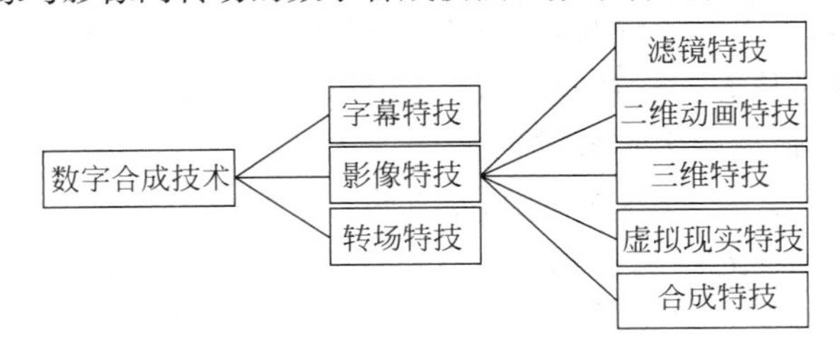

图 12-118　数字合成技术的分类

① 王倍慧，张文俊，袁奕荣．数字特技的分析与分类．艺术科技．2006 年 4 月．

(1) 字幕特技

字幕特技是仅在文字上所加的特技效果,比如光效、运动、模糊等,可以让平淡无奇的文字给人以眼前一亮的感觉,是数字特技最常用也是最为基础的技法。其中主要包括动感模糊、爆炸、粒子集散、光效、三维等技法。

(2) 影像特技

影像特技是一种综合性的特技,也是影视作品后期制作中最为重要的技法。它又可以被细分为多种类型:滤镜特技、二维动画特技、三维特技、虚拟现实特技、合成特技。

滤镜特技就是运用各种编辑软件或合成软件,为影视画面增加各种不同的特效,制作出令人惊奇的艺术效果。主要包括颜色效果、模糊效果、通道效果、透视效果、扭曲效果、发光效果、抠像效果、水面效果、风格化效果、光效与粒子效果。

二维动画特技就是运用动画的方法在画面中加入动画的元素,为画面增加动感效果。动画特技包括有音画同步、动态变形、程序运动和运动跟踪。

三维特技就是在画面中表现出三维立体空间的效果,以此增加视觉冲击力,其中包括光线与投影、三维场景。

虚拟现实特技就是运用虚拟现实技术来实现的特技,VR 技术是一种可以创建和体验虚拟世界的计算机系统。虚拟特技主要包括虚拟空间、视觉虚拟以及幻影。虚拟空间可以被理解为由计算机生成的,通过视觉、听觉和触觉作用于用户,使之产生身临其境的感觉和交互式的仿真体系。

合成特技就是把各种素材,包括实拍画面、计算机制作出的虚拟角色、虚拟场景等进行合成,使之成为一个完整的画面,可以达到使观众们真假难辨,又具有很强的视觉冲击感。其中包括角色合成、场景合成以及合成形态。

(3) 转场特技

转场特技是影片连接手法的集合,它不仅可以用来进行段落的转换,同时也可以用作特殊艺术形式的表现。随着电子技术的不断发展,先进的电子特技可以创造出几百种特技花样,常用的转场特技主要有三维空间运动、融合、分割、翻页、滑动、伸展、擦除、缩放等[①]。

3. 数字影视合成技术应用

近几十年里,数字技术对现代影视行业、多媒体教育、科学研究、模拟训练、工业设计以及娱乐行业都产生了巨大的影响。应该说,数字技术的诞生与应用从根本上改变了很多行业的运行模式与制作特征,对数字化的今天产生了划时代的作用与意义。

以影视行业为例,在数字技术条件下,影视作品的制作工序大大简化,制作人员可以比较容易地集导演、摄影、美工等于一身,能够更好地表现自己的创作意图,使影视作品更充分地表现创作人员的个性,从而为影视制作人员提供了更为广阔的制作空间[②]。

我们拥有各种功能强大的数字合成工具,包括硬件和软件两个领域。如今较为流行的数字合成软件有:Paint、After Effects、Maya Fusion、Flint、Flame、Inferno 等,这些软件的功能都非常地强大,而且在此基础上又有各自独特而擅长的功能,以处理各种不同的合成特效画面。而在硬件方面,以前功能强大的数字合成软件对硬件性能的要求很高,因此大多是

---

① 王倍慧,张文俊,袁奕荣. 数字特技的分析与分类. 艺术科技. 2006 年 4 月.

② 牙仲侯. 影视制作中的数字技术应用. 大众科技. 2010. 第 08 期.

运行在高效能图形工作站上，例如 SGI 的 Oynx、Octane 等，其功能都非常强大。其中最具有代表性的是美国 DISCREET LOGIC 公司。AUTODESK 公司的子公司 DISCREET LOGIC 是一家著名的专门研发和生产影片后期数字非线性编辑、特效制作系统的专业公司，它提供了一整套非常完善的影片后期数字合成制作工具，它的产品曾多次得到各种奖项，是被世界公认最优秀的制作系统①。

12.2.3 CG：颠覆理性视觉

1. CG 概述

计算机图形学(Computer Graphics，CG)是一种使用数学算法将二维或三维图形转化为计算机显示器栅格形式的科学。随着以计算机为主要工具进行视觉设计和生产的一系列相关产业的形成，国际上习惯将利用计算机技术进行视觉设计和生产的领域统称为 CG②。

如何在计算机中表示图形，以及如何利用计算机进行图形的生成、处理和显示的相关原理与算法，构成了计算机图形学的主要研究内容。图形通常由点、线、面、体等几何元素和灰度、色彩、线型、线宽等非几何属性组成。从处理技术上来看，图形主要分为两类，一类是由线条组成的图形，如工程图、等高线地图、曲面的线框图等，另一类是类似于照片的明暗图(Shading)，也就是通常所说的真实感图形，相当于 HDR 图(高动态光照渲染，High-Dynamic Range，HDR，图 12-119，计算机图形学中的渲染方法之一，可令立体场景更加逼真，大幅提升游戏的真实感)。

2. CG 的特征

CG 绘画是一种基于计算机软、硬件平台的绘画方式，根据不同的角度可以分为诸多种类。我们将从实现效果的角度，以传统画种与现代画种为依据进行特征的分析。

图 12-119　HDR 图

传统画种是在人类艺术发展过程中逐渐形成的基于物质化工具和材质基础上的艺术分类方式，即采用不同的绘制工具与材料便可形成不同艺术风格、乃至精神特征的绘画种类。通过这种分类方式，人们将众多的绘画创造活动进行分门别类、加以区分和识别。例如：油画、中国画、水彩画、丙烯画等诸多的画种。而其中最为典型的画种非中国画和油画莫属。中国画的绘制工具独一无二、并与诗词同源的特殊性使其成为具有中国风韵的经典的艺术观和空间观，更是一种文化符号与象征。与此相对的是西方的油画，不论是“科学性”的精确绘画，抑或是“抽象性”的灵感绘画，都将厚重的质感表露无遗。应该说，传统画种在以“器”异而种不同的表面分类模式下，更蕴涵着在“道”、“意”、“韵”上的殊途③。

而现代画种除了将传统画种进行交叉杂糅外，更体现出对于空间感的打造，将二维绘画呈现于三维空间，创造出另类时空交织而成的绘制方法。

① 数字合成技术的应用实例，数字合成的原理. http://www.zhongsou.net/%E6%95%B0%E5%AD%97%E5%BD%B1%E8%A7%86/news/7786396.html.

② PeterShirley. 计算机图形学. 第三版. 武汉：华中科技大学出版社.

③ 何芬. CG 绘画的画种研究. 科技咨询. 2010，第 13 期.

随着以计算机为主要工具进行视觉设计和生产的一系列相关产业的形成，国际上习惯将利用计算机技术进行视觉设计和生产的领域统称为CG。CG绘画依赖于计算机硬件和绘图软件进行绘制，因其发展时间短暂，并没有形成独特风格，多以模仿其他画种为主要内容，或者我们可以认为CG绘画在艺术风格与意蕴上是“先天缺失”的。但是，CG汇集了多种传统美术的创作工具与功效，对于传统绘画可以进行更为精准和细腻的“机械复制”，并且与现代绘画的综合性特征融为一体。它既包括技术也包括艺术，几乎囊括了当今计算机时代中所有的视觉艺术创作活动，如三维动画、影视特效、平面设计、网页设计、多媒体技术、印前设计、建筑设计、工业造型设计等。与传统美术相比，CG表现出的艺术效果似乎更能体现出现代人的审美时尚观，使视觉艺术的内涵和创作更具有生命力。

在日本，CG通常指的是数码化的作品，内容从纯艺术创作到广告设计，可以是二维三维、静止或动画。广义的还包括DIP和CAD，现在CG的概念正在扩大，由CG和虚拟现实技术制作的媒体文化，都可以归于CG范畴，它们已经形成一个可观的经济产业。

3. CG应用

1950年，第一台图形显示器作为美国麻省理工学院(MIT)旋风Ⅰ号(Whirlwind Ⅰ)计算机的附件诞生了。该显示器用一个类似于示波器的阴极射线管来显示一些简单的图形。1958年美国CALCOMP公司由联机的数字记录仪发展成滚筒式绘图仪，GerBer公司把数控机床发展成为平板式绘图仪。在20世纪50年代，只有电子管计算机，并且使用机器语言编程，主要应用于科学计算，为这些计算机配置的图形设备仅具有输出功能。计算机图形学处于准备和酝酿时期，并称之为“被动式”图形学。

1962年，MIT林肯实验室的Ivan E. Sutherland发表了一篇题为“Sketchpad：一个人机交互通信的图形系统”的博士论文，他在论文中首次使用了计算机图形学“Computer Graphics”这个术语，证明了交互计算机图形学是一个可行的、有用的研究领域，从而确定了计算机图形学作为一个崭新的科学分支的独立地位。

20世纪70年代是计算机图形学发展过程中一个重要的历史时期。由于光栅显示器的产生，在20世纪60年代就已萌芽的光栅图形学算法迅速发展起来。区域填充、裁剪、消隐等基本图形概念，及其相应算法纷纷诞生，图形学进入了第一个兴盛的时期，并开始出现实用的CAD图形系统。又因为通用、与设备无关的图形软件的发展，图形软件功能的标准化问题被提了出来。

1980年Whitted提出了一个光透视模型——Whitted模型，并第一次给出光线跟踪算法的范例，实现Whitted模型；1984年，美国Cornell大学和日本广岛大学的学者分别将热辐射工程中的辐射度方法引入到计算机图形学中，用辐射度方法成功地模拟了理想漫反射表面间的多重漫反射效果。光线跟踪算法和辐射度算法的提出，标志着真实感图形的显示算法已逐渐成熟。从20世纪80年代中期以来，超大规模集成电路的发展，为图形学的飞速发展奠定了物质基础。计算机的运算能力的提高，图形处理速度的加快，使得图形学的各个研究方向得到充分发展，图形学已广泛应用于动画、科学计算可视化、CAD/CAM、影视娱乐等各个领域。

ACM SIGGRAPH会议是计算机图形学最权威的国际会议，每年在美国召开，参加会议的人数在五万人左右。世界上没有任何一个领域每年召开如此规模巨大的专业会议，SIGGRAPH会议很大程度上促进了图形学的发展。SIGGRAPH会议是由Brown大学教授 Andries van Dam (Andy) 和 IBM 公司 Sam Matsa 在 20 世纪 60 年代中期发起的，全称是"The Special Interest Group on Computer Graphics and Interactive Techniques"①。

一套完整的 CG 图形系统包括图形显示设备、图形处理器、图形输入设备。图形显示指的是在屏幕上输出图形，通常我们可以运用计算机绘图软件直接生成图形，或经由打印机、绘图仪等设备进行硬拷贝。图形处理器是图形系统结构的重要元件，是连接计算机和显示终端的纽带。最常用的图形输入设备就是基本的计算机输入设备——键盘和鼠标。此外还有跟踪球、空间球、数据手套、光笔、触摸屏等输入设备。

在 CG 行业，世界三大主要的 CG 大国是美国、日本、韩国。三国在全世界 CG 行业呈现三国鼎立的格局，这与其国家对 CG 产业的支持是分不开的。下面我们来分别简析一下三个国家的 CG 发展情况②。

1) 日本的 CG

日本是世界动漫大国，每年通过出口动漫及其衍生品可获得丰厚的 GDP。传统的日本动画纯靠手工绘制，虽然工期长、条件差，当仍然打造了手冢治虫这样的动漫大师，他笔下的"铁臂阿童木"风靡全球，声誉不衰。但由于市场迫切的需求、人们对于动漫数量要求的攀升，以及人工费用等成本的不断上涨，一种全新的方式——以计算机作为绘画工具的时代就这样席卷了整个漫画界。动画大师宫崎骏的作品唯美细腻，依靠计算机的辅助更将动画中的人物与动作刻画得惟妙惟肖。《千与千寻》(图 12-120)、《哈尔的移动城堡》、《风之谷》等一大批经典动画得到了人们的喜爱；《名侦探柯南》、《灌篮高手》、《海贼王》、《火影忍者》等长篇系列动画更是吊足了观众的胃口，常播常新。《名侦探柯南》自 1994 年问世后，至今已经连载了 17 年，却依然经久不衰，堪称动漫界的一大奇迹，目前仍在连载中。而《哆啦 A 梦》(图 12-121)更是在长达 42 年的重播中积累了一代又一代的忠实粉丝。日本海关等各个部门在财政税收上对本国的 CG 动漫产品的出口给予极大的支持，使之成为日本的 6 大支柱行业之一。CG 为日本动漫产业迎来了一轮崭新的太阳，如果没有 CG，动画的大量生产将会是难以想象的。

图 12-120 《千与千寻》(宫崎骏)

图 12-121 《哆啦 A 梦》(藤子・F・不二雄)

① http://baike.baidu.com/view/4406.htm.

② 火凤凰 CG 论坛. http://fpcg.5d6d.com/thread-5353-1-1.html.

电子游戏开始于美国，而由日本生产的软件却使之风靡世界。1993年任天堂公司推出了8位的专用游戏机，到1996年达到了64位，硬件的发展突飞猛进。虽然如此，但硬件的性能再好，缺少高性能、高趣味的软件也是徒然。游戏公司凭借日本动画、漫画的文化积累，充分运用CG技术，一举形成了世界注目的游戏产业。在不到20年的时间里，发展到数十兆日元的规模。任天堂(Nintendo)、Sega、索尼(Sony)等国际知名的企业成为电子游戏的代名词[①]。

在艺术设计方面，日本CG艺术家所涉及的范围更是从自由创作、服装设计、工业设计到电视广告(CM)、网页设计等，可谓包罗万象。CG艺术家们经常把他们的作品放置于网站画廊供读者欣赏、感受其艺术风格。他们也可以被雇佣成为商业工具，销售Manga或Doujinshi，以及工艺书籍和作品资料CD等。典型的CG网页会有一段有关网站的艺术风格、已完成作品、图形样本和友情链接的具体介绍。有一些美国作者也采用了这种表现形式，但比不上日本艺术家多产。日本网站上经常提供各种日式动画和日式漫画片段。许多图片未经作者同意就用于收费网站，而读者也无从得知其创作者。目前，非日式动画、漫画的CG网站也已经十分普遍了。

2) 美国的CG

CG一词起源于1962年，美国麻省理工学院林肯实验室的伊凡·沙瑟兰德发表了题为《画板》(*Sketchpad*，一个人机通信的图形系统)的博士论文，文中首次用到Computer Graphics这一术语，即“计算机图形”，由此奠定了计算机图形学的理论基础，从而确定了计算机图形学作为一门独立学科的地位。

20世纪80年代的一句流行语“计算机将从根本上改变电影”，如今在好莱坞已成为了事实。2009年2月揭晓的81届奥斯卡金像奖上，由布拉特·皮特主演的《本杰明·巴顿奇事》(又译：《返老还童》，*The Curious Case of Benjamin Button*)在第81届奥斯卡上一举囊括最佳视觉效果、最佳艺术指导和最佳化妆奖。这意味着全球最大的二维、三维数字设计软件公司欧特克公司(Autodesk Inc.)的数字电影制作工具已连续14年帮助提名者斩获最佳视觉效果的小金人。迄今为止，已有数千部运用欧特克视觉特效解决方案所创作影视娱乐作品荣获大奖。自1993年以来的顶级大片中，有2/3应用了欧特克的视觉特效和剪辑技术。欧特克的CG故事已经是成为当代电影工艺史上当之无愧的传奇[②]。

悉数美国CG技术在影视上的应用，《电脑争霸》应被称为是虚拟现实的先驱之作。虽然无法和同期上映的*ET*等产生的影响力相比，但这部电影中的CG技术引起了一般人对计算机图像的兴趣，并因此掀起了继20世纪60年代末以来的世界规模的第二次计算机图像高潮。不久，各种计算机图像制作公司如雨后春笋般出现，其中包括Cranston Csuri Production(1980)、Pacific Data Image(1984)、PIXAR(1986)、Rhythm&Hue等。

随后，1982年的《星际迷航》、1984年的《星空战士》(*The Last Starfighter*)、1986年的《顽皮跳跳灯》(*Luxo Jr*)、1987年的《红色之梦》(*Red's Dream*)、1988年的《警察玩具》(*Tintoy*)、1989年的《小雪人大行动》(*Knick Knack*)等电影都在CG和电影界产生了巨大的影响。

谈到电影和CG的关系，不能忽视的是CG电影的王者“工业光魔”(Industrial Light and Magic，简称ILM)公司的存在。ILM是导演卢卡斯为了制作电影《星球大战》而专门成

---

① 电脑绘画. http://baike.baidu.com/view/380244.htm.

② 视觉中国. www.chinavisual.com.

立的负责电影特技的公司。由该公司制作的《柳树》(*Willow*)、《夺宝奇兵》(*Indiana Jones*)、《深渊》(*The Abyss*)、《终结者 2》(Terminator-Judgment)等一大批 CG 电影让人们沉醉于如真似幻的世界中,体验了前所未有的视觉震撼。

除了电影等艺术领域外,CG 在"科学的视觉化"(Scientific Visualization)和"商用图像"(Business Graphics)等领域也在发挥着举足轻重的作用。例如,在科学领域、医学领域、建筑领域等,美国都做出了骄人的成绩,走在世界的前列。

3) 韩国的 CG

韩国在 20 世纪八九十年代就对本国 CG 动漫产业给予了非常有力度的支持。韩国是全世界具有比较完整的 CG 动漫产业链的国家之一,从前期的动漫画的创意,到后期的衍生产品制作,形成一条体系完整、规模庞大的产业链。

CG 技术在韩国电影史上的运用起源于 1994 年,而真正的大规模使用却是在 1996 年。从 1994 年 Hun-Su Park 导演的《九尾狐》、到 1996 年姜帝圭导演的《银杏树床》,从 1998 年朴光村导演的《退魔录》到 2002 年李时明导演的《2009 失去的记忆》、张善宇导演的《卖火柴的女孩重生》(图 12-122),2006 年韩国第一部魔幻电影《中天》(图 1-123)、《汉江怪物》(图 12-124)。参加《汉江怪物》制作的特效小组可以说结合了全世界的特效精英。他集结了参与过《哈利·波特与火焰杯》的美国 The Orphanage 公司来监督《怪物》的总体特技效果,还有制作过《指环王》系列和《金刚》特效工作的新西兰 Weta Workshop 工作室,以及获得过奥斯卡奖的澳大利亚 John Cox's Creature Workshop 等多个世界闻名的数字特技公司与团队。如此顶尖的世界一流制作团队加盟该电影的制作,使得本片在当年韩国本土观众入场高达 1300 万人次。2007 年的《龙之战》(图 12-125),2009 年聚集了一批曾参与影片《后天》、《完美风暴》、《怒海争锋》制作的专业人员所打造的灾难电影《海云台》(图 12-126),一经上映便赚取了无数人的眼泪①。

图 12-122 《卖火柴的女孩重生》(2002)

图 12-123 《中天》(2006)

图 12-124 《汉江怪物》(2006)

① 韩国电影 CG 发展史上最重要的 12 部影片. http://www.hxsd.com/news/CG-animation/20101029/31126_4.html.

图 12-125 《龙之战》(2007)

图 12-126 《海云台》(2009)

4）中国的 CG

目前，我国的 CG 还处在一个起步的水平线上，总体水平和国外 CG 发达国家如美国、日本等相比，差距很大，CG 行业的低起点和目前社会的高需求也形成了巨大的反差。现在国内 CG 主要应用在实用美术方面，如广告、片头动画、建筑装修等行业，且发展势头迅猛。在军事、医学、游戏设计、网站设计、工业设计、娱乐等领域正在逐步得到更广泛的应用。从 2002 年以来，已有许多国外的 CG 艺术作品展在北京举办，2002 年 CG 中国会作品展示的影响也远远超出了普通绘画展览，同时计算机技术和应用技术也得到了更多艺术家的认同。人们渐渐认识到了 CG 作品不再是机械呆板的，而是和绘画一样具备了生动的艺术趣味的艺术作品。

最具中国文化传统的 CG 类别——水墨 CG 自然是首屈一指。它既代表着中国人的传统绘画精神，又将先进的技术手段赋予传统水墨以动感和灵性，是传统与现代的完美结合。比如，水墨 CG 动画作品《夏》、影视剧《新红楼梦》片头的水墨效果、中央二台栏目包装中的浓墨淡彩等，都是以其独特的水墨形式，通过流畅的线条、疏密有致的结构布局创造出无限的意境与韵味。

CG 技术的出现给传媒领域，特别是以声画艺术结合为基础的影视行业带来了巨大的变革。在北京奥运会开幕式晚会上，CG 技术的创新性及大规模运用让世界为之惊叹。数字化的科学技术能给视听艺术插上腾飞的翅膀，体育、科学和艺术亦能得到完美结合。

CG 技术运用到奥运会开幕式上是近几年的事。从悉尼奥运会上初试啼声，到雅典奥运会上又显身手，CG 技术在不断发展。而真正纯熟地将 CG 技术运用到开幕式上，达到登峰造极的境界的，则是北京奥运会开幕式晚会。由于时差及商业运作的原因，欧美主要赞助商曾强烈要求北京奥运会开幕式安排在白天举行。总导演张艺谋说，如果开幕式放到白天，那么表演项目充其量只能是团体操，其他的艺术手段根本无法使用，你还是请别人来导吧。在中国的坚持下，本次开幕式最终在北京时间晚上 20 时的黄金时段上演，张艺谋终于有机会大展宏图。通过绚丽的 CG 技术的创新运用，在夜幕降临的北京苍穹下，全球观众一同见证了这台充满现代艺术和现代技术的无与伦比的艺术盛会。北京奥运会开幕式晚会结束后，众多外国媒体给予高度评价，称其为艺术之美的杰作、中华文化的缩影。美国福克斯体育台的评价称“北京奥运会开幕式让整个世界都为之停转”，而实现“整个世界都为之停转”

奇迹的，正是 CG 技术与电视制作的完美结合。

从绚烂的烟火脚印到排山倒海的击缶表演，从瑰丽的旋转画卷到美轮美奂的光影效果都向全世界人民展示出了中国人的智慧。CG 技术的应用将 2008 北京奥运会推向了世界奥运会视觉的顶峰。

12.2.4 互动装置艺术：技术与艺术的完美结合

互动装置艺术是建立在以一定的计算机软硬件为平台上的人机间或不同人通过计算机硬件承载进行互动的艺术，是以自然中的硬件装置媒介为基础的交互艺术。它能使观众参与、交流甚至“融入”作品中，这使得观众真正地“走进”和“走近”了作品，并成为作品的组成部分。与计算机有关的互动作品常常通过“热区”和“运动”设定相应的“反应体”，比如互联网环境下的超文本导航、外部文字与视频输入，以及受众肢体行为引发的过程等。这是其他任何艺术形式所不具备的，因此，对它的研究意义重大。与此同时，互动装置艺术的应用也很广泛，虚拟现实和人工智能就是它的延展应用领域。

1. 互动装置艺术概述

互动装置艺术是一门伴随着人类发展的、与现代科学几乎同步的艺术。它是艺术与科学两种意识形态相交的产物，它的存在源于艺术家的奇思妙想和科技所提供的实践平台。“互动”是装置艺术最大的特点与基本表现形态①。

互动装置艺术的实现原理是通过观众与作品之间的某种沟通方式来使装置本身发生反映。这种沟通可以采用动作、声波、光、热或其他类型的传感方式经由传感器接收并由计算机进行处理。观众的参与可影响装置作品的顺序、情节、状态等，甚至可以完全参与到创作中，与计算机一同创造未知的结果。

Prix Ars Electronica 是交互艺术技术支持的权威机构。他们主要从事图像与计算机显示的技术研究。SIGGRAPH 是另一个给许多互动艺术家和他们的艺术工厂提供技术支持的重要机构。

近年来，在各种各样的展会中，互动装置艺术这个名词出现的频率越来越高，众多的实验型艺术作品和设计作品都开始具有“交互性”的味道。2009 年 8 月 15 日，为期三个月的 TCL 世界经典艺术多媒体互动展在北京城市规划展览馆开幕，展出的 61 幅作品均取材于有人类文明以来的艺术精品。走进展览馆，《蒙娜丽莎》与您互动对话，《最后的晚餐》正在紧张的进行，米开朗基罗在向您介绍他的技艺特点，古埃及纸莎草纸画上的人物在解释“生死的秘密”，而爱神维纳斯则深情地张开双臂——原本静态的画作肖像全部都会说会动，生动起来。据介绍，这是国内首次将 3D 技术、全息技术融合在一起举办的高科技艺术展。通过运用新科技，古代的艺术家和作品中的人物都成了“有声有行”的人，与你面对面进行跨越时空的对话②。

回顾艺术的发展史，作为与科技紧密相关的互动装置艺术长期处于艺术的边缘种类，不但少有受众对其感兴趣，甚至艺术家们也极少涉及此类型的尝试。时光荏苒，随着多媒体技术的飞速发展，20 世纪末以来它却又像个新生儿一样突然迅猛的生长起来，凡在有艺术渗

① 刘丽，“生正逢时”的新媒体艺术——浅谈互动装置艺术. 当代艺术. 2011，第 1 期.

② 中国青年报. 世界经典艺术多媒体互动展在北京城市规划展览馆开幕. 2009 年 09 月 23 日.

透的社会层面，它似乎都可以积极地融入其中。它以自然科学构造其骨架，以社会学科组织其血肉，以艺术学科注入其灵魂，普通大众也在不知不觉中与它有了越来越频繁、越来越深入的接触，并且通过互动装置艺术所引领的一系列交互性设计或行为丰富着人们的生活。

互动装置艺术的发展与兴盛带给人们很多启示和思考，它突破了以往传统艺术中受众“远而观之”的状态，还观众以亲切和主宰之感。互动装置艺术的实现与最终呈现离不开观众的参与，我们也可以将其理解为由“参与”与“反馈”共同创造的艺术。观众的参与行为千差万别、思维方式各成一统，由此生成的艺术作品更具独特的性格，体现出对于人性的理解和人的价值的尊重。

2. 互动装置艺术的特征

互动装置艺术从艺术表现形式、创作工具及涉及学科等几个方面可归纳出以下三方面的特征：空间交互性、创作工具复杂性、创作跨界性。

1）空间交互性

互动装置艺术与其他艺术形式的最大区别在于作品具有空间交互性的特征，即在三维环境中通过装置这种介质加入时间成为四维时空进行艺术表现，它可以使人不必直接接触作品就可以与作品互动，完成或欣赏作品。而其他艺术类型的作品多是在二维时空中或偶尔加入时间来表现的。互动装置的另一个层面是通过计算机硬件及软件程序平台、自动化等技术结合计算机输入、输出设备和一些表现性的综合材料来表现艺术的。

互动装置艺术突破了人机交互的距离限制，为观众营造出相对封闭、亲近的独立空间。交互的形式更是舍弃了常规的鼠标操控，更注重通过影像传输或触摸、声效捕捉等方式获得数据信息，实现令人惊奇的交互效果。如美籍华人林书民曾经展出互动装置作品《内功》（图12-127），该作品在地面投影出一个水池，水池里面出现有以内功让莲花开落、运用心念来钓鲤鱼等影像。观众可以坐在假山石一端，并且贴着脑波侦测仪来侦测观众的脑波活动状况。水池里的莲花开放消长，意味着观众放松与紧张程度的变化，较急躁的一方则会出现莲花快速生灭影像，相对的另一方则会出现莲花格外壮硕的景象[①]。

互动装置艺术作品在以一定的物质材料和表现手段塑造空间形态的同时，结合声、光、电、信息等各种媒介进行艺术造型表现。这种造型的空间感是通过人机或人与设备之间的交互而创造的，光、时间、信息都成为了空间的造型要素。交互性成为作品整体呈现的唯一途径，也是作为互动装置艺术而言最为重要的特征。当人们沉浸在艺术家为我们打造的虚幻世界中时，无意间的触碰、无法抑制的惊呼，甚至是思想中的微小波澜，都能被传感到互动装置的处理器中得以体现。

图 12-127 《内功》（体验者的脑波越多，荷花开得就越多[②]）

2007 年上海当代艺术馆“遥·控——多媒体与互动艺术展”上，来自德国艺术家 Dieter Jung 的互

① 互动装置艺术的概念界定及其特征研究. 2006 年 10 月 14 日. http://bbs.hxsd.com/blog.php?b=7569.
② 高科技艺术展首次来京. 脑波引金鱼游荷花开. http://news.qq.com/a/20050807/000485.htm.

动装置作品《回文》(图 12-128)与《光磨坊》(图 12-129),均采用了全息影像技术、计算机技术等先进数字技术为观众展出了一场别开生面的“主角”盛宴。其中《回文》作品的设计概念是将观赏者的身体虚拟为一个遥控器,显示器上的画面会随着观赏者的移动而移动。而《光磨坊》则是打造了一个相对封闭的虚拟空间。在这个空间中,任何的操作与观众的移动速度都是和谐统一的,比如静止、慢速运动、快速运动、后退、前进等①。

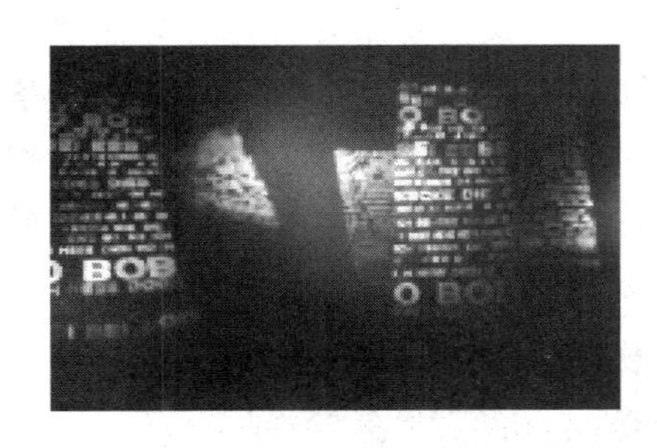

图 12-128 德国艺术家 Dieter Jung 的全息影像装置《回文》(观者本身变成了遥控器:只要你在移动,作品就会跟着运动)

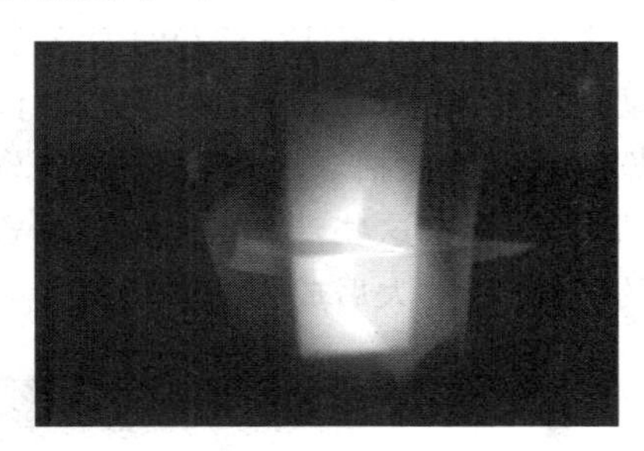

图 12-129 德国艺术家 Dieter Jung 的全息影像装置光磨坊(在这个虚拟空间里,空间的操作与观众的移动速度是和谐统一的:静止、慢速运动、快速运动、后退、前进。)

2) 创作工具复杂性

从创作工具来看,互动装置艺术的创作工具比较复杂。一个完整的互动装置系统需要包括高性能多媒体计算机、传感器、投影仪器、编辑软件以及一些演示性的综合设备。这些设备、软件是互动装置艺术创作工具的核心。与其他形式的艺术作品所不同的是,互动装置作品的核心与灵魂在于程序的编写和设计,这关系到信号的输入、输出、处理表现、图形图像的生成与转换等各个表现情况的好坏,甚至决定着该作品的成败与影响力。

Golan Levin 既是一名表演艺术家,又是一名软件工程师,他娴熟地运用计算机等各种创作工具来实现令人炫目的即兴视听盛宴。他与莱伯曼(Zachary Lieberman)一同创作的《美声演绎》(*Messa di voce*,图 12-130)透过舞台旁的计算机选择灯光背景,当观众在麦克风前发出声音,声音即依据所设定的背景出现不同的变化。

图 12-130 *Messa di Voce*,(葛兰·李文(Golan Levin)与扎克·莱伯曼(Zach Lieberman),2004—2007)

① 多媒体与互动艺术展. 视觉中国.
http://static.chinavisual.com/storage/contents/2007/03/05/32596T20070305101055_3.shtml. 2007 年 3 月 5 日.

法国艺术团体 SCENOCOSME(Gregory Laserre & Anais Met den Ancxt)长期研究植物生长的特性以及其敏锐感应，透过程序的加载，当附近有变动的声响或温度产生变化，植物叶面立刻会有感应，这些精细的感应经过转译而产生乐声。德国孟克(Wolfgang Munch)与日本艺术家谷川圣(Kiyoshi Furukawa)合作的《气泡》(*Bubbles*，图 12-131)则是让荧光幕上的气泡遇到阴影产生音乐让观众与其互动。

Apparition(图 12-132)是克劳斯·奥博曼尔与电子艺术未来实验室合作开发而成的移动追踪系统。该系统以摄影机和计算机视觉运算，把舞者移动时的轮廓或形状，以去背景的方式从背景中抽取出来，不断更新资讯作为肢体投影，以定时计算速度、方向、冲力、体积等动力学，再把这些计算得到的数据资讯以动态的方式，编制成即时的影像，或直接回到舞者的肢体，或放大后成为背景的投影。

图 12-131　德国孟克(Wolfgang Munch)与日本艺术家谷川圣(Kiyoshi Furukawa)合作的《气泡》(*Bubbles*)

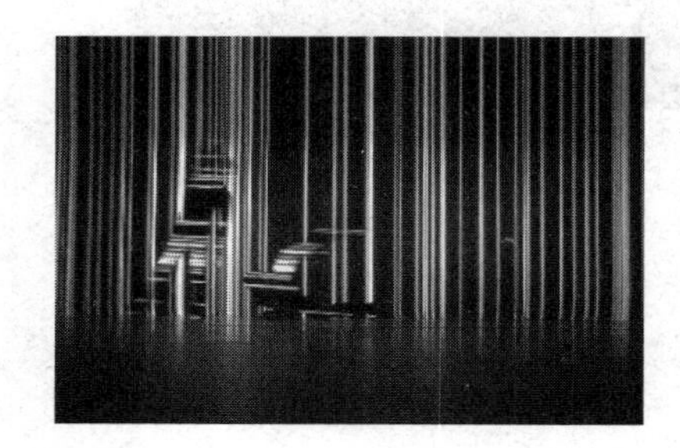

图 12-132　*Apparition*，(Klaus Obermaier，2004)

国立台湾艺术大学的陈韵如结合舞蹈、多媒体、音乐、互动装置进行跨领域的创作《非墨之舞》(如图 12-133 所示)，呈现"女书"的意境，从女性特有的文字"女书"中撷取灵感。援引"女书"的概念，书写东方女性心理经验，并借由"肢体"的诠释，道出东方传统社会与文化的烙印。"女书"在湖南江永县发现，以独特的文字符号体系在女性间秘密通信震惊世人。表演时，舞台布幕以"女书"为背景，呈现多种 3D 动态影像与符号，如阴影、墨线、树林与"女书"等，让舞者身体的实像和动画的虚像相叠合，借由虚与实交叠、融合及撞击，产生多元意象的视觉符码。透过舞者的肢体律动与互动装置结合，则以身体取代笔墨，模拟着"女书"的书写方式，书写出女性在父权文化中之无奈状态，借由"女书"化为群鸟飞翔与窜流之意象来叙述女性内在的呐喊，透过舞者肢体呈现甩开、反抗及逃避等动作，凸显内外在冲突矛盾心态，最后舞者以手中的互动界面自信地画出白色笔触而涂去"女书"，展现女性在企图逃离父权文化的束缚后终获释怀[①]。

3) 创作跨界性

20 世纪 80 年代起，整个世界吹起了一股跨界风，跨界、跨领域(Crossover、Cross-Filed)成为国际时尚界、艺术界最流行的字眼，它不但代表两个(或两个以上)不同领域之间的密切合作，更强调两者碰撞出的新火花所诞生的新潮流、新美学[②]。互动装置艺术是一门综合

① 世安文教基金会. http://www.sancf.org.tw/SANCF/arts_detail.php?artsid=124&artsyear=2009.

② 陈韵如. 从科技艺术探讨当代跨领域创作之发展. 国立台湾艺术大学.

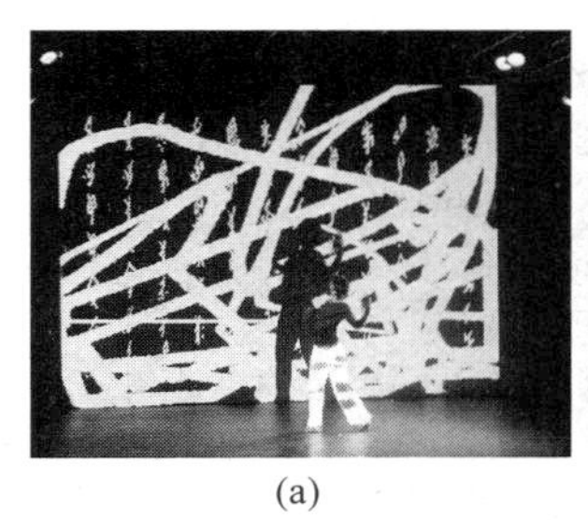

(a)

(b)

图 12-133 《非墨之舞》

性、交叉性、边缘性的艺术形态。自诞生之日起,便涉及了众多学科、领域的理念与技术支持。诸如传播学、美学、信息学、心理学、生物学、物理学,还包括数学、计算机中的语言程序、动画、图形图像,甚至音乐都会融入其中,各伺其职。越来越多的艺术家和团体,不再局限于自己的创作领域,而是将触角伸入其他特质抑或相近抑或襄垣的范畴。如果说数字技术为人类重构了一种流光溢彩的生活,那倒不如承认,正是人类不断提升的需求、积极的探索、承前继后的奋斗造就了互动装置艺术的产生与发展。技术与艺术的发展要求多学科融合、跨学科发展,而互动装置艺术借势而上,在艺术的舞台上乘风破浪。

在西方当代互动装置艺术实践中,每次技术上的实现都令世人瞩目。2001 年,第 49 届威尼斯双年展以"人类的高原"为主题,突破了以往静态的艺术观赏方式,首次把观众纳入到艺术二次创作的领域中,使其在充足的空间里可以与艺术品进行实时的互动。跨领域艺术家陈俊明(2003)指出:"跨领域是一种态度,一种面对艺术、面对心与物的态度,它无法在形式上被归类,以这种态度创作的作品是超越疆域的、反疆域的,亦即反对疆域下的固有专业规范。"互动装置艺术就是这样一种跨领域、多学科交叉的数字艺术种类,而其合作与交流的创作形式带给人们从未体验过的视听享受。

睦镇耀(Jin-Yo Mok)是韩国一位年轻的、备受瞩目的新媒体艺术家,首尔弘益大学硕士,后转往美国纽约大学互动电信所进修。他的互动作品多次受邀于世界各地展出,如奥地利电子艺术节、ISEA 2006、WIRED NextFest、巴西圣保罗的 FILE 2005、美国纽约惠特尼美术馆 Artport 等。《音乐圆柱》(*SoniColumn*,图 12-134)是一个经由触碰产生声音演奏的互动装置,观众透过碰触网格圆柱里的 LED 灯,使它发亮并且发出特别的声音。该作品将音乐、光电、计算机、传感等学科领域的知识融会贯通,当观众去转动手把,圆柱就会缓慢地自动旋转并演奏出由手触碰发亮的 LED 灯时所发出的声音。

"Post Theater"(后剧场)是一个跨领域的表演和装置表演艺术团体,由剧场编剧家马克思・舒马克(Max Schumacher)以及多媒体艺术设计师棚桥洋子(Hiroko Tanahashi)组成。该团体通过与当地团队合作,以感应式电子媒体的方式创作特定地域性的装置作品。他们认为投影技术并不是跨领域表演的全部,而是应更多地发挥数字媒体的交互性、机电学科的装置性、剧场领域的现场性、文学中的故事性等特性来系统化这个跨领域团体的创作。

作品 *6 Feet Deeper*(图 12-135)即为根据以上原则由"Post Theater"(后剧场)创作出的互动装置作品。该作品的舞台铺满沙子,并将投影机设置在沙地上,以此来捕捉到舞者的肢体语言,再与由互动产生的虚拟形象结合在一起,完成整个具有剧场概念的互动装置作品。

图 12-134 《音乐圆柱》[1](*SoniColumn*)

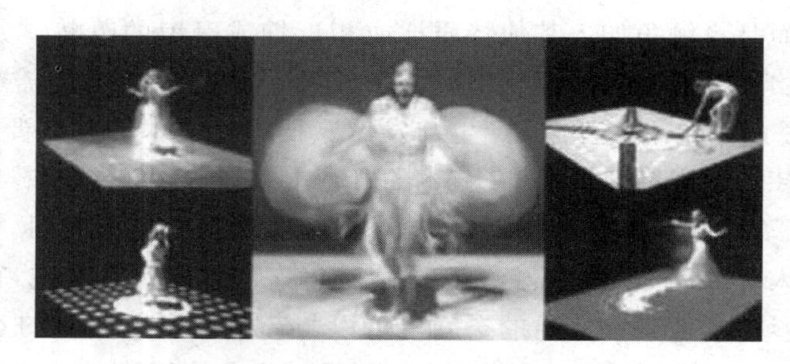

图 12-135 *6 Feet Deeper*,(Post Theater,2004)

3. 互动装置艺术的实例——上海世博会

中国 2010 年上海世界博览会(Expo 2010),是第 41 届世界博览会。于 2010 年 5 月 1 日—10 月 31 日,在中国上海市举行。此次世博会也是由中国举办的首届世界博览会。上海世博会以“城市,让生活更美好”(Better City,Better Life)为主题,总投资达 450 亿人民币,创造了世界博览会史上最大规模记录。同时超越 7000 万的参观人数也创下了历届世博之最[2]。

上海世博会不仅向世人展示了 190 个国家、56 个国际组织的风采,更通过数字技术以互动装置艺术的形式为参观者带来了一场“体验秀”,各种不同类型的互动完成了数字纪年的辉煌篇章。

北京魔豆文化传媒有限公司总经理徐建峰把世博会上的互动科技分为四种类型:红外感应式互动、触摸式互动、声控式互动和体验式互动。

1) 红外:傣族少女“水泼”游客

在中国省区市联合馆,不少展馆有红外感应式互动项目。如云南馆设置了“鸥戏春城”板块,游客只要靠近背景为昆明大观楼的屏幕,轻轻一拍手,在水里嬉戏的海鸥就会飞过来。

---

① 光音伺见. 互动艺术平台. http://www.clicktaiwan.com.tw/twlog/article.do?userId=outeract&articleId=1180.

② http://baike.baidu.com/view/357651.htm.

想体验泼水节的游客，只要走到傣族门下两块屏幕中间，屏幕上的傣族少女影像便会将一盆盆祝福的“水”向游客“泼洒”过来。

外国展馆的红外感应式互动项目也不少。在伊朗馆，一架没有琴弦的竖琴会随着参观者手指的移动，发出14个不同音阶声音，这是伊朗对红外线定位技术所做的展示。

2）触摸：游客放飞40盏天灯

与红外感应式互动相比，触摸式互动给人的真实感更强烈。在台湾馆，“点灯水台”就是一个触摸式互动系统架构。这个“点灯水台”安装了40套包含工业级计算机、14英寸触摸式屏幕和激光发射器的点灯模块，所有模块均与LED球体的计算机相互连接。这套配置完备的系统，确保了每一次“点灯仪式”可放飞40盏天灯。当游客站在点灯柱前，用触摸式屏幕选择想要的祈福语，按下“确定”后，一道激光就会直射LED球体的南极，天灯随之冉冉升起。

在湖北馆，有一套等比例缩小的虚拟国宝“曾侯乙编钟”，它的影像投影在镜面玻璃上。游客在等候期间，通过触摸镜敲击编钟，就能体会国之重宝的金声玉振。

3）声控：用齐声鼓掌变幻天幕

世博会上，德国馆之所以成为热门展馆，“动力之源”功不可没。它是一套声控式互动项目，综合运用机械、电子、计算机等多种技术。只要游客一起大声呼喊，就能通过音控互动操控装置，左右金属球摆动方向。呼喊的人越多，声音越高亢、金属球摆动的速度和幅度就越大。

如果你因为德国馆的排队时间过长，没有机会体验“动力之源”的话，那么在中国省区市联合馆，你也能体会到声控的乐趣。走进广东馆，那里的天花板和墙壁被置换成一块巨大的天幕，如果游客齐声鼓掌，眼前屏幕上出现的小树苗就会慢慢长成参天大树，最后变成一片郁郁葱葱的森林。如果掌声不断，屏幕上还会出现雨打芭蕉、百鸟归巢的美景。

4）体验：玩模拟机、风洞飞行

体验式互动项目是孩子们的最爱。走进中国航空馆，那里设置了模拟机体验区，是世博会上最热门的体验项目之一。该区域有4架模拟飞行玩乐机和1座大型飞机模型机，游客登上模拟机，机舱将随着他们的指令“起飞”、“降落”、“颠簸”，驾驶者可获得空中俯瞰世博园的独特体验。

拉脱维亚馆的“空中飞人”也是一大热门项目。该馆设有一个互动测试触摸屏，人们可参与游戏了解拉脱维亚，获胜者将有机会到展馆二楼特设的风洞体会一把。在风洞作用下，游客不借助任何飞行载体，可以体验空中悬浮和飞翔。体验结束后，每个“飞人”都将得到记录自己飞翔过程的光盘①。

在2010年上海世博会的盛大舞台上，公共展馆中的数字装置以其丰富多变、形式各异的互动体验征服了所有在场的观众，将大量的信息内容和独特的空间转换赋予互动装置，集结各领域、各学科的顶尖技术、多样功能及表现形式打造了全方位的“体验秀”，也向世界重新定位与诠释了“互动装置艺术”的深层内涵。

① 俞陶然.世博展馆玩转“互动”，红外、触摸、声控、体验大有奥妙.新闻晚报.2010年08月25日.

第13章　数字媒体艺术的美学及表征

13.1　传统电影的美学特性

13.1.1　早期电影美学概述

电影自诞生历经一百多年的冲刷与洗礼，已经从1895年12月28日法国卢米埃尔兄弟在巴黎咖啡馆放映《火车进站》和《工厂大门》开始，创造出太多的奇迹与震撼。美国著名导演斯皮尔伯格将其电影公司取名为"梦工厂"。确实，电影是人们为自己的生活创造"梦"的地方。作为艺术殿堂中最为年轻的一种形式，电影将现代科技与传统艺术融为一体，给予人们一种认识世界的全新方式，打破了视听的现实基础，让"盒子里的人"重新演绎生活。故而，人们一直以来对于电影都具有偏爱之情，与其他任何一种艺术形式相比而言，其发展速度、影响范围、受众数量都达到了登峰造极的程度。

回顾电影的发展历程，最开始很长的一段时间里电影并不是世界的宠儿，而被当做集市上的一种"杂耍"、"玩意儿"，一种记录和拍摄的工具。应该说，电影如果仅止于此便真的会成为彻彻底底的记录工具，而并不是具有独立表征的艺术门类。但是，电影实践的先驱们通过对电影的热爱和潜心的追求，终于将实践上升到理论的高度，使其成为一门崭新的学科，填补了艺术领域的又一空白。德国著名的心理学家雨果·闵斯特堡(1863—1917)出版的《电影：一次心理学研究》(1916)，首次从电影心理学的角度论证了"电影是一门艺术"。而这些大师们，比如卢米埃尔兄弟、梅里爱、格里菲斯等一批早期电影艺术家们对电影艺术的形成与发展进行了深刻地实践性探索。

根据前人的总结与归纳，可将电影美学流派划分为两种：蒙太奇流派(或形式主义)与纪实流派(或写实主义)。

1. 蒙太奇电影美学理论

蒙太奇，是法文Montage的音译，原来的意思是装配、构成，引申用在电影艺术里意为剪辑与组接。1915年的《一个国家的诞生》与1916年的《党同伐异》可看做格里菲斯(全名：戴维·卢埃林·沃克·格里菲思，David Llewelyn Wark Griffith，1875—1948，图13-1)个人丰碑式的两部经典之作，与此同时，这两部影片也意义非凡地启示着人们开展着眼于对电影艺术语言和表现手段进行多方面的探索和研究之路。

格里菲斯本人虽然能够熟练掌握并运用蒙太奇的手法和技巧于电影创作当中，但是他并没有从理论上对蒙太奇加以总结和阐释。前苏联电影导演库里肖夫(图13-2)和他的学生爱森斯坦首先提出并认真探索了蒙太奇学说，将蒙太奇升华为美学的高度。

图 13-1　格里菲斯

图 13-2　库里肖夫

从影片的实际创作角度而言，蒙太奇一般包括画面剪辑与画面合成两方面。画面剪辑是将一系列相关的画面、图像组织在一起形成一个完整的、统一的段落。画面合成是完成这种组合方式的艺术或过程。具体来讲，在拍摄一部影片时，导演会从不同地点、不同距离和角度，以不同方法进行大量素材的捕捉。然后在剪辑阶段，再将之前拍摄镜头按照生活逻辑、推理顺序、作者的创作倾向及其美学原则进行选择与重新排列，用以叙述情节、刻画人物。但当不同的镜头组接在一起时，往往又会产生镜头单独存在时所不具有的含义。正如爱森斯坦所说的，当镜头衔接在一起时产生的效果"不是两数之和，而是两数之积"。例如卓别林把工人群众赶进厂门的镜头，与被驱赶的羊群的镜头衔接在一起；普多夫金把春天冰河融化的镜头，与工人示威游行的镜头衔接在一起，就使原来的镜头表现出新的含义。凭借蒙太奇的作用，电影享有时空的极大自由，甚至可以构成与实际生活中的时间空间并不一致的电影时间和电影空间①。《战舰波将金号》(图 13-3)是爱森斯坦 1925 年运用蒙太奇理论的艺术精品，片中的"敖德萨阶梯"一直被人们膜拜为蒙太奇的经典段落。

由此可见，运用蒙太奇手法可以使镜头的衔接产生新的意义，这就极大地丰富了电影艺术的表现力，也增强了电影艺术的感染力。我们可以根据蒙太奇的叙事和表意两大功能将其划分三种最基本的类型：叙事蒙太奇，表现蒙太奇，理性蒙太奇。前一种是叙事手段，后两类主要用以表意。

1）叙事蒙太奇

这种蒙太奇由美国电影大师格里菲斯等人首创，是影视片中最常用的一种叙事方法，它的特征是以交代情节、展示事件为主旨，按照情节发展的时间流程、因果关系来分切组合镜头、场面和段落，从而引导观众理解剧情。这种蒙太奇组接脉络清楚、逻辑连贯、明白易懂。叙事蒙太奇又包含下述几种具体技巧。

（1）平行蒙太奇

平行蒙太奇，也称并列蒙太奇。这种蒙太奇常以不同时空（或同时异地）发生的两条或两条以上的情节线并列表现，分头叙述而统一在一个完整的结构之中，或两个以上的事件相互穿插表现、揭示一个统一的主题，或一个情节。平行蒙太奇应用广泛，首先因为用它处理剧情，可以删减过程以利于概括集中，节省篇幅，扩大影片的信息量，并加强影片的节奏。其次，由于这种手法是几条线索平列表现，相互烘托，形成对比，易于产生强烈的艺术感染效

① http://baike.baidu.com/view/1636.htm.

(a) (b) (c) (d) (e) (f) (g) (h)

图 13-3 《战舰波将金号》中的"敖德萨阶梯"片段

果。如影片《南征北战》中,导演用平行蒙太奇表现敌我双方抢占摩天岭的场面,造成了紧张的节奏扣人心弦。

格里菲斯、希区柯克都是极善于运用这种蒙太奇的大师。蒙太奇可以展现不同时空发生的事。比如,格里菲斯的《党同伐异》(图 13-4)即为展现不同时间、不同地点的故事。影片把 4 个不同世纪,不同区域发生的事,放在一部影片中分别叙述,中间用一个母亲摇篮的镜头连接,表明一个共同的主题——任何时代都有排斥异己的事情。还有可以展现相同时间、不同空间发生的故事,如影片《沉默的人》的结尾:剧场正在演出、克格勃追踪、男主角跑、男主角的前妻设法援救他,4 条线索齐头并进,共同说明追捕男主角这一情节。同时同地的例子很多,影片《三十九级台阶》敌人在一座大钟内放了一颗定时炸弹,差一分钟就要爆炸。必须设法使大钟的秒针停下来才能除出炸弹,在这紧急时刻,意大利籍的地质学家机智地跳上大钟,用身体控制住秒针的走动,与此同时,警察包围了钟楼内的敌人,钟楼下面

图 13-4 格里菲斯在拍摄现场

还有不少围观的群众，这三组镜头围绕着排出定时炸弹这一情节在同时同地穿插进行，把情绪推向高潮。

（2）交叉蒙太奇

交叉蒙太奇，又称交替蒙太奇，普多夫金把它叫做“动作同时发展的蒙太奇”，它将同一时间不同地域发生的两条或数条情节线迅速而频繁地交替剪接在一起，其中一条线索的发展往往影响另外线索，各条线索相互依存，最后汇合在一起。这种剪辑技巧极易引起悬念，造成紧张激烈的气氛，加强矛盾冲突的尖锐性，是掌握观众情绪的有力手法，惊险片、恐怖片和战争片常用此法造成追逐和惊险的场面。如影片《疯狂的赛车》（图 13-5）中的自行车与警车追逐一场戏，镜头在男主角与警车之间做交叉剪辑，通过两者镜头时间的长短来控制速度和紧张程度，越到接近临界点时，镜头就剪得越短、越频繁，速度与气氛就越紧张。

（3）颠倒蒙太奇

这是一种打乱结构的蒙太奇方式，先展现故事的或事件的即刻状态，然后再回去介绍故事的始末，表现为事件概念上的过去与现在的重新组合。它常借助叠印、划变、画外音、旁白等手段转入倒叙。运用颠倒式蒙太奇，打乱的是事件顺序，但时空关系仍需交代清楚，叙事仍应符合逻辑关系，事件的回顾和推理都以这种方式结构。很多悬疑片、惊悚片都经常采用颠倒蒙太奇的方式。比如美国电影《记忆碎片》（*Memento*，图 13-6）的整部影片就是采用颠倒蒙太奇的方式叙述故事，让观众与剧情一起跌宕起伏、屡屡突破想象极限。

图 13-5 《疯狂的赛车》中自行车与警车的追逐画面

图 13-6 《记忆碎片》

（4）连续蒙太奇

连续蒙太奇是一种完全按照事件的逻辑顺序，有节奏地连续叙事的方式。这不仅是最基本和普遍的思维方式，也是绝大多数影视节目的基本结构方式。相对于平行蒙太奇或交叉蒙太奇的多线索发展的方式而言，连续式蒙太奇在叙事上更为自然流畅，朴实平顺，可以更好地还原生活原貌。但由于缺乏时空与场面的变换，无法直接展示同时发生的情节，难于突出各条情节线之间的对列关系，不利于概括，易有拖沓冗长、平铺直叙之感。因此，在一部影片中绝少单独使用，多与平行蒙太奇、交叉蒙太奇交混使用，相辅相成。比如电影《开国大典》中中华人民共和国成立的片段就由三个镜头构成一组联系发生的动作：

主人在看书，听到门铃声；

主人打开门，认出在外等候的客人；

两人一起走进客厅。

(5) 重复蒙太奇

重复蒙太奇，又称为复现式蒙太奇——从内容到性质完全一致的镜头画面，反复出现的方式相当于文学中的复述方式或重复手法，具有一定寓意的镜头在关键时刻反复出现，以达到刻画人物、深化主题的目的。例如《战舰波将金号》中的夹鼻眼镜和那面象征革命的红旗，都曾在影片中重复出现，使影片结构更为完整。《乡村女教师》中反复出现地球仪，它代表着不同历史时期的转折。《蓝色生死恋》中反复出现寄托了男女主人公无限情感的两个陶瓷杯子(图 13-7)，表现了两人之间无法停息的思念和忠贞不渝的爱情。又如影片《第六纵队》中 26 号门牌的三次出现，都是在情节发展的关键时刻伴随着主要人物出现的，起着激发观众联想力，突出情节、事件和人物的作用。

图 13-7 《蓝色生死恋》中象征两人爱情的杯子

2) 表现蒙太奇

表现蒙太奇是以相连的或相叠的镜头为基础，通过场面、段落在形式或内容上相互对照、冲击，从而产生单个镜头本身所不具有的比喻、象征的效果，引发观众的联想，创造更为丰富的含义，以表达某种情绪或思想。在影片中使用表现蒙太奇的目的在于激发现众的联想，启迪观众的思考。表现蒙太奇有以下几种形式。

(1) 抒情蒙太奇

抒情蒙太奇是一种在保证叙事和描写的连贯性的同时，通过画面的组接，渲染铺排、创造意境，表现超越剧情之上的思想和情感，使剧情的发展富有诗意，故而又被称作“诗意蒙太奇”。电影理论家让·米特里曾对抒情蒙太奇做过如下解释，它的本意既是叙述故事，亦是绘声绘色的渲染，并且更偏重于后者。在影片中，我们可以将意义重大或关键性的事件被分解成一系列的近景或特写镜头，从不同的侧面和角度捕捉和展示事物的本质与内涵，渲染事物的特征。举一个简单的例子，在电影中我们常会发现在一段叙事场面后，切入具有情绪意味的空镜头来牵引观众的心情。如前苏联影片《乡村女教师》中，瓦尔瓦拉和马尔蒂诺夫相爱了，马尔蒂诺夫试探地问她是否永远等待他。她一往情深地答道：“永远!”紧接着画面中切入两个盛开的花枝的镜头。该镜头虽与剧情无直接关系，但却恰当地抒发了人物之间的真挚情感。另外，还有一些影片通过特写镜头来铺陈情绪。比如在《母亲》中，丈夫欲取挂钟的钟锤换钱买酒的一场戏，普多夫金所做的分切，就是对抒情蒙太奇很好的诠释，当然，其中特写镜头的表现力是功不可没的。这一分切开始是这样的，他先用半全景交代人物活动的地点，醉醺醺的父亲走向挂钟，母亲明白丈夫的心思，默默地看着他。

① 半身镜头；丈夫站在挂钟下面，看着钟。

② 半身镜头：母亲惶惑不安地望着丈夫。

③ 近景俯拍：丈夫的一只手，手抓住一把椅子，把椅子拉到挂钟下面。

④ 近景：丈夫的皮靴，他站在椅子上，踮着脚尖。

⑤ 特写镜头：丈夫的头部靠近表盘，抬起双手，欲取下钟锤。

⑥ 特写镜头：母亲喊了一声，冲过去。

⑦ 大特写：丈夫的双手还在摘钟锤。

⑧ 半身镜头：母亲到了丈夫身边，极力阻拦他，拽住丈夫外套的下摆。

⑨ 近景：母亲撕扯着丈夫的上衣，拼命拽他，丈夫抬脚踢她。

⑩ 大特写：母亲的手死死地抓住丈夫的上衣，不停地拽来拽去，丈夫失去平衡晃来晃去。

⑪ 近景：丈夫的双手，一个钟锤被摘了下来，他的上半身在摇晃着。

⑫ 近景：站在椅子上的双脚，椅子在晃动。

⑬ 特写镜头：丈夫的手抓住另一只钟锤。

(2) 心理蒙太奇

心理蒙太奇是刻画人物心理、描写人物内心的重要手段，它通过画面镜头间的组接或声画有机的结合，细腻入微、形象生动地展现人物的内心世界。这种表现方式常用于表现人物的梦境、回忆、闪念，思索、遐想、幻觉等精神活动。这种蒙太奇在剪接技巧上多用交叉穿插等手法，其特点是画面和声音形象的片断性、叙述的不连贯性和节奏的跳跃性，声画形象带有剧中人强烈的主观性。比如电影《小花》中，在小花寻找哥哥的过程中，不断穿插进小花对儿时与哥哥玩耍、哥哥被迫逃离家乡等回忆的片段，表现了小花对哥哥赵永生的思念。电影《如果爱》(图 13-8)中，在拍戏期间，不断地闪现两人当时的回忆，将现实、演戏、回忆三者不断的交织在一起。

图 13-8 《如果爱》

运用心理蒙太奇最为出神入化的是公认的电影艺术大师希区柯克(图 13-9)。他的经典电影《后窗》(图 13-10)讲述摄影记者杰弗里由于意外摔断一条腿，整天被困在轮椅上。无聊时他便透过窗户观看对面楼房里各家各户的生活故事。有一天，他注意到了一个邻居的奇怪举动，发现他杀死了自己的妻子。于是困在轮椅上的他便想尽办法去调查这一事实并最终将凶手绳之以法。影片中最大的挑战在于如何在极其有限的空间内展现完整的剧情。然而，希区柯克运用纯熟的镜头语言不但完成了影片故事的讲述，更成功地渲染出紧张的气氛与令人窒息的悬疑。

图 13-9 希区柯克

图 13-10 《后窗》

那么，电影大师希区柯克是怎样运用镜头来推动情节发展、刻画心理的呢？他是通过运用心理蒙太奇理论，不断地出现有限的、被导演有意连接在一起的片断，而观众在看电影时也会不自觉地将一个个片断串联起来，自发地引申和思索，从而挑动了观众那颗许久未被拨动的心。

(3) 隐喻蒙太奇

隐喻蒙太奇是通过镜头与镜头，或场面与场面的对列组接来进行类比，形象而含蓄地表达创作者的某种寓意，赋予画面以新的含义。在这种蒙太奇方式中，需要寻找不同事物之间某种相似的特征，并将两者联系在一起，以便引起观众的联想，领会导演的寓意和领略事件的情绪色彩。比如著名影片《战舰波将金号》中，当被激怒的水兵向屠杀无辜平民的沙皇驻军开炮时，影片将三个静态画面衔接：睡着的石狮、张开大嘴的石狮、前足站立的石狮。虽然是三个静态的画面，但是通过彼此的连接却表现出强烈的动态效果，表达出革命的力量从沉睡到奋起的过程[①]。而在普多夫金的《母亲》一片中，则将工人示威游行的镜头与春天冰河水解冻的镜头组接在一起，用以比喻革命运动势不可挡。

(4) 对比蒙太奇

影视中的对比蒙太奇类似文学中的对比描写，即通过镜头（或场面、段落）之间在内容（如贫与富、苦与乐、生与死、高尚与卑下、胜利与失败等）或形式（如景别大小、色彩冷暖、声音强弱、动静等）的尖锐对立与强烈对比，产生相互强调、冲突的作用，以表达创作者的某种寓意或强化所表现的内容、情绪和思想。对比蒙太奇在默片时代运用非常广泛，在有声片时期增加了声画对比的可能性。例如，著名纪录片导演伊文思把焚毁小麦的镜头和饥饿儿童的镜头组接在一起，充分体现出资本主义危机时期的特征[②]。

3) 理性蒙太奇

让·米特里给理性蒙太奇下的定义是，它是通过画面之间的关系，而不是通过单纯的一环接一坏的连贯性叙事表情达意。从形式上来看，理性蒙太奇也是将连贯性的叙事画面组接在一起，但与连续蒙太奇相比较而言，前者更着重体现主观感受与知觉，所选取的画面也更偏向于主观视像。该类蒙本奇的主要代表人物是前苏联学派的电影理论大师爱森斯坦。理性蒙太奇主要包含以下几种类别。

(1) 杂耍蒙太奇

在爱森斯坦(图 13-11)的蒙太奇理论中，最富有色彩的、影响力最大的，无疑是他的“杂耍蒙太奇理论”。爱森斯坦给杂耍蒙太奇的定义是：杂耍是一个特殊的时刻，其间一切元素都是为了促使把导演打算传达给观众的思想灌输到他们的意识中，使观众进入引起这一思想的精神状况或心理状态中，以造成情感的冲击。这种手段在内容上可以随意选择，不受原剧情约束，促使造成最终能说明主题的效果[③]。

图 13-11 爱森斯坦

① 于庆妍，王绍维.影视鉴赏.北京：高等教育出版社，2007.
② 彭吉象.影视美学.北京：北京大学出版社，2002.
③ 杂耍蒙太奇.百度百科.

与杂耍蒙太奇相对应的是普多夫金的蒙太奇理论。两人在同一时代环境背景下，延伸和发展出了两种形式不同的蒙太奇。普多夫金认为蒙太奇的传统特性是以“连接”为基础的，更强调叙事和职业演员在电影中的重要作用。爱森斯坦在从事戏剧创作时首先提出了杂耍蒙太奇，又在其电影创作中体现出来。他强调蒙太奇的作用不是简单的连接，而更重要的作用在于表现戏剧的“冲突”和“对立”。即唯有实现了“震撼”的效果才可以认为在剪辑的过程中使用了蒙太奇的手段。虽然，爱森斯坦后期过分夸大了蒙太奇的作用，甚至走向了极端，但其探索镜头组接的规律与原则对于影视的发展的确作出了卓越的贡献。

影片《十月》中采用了大量的杂耍式蒙太奇。比如将亚历山大三世的雕像从基位上倒落下来的画面与沙皇专制的覆灭联系在一起；而当临时政府走上沙皇制度的老路时，亚历山大三世的雕像又采用倒放的方式重新竖立回基位上以表现反动势力的反扑；将孟什维克在进行居心叵测的发言与弹竖琴的手的镜头组接在一起，表现出一种“老调重弹，迷惑听众”的意味。这些都是运用杂耍的典型例子。这些与情境内容看似相关性不大的镜头成为某种具有象征意义的符号，引起人们的联想，达到审美体验的最高境界。

(2) 反射蒙太奇

反射蒙太奇与杂耍蒙太奇一样，都是将有寓意的形象连接在事件的恰当位置，以期作用于观众的意识与知觉。但不一样的是它不像杂耍蒙太奇那样将与剧情内容无关的象征画面生硬地插入剧情，而是直接借用同时空的事物来进行比喻，使两者产生联系。再拿影片《十月》举例。影片中克伦斯基在部长们簇拥下来到冬宫的片段中，制作者利用一个仰角镜头将其头部与身后圆柱上的类似光环一样的雕饰巧妙地融合在一个画面中，暗示独裁者的无上尊荣。这个镜头是何等的自然与顺理成章，这是杂耍蒙太奇无法实现的“无缝表现”。

(3) 思想蒙太奇

思想蒙太奇是前苏联电影导演、编剧、电影理论家、前苏联记录电影的奠基人之一吉加·维尔托夫(Dziga Vertov，图 13-12)提出的。这种镜头剪辑利用新闻影片中对于文献资料重新编排的方式来表达一个思想主题。这种蒙太奇展现出一种强烈的理性状态，以抽象的形式展现思想和由理智激发出的情感。观众与影片产生脱离或离间之感，完全以理性的方式冷眼旁观。执导过我们非常熟悉的《列宁在 10 月》和《列宁在 1918》的前苏联著名电影大师和电影教育家罗姆的掩卷之作《普通法西斯》(图 13-13)就是利用思想蒙太奇的经典作品。影片中运用了大量的新闻资料，并作出极富智慧和人道力量的撷取。这类影片很容易被拍成政论性的纪录片，但罗姆却赋予这部影片罕见的思考力度和且深且痛的诗意表达。纪录片的解说词在这部影片里得到近乎完美的绽放①。

2. 纪实电影美学理论

20 世纪 40 年代中期，为了充分发挥电影的艺术形式与美学特征，产生了以意大利新现实主义为代表的纪实性电影美学，尤其在战后盛行于世。随着实践的不断深入，20 世纪五六十年代又经过法国著名电影理论家，被誉为“法国影迷的精神之父”的安德烈·巴赞(1918—1958，图 13-14)以及德国著名电影理论家齐格弗里德·克拉考尔(Siegfried Kracauer，1889—1966)的研究与提炼，最终形成了系统、完善、理论化的纪实电影美学理论。该理论一直影响着一代又一代世界各国的电影人。

① 普通法西斯. 百度百科.

图 13-12 维尔托夫

图 13-13 《普通法西斯》

图 13-14 安德烈·巴赞

图 13-15 罗伯特·弗拉哈迪

早期的电影与生俱来就带有纪实的特性，并以电影发明者、导演，法国的 L·J·卢米埃尔（1864—1948）拍摄现实场景、还原生活的纪实性传统为源头。他强调电影的照相性质，注重摄影机的记录功能，并且反对滥用蒙太奇分割。在影片中，突出基于真实的事件进行意味的挖掘，并采用长镜头的拍摄方式来讲述故事、塑造人物、刻画细节。巴赞更是力图倡导一种"事件的完整性受到尊重"、"故事的发生与发展具有生命般真实与自由"的影片叙事结构。以纪实性电影美学为理论依据，很多电影大师拍摄出了源于生活、又高于生活的不朽经典。

1916 年美国导演罗伯特·弗拉哈迪（Robert Flaherty，1884—1965，图 13-15）拍摄了介绍北极爱斯基摩人生活情况的惊世之作——纪录影片《北方的纳努克》（图 13-16），被公认为是纪实性电影的正式开端。弗拉哈迪是一位远离尘世、甘愿投入到未开化的非文明世界，以一种浪漫的眼光和探险家的品性追寻纪录片艺术和人生真实的导演，被尊为世界"纪录电影之父"和影视人类学鼻祖。《北方的纳努克》以记录式的镜头展现了生活在冰天雪地中的爱斯基摩人的生活与劳作，反映了他们为了生存用自己微薄的力量与大自然的恶劣环境进行艰苦斗争的现实生活。值得一提的是，弗拉哈迪虽然采用记录真实的创作理念，但他并没有单纯地记录现实生活，而是大胆地将真实的生活场面重现，以"真实再现"的方式邀请当地的爱斯基摩纳努克一家充当了一回"演员"的角色，并且按照自己的想象与预期打造的意境来设置场景，甚至重建冰屋。弗拉哈迪在拍摄猎捕海象这一场景时，巧妙地使用了一个长镜头进行表现，刻画细腻、生动真实，是一个具有典范作用的经典长镜头。

(a)

(b)

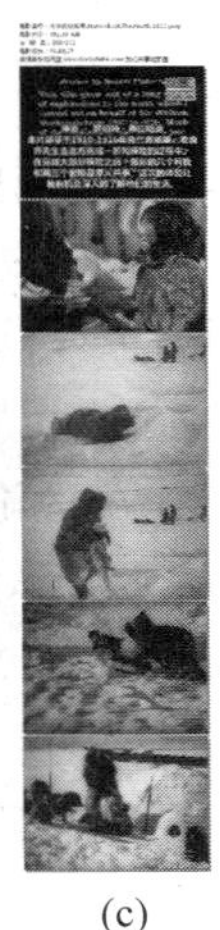

(c)

图 13-16 《北方的那努克》组图

20 世纪 40 年代中期，新现实主义电影运动在意大利爆发，它继承了写实主义的传统，具有深刻的社会进步意义和艺术创作新特性，并把纪实性电影美学推向了高潮。新现实主义电影运动提出了“把摄像机扛到大街上”的响亮口号。虽然该运动只持续了 6 年时间，但作为一种重要的电影创作方法和拍摄风格，一直对西方记录电影的发展起到了深远的影响。著名影片《罗马 11 时》(图 13-17)就是依据新现实主义的理论原则对当时发生的一件惨案进行了再创作。二战后的罗马，上百名女子应征一个打字员的职位。在等待面试时，她们蜂拥挤进一座老房子，在挤楼梯时造成楼梯倒塌，很多人被掩埋在砖头瓦砾中，从此也彻底地改变了很多人的命运。

意大利著名编剧 C·柴伐梯尼(CesareZavattini)为新现实主义电影的实践提供了很多优秀的剧本，如《偷自行车的人》(图 13-18)、《小美人》、《罗马 11 时》、《温别尔托·D》等。与此同时，他还在美学理论方面作出了很大的贡献。他认为“不应该出现只负责写电影剧本的编剧”，应当“直接地注意各种社会现象，而不要通过什么虚构的故事(不管它编得有多好)”，“重要的是，要善于探究出事情与事情的发生过程”[①]。

图 13-17 《罗马 11 时》剧照

图 13-18 《偷自行车的人》剧照

① 柴伐梯尼. 谈谈电影. 电影艺术译丛. 北京：中国电影出版社，1967，第 2 期.

13.1.2 现代电影美学理论

1. 电影符号学

20世纪60年代中期以来,在法国结构主义思潮的影响下诞生了把电影作为一种特殊符号系统和表意现象进行研究的一个学科——电影符号学。电影符号学研究的首倡者是法国学者克里斯蒂安·麦茨(Christian Matz,1913—1993)。他是电影符号学的宗师,也是迄今为止将理想主义和理性主义发展得最为深刻的电影理论家。他采用瑞士结构主义语言学家索绪尔的符号学理论的研究方法来考察电影,并于1964年发行《电影:语言还是言语》一书,从此便揭开了电影符号学研究的第一页。除麦茨之外,意大利的小说家、符号学家翁贝托·艾柯(Umberto Eco)的《电影符码的组接方式》、导演帕索里尼(Pier Paolo Pasolini,1922—1975)的《电影诗学》、英国彼德·沃伦的《电影中的符号和含义》都对电影符号学的理论构建进行了大量的研究。

以电影符号学的观点来看,我们可以将其核心思想归纳为以下5点:①电影的本性不是对现实的反映,而是艺术家重新解构的具有约定性的符号系统。②电影艺术的创造必然有可循的社会公认的"程式",电影研究应成为一门科学。③电影语言不等于自然语言,但电影符号系统与语言学符号系统本质相似,电影研究应该借用语言学作为一种科学规范工具。④电影研究应根据"整体决定局部"的原则而系统化。⑤电影符号学的研究重点是外延和叙事,主张宏观结构分析与微观结构分析并重。在电影符号学基本观念的统摄之下,电影符号学家们又各有自己的分析体系。麦茨分析了影片的叙事结构,归纳出"八大组合段"概念,如图13-19所示,艾柯提出了"三层分节说"和电影的"十大符号系统",沃伦则将电影符号梳理为象形、指示和象征三个大类。

电影符号学对西方电影理论研究产生了十分重要的影响。从电影符号学开始的现代电影理论,主要以电影文化为研究对象,尤其重视对电影本文以及电影与观影者之间关系的研究。研究方法博采众长,注重巧妙运用人文社会科学中多学科研究的成果与方法,使电影学研究的发展与其他人文学科齐头并进。

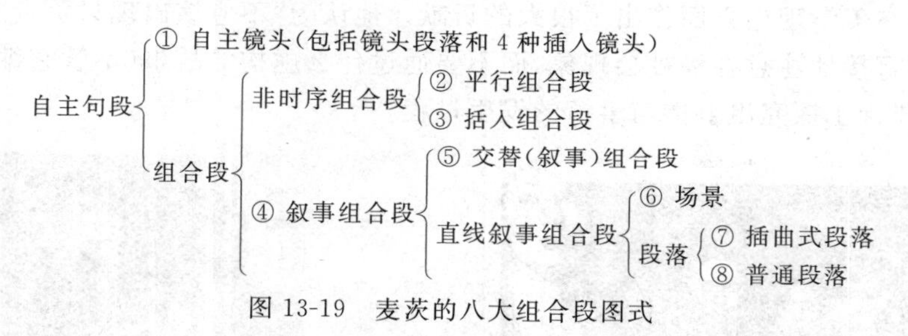

图13-19 麦茨的八大组合段图式

2. 电影叙事学

20世纪70年代,随着电影符号学的发展,在结构主义和普洛普理论的基础之上建立了突破传统电影叙事方式的电影叙事学。弗拉基米尔·雅可夫列维奇·普罗普(Vladimir Propp,1895—1970)当代著名的语言学家、民俗学家、民间文艺学家、艺术理论家,是前苏联民间创作问题研究的杰出代表。1928年,他出版了《故事形态学》一书,书中突破了以往传统的叙事分析结构,开创了根据人物功能来研究故事的新方法。采用这种方式方法,普洛普分析研究了一百多个俄国童话的叙事结构,总结出31项功能单位和7种故事角色。法国著名的人类学家、结构主义的奠基人列维·斯特劳斯将结构主义语言学的原则与研究方法延伸到神话领域，并广泛地运用到人类如何进行文化创造的研究中。

与此同时，电影叙事学的其他人物代表与理论体系也层出不穷。罗兰·巴尔特(Roland Barthes，1915—1980)，法国当代杰出的思想家和符号学家。其符号学著作使巴尔特成为将结构主义广泛用于文学、文化现象及一般性事物研究的重要代表。他提出“写作的零度”概念，认为文学如同所有交流形式一样，本质上均为一个符号系统，并从作品的组织原则与内部结构来揭示深层含义和背景。另外，他概括出叙事作品的三个层次，功能层、行动层(人物层)和叙述层，以此分析读者对文本的横向阅读和纵向阅读。他的许多著作对于后现代主义思想的发展有很大影响。

杰拉尔·热奈特(G·Genette，1930—)生于巴黎，曾任教于巴黎大学法国文学系和高等教师师范学院，现任法国高等社会科学研究院教授。他在其著作《叙事话语》中提出了一整套叙事学理论，被认为是“热奈特系统”。该系统中根据“故事——叙事——叙述”三个层面划分出了5个叙事概念，分别是时序(Order)、跨度(Duration)、频率(Frenquency)、语式(Mood)、语态(Voice)。热奈特的理论对电影叙事学而言是非常便于实践化的。

格雷马斯(Algirdas Julien Greimas，1917—1992)，立陶宛裔语言学家，对符号学理论着有突出的贡献，如角色模式、语义方阵等理论。他的角色模式依据二元对立原则，将角色划分为6种，在故事的基本框架中相互具有内在的联系。而其语义方阵则构建了一个四元相对峙，并且包含着两种不同的对立关系。这个符号学矩阵是个通用模型，即四角可以分别由其他不同实体来取代，如图13-20和图13-21所示的格雷马斯的“角色模型”和“语义方阵”。

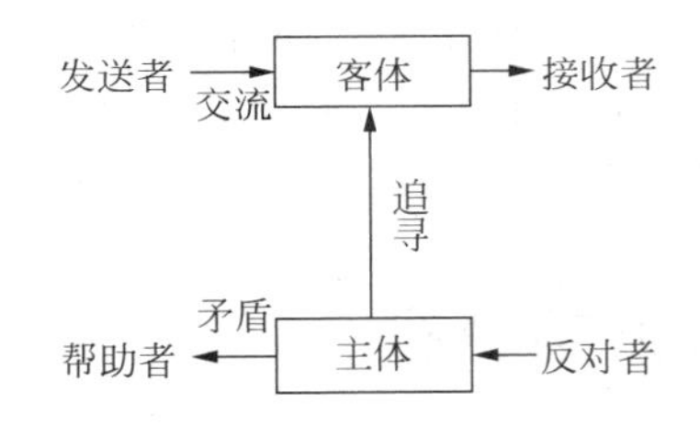

图13-20 格雷马斯的“角色模型”

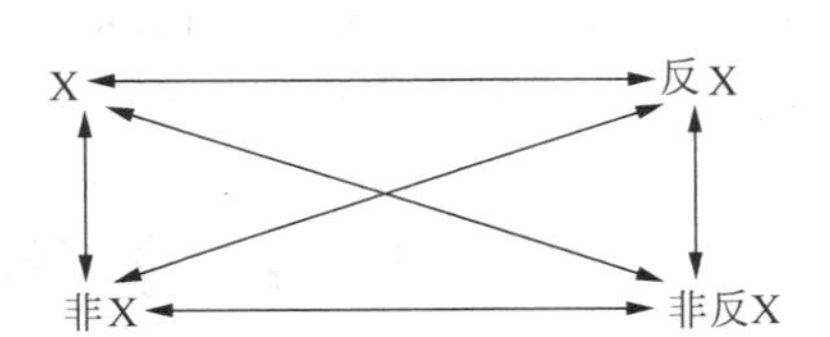

图13-21 格雷马斯的“语义方阵”

此外，还有美国电影理论家爱·布拉尼根的视点论，以及弗朗索瓦·若斯特的“目视化”系统(摄影机与人的目光相关的内部目视化和与人的目光无关的零目视化)等相关电影叙事学理论。

3. 电影第二符号学

电影第二符号学是电影符号学与精神分析学相结合产生的电影理论。1977年法国电影理论家麦茨(图13-22)发表《想象的能指》一书依据弗洛伊德和拉康的精神分析学原理及模式，结合电影符号学，全面解释了基于电影机制中主体观看过程和主体创作过程的心理学，是电影第二符号学诞生的标志，也是精神分析学电影理论的代表作。

图13-22 克里斯蒂安·麦茨

第一电影符号学与第二电影符号学之间存在着差

异。第二电影符号学是在第一电影符号学中对于作品内部的符号和符号系统的研究基础上，力图借助精神分析学中的模式来研究电影作品的陈述过程和符号的产生与感知过程。所以，在第二电影符号学的理论中，加入了精神分析学术语及符号学术语，如原发的/二次辞格、凝缩/移置、组合、换喻等概念。影片文本已经由一个静态的概念转为一个可变的概念，突破了局限于一个固定而复杂的符号结构。

麦茨根据拉康的“镜像阶段”理论，在之前的电影理论“画框论”和“窗户论”的基础上，提出了电影的“镜像论”。同时，他又针对克拉考尔关于电影是“物质现实的复原”理论，提出了电影是“想象的能指”(Imaginary Signifier)的理论。该理论中，“想象”一语是精神分析学的术语，出自拉康的人格构成(即结构层次)理论，具有映现、构想和非理性的意思。“能指”一词则是结构主义语言学的学术用语，意为表现手段。麦茨引用这一词充分表明了他把精神分析学和语言学方法相结合用以研究电影的理念，即把电影当成梦和一种语言来进行研究。

20 世纪 70 年代以来，将意识形态理论与精神分析学结合起来的意识形态学电影理论，将女权主义、符号学和精神分析学结合起来的女权主义电影理论都属于第二电影符号学理论的新形态。

4. 电影意识形态批评理论

“意识形态”可以被理解为一种具有理解性的想象、一种观看事物的方法(如世界观)，存在于共识与一些哲学趋势中，或者是指由社会中的统治阶级对所有社会成员提出的一组观念[①]。意识形态批评是电影艺术批评领域中十分重要的一个维度和流派。电影的意识形态批评，兴起于 20 世纪 60 年代的后结构主义时期，并与电影的女权主义批评、法兰克福学派的大众文化的批评、电影的后现代批评，以及电影叙事学、结构主义等均有联系，又有差异。

路易斯·阿尔都塞(Louis Althusser，1918—1990)，法国著名哲学家、“结构主义的马克思主义”的奠基人。他的意识形态理论对影视领域的相关研究产生了深刻的影响。

13.2 数字影像的美学特征

数字技术自 20 世纪以来，润物细无声般慢慢沁入电影领域的各个环节。以好莱坞电影为参考，记录着从“叙事的电影”到“感官的电影”的转变，无数令人惊叹的虚拟场景和超时空视觉奇观都昭示着数字影像在技术上的成熟。在理论方面，数字影像亦应当建立适合其发展的体系架构，总结先前经验、归纳理论原则、革新创作观念。目前，在数字影像美学方面的理论和研究已经在国内外开展，但大部分研究者都自成一派，没有最终形成一套完整、系统的美学体系。应该说，理论的研究已经严重滞后于实践。本节将从以下几个角度对数字影像所显露出的美学特征做出分析和归纳。

13.2.1 数字技术塑造 VR“影像体系”

“EYE'S CANDY”直译为眼睛的糖果，在西方的电影领域，可以理解为“视觉奇观”或“超感官视觉化”的含义，也可以认为是数字电影的别称[②]。因此，我们把数字电影简写为

① 这是马克思主义定义下的意识形态.

② 张帆. EYE'S CANDY 类型电影与华语数字大片研究. 北京电影学院学报. 2006，第 04 期.

"EC电影"。好莱坞则在数字化电影时代背景下赋予它更为广阔的内涵。数字技术的无限力量为传统电影披上了一层神秘的面纱,面纱之下是人类从未真实见过的梦幻容颜,当我们抚摸它时,才发觉这如真似幻的美竟只能在银幕上展现。虽然,数字电影这棵含羞草不能由凡人触碰,但是即使远观,那扑鼻的芳香也会绕梁三日。VR(虚拟现实)的出现颠覆了以往"影像是记录真实生活"的观念,重构了更深层次的"影像体系"。

VR"影像体系"在数字技术的支持下,也在尽力描述着"真实"。这种"真实"是一种感受,一种基于人类生活习惯和思维方式的真实体验与认同感。比如电影《透明人》(图13-23)中将生物的心脏、毛细血管等身体内部器官,一层一层地展现整个躯体的解剖构架,这类影像是人们从未亲眼目睹过的景象,甚至从未想象过,但根据已有的医学知识,人类是完全可以理解与认同的,这便是一种"真实"。再比如《骇客帝国》中采用全息静动摄影技术展示了人物腾空瞬间的各个角度的影像,再拼接成具有旋转感的画面。这种全方位多维度的视觉方式完全超越了人观察事物的经验。电影《魔戒》系列中的各种光怪陆离的景象与似仙似魔的人物形象也给观众的眼球以重重的一击,鲜活的虚拟生物形象,亦真亦幻的数码表情,撞出一个"乱花渐欲迷人眼",爆发出"何似在人间"之叹。

"EC"电影善于通过数字技术打造全新的视觉冲击与超越想象的空间、人物。这就在影片的题材方面大大放宽了选择范围。而这些影片也的确更为大胆地挖掘魔幻、科幻和古代、神话传说中的原型。"1000个观众就有1000个哈姆雷特",对于从未亲眼所见、亲身经历的人物与场面,以数字技术作为"神笔"可以勾勒出流光溢彩、美轮美奂的虚拟空间。在商业利益面前,好莱坞总能做出最正确又最明智的决策。从《E·T·外星人》(图13-24)到《海底总动员》,从《泰坦尼克号》到《独立日》、《记忆碎片》、《少数派报告》、《阿凡达》等,无疑都印证着远离生活现实的题材更适合采用"EC"电影的方式来展现。2010年,好莱坞大片《盗梦空间》(图13-25)总投资1.94亿美元,600多个视觉特效镜头,全部是由Double Negative一家公司完成的。影片在进行实拍和虚拟合成的过程中,首次用到了近几年研发出的全新工序—Previz(可视化预览,类似动态故事版)。导演诺兰直接拿着弗兰克林做的Previz在现场指导演员的表演。在巴黎街景卷曲的一幕中,整场戏里的奇景都需要在后期添加,因此Dicaprio和Ellen Page只是对着正常的街道表演,如何让他们的表情、目光、动作等和还没有做好的特效镜头合拍成了一大难题。结果就是诺兰百分之百地依赖Previz,他在现场拿着一台笔记本电脑,一边播放弗兰克林的Previz画面,一边告诉演员们现在虚拟场景里发生了什么事,以及他们该有如何的反应等[①]。

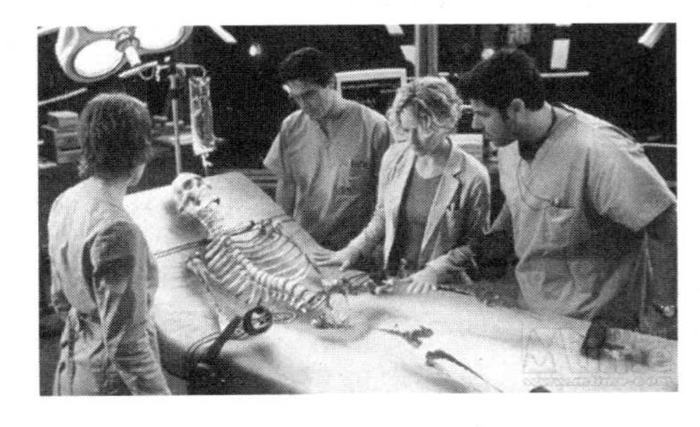

图13-23 《透明人》剧照

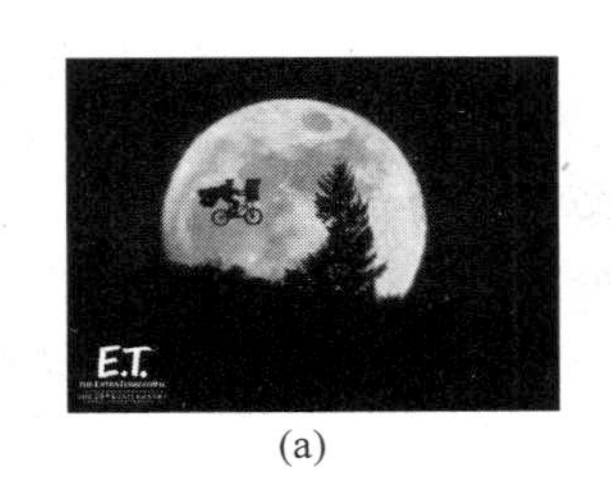

(a)

(b)

图13-24 《E·T·外星人》组图

① Mtime时光网. http://www.mtime.com/.

(a) (b) (c)

图 13-25 《盗梦空间》组图

“EC”电影在追求与传统电影一样的价值观——“真善美”以外，也在还原远古和设想未来时体现出人类对于家园的爱护与正义的维系。这是符合电影的社会环境与道德逻辑的，也是值得我们继续去倡导的。《超人》无时无刻地保护着地球和人类的和平与安全；《哈利·波特》(图 13-26)在逐年升级的特效魔法镜头中使用魔法消灭黑暗势力、拯救善良的人们；《阿凡达》、《阿瑟和他的迷你王国》(图 13-27)保护族人，销毁人类邪恶的贪念，构建世外桃源。所以，“EC”电影以其先进的数字技术创造了视觉盛宴的形式，但在内容与灵魂深处，传达出的仍是人类对于美和丑的传统批判与抉择。

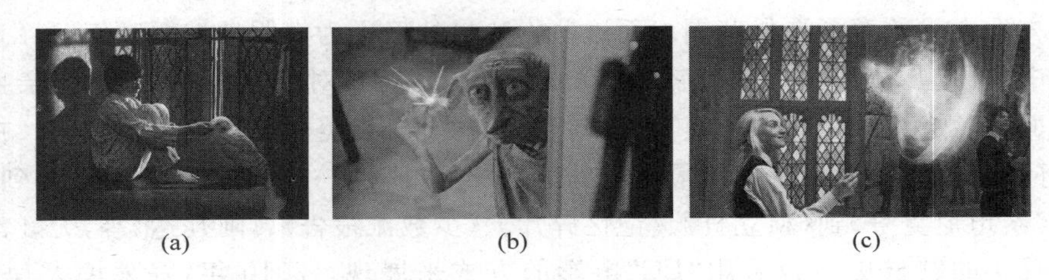

(a) (b) (c)

图 13-26 《哈利·波特》组图

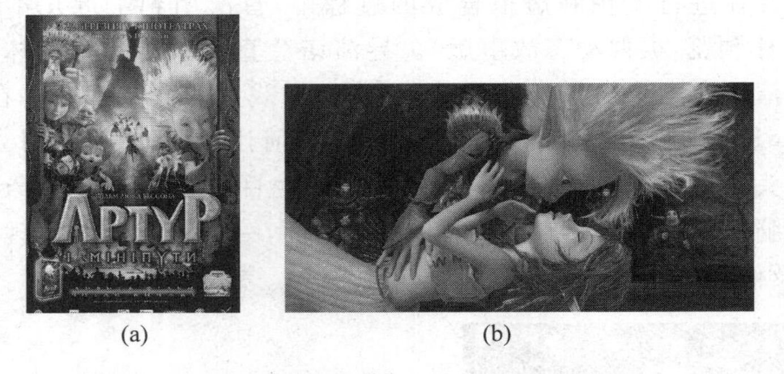

(a) (b)

图 13-27 《阿瑟和他的迷你王国》组图

很多人担心这种由数字技术打造的更唯美的世界，抑或是更邪恶的黑暗只是从形式上给人以视觉上的震撼，而往往忽略了内心的冲击与内涵的延伸。当然，这种现象是存在的，但究其原因，却并不是由于数字技术的诞生而导致的结果。任何一个时代，任何一种艺术类型，都存在形式大于内容的现象。数字技术比以往任何一种手段都更能够贴切地、形象地展现导演的创作内容，而它自身也形成一种“影像体系”，从题材、形式和主题等方方面面为自己开辟了一条全新的道路。但是无论如何，数字技术只是众多艺术表现手段中的一种，虽然它的地位与重要性永远不可能取代电影本身的内涵、思想以及社会性的影响，但它可以实现银幕中奇幻的表现和重建电影的文化构架。“EC”电影的美学体系的建构与其实践相比，显得十分稚嫩与浅薄。如果以前是对数字电影虚拟与现实之间关系的探讨，那么从此刻开始，我们将深入到影像与受众心理的联系，以及与我们对世界的认知方式、价值观的改变等更为深刻的社会文化层面进行探索。

13.2.2 “培养式”审美嬗变数字影像的“接受美学”

数字电影所打造出的虚拟人物和世界不但颠覆了巴赞的影像本体论，而且导致电影审美特性的嬗变。在数字技术的烘托下，观众的审美心理增加了一种融入时空的全息真实感，传统电影单维度的传播特点被解构，从观众“接受心理”的角度出发也产生了大胆的突破与革新。

自诞生之日起，电影与心理学便结下了不解之缘。从前期的剧本创作，到中期的演员表演，再到后期的镜头组接，都与心理学息息相关。而对于观影者接受心理的探索更是从未停歇过脚步，一直跟随着时代的脉搏而前行。应该说，影视观赏心理是一个极其复杂的系统，它不但涉及视觉心理和深层心理，还涉及人的心理其他诸多方面。正是这许多心理因素的共同积极作用，才构成了影视艺术的接受心理[①]。在数字技术之前的“接受心理”讲求的是审美主体与审美客体相互作用的过程，强调的是审美主体根据以往的审美经验对于审美客体的补充与加工，甚至是再次解构与创作，形成一种“复合影像”。但在数字技术之后，虚拟幻象已经远远超出了人的审美经验，一种“培养式”的审美方式逐渐形成。

之所以称之为“培养式”的审美，是因为数字电影总是在前期的铺垫过程中向人们完全展示虚拟环境，并假定人们对此是知道并理解的。在随后的观影过程中，数字电影会不断地向观众灌输虚拟环境的规则和全新理念，而观众也会一边理解前面的叙述，一边形成符合该电影情节的逻辑方式进行分析与思考，最终导致对整部电影的把握以及观念的替换。这个“培养式”的审美过程极富魅力，因为它带给人们对于“自我实现”最高层次的收获，即“高峰体验”。“高峰体验”是美国心理学家马斯洛提出的。他在调查一批有相当成就的人士时，发现他们常常提到生命中曾有过的一种特殊经历，“感受到一种发至心灵深处的战栗、欣快、满足、超然的情绪体验”，由此获得的人性解放，心灵自由，照亮了他们的一生。马斯洛把这种感受称之为高峰体验(Peak Experience)。这种体验方式可以由“培养式”审美的完成而实现，也是数字电影“接受美学”嬗变的内因。

以今年国内最新数字电影《画壁》(图13-28)为例，故事发生在“仙境”之中。作为中国人，对于“仙境”的含义是早有概念的，但是影片中的这个仙境却颠覆了过去只见白云缭绕的单调环境，突破性地构造出一个绚丽非凡的空间。复合式的楼宇结构、只有女性的性别结构、没有爱情的心理结构等。当影片展现出这个非比寻常的结构时，已经潜移默化地将新的概念与规

(a)

(b)

图 13-28 《画壁》组图

① 彭吉象.影视美学.北京：北京大学出版社，2002，356.

则植入到观众心里，培养了全新的感受模式。而后面对七重天的描述与渲染就显得可以理解并完全认同与接受了，这便是“培养式”审美对于“接受心理”的嬗变。

“培养式”审美对于“接受美学”的影响可以从以下几个角度来分析。

（1）重新定位受众“接受心理”的重要性。

电影的接受美学来源于文学的接受美学。文学接受美学的重要理论家沃尔夫冈·伊瑟尔认为：“在文学作品本文的写作过程中，作者的头脑里始终有一个隐在的读者，而写作过程便是向这个隐在的读者叙述故事并进行对话的过程，因此，读者的作用已经蕴含在本文的结构之中。”[①]但在数字电影时代，受众“接受心理”的重要性可以进行重新定位。在“培养式”的审美过程中，影片的制作者可以忽略观影者的已知世界和主观逻辑，而将自我意识不断提升，以“说教”的方式在影片放映时进行新世界的搭建、新形象的塑造，甚至是新真理的派生。在《盗梦空间》中，6层梦境的展示让观众目不暇接。如果第一次梦境的体验让你感觉到无所适从，那么影片不断出现的梦境是不是一次又一次地向你阐述着新逻辑的原则呢？当最后6层梦境实现时，你只会惊呼控制梦的超能力、叙事的严谨复杂、场景的酷炫恢弘，而却忽略了原本最为致命的对于全新逻辑的理解。这便是“培养式”审美的巨大影响力。

（2）重新构建受众“眼见为实”的认同感。

电影作为艺术的新生儿时间不过一百多年，但却迅速成为全世界最为通用的情感抒发的载体。原因在于电影是视听的结合体，它将叙事摆脱了文字的平淡控制，赋予其丰富的画面，用形状、颜色、明暗表述着来龙去脉。数字电影不仅可以展现现实生活，更可以创造出传统电影无法实现的虚拟环境。但这种虚拟是可以看得见的，通过感官可以感受得到，体验得到。所以，虽然流动在幕布上，但这如幻似真的影像的确呈现在眼前，让人不得不信，也不愿不信。《阿凡达》中的潘多拉星球完全出自导演姆斯·卡梅隆的想象，但当观众佩戴3D眼镜，用视觉触碰着这颗绚丽异常的星球时，却已经完全感同身受，甚至为潘多拉的生死存亡而担忧。这就是“培养式”审美的给力冲击。

（3）重新肯定受众“想象空间”的无限性。

人们在电视机前的时间太久了，尼尔·波兹曼早就预言了“娱乐至死”，人们的头脑已经被电视所控制，逐渐丧失了独立思考和想象的能力。但是数字技术让人们的大脑重新活跃了起来，再次把人的自主性、独立性和想象力推到了理性的顶峰。无数前卫电影的轰动告诉我们，人类的想象力是无限的，只要你能描述，我就可以继续谱写篇章。这种连续性的想象成为数字电影的题材敢于跨出时空之外的原动力，也是促使数字电影制作者不断推陈出新的驱动力。《魔戒》这部系列电影以连年不断使用先进的数字技术和叙述方式赢得了观众的喜爱，试想，如果系列电影一成不变、换汤不换药，怎会有一批又一批的影迷肯掏钱去电影院观看呢？

13.2.3 数字技术打造“视像本体论”

CGI的产生，为电影带去了太多虚幻的环境与幻想中的形象，这完全颠覆了巴赞的“影像本体论”。很多人认为“巴赞影像本体论已解体”、“电影技术革命颠覆了传统电影美学”，也有很多学者提出新的理解和建议，但是鲜有系统的、完善的，且适合CGI影响下数字电影

---

① 沃尔夫冈·伊瑟尔. 隐在的读者. 慕尼黑：威廉·芬克出版社，1975.

发展的本体论理论。这里，我们采用谷时雨先生对数字时代下“本体论”的研究模式，他提出的“视像本体论”不仅突破了巴赞影像本体论的局限性，还对其进行了补充和发展，更适应数字化时代的需要。

“视像本体论”是一个从形而下向形而上的过渡，即引进范式转换的概念，说明影视实体的变革必然导致影视演化成通用多媒体平台，在艺术理论层面我们也必须超越影视，从视像本体出发，拓展视野，上下求索，将其置于整个人类文明发展史的大背景，全方位地进行思考，以全新的理念重新梳理整个艺术，从而建立起“视像本体论”这一适应信息时代需求的理论框架①。在该理论中，探讨的主体是视像(“可视图像”，既包括真实物象，又涵盖所有虚拟影像)，而非纯粹的影像(真实物象)。长时间以来，艺术的真实性一直是艺术创造审美价值追求的一个重要原则，是艺术家依据自己的体验和认识对富有特征性的事物给予独特的艺术处理，达到对社会生活的内蕴，特别是对那些规律性、普遍性的东西的把握，体现着艺术家对世界的认识和感悟②。在“真”与“假”、“实”与“虚”之间，传统的艺术更追求和注重对于真实的再现和还原，并且通过各种手段(现场记录等方式)营造现实的气氛。当数字技术介入影视领域之后，“真实”的概念便超越了时间与空间的局限，任何虚拟的环境、虚幻的形象都成为现实世界的另类产物，即在认识上是可以被观众所认同的。故而，传统的“影像本体论”势必会被多元化的“视像本体论”所冲击。

“视像本体论”是数字时代下对于电影美学理论重构的重要尝试，与影像本体论中影像的两种方式(绘画与摄影)相比，视像本体论则根据逼真度将图像分为三个层次：写真、留真和仿真。写真等同于巴赞所谓的“较低级”的手绘图像，留真则相当于影像本体论中的真实物象，而仿真即为信息时代下数字技术产生的CGI图像生成方式。仿真图像的最大特点就在于对于现实感的模拟，生成的物象既可以是现实生活中存在的，也可以是完全依靠想象产生的。在巴赞看来，“影像本体论”在本质上是一种客观存在，即指电影的记录与再现功能，并且主要强调其再现功能。谷时雨则在文章中指出其中的错误，这种对于物象的重新划分弥补了传统“影像本体论”对于仿真物象研究的缺失。谷时雨指出：“巴赞把摄影过程中的局部客观性极其主观武断地扩展为全局的客观性，这是非常致命的一个关键性硬伤”。国内学者王志敏曾在他的《电影语言学》中指出：“数字化正在迅速改变传统意义上的电影，并将电影带入一个革命性的全新时代。这场革命不仅完全可以与有声电影、彩色电影的出现相媲美，甚至还有过之而无不及。这场革命将使电影真正走出它自己的‘在创造中使用’的‘仓颉造字’阶段。即将开始一个电影的‘在使用中创造’的崭新的阶段。我们必须说，这将是一个影响全人类文明进程的伟大事件。由此，电影语言的发展对于人类的意义必将得到重新估计。就如同有了文字数千年之久，人类才对自然语言之于人类的重要意义给出了重要的估计一样，有了数字之后才可能对电影语言之于人类的重要意义给出重要的估计。在这个意义上，电影语言的意义将不亚于文字语言的意义。”③游飞、蔡卫在《电影新技术与后电影时代》中指出，“新技术不但综合了原有媒介的特性，将它们统一到数字媒介的大旗之下，而更重要的是将巴赞主义影像本体论引向解体”。

① 谷时雨. 多媒体艺术. 北京：文化艺术出版社，2001.

② 傅纪辉. 艺术概括——艺术求真之途径. 贵阳学院.

③ 王志敏. 电影语言学. 北京：北京大学出版社，2007.

比如《猫狗大战》(图 13-29)、《豚鼠特工队》(图 13-30)等模仿真实动物的数字电影,将原本熟悉的动物形象进行了重加工,赋予动物以人类的性格与动作,展现出与众不同的形象特色,这便是一种仿真。再比如《怪物工厂》、《怪物史莱克》(图 13-31)、《指环王》(图 13-32)等创造物象的数字电影,将人类的属性赋予崭新的形象,这也是一种仿真。

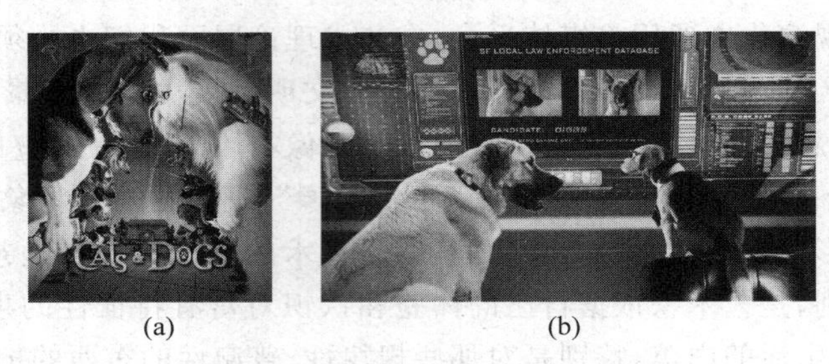

(a) (b)

图 13-29 《猫狗大战》

(a) (b)

图 13-30 《豚鼠特工队》

(a) (b)

图 13-31 《怪物史莱克》

图 13-32 《指环王》中咕噜形象

法国电影理论家安德烈·巴赞的“影像本体论”在面对上述这些案例时，研究本体已经成为无源之水，无从下手。数字媒体技术广泛应用于电影中时，给电影制作方式带来了巨大变革，突破了电影再现现实的本质，甚至不再依赖任何现实素材而进行创作，从而颠覆了巴赞的“本体论”，开拓了电影审美的新境界。

13.3 数字技术再创影视辉煌

13.3.1 《泰坦尼克号》——再现历史

电影《泰坦尼克号》(图 13-33)是导演詹姆斯·卡梅隆投入巨资，历时 5 年时间制作的再现 1912 年在大西洋沉没的泰坦尼克号的数字大片，并于 1998 年获得 11 项奥斯卡大奖，其中“最佳效果(视效及其他)”奖足以证明该片使用了当时最为先进的数字技术，打造了最为恢弘的、史诗般的数字盛宴。

(a)

(b)

(c)

图 13-33 《泰坦尼克号》组图

参与《泰坦尼克号》特效制作的有二十多个世界级的顶尖数字技术公司，包括 Digital Domain(special visual effects and digital animation，美国)、Cinesite (Hollywood，美国)、工业光魔公司(美国)、Blue Sky/VIFX(美国) (as VIFX)、Pixel Envy(美国)、Rainmaker Digital Pictures(加拿大)等一系列强大阵容。在《泰坦尼克号》的制作全过程中共动员了 350 台 SGI 工作站和 200 台“阿尔法”工作站，以及 5000GB 的共享磁盘子系统，所有系统都通过网络连接。在整整两个月的时间里每天连续 24 小时进行数字特技制作，从未间断。这样，550 多台超级计算机连续不停地工作了两个月，生成了 20 多万帧电影画面。在数字特技制作中，先把电影镜头拍摄出来的图像进行数字化，制造出数字化的人、数字化的船、数字化的海洋、数字化的浪花和烟雾。在制作过程中，为了产生数字效果，首先要将胶片上拍摄的每帧原始图像扫描后送入计算机中，并以独立文件存储。然后数字艺术家们在工作站上利用专门的软件，根据影片镜头提取和生成数字图像元素。生成全部的数字图像元素后，数字艺术家们还要让各个数字图像元素颜色使之和原始相片一致①。

这样大规模的数字特效制作，产生的艺术效果也是令世人惊叹的。尽管巨轮、海洋、海豚，甚至乘客都是用模型做出来的，但在观影时却如身临其境，并无半点造作和虚假的嫌疑。

① 李威克.数字电影——电影技术的第三次革命.2005 年 07 月 05 日.

杰克高喊“我是世界之王”的长镜头，从杰克出发，镜头渐渐升入高空，对泰坦尼克的庞大船体进行了特写，继而再向后移至船的右舷，穿过桅杆，弥漫于烟囱中的黑烟，然后平滑过渡到船的右侧，再急落后退，俯瞰泰坦尼克的巨大身躯跃入画面中央，并渐渐远去……这短短的10余秒的镜头运用了当时非常先进的计算机制作技术，花费大概100万美元才得以完成。这样完整而又自然、真实的视觉体验只有飞翔的鸟儿、潜水鱼儿才能体会得到。在沉船场景中，制作人员在来自演员表演的动作捕获中增加了关键帧动画，模拟从230英尺高度跳入大海。船尾倾斜90°，上千人绝望地惊叫逃命的场景中有85%的动画都是使用了关键帧动画技术完成。当观众在银幕上看到泰坦尼克号巨轮再现当年的沉船场景时，那种震撼的感觉决非其他艺术形式所能创造出的①。

正是由于电影《泰坦尼克号》在商业和艺术上的巨大成功，才导致电影制作行业开始大规模地向数字化方向进军。2011年5月21日，派拉蒙影业连同21世纪福克斯影业、狮门影业三方正式对外宣布，大导演詹姆斯·卡梅隆的传世名作《泰坦尼克号》即将以3D修复版的全新面貌在2012年4月6日重新与观众们见面。卡梅隆说：“已经有整整一代人没有在电影院中观看过《泰坦尼克号》了，经过数码修复以及工程浩大的3D转制，电影将呈现出前所未见的风貌，在保持了原有的感情之外，画面将更具有震撼力。”

13.3.2 《阿甘正传》——改写历史

数字技术在重现历史之后，似乎还没有尽显其巨大的潜力，创造性地期望于戏谑一下历史。于是，产生了这样一位肩负历史重任、活得潇洒自我的笨男人——阿甘。看过《阿甘正传》的人都会下意识地搜索一下这位“历史人物”，以辨真假。这种凭空产生的“真实”已经完全超越了国界、宗教和信仰，而全部依仗于导演的想象力。它既不矫情地铺张宣扬，也不可怜地索取同情与谅解，它就是那么自然、光明地改写着历史。

工业光魔公司(Industrial Light & Magic，ILM)作为《阿甘正传》特效的制作公司，曾获得多达28项奥斯卡奖：其中14项是最佳视效奖，另外14项为技术成就奖。在过去30多年时间里，工业光魔公司开创了许多突破性的电影特效和制作流程。在影片《阿甘正传》中表现数字技术的最明显例子就是那根听话的数字羽毛。影片一开始，羽毛就出现在画面中，一直随风飘荡，穿越大街小巷，最后落在阿甘脚下，被他捡起来夹在书里，如图13-34所示。这段长镜头使用了数字技术，将数字羽毛与实际拍摄的场景融合在一起，情景交融，既有灵动之美，兼具意境之韵，为影片的叙述做了一个堪称完美的片头。

另外，影片中主人公阿甘与肯尼迪、约翰逊、尼克松三位总统跨时空的握手与交流镜头也是典型的数字合成镜头，如图13-35所示。通过影片我们会发现，三位总统都是真实情景、真人出镜，而绝非演员替身。数字合成技术将阿甘的后期表演毫无瑕疵地与历史影像资料拼接在一起，难辨真伪。这一切都是依靠数字影像合成技术这一幕后高手。首先由计算机图形专家从当年三位总统的纪录片中选出合适的片段，把三位总统从画面中进行抠像，再分别进行两组拍摄。一组拍摄有陪衬人员的镜头，另一组拍摄演员汤姆·汉克斯孤身一人站在蓝色幕布前作握手状的姿势，镜头外正对着他的地方竖着一张投影屏幕，同时放映三位总统接见宾客的纪录片片段，以使汤姆·汉克斯的眼神、握手姿势与三位总统同步，似乎他

---

① 泰坦尼克号.百度百科.

真的在接受会见。拍摄时一定要注意光度、对比度、焦距以及粒子粗细度的选择，确保与以前的记录片中的原数据一致。然后使用计算机数据控制系统分别对总统的肢体动作、口型、面部表情进行调整，再与阿甘的画面进行整合，这样就“移花接木”般地改写了历史，创造了历史时刻，塑造了历史人物。

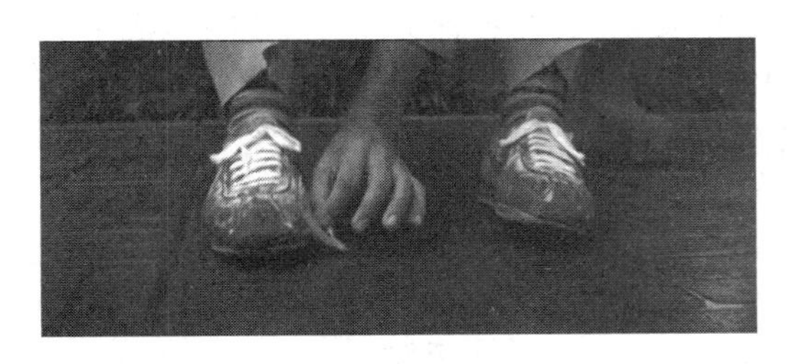

图 13-34 《阿甘正传》中数字羽毛飘落在阿甘的脚边

图 13-35 《阿甘正传》中阿甘与美国前总统尼克松的合成镜头

数字技术在电影制作中的应用，为电影制作者插上了想象的翅膀、提供了广阔的创意空间，并从美学角度将电影艺术从必然王国引领至自由王国。数字技术打造了全新的时空关系，无论是古今大碰撞，抑或是时空穿梭，都实现得逼真而尽兴。它带给人类的不仅是娱乐，更是一种观念和意识形态上的颠覆。

13.3.3 《2012》——预言未来

2009 年 11 月，全球二维和三维设计、工程及娱乐软件的领导者欧特克有限公司（欧特克或 Autodesk）宣布，凭借欧特克数字娱乐创作解决方案（Digital Entertainment Creation, DEC），数百位数字娱乐艺术家成功完成了电影《2012》中全部近 1500 个视觉特效场景的制作，为全球影迷奉上了一场气势恢弘、壮观的视觉盛宴，如图 13-36～图 13-38 所示。

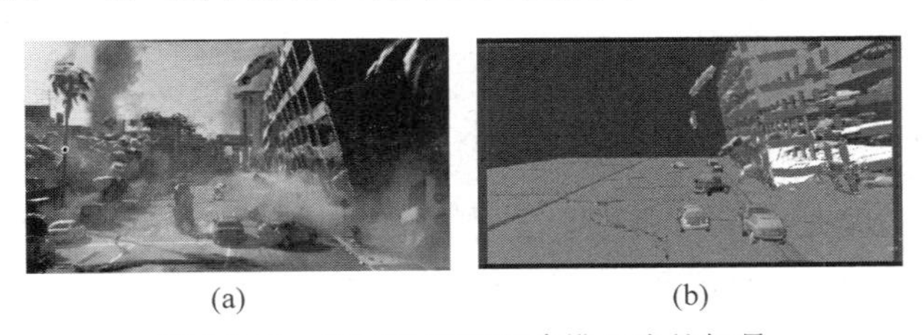

(a) (b)

图 13-36 《2012》中数字建模生成的场景

(a) (b) (c)

(d) (e) (f)

图 13-37 《2012》中的数字建模

《2012》由曾经打造包括《后天》(*The Day After Tomorrow*)、《独立日》(*Independence Day*)等多部电影的 Roland Emmerich 执导并与 Harald Kloser 共同担任编剧，Harald Kloser、Mark Gordon 和 Larry Franco 担任制片。影片源自玛雅日历终止于 2012 年 12 月 21 日，从而在这一天将发生全球性大灾难的说法。长期以来，这一"世界末日"的预言在不同文化、不同宗教背景、科学界，甚至政界都产生了重要影响，在各种文献中得到了详细记载并引起了广泛地讨论甚至部分验证。《2012》以史诗的手法、惊险的场面展现了当全球性大灾难所引发的"世界末日"到来之际，人类英勇抗争、顽强求生的故事。

《2012》的主要视觉效果(Visual Special Effects, VFX)供应商兼联合制片商 Uncharted Territory 公司制作了 400 多个镜头，主要利用 Autodesk 3ds Max 软件进行建模、UV 贴图、角色绑定和动画制作，利用 Autodesk Maya 和 Autodesk Softimage 软件进行建模，以及利用 Autodesk MotionBuilder 软件进行视效预览、动作捕捉和制作最终动画。Double Negative 公司利用 Autodesk Maya 制作了 200 多个镜头，其中包括梵蒂冈圣彼得大教堂的毁灭。毁灭场景涉及烟尘模拟、数字人群和完全采用计算机制作的环境。此外，Double Negative 还制作了黄石公园内庞大的火山岩和火山灰云、熔岩喷发及断层开裂等场景[①]。

图 13-38　影片《2012》剧照

《2012》的震撼毁灭场景令观众对于"世界末日"的说法深信不疑，虽然很多电影都以此作为噱头来进行剧本创作，但是此片带来的视觉冒险是值得深入研究的。数字特技能新建一个世界，也能毁灭人类家园，在幻想的天堂，技术的国度，任何难以置信的、甚至只能出现在梦中的画面都能完整且细腻地展现出来。如此看来，数字技术大师又何尝不是艺术至尊呢？

13.3.4　《阿凡达》——创造新世界

《阿凡达》(图 13-39)是迄今为止电影史上最昂贵的影片，据称其初始预算为 2.3 亿美元，最终成本超过 3 亿美元，《纽约时报》更是称其总耗资已超过 5 亿美元。这样一部鸿篇巨制将很大一部分成本都花在了技术上，仅是动画渲染需要的硬盘存储空间就超过 1PB (1000TB)，即使不考虑 RAID 空间损耗和备份，仅使用 500 块 2TB 硬盘搭建这套存储系统，成本就在 10 万美元以上。其中 40%的画面由真实场景拍摄，60%完全由计算机动画生成，拍摄立体画面使用的全新 3D Fusion Camera 系统也耗费了大量的成本。"《阿凡达》是有史以来最复杂的一次电影制作"，卡梅隆说，"2 个半小时的电影有 1600 个镜头，而且和'金刚'(King Kong)、'咕噜'(Gollum)不同的是，我们要做的 CG 角色不止一个，而是几百个，都要有照片般的真实感"。以至于在最近一次的采访中，"工业光魔"的视效总监 John Knoll 忍不住发出感慨："以往我们为别的影片制作的 CG 特效就已经够具有爆炸性的了。

① 电影《2012》藉欧特克 CG 技术惊现末日之灾. http://www.hxsd.com/news/CG-dynamic/20091211/23610.html.

但达到《阿凡达》这样足够真实的水准确实是第一次，而且大家这么多人和团队分工合作也是前所未有的！”[①]

(a) (b) (c) (d)

图 13-39 《阿凡达》组图

《阿凡达》成为全球瞩目的焦点不仅依靠 3D 的技术支持，更有 IMAX 为其提供了强大的观影效果。参与这部电影特效制作的公司至少有十家，不过其中负责最核心部分的是四家。他们就是《指环王》导演彼特·杰克逊旗下的 WETA 工作室，主要负责 CGI 方面的工作；卡梅隆自家的 Raelity Camera System 公司，主要负责 3D 效果的拍摄与制作；卢卡斯旗下的“工业光魔”以及早年间卡梅隆经手，并多次参与过其电影制作的，现今已是《变形金刚》导演迈克尔·贝旗下的 Digital Domain，主要负责细微粒子化特效制作，比如那些大气、尘埃，以及海洋等。除此之外，微软还独家赠予了卡梅隆一套数字资料管理系统。除了由不同公司负责不同项目外，卡梅隆在《阿凡达》中还采用大量全新的电影技术[②]，如图 13-40 和图 13-41 所示。

图 13-40 3D 虚拟影像摄影系统通过两台索尼 HDCF950 HD 摄像机进行拍摄

图 13-41 两台摄影机镜头可以提供不同视角的画面

① 南都娱乐独家呈献：《阿凡达》3D 大片观影手册. 南都周刊. 2010 年 01 月 21 日. http://nf.nfdaily.cn/ndzk/content/2010-01/21/content_8397027_6.htm.

② 观影《阿凡达》之随想. Mtime 时光网. http://group.mtime.com/live/discussion/853094/.

卡梅隆与其特效团队为了能够展现《阿凡达》中人物的细腻表情和奇幻瑰丽的潘多拉星球，采用了空间感应舞台系统（图 13-42）、3D 虚拟影像摄影系统（Fusion 3-D Camera System）、虚拟摄影棚（Virtual Producation Studio）与协同工作摄影机（Simulcam）、面部捕捉头戴设备（Facial Capture Head Rig）与面部表演捕捉还原系统（Facial Performance Replacement）等大型数字系统。3D 虚拟影像摄影系统（Fusion 3-D Camera System）用以模拟人类双眼的视角，经过不同滤镜对图像的移除传递给大脑一种视错，建立起最终的三维感官。虚拟摄影棚与协同工作摄影机是真人表演同 CG 画面相映成趣的合成观察平台，导演可以通过虚拟摄影机来指挥演员的表演。面部捕捉头戴设备与面部表演捕捉还原系统主要采集演员的面部表情以及细微眼球活动，然后将其输入数据库以丰富 CG 虚拟角色（以纳美人制作为主）的动作表演，具体过程如图 13-43～图 13-51 所示。

图 13-42 空间感应舞台系统

《阿凡达》的成功是全世界的财富，它以全新的技术缔造了数字神话，以大气的美学理念建立起又一座电影的里程碑。

图 13-43 通过显示器观看时会发现已经有各式虚拟场景存在

图 13-44 真人表演同 CG 画面相映成趣的合成观察平台

图 13-45 电影中将出现的飞船

图 13-46 协同工作摄影机（Simulcam）令 CG 场景呈现出高度拟真的效果

图 13-47　演员不仅身着表演捕捉服，还有装备着微缩高清摄影头的帽子

图 13-48　卡梅隆向身着特殊服装的演员讲戏

图 13-49　微缩高清摄影头离演员面部只有几英寸

图 13-50　面部表演捕捉还原系统完成面部动作重设的需求

图 13-51　最终完成的画面

产 业 篇

第14章 数字媒体产业综述

14.1 数字媒体与数字内容产业

14.1.1 数字内容产业概述

在欧盟“Info2000计划”中把内容产业的主体定义为“那些制造、开发、包装和销售信息产品及其服务的产业”。内容产业的范围包括各种媒介上所传播的印刷品内容(报纸、书籍、杂志等)、音响电子出版物内容(联机数据库、音响制品服务、电子游戏等)、音像传播内容(电视、录像、广播和影院)、用以消费的各种软件等。

数字内容是将图像、文字、影音等数据化的内容,通过数字技术加以整合应用的产品或服务之总体,是数字媒体技术与文化创意结合的产物。

数字化内容产业是指将图像、文字、影像、语音等内容,运用数字化高新技术手段和信息技术进行整合运用的产品或服务。数字化内容产业即流过光纤宽带电缆的所有节目。它涉及移动内容、互联网服务、游戏、动画、影音、数字出版和数字化教育培训等多个领域。①

目前,数字内容产业主要涵盖以下应用领域:数字音频、数字图像、数字视频、数字动画、数字游戏、网络多媒体、数字出版等。

14.1.2 数字媒体内容的定义及分类

数字媒体内容,是指以计算机技术和网络技术为基础,将人的理性思维和艺术的感性思维融为一体,为满足用户一定需求的应用或服务。数字媒体内容不仅具有艺术本身的魅力,数字化的技术手段使其更易于进行大众文化和社会服务,体现了视觉艺术、设计学、计算机图形图像学和媒体技术等多学科的融合。

从艺术角度看,数字媒体内容具有媒体文化、大众艺术等特点。从传播角度看,数字媒体内容具有大众传播和社会服务等特点。从数字技术的角度看,数字媒体内容具有网络化、互动性、虚拟性等特点。从整个数字媒体系统的角度看,数字媒体内容服务于数字媒体产品,是数字媒体产品的艺术表现,数字媒体产品和内容是统一体。总之,数字媒体内容是科学和艺术有机结合的整体。

按照内容表现形式,数字媒体内容可以分为4类:文字、图片、声音和多媒体。

---

① 金元浦.从文化产业到数字内容产业.2005年:中国文化产业发展报告.

14.2 传统媒体的数字产业化进程

14.2.1 报业的数字化

报纸产业的数字化步伐从未停滞过，但对于“数字报业”的定义，目前，业界还未达成共识。一般来说，数字报业是指报纸采集的信息经过数字化处理，从单一的报纸出版方式发展到多次多渠道出版和再利用，媒体业务模式从信息编辑加工走向综合信息服务。辽宁日报传媒集团副社长刘景来认为：“数字报业是以信息技术、编码技术、网络技术、通信技术、视像技术等数字技术的应用为标志的新兴报业，是对传统报业进行技术改造、结构重组、模式创新的现代报业，是建立在数字化、网络化、时空化平台上的全媒报业。‘新兴报业’、‘现代报业’、‘全媒报业’体现了数字报业的基本内容、主要特征和本质属性。”数字报业必须借助相应的数字技术、配合合理的方式才能实现传统媒体与新媒体的有效融合，传统媒体和新媒体的优势才能得到充分发挥。

报纸产业高速发展的数字化时代，必须实现双向的互通交流，通过媒体完成信息发布者与信息接收者，即受众之间的交互，介入到信息发布，以及后续的交易过程、提供交易平台转变，提高服务的附加值。要对用户资源进行动态管理、科学分析和高效开发。在用户和广告商之间建立平坦化的交易流程，提高交易效率。建立在线付费、手机付费等多种准确科学的计费模式，发挥数字报业的渠道优势、平台优势，产生新的盈利模式。同时，作为数字内容的生产者和提供者，报纸产业还应确保内容的及时性和丰富性，保证公众实时获取最新、最真实的有效信息。以互联网为平台，重新构建分类广告模式。互联网和社区媒体已成为分类广告最主要的投放平台，分类广告网具有存储量大、搜索便捷、发布及时和可在线交易等优势，对于广告客户和消费者双方都能降低交易成本、提高交易效率。[①]

报纸数字化平台的打造，首先需要创建相应的网络平台，利用该平台开拓用户市场，在新市场中抢占属于自己的份额；其次，建立包括管理方式、工作方式的网络化、数字化平台，实现媒体经营的数字化，形成报业的数字媒体与纸质媒体之间的良性互动和联动；最后，在此基础上，根据自己的实力和优势，对数字媒体进行多元化整合，通过手机报、电子报（借助电子阅读器进行阅读的报纸形式）等多种报纸数字化形式，进行跨媒体的经营，并尝试通过网络等数字化平台寻找适合自己的跨行业经营类型，建立一个跨行业、跨媒体的整合移动平台。[②]

1. 报纸网站

目前，数字报业最常见的式样就是传统的报纸行业或机构通过构建自己的网站，推出在线式的数字报纸，以实现报、网互动。数字报业的所有业务流程都可以利用多版互动网站得以实现。所谓“多版”，即音频版、视频版、动漫版、中外文本版、终端互动版等为一体，未来可能还会有新的版本补充。近些年来，许多传统媒体公司大量收购各类网站，旨在快速完成传统报业数字化的华丽转变，进而推进媒介融合，化传统媒体的内容优势为新媒体的市场优

---

① 袁志坚．融合与创新：报业集团数字化发展的问题与思考．新闻大学．2007．第03期．

② 谭俐莎．“蓝海战略”下的中国报业实践．西南民族大学学报，2008，202：161．

势。《亚洲华尔街日报》为新报纸给出了“结合网络版，内容更好看”的广告词。在国内，许多报社开始在新媒体领域有所动作。众多传统的官方媒体，如《人民日报》、《新华社》、《中国文化报》(图 14-1)、《文艺报》等也开始沿着数字化的方向从人才储备、横向业务拓展等方面着手准备。南方报业集团已经更名为南方报业传媒集团，并开始进军网络，推出网络杂志《物志》。

图 14-1 《中国文化报》在线版界面

2. 手机报

2002 年 10 月，中国移动正式推出了彩信业务。由于手机彩信可以包含图片、文字、声音、动画等多种媒体形式，因此，手机彩信报所提供的是一份包括报头、版次、标题、照片，甚至广告的完整报纸。2004 年 7 月 18 日，《中国妇女报·彩信版》正式推出，每天将当天的新闻图文发送至定制用户的手机终端上。2004 年 12 月，重庆各大报纸联手推出《重庆晨报》、《重庆晚报》和《热报》WAP 版。随即北京、上海、杭州、广州、深圳等大中城市陆续推出各类手机报。由于手机报更加方便快捷，并且内容丰富，很快占据了一定分量的市场，显现出极大的市场发展潜力。

目前，手机报主要分为两种，一种是彩信手机报，就是报纸内容通过电信运营商将新闻以“彩信”的方式发送到手机。“彩信”是多媒体信息服务业务的简称，新闻信息内容以文字、图像、动画、声音、数据等多媒体形式发送到手机终端，用户可以离线观看。另一种是 WAP 版，是手机报订阅用户访问手机报的网站，在线浏览信息，类似于上网浏览，只是通过手机，比计算机上网更方便，无论何时何处都可以阅读相关新闻。由于收到相关网络、设备和技术的制约，国内多采用第一种方式。

手机报的提供流程主要是将平面报纸的资讯内容复制（或经过精简、标记）后，通过彩信、WAP、短信等技术手段发送到读者手机终端。因为手机屏幕、容量的限制，一般是将报纸每天相对重要的内容提取出来并进行编辑发布。与传统媒体相比，手机报具有受众资源丰富、信息传播方便、传播功能全面、传播速度快、实时互动等特点。目前手机报业务已经延伸到杂志，各种手机杂志也陆续出现。《中国青年报》、《南方日报》等均已与中国移动、中国联通等移动电话运营商合作推出手机报。

最让中国手机报用户记忆犹新的当属“十七大手机报”（图 14-2），它是由新华社与中国移动通信集团公司合作推出的专门报道党的全国代表大会的第一份手机报，充分发挥了新华社权威、准确、及时的新闻报道资源和中国移动通信集团公司强大的市场、技术优势，一时间成为广大手机用户获取党的十七大有关资讯最方便、快捷的新选择。2007 年 12 月，由人民日报社和中国联合通信有限公司联合推出《人民日报联通手机报》（图 14-3），是进一步实施人民日报社打造“手机媒体的国家队”战略目标的重要举措。这份手机报基于中国联通的 BREW/JAVA 平台，具有占用手机内存空间小、界面人性化、展现形式多样化等特点。用户可以通过功能菜单来浏览新闻，功能环境与一般 PC 上网非常相似。此外，中央电视台也推出了央视手机报，它是以其各频道内容资源为依托，包括各频道主要栏目的重点内容，定时向定制用户发送多媒体彩信新闻信息，发刊周期为 1 条/天，目前的资费标准是 3 元/月。

十七大手机报

十七大的历史方位

方位决定方略，方略明确使命，使命昭示未来

新华网友短信诉说梦想与期待

图 14-2 “十七大手机报”

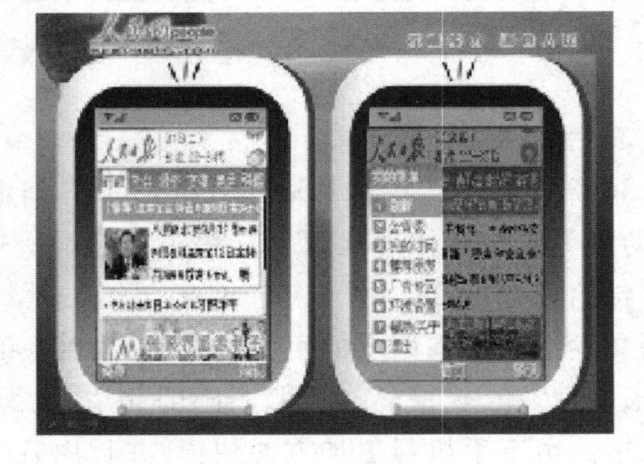

图 14-3 人民网联通手机报

在运营商的大力推广下，手机报的普及率在 2008 年年底已经达到了 39.6%，且手机用户使用习惯和重视程序均较高[①]。随着手机报影响力的日益扩大，越来越多的用户尝试使用这一新兴业务，传统平面媒体的简单电子版手机报的弊端逐渐显现出来。要让每个用户

① 中国手机上网行为研究报告（简版）.中国互联网络信息中心（CNNIC）.2009.

能在手机这一块天地以便捷的方式获取最有效、最感兴趣的资讯成为手机报需要努力的最大目标。简单电子版的方式已无法满足用户需求，故而，手机报应该依托于报业集团强大的品牌力量、资源优势、采编团队，逐步形成手机报自有的采编机制，建立丰富、强大的分类资讯库，为用户量身定做个性化的资讯组合。然后，借助手机传播个性和定向的特点，实现手机报的个性化发行、精确化发行。

随着数字技术进一步发展，基于移动平台的手机报也将面临机遇和挑战并存的境况。一方面，报业数字化进程已是大势所趋，未来依托于移动数字化接收终端也将成为主流，因此，手机报的发展方兴未艾。另一方面，手机报一度受限于手机屏幕的窄小、手机电池的续航能力以及无线网络传输的稳定性，但是随着移动设备性能的提升、基础网络建设进一步完善，不久的将来，手机报可以完成更多人性化、智能化的优质新闻资讯服务。

14.2.2 广电行业的数字化

1. 数字广播

1）数字广播的定义

数字广播(Digital Audio Broadcasting，DAB)是继传统的 AM、FM 广播技术之后的第三代声音广播，具有较强的抗噪声、抗干扰、抗电波传播衰落、适合高度移动接收等优点，并且在一定范围内不受多重路径所影响，以保证固定、携带及移动接收的高质量。它提供丽音(Near Instantaneous Companded Audio Multiplex，NICAM)效果，基本达到了 CD 级别的立体声音质，信号几乎零失真。

数字广播还将单一声音广播业务推向了多媒体领域，即在发送高质量声音节目的同时，还提供了影视娱乐节目、智能交通导航、电子报纸杂志、金融股市信息、Internet 信息、城市综合信息等可视数据业务，广泛应用在公交车、出租车、轻轨、地铁、火车、轮渡、机场及各种流动人群等移动载体上或家庭、办公室里[①]。就世界范围来看，数字广播已经进入了数字多媒体广播(Digital Multimedia Broadcasting，DMB)的时代，受众可以通过手机、计算机、便携式接收终端、车载接收终端等多种接收装置，收看到丰富多彩的数字多媒体节目。

2）数字广播的制式

早在 1981 年，德国广播技术研究所(IRT)便开始了 DAB 相关编码技术的研究工作，1987 年成为欧洲高科技重点开发项目之一(尤里卡 147 计划)。1988 年 9 月，欧共体在世界无线电行政大会上首次进行了尤里卡 147-DAB 的实验，质量可以与 CD 音质相同。[②] 1994 年，尤里卡 147 被国际电讯联盟 ITU 认定为国际标准。除了德国的尤里卡 147 外，全世界的数字广播制式还有 SPACE、DRM、ISDB、WORLD 等十余种，但是大多数国家目前都在应用尤里卡 147 或是在它的基础上进行局部的改善。只有美国和日本等国家另辟蹊径，根据本国自身的情况进行自主研发设计。

3）数字广播的传播方式

数字广播的传播方式主要有卫星传输和地面传输两种方式，它们之间可以相互补充、协调运用。地面传输多采用“层层接力”的发射方式，因此难以实现有效、全面的覆盖，而卫星

① http://baike.baidu.com/view/50645.htm.

② http://www.daliandaily.com.cn/gb/dljx/2008-06/26/content_2359222.htm.

传输能够覆盖较大的范围，特别对边远地区或人烟稀少的地方，覆盖效果显著。目前，在我国西部地区大多采用卫星传输的方式进行数字广播的传播。此外，在诸如远洋油轮、火车旅客、长途客运等中远距离交通载体上的集体广播业务上也有较好的应用前景。当然，卫星传输也存在较明显的弊端，它会受大型高密度物体，如楼群、山体环境的影响，传输效果较差。而地面传输适于短距离的信号传送，移动性、室内接收效果较好，因此这两种传输方式可以互为补充。

2. 数字电视

1) 数字电视的定义

在数字技术持续发展的当今，电视节目从制作、传输、发射和接收基本都实现了全数字信号处理，包括所使用的设备都已陆续完成了数字化建设。随着我国电视数字化进程的推进，模拟电视也将被最终叫停，即不再提供模拟的电视信号。

2) 数字电视的优势

数字电视与模拟电视相比，具有很多得天独厚的优势。

(1) 高效的信道编码和高质量的声画效果

数字电视具有极高效的信道编码，数字电视信号通过数字化压缩编码，可以将更多的电视信号加入信道中进行传输，且相互并行不悖。从前模拟电视在一个 8MHz 的带宽中只能传送一套电视频道，而经过数字化处理后，同样一个 8MHz 带宽则可以传送 6～8 套数字标清的电视频道或 1 套数字高清的电视频道。因此，用户通数字电视网络，可以观看上百套不同内容形式的电视节目。

数字电视可以为用户提供更为高质量的声音和画面效果。以声音为例，数字电视基本都可以实时播放立体声 CD 级的效果。同时，通过数字电视与数字广播底层网络的融合，用户还可以直接通过数字电视来收听数字广播，开启了数字广播的另一个接收平台。对于数字电视的画面效果来讲，数字电视信号经过多次数模转换后，其电视信号不会受到转换次数或传输距离的影响，仍然保持原有的高清画质，体现了极强的抗干扰特性，完全不存在模拟电视上出现的雪花点、重影等问题，其电视图像效果接近于 DVD 画质。

(2) 形式多样、增值业务丰富

数字电视不仅仅是一种观看电视的新型方式，通过数字化的手段，用户还可以获得不同于传统电视的其他形式的服务及更多人性化的业务应用。诸如网上购物、远程教学、远程医疗等新业务已经在数字电视平台上逐步拓展开来。

(3) 强大的交互性

在数字电视中，由于采用了双向信息传输技术，增强了与用户的交互性，用户可以按需订制服务，及时获取各类相关的网络信息服务，其中的视频点播(Video On Demand，VOD)是数字电视提供的最重要的服务之一。毋庸置疑，以用户为中心开展业务将是未来电视的重点发展方向之一。

随着社会大众传媒生态环境的进一步优化，受众将拥有更广阔的选择范围，不再像过去那样仅仅依附于传统大众传媒机构的单向、线性传播，受众在新媒体语境下享有更高层次的权限。就数字电视而言，用户通过数字电视不仅可以较模拟电视更方便、更快捷地接收数字电视节目，还可以实现诸如双向交互、个性化、智能化的相关服务和应用。从内容服务提供商来看，进入数字电视领域，亦可以将短信发送、视音频点播、个性定制和 Qos 等服务或功能轻松运用，并且更加高效、安全，在降低了运营成本的前提下，实现最优化的资源配置。数字电视产业已经蓬勃兴起，随着政策方面进一步扶持、技术的演进，可以预见的是：数字电视产业必将成为一项颇具规模和市场深度的行业。

14.3 数字娱乐产业

说到数字娱乐产业，主要涉及影视、动漫和游戏等相关领域的产业发展，而之所以将影视、动漫以及游戏相提并论，主要是由于随着市场细分，以用户需求为圆心，以内容为核心的数字娱乐产业将影视、动漫以及游戏三者紧密地联系在一起，三者之间开展了更大范围的融合，许多影视、游戏作品以动漫为原型进行创作，还有的影视作品成为动漫或游戏制作的脚本。

14.3.1 数字电影

关于数字电影的起源，可以追溯到20世纪80年代。伴随着数字技术的高速发展，传统电影历经百年洗礼，已经逐渐向着数字化方向发展。将数字技术引入传统电影，不仅有助于加快电影的生产效率，还可以拓展视听语言的表现能力，并极大地提高电影的视觉效果。目前数字电影技术已经较为成熟，创作人员已从过去单纯地运用数字特技逐步转化为将其与传统摄制、传统特技融为一体的表现手法。数字电影在最大程度上解决了电影制作、拷贝、放映以及发行过程中的诸多问题。

1997年1月，美国TI公司开始制造DLP(Digital Light Processor，使用TI公司的DMD数字微镜芯片)数字电影放映机原型机。1997年5月，发起基于1280×1024分辨率的DMD(DMD 1210)的数字放映机展示活动。1997年底到1999年6月，数字放映机和传送方式不断成熟，数字电影最终实现商业化放映。1999年5月美国出现首批数字电影院，1999年6月，《星球大战Ⅰ：幽灵的威胁》在美国首次进行数字电影放映，《星球大战Ⅰ》取得空前的成功，全球票房超过4亿美元。数字电影的历史元年从此确定。1999年7月到1999年11月，迪斯尼公司使用DLP数字放映机先后成功放映了影片《泰山》、《玩具总动员2》、《火星任务》、《恐龙》以及 *Bicentennial Man* 等。2000年6月，20世纪福克斯公司和思科(Cisco)公司首次合作进行了基于网络传送的数字电影放映实验。实验使用Cisco公司基于IP协议的互联网技术，将福克斯公司一部由真人和计算机生成影像有机合成的动画片 *TitanA. E*，通过Qwest公司的虚拟专用光纤网络直接从福克斯在好莱坞的制片厂传输到亚特兰大的SuperComm展会计算机服务器上存储，然后再使用DLP数字放映机现场放映。2002年5月，乔治·卢卡斯《星球大战》系列电影新作《星球前传Ⅱ：克隆人的进攻》在全球数字放映。如果说《星球大战Ⅰ》还只是应用了大量的数字特技制作技术的话，那么在《星球前传Ⅱ：克隆人的进攻》的拍摄中，乔治·卢卡斯第一次抛开传统的胶片电影机，全面采用了数字拍摄设备。整部电影没用一寸胶片，全部影像都用“0”和“1”来记录和表现，成为了第一个真人表演的没有Film(胶片)的Film(电影)。这种放映，省去了数字影片制作完成后必须“数字转胶片”，然后再复制大量拷贝在影院放映的时间和费用开支，同时保证了影片始终如一的影像质量。[①]

关于数字电影的定义，国家广播电影电视总局在《数字电影管理暂行规定》第二条给出了相关的定义：“数字电影，是指以数字技术和设备摄制、制作、存储，并通过卫星、光纤、磁盘、光盘等物理媒体传送，将数字信号还原成符合电影技术标准的影像与声音，并最终放映于银幕上的影视作品。”与传统电影相比，数字电影最大的区别是不再以胶片为载体、以拷贝为发行方式，而换之以数字文件形式发行或通过网络、卫星直接传送到影院、家庭等终端的电影新模式。通过以上流程，完成从电影制作、发行、传播到接收的全数字化。

1. 数字电影的制作方式

一般来讲，数字电影的制作方式有三种：第一种方式采用计算机生成；第二种是用高清晰数字摄像机拍摄；第三种则先利用胶片摄影机进行前期拍摄，再数字化到计算机中进行制作。从这三种拍摄方式最终效果来看，运用胶片摄影机拍摄的图像画质会远远高于另外两种方式，而这正是胶片在分辨率和色彩还原度方面的先天优势。

2. 数字电影的优势

1）技术优势

随着数字技术被大量运用于数字电影之中，数字电影的各项技术指标持续实现了众多突破，尤其体现在它出色的声画效果，令电影的表现空间得到了极大地扩展。就声音表达而言，数字电影采用了全新的5：1声道AC-3音响环绕效果，使得电影声音更具感染力。以《海底总动员》为例，主角Nemo自由游戏于水草周围，为配合小Nemo在场景中前后左右欢乐游弋的画面，影片在声音效果的处理上也采用了与位置相匹配的声音特效处理，令该桥段更加真实鲜活。就画质表现来说，数字电影色彩更加饱满、鲜明，清晰度极高。数字电影不仅可以避免出现胶片因光源照射导致的褪色、老化，确保影片永远光亮如新，还可以凭借充分的像素稳定特性以确保画面没有任何抖动和闪烁，而且观众再也看不到像雨点一样的划痕磨损现象。

此外，数字电影的技术优势还体现在安全性方面。以《阿凡达》为例，影片组不仅和参与的人员签订了长达数年的保密协议，同时还采用多种技术手段对影片的各类资料从制作、放映到传输进行了高度保护，以确保影片的安全。

2）发行优势

相对于传统电影的发行方式而言，数字电影在发行方面更具优势。除了上述的数字技术作为保障外，数字电影的发行更符合行业标准。数字电影节目的发行不再需要冲洗大量的胶片，高效低碳，既节约发行成本又有利于环境保护。同时，数字发行已经逐步产业化，发行的流程和安全保障措施更加系统与全面。

3）放映优势

目前，国内电影院线的首映都能实现不同地点的同步上映，即在同一时间，开放数字影片的放映权限，采用数字化流程管理方式对影片的观影权限和拷贝版本进行实时管理。数字传输技术可以确保影片在传输过程中不会出现质量损失或泄密等问题。同时数字放映设备还可以实时播放、录制、重播体育赛事、文艺演出、远程教育等。采用DRM(Digital Right Management，数字版权管理)，还可以对数字影片进行更为高效的编排管理、加解密管理，具

---

① 李海峰.数字媒体与应用艺术.上海：上海交通大学出版社，2010，第30页.

有极高的行业安全性能规范。

4）成本优势

传统的胶片方式所拍摄的电影无法直观看到最终效果，一旦出现诸如拍摄角度不准、穿帮镜头等问题往往需要重新拍摄，从而造成电影拍摄成本较高。数字电影能够极大地降低电影拍摄成本。就拍摄而言，如果采用数字摄像机拍摄，不仅可以实时查看拍摄效果，还能进行同步数字编辑。对于拍摄场面更为宏大的影片，采用数字制作方式对于成本的节约就更为凸出。在《2012》、《阿凡达》、《盗梦空间》等鸿篇巨制中，大量镜头都是利用数字技术呈现出来的，将视听效果淋漓尽致地表现在观众眼前。这样的作品刷新的是全球票房纪录，而追求的则是人类更高的审美层次和想象空间。

3. 数字电影产业发展

数字电影带动了相关产业链的发展，振作了整个电影市场，并激活了广告、招商等多种功能。随着数字影院数量的增加和片源的更新，其社会效益和经济效益会越来越大。数字影院在全国的市场占有率的增长及其认知度的提高，是目前数字电影成为“香饽饽”的一个重要原因。而广电总局对于数字电影发展的大力支持，则是数字电影在中国迅猛发展的必要条件。由于数字电影的发行不需像传统电影那样洗印大量的拷贝，所以，在发行中，由于拷贝洗印、运输、存储等流程所产生的巨额费用可以减少 90%以上。由于成本较低，尽管数字电影的票房不是太高，但是利润并不低。100 个拷贝将需用 100 万元的费用，而无需拷贝的数字电影只需 20 万元的费用。若去掉宣传费，成本耗费基本可以忽略。数字电影设备的成本是很高的，不可能在前期就把在设备上的投入收回，只能考虑长期回报。从电影的成像质量来看，数字电影和胶片电影各有优势。数字电影在宽容度、暗部的处理等方面不如胶片；但是数字电影颜色清晰、色彩艳丽、无磨损、保质时间长、放映方便等优点使之成为主流制作模式。

数字电影是新兴产业，尚待完善。蒋钦民认为，当数字电影技术由 2K 上升为 4K 时，数字电影的成像效果将相当清晰。随着数字电影成套镜头的配置和机器硬件的换代升级，数字电影会越来越符合要求，高清电影的时代即将到来[①]。

14.3.2 数字动漫

动漫产业是指以“创意”为核心的包含动漫图书、报刊、电影、电视、音像制品、舞台剧和基于现代信息传播技术手段的动漫新品种等动漫直接产品的开发、生产、出版、播出、演出和销售，以及与动漫形象有关的服装、玩具、电子游戏等衍生产品的生产和经营产业。它是资金密集型、科技密集型、知识密集型和劳动密集型的产业集群，具有消费群体广、市场需求大、产品生命周期长、高投入、高回报率、高国际化程度等特点。[②]

国际动漫强国的发展呈现出一个基本规律：动漫强国引导动漫产业发展。美国、日本居于国际动漫产业发展的领先地位，对国际动漫产业的创作、制作、生产和市场起着主导作

① http://media.news.hexun.com/detail.aspx?lm=1981&id=1027377.

② 艺恩研究.2010 年中国动漫产业投资研究报告. http://www.dongman.gov.cn/cygc/2011-01/19/content_24107.htm.

用[1]。美国是世界动漫产业的先行国家，其动漫产业政策从一开始就以规范性政策为主。日本属于动漫产业的后发国家，由于政府在产业发展初期实行了倾向性非常明显的鼓励性政策，短期内即获得了巨大成功[2]。

美国动漫产业历史悠久，是一个以动画电影为基点，带动整个动漫产业发展的典型国家。除了在动画艺术上取得了辉煌的成就，它也是最初把动画片推向市场，并且形成产业规模的国家。代表主流媒体的动漫工作大本营——好莱坞，几十年来已形成了集投资、制作、生产、发行、宣传、资本回收为一体的完整体系。它的发展模式是先把动画片推向市场，树立起卡通明星品牌后，推出一系列衍生产品。美国动漫产业利用其资本优势，把动漫生产迅速扩大到世界各地。在此过程中，形成了从动漫创作、策划到投资、制片、生产管理、外包加工、出版发行等一个完整的协作链。自20世纪初以来，美国动漫产业保持着持续稳步增长。在美国出口产品的行业中，动漫产业名列前茅，仅次于计算机工业。

日本动漫发展的特点是：漫画文化非常发达，以漫画带动动漫产业。日本动漫产业涉及影视、音像、出版、旅游、广告、教育、服装、玩具、文具、网络等众多领域，并以超过90亿美元的年营业额使之成为世界第一的动漫大国。日本动漫产业链中的核心是创意知识产权，或者说版权。这个核心在产业链的不同环节以不同形式存在，并被赋予不同的价值、被不同程度地开发。可以说，日本整个动漫市场产业链的每一个环节都因此获益，并已形成了非常成熟的日本动漫产业模式。

除了完整的产业结构和成熟的商业运作模式作为美日动漫产业发展的坚强后盾以外，来源于计算机图形学、并且同时拥有超凡脱俗的想象力和日新月异的动画技术，更使得美日三维动漫的发展不断攀登高峰。以美国为例，从1995年Pixar公司与Disney公司合拍的《玩具总动员》开创了三维动漫的先河，到去年暑期DreamWorks重磅推出的力作《功夫熊猫》，短短十余年时间，CG技术的不断突破为三维动漫的制作开辟了一条全新的道路。而形成三足鼎立之势的Disney、Pixar和Dream Works三家公司在CG技术方面的自主研究，都各具优势，如《虫虫危机》中对树叶半透明效果的渲染、《玩具总动员》的烟尘模拟、《怪兽公司》中的毛发建模和运动以及《海底总动员》中的水下世界模拟和快速渲染技术……所有的场景和人物都由CG构成，给人一种逼真而又不存在于现实世界的完美感觉。

自2004年以来，国内对动漫产业加大了重视的力度。2004年4月国家广电总局研究制定了《关于发展我国影视动画产业的若干意见》，这是迄今为止对国产动漫产业最重要的政策。《意见》要求每个播出动画片的频道中，国产动画片与引进动画片每季度播出比例不低于6∶4。可见，政府对国产动画业进行了“幼稚产业保护”的倾斜政策，造就了对国产动画片的大量需求，同时也抑制了国外动画片在中国的进一步进入和拓展，为国产原创动漫的发展提供了强有力的支持。2006年11月4日，首届“中国动漫产业发展与青少年健康成长高峰论坛”在青岛市召开，近5亿中国人直接或间接参与消费动漫及相关产品或服务，中国逐步成为世界上最大的动漫消费市场。

我国已经迈过人均GDP 3000美元的临界点，文化消费能力和水平迎来高速增长的黄金时代。美国动漫在20世纪五六十年代的繁荣和日本动漫在20世纪70年代的起步都是

---

① 崔馨月. 软件开发方法在三维动画建模中的应用. 北京：北京邮电大学，2008.

② 郑明海. 动漫产业发展的国际比较及启示——以中美日三国为例. 发展研究. 2007. 第8期.

这一黄金时代的重演。我国亦不会例外，未来 5～10 年，国产动漫产业的高速发展是可以预见的。

根据分析，2010 年中国动漫产业市场规模将达到 208 亿元，较 2009 年增长 22.4%。预计到 2012 年该产业的市场规模将达到 321 亿元，未来三年的复合增长率为 23.5%，如图 14-4 所示。随着中国动漫产业市场的发展与成熟，增长率呈现逐步加快的趋势。在某种程度上，这些行业今后的发展都有赖于动漫这一新兴产业的带动作用，以此类推，中国动漫产业将拥有超千亿元产值的巨大发展空间。

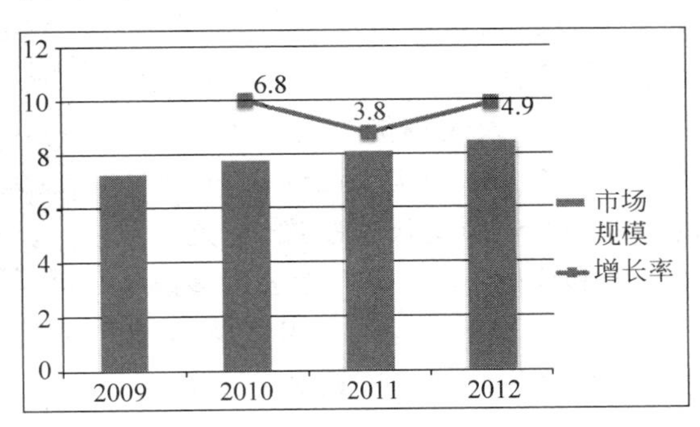

图 14-4 中国动漫出版物市场规模及增长率

目前，我国动漫产业发展的速度虽然很快，但大量动画片的播出主要依靠进口，民族动漫产业较国外相对落后。要推动我国动漫产业的和谐发展，各级政府部门、网络业界、科学院校应携起手来，一同提升动漫产业的价值链效应。从技术、平台、服务、人才培养、知识产权等多个方面出发，完成产业环境建设，支撑技术体系构筑，推动、营造良好的市场氛围。

目前，动漫产业发展态势迅速，涌现出一批从事动漫游戏、影视动画、多媒体设计的企业。政府大力推动数字动漫产业发展，打造各类数字动漫产业园区，构建文化创意产业基地，大力扶持动漫孵化器的运行。积极协调动漫衍生产业资源，完善产业链，凸显区域经济优势与历史文化资源，为动漫衍生产品的开发、生产和流通提供更为适宜的条件。产业融合对动漫产业来说是一个巨大的机会，对涉及媒体、出版、服装、软件、食品等多个行业的动漫产业来说，大工业和大市场的发展思路显得格外重要，动漫企业应在提高优秀动漫作品市场占有率的同时，打造产业链，重视衍生产品开发。

14.3.3 数字游戏

数字游戏产业是指以数字信息平台为基础，提供各类电子游戏产品及相关服务的产业。从产品及业务类型的角度来划分，主要包括各类单机游戏（PC 单机游戏、电视单机游戏和掌上单机游戏等）、网络游戏和新型的手机游戏三大类。数字游戏产业的基本结构一般包括上游开发商、中游运营商和下游服务商以及配套的设备制造商等。处于各个环节的参与者，分别负责数字游戏的研发、制作、发行、运营、代理、分销和支持等工作。[①]

国外的数字游戏产业不仅注重游戏主题的取材、画面展示的效果，更能从游戏的内容设置上寻找满足用户的创意点。例如开发基于一次世界大战、二次世界大战的各类数字游戏，

① http://www.touzi800.net/article/20100608/article201006085944.html.

不仅可以模拟战争场景，满足用户的体验需求，还能让玩家了解战争的背景，思考其背后的深刻含义。本书在技术篇中已对数字游戏的分类等相关知识进行了详细的阐述，读者可参考相关章节内容。

随着国外的数字游戏产业逐步走向成熟，将数字游戏应用到交流、培训等相关领域也已收获了良好的效果。以学习与培训为例，由英国的 Immersive Education Ltd. 和剑桥大学联合推出的 RPG(角色扮演)Kar2ouche 游戏被广泛应用于英国中小学，该游戏通过大量课程包括角色扮演、照片制作、故事叙述、动画、出版和电影制作等交叉性的创造活动，帮助学生实现概念理解、关键词解释和个人表现能力的拓展；在法国，有名的数字化学习游戏《凡尔赛：宫廷疑云》(Versailles 1685：A Game of Intrigue，图 14-5)颇受玩家欢迎，它是由法国著名游戏开发商 Cryo 公司和法国 Canal＋广播公司多媒体分部联合制作完成的。《凡尔赛：宫廷疑云》采用高超的 3D 建模技术将构造精美的凡尔赛宫从内到外准确地复制出来，营造出浓厚的文化氛围，让更多的人了解法国文化；在美国，Microsoft 和 MIT 联合开发的项目 Games-To-Teach，目的是为下一代交互式的教育媒体开发出概念原型。目前已经开发完成了适合于数学、自然科学和工程学的游戏化学习软件的概念框架，即将进行的工作是适合于人文学科和社会科学的游戏化学习软件的概念原型。

图 14-5 《凡尔赛：宫廷疑云》数字游戏

与国外相比，国内的数字游戏还不够专业化，从对政策的把握和技术的掌控都还存在一定的差距。但是从全球范围来看，数字游戏产业仍然属于极具市场潜力的新领域，国内的游戏制作研发团队经历了之前“接手国外加工散活儿”的阶段，现阶段已经积累了足够的技术能力，完全拥有进军国际市场的实力。换句话说，国内的数字游戏产业更需要的是行业精神和易于产业进一步发展壮大的成长环境。

目前，国内的数字游戏团队已具备了游戏原型设计、平台开发、工具研发等各个环节的数字游戏创作能力。但是从开发的整体效果来看，国内开发的游戏种类单一、画质不高、题材重复以及交互性不强等问题，也显示出国内数字游戏产业亟待改善的环节。

2011 年 1 月 19 日，由新闻出版总署、工业和信息化部、北京市石景山区人民政府大力支持，中国出版工作者协会游戏出版物工作委员会主办，中国计算机世界传媒集团、北京市石景山投资促进局、中关村石景山园管委会共同承办的 2010 年度中国游戏产业年会在北京盛大开幕。年会发布《2010 年中国游戏产业调查报告》的数据显示：2010 年，中国网络游戏用户数达到 7598.3 万，比 2009 年增长了 15.3%，其中付费网络游戏用户数达到 4300.6 万，比 2009 年增加了 15.8%；2010 年中国网络游戏市场实际销售收入为 323.7 亿元，比 2009 年增长了 26.3%，带动电信、IT、媒体广告等相关产业产值 631.2 亿元；2010 年中国自主研发的民族网络游戏产品总数超过 356 款，相比去年增加 35 款，市场实际销售收入为 193 亿元，占我国网络游戏市场实际销售收入的 59.6%，网络游戏自主研发人员数量达到 30533 人，较 2009 年增长 9.44%；2010 年，中国手机网络游戏市场运营收入达 9.1 亿元，比 2009 年增长了 42%；2010 年共有 34 家中国企业自主研发的 82 款网络游戏作品进入海外

40多个国家和地区,实现销售收入2.3亿美元,比2009年增长了111%。①

数字游戏产业本身具有研发成本高、投资风险高以及产品更新快等特点,产业的发展需要大量的资金投入。随着数字游戏企业的规模不断扩大,它们在平台建设、运营模式等方面都积累了宝贵的经验。在数字游戏产业发展进程中,国外游戏厂商长期拥有核心技术和运营的资源优势,占据着国内市场的主导地位。国内游戏厂商则大多充当销售代理、汉化及外包等业务,缺少自主研发的产品。但是近几年,像寰宇之星、金山等本土厂商脱颖而出,它们凭借不懈的努力,研发出一批经典产品,深受市场欢迎,占据的市场份额逐年增加,说明我国的民族数字游戏产业力量正在不断壮大。② 盛大、九城等游戏公司从最初的游戏代理到现今的自主研发,为国内数字游戏产业的下一个黄金期打下了坚实基础。

近年来,盛行的Web游戏、社区游戏和手机游戏等数字游戏的变种也逐渐为玩家所追捧。从数字游戏的整体发展水平而言,进一步发掘新型数字游戏的潜力、开拓相关业务领域都是当前数字游戏产业亟待着手解决的问题。

14.4 网络多媒体产业

14.4.1 网络多媒体产业概述

互联网作为数字媒体的基础媒介,基于互联网的多种数字媒体内容种类繁多、层出不穷,这都使得网络多媒体产业的发展空前繁荣。越来越多的数字媒体已经在网络平台上得到了扩展应用,如博客、即时通信、视频点播(VOD)、SNS、IPTV、搜索引擎以及网络广告等,并且,还将继续在该领域中阔步前行。由中国互联网协会、DCCI互联网数组中心联合发布的《Internet Guide中国互联网调查报告》数据显示,网络多媒体产业正逐步成为新媒体产业中最具影响力的行业新星。

14.4.2 网络多媒体产业分述

1. 博客

博客(Web Log,网络日志)为用户提供了网络平台,并以文字、图片、音频、视频等方式记录生活点滴、表达思想。博客网站称为个人出版物的集合体,也构成了网络世界中个体与群体沟通、互动交流的公共平台。

综观博客的发展历程,多与一些大事件相伴相生。从"白宫秘闻"到"9·11事件",网络民众的参与度不断提高,博客被越来越多地当作言论自由和思想宣泄的集结地。博客的普及率也得到了大幅提升,从早期的小型软件一跃成为网络中举足轻重的应用服务之一。在"9·11事件"过程中,博客显示出强大的媒体影响力。大量博客作家对"9·11事件"深刻地反思与讨论毫不逊色于专业媒体的编辑。可以这样说,博客构建起了人们沟通与倾诉的新桥梁。

2002年,博客经由方兴东进入中国,揭开了中国博客的序幕。中国的博客发展紧随世

① http://www.bjci.gov.cn/410/2011/01/20/43@20102.htm.

② http://www.askci.com/freereports/2008-12/2008122916118.html.

界发展的脚步，经历从社会精英到社会大众的媒体渗透和推广，不断寻求适宜的盈利模式和更大范围的市场推广。2004年，中国博客注册用户一举突破百万大关。2005年，中国博客服务商已达658家，注册用户超过了千户的服务商达到220家。国内各大门户网站均已推出博客服务，注册用户也早已超过千万。2006年，博客的数量在中国增长了30多倍，注册博客空间的网民超3374.7万，博客数量达到1748.5万，博客读者达到7556.5万。

据《中国互联网发展报告》的数据显示，2008年博客用户规模持续快速发展，截止2008年12月底，在中国2.98亿网民中，拥有博客的网民比例达到54.3%，用户规模为1.62亿。在用户规模增长的同时，中国博客的活跃度也有所提高，半年内更新过博客的比重较2007年底提高了11.7%。博客数量的增长带来了用户聚集的规模效应。博客频道在各类型网站中成为标准配置，其中SNS元素的加入对博客用户的增长起到了推动作用，博客的影响力进一步加强。

现如今的博客作为网络民众日常化的应用服务，已经成为大众生活习惯的一部分。按照不同的标准，博客的分类也不相同。从主题类别来分，博客可以分为：娱乐、体育、文化、女性、IT、财经、股票、汽车、房产、教育、游戏、军事、星座、美食、家居、育儿、健康、旅游、公益、图片、校园、专题等，从使用者身份来分，博客还可以分为草根博客、名人博客、公关博客，从存在形式上看，博客可以分为托管博客、自建独立网站的博客和附属博客等。当然，不同类别的博客并不是完全独立存在的，大多都是相互包容的，这也反映出博客产品对市场极强的适应能力。

2. 播客

播客（Podcast）是一种结合iPod+Broadcasting的数字广播技术，出现初期借助一个叫iPodder的软件与一些便携播放器相结合而实现。

从网络播客的发展历程来看，原先的DV文化以及Flash对播客产生了重大的推动作用。20世纪90年代的独立DV纪录片利用影像的方式表达普通民众的内心世界，网络的传播影响力使得DV纪录片从一度的地下式或半地下式的状态解脱出来，为更多的人提供了接触的机会，而以“闪客”为名的Flash创作者们同样利用网络进行传播，为播客的进一步成长奠定了发展的基础模式。Flash作品并不为艺术家所独有，普通网民也可以利用Flash软件自选主题进行创作。而Flash所特有的创作表现性强、下载速度快、表现形式丰富的特点，也成为其快速发展的基本条件。

在博客的基本发展模型形成后，播客的软硬件基础也逐步完备。随着网络技术的高速发展，进入21世纪以来，博客的应用软件iTunes也在不断地更新换代，Podcasting录制了网络广播或类似的网络声讯节目，网友可利用自己的iPod、MP3播放器或其他便携式数码声讯播放器随时下载感兴趣的节目进行收听，随时随地享受。更有意义的是，你还可以自己制作声音节目，并将其上传到网上与广大网友分享。

然而，用户并不仅仅满足于音频范围内的自由畅享度，随着基于网络环境的BT、P2P等技术取得了长足的进步，以及客户端的应用软体不断发展，以国外的YouTube为代表的视音频共享网站为播客疯狂的发展提供了巨大的平台，进一步为播客内容的高效制作和快捷传播提供了保障。

目前，播客的发展从个人精英播客的运作模式向大众共享创作模式转化。与“反波”、“金玉米”等长期连续播放的策划选题不同，大多数博客作者尚不能维持稳定的更新率，仅能参与到新闻事件延伸的群体播客制作中。例如，黄健翔在2006年世界杯解说意大利对澳大利亚的比赛时情绪失控，比赛之后该段解说词迅速被网友改编为各种版本。从网络论坛中的文字版，到播客的音频、Flash，以及模仿视频，每种版本都给人不一样的体验。这是国内播客第一次大规模的群体性创作。在不同版本的对比中，更加具有创意、制作精良的播客纷纷出现，使“解说门”事件进一步扩大延伸。①

国内的视频播客网站兴起于2006年前后，各类的视频播客网站一时间充斥了整个中国互联网空间。国内的视频播客类网站经过市场的洗练，一些实力较弱、高同质性、无特色的网站要么直接被淘汰，要么被大公司兼并。国内的视频播客类网站的格局逐渐明晰：优酷、土豆、六间房、酷6、芒果TV等一线网络视频网站各领风骚，在视频播客类市场中各自分得了一杯羹。

2007年12月29日，国家广播电影电视总局和原信息产业部联合发布《互联网视听节目服务规定》，限定了从事网络视频服务的公司和个人的《许可证》资格，政府在对网络视频类机构的监管方面进行控制。这也标志着网络视频媒体巨大的受众影响力得到了官方的认可。

各类视频播客网站让“人人当播客”的梦想得以实现。以优酷（图14-6）为例，其网站按照视频内容的类型分成：电视剧、电影、综艺、动漫、音乐、教育、纪录片、资讯、娱乐、原创、体育、汽车、科技、游戏、生活、时尚、旅游、母婴、搞笑、广告等二十余类。将不同节目以缩略图的方式显示在网页中，包含了视频节目的名称、发布时间、时间长度、清晰度、点击率，最大程度上为用户提供了信息的共享。

图14-6 优酷首页

① 王长潇.新媒体论纲.广州：中山大学出版社，2009，147.

总之，播客市场已经具备了自己的发展模式，以用户为基础，为用户进行多媒体信息的共享提供平台。可以肯定地说，播客未来的发展必将更加精彩绝伦。

3. RSS

RSS(Really Simple Syndication，即聚合内容)是一种在线共享内容的简易方式。它是一种基于 XML 标准的 Syndication 技术和在互联网上被广泛采用的内容包装和投递协议。通过使用 RSS 可以更快速地获取相关的信息，如果网站提供 RSS 输出，用户则能够及时获得网站最近更新的内容。

在国外，RSS 已经积累了一定的发展经验，尤其在美国得到迅速提升。例如提供 RSS 内容的网站数从 2001 年 9 月的 1000 多家激增至 2004 年 9 月的 19500 多家，三年时间内增长了将近 200 倍。RSS 用户从 2001 年 8 月的 10 万激增到 2004 年 8 月的近 900 万。在国内，RSS 除了早期在博客领域中的应用外，已经开始在不同应用领域进行探索式的尝试。目前，RSS 技术的普及和市场的发展仍处在前期，就中国市场而言，RSS 用户数大约在 20 万左右，周博通、新浪点点通、看天下、Sharp Reader 等都是为广大用户所熟知的 RSS 应用。据“看天下”调查数据，到 2004 年底，知道和了解 RSS 技术与用途的互联网用户达 50 万，利用 RSS 阅读器软件进行日常阅读信息和咨询的用户达 20～30 万户[①]。

作为 Web 2.0 时代的产物，RSS 也存在许多不足。一方面，RSS 的内容提供商少，RSS 采用 XML 的先进标准，从技术研发方面比一般的 HTML 更为规范，尽管易于用户查看信息，但是市场效益却需要大力的市场宣传投入和较长的周期运营；另一方面，受众对 RSS 的认知度不够。许多网民甚至网络大虾对 RSS 也是一知半解，完全不知 RSS 的具体应用和优势。RSS 属于网络多媒体产业中一个较细节的行业，但是 RSS 在网络内容聚合方面具备了许多优势。正确认识 RSS 技术，采用合理方式发展 RSS 市场，对于完善网络多媒体产业具有深远的意义。当前已经有相当数量的网站对 RSS 技术作深入地研究，并计划在不远的将来推出 RSS 服务。

4. 即时通信

IM(Instant Messaging，即时通信)，一种能够实现即时发送和接收互联网消息的服务。即时通信从刚面世时的聊天软件，到现如今已经发展成为集交流互通、资讯获取、娱乐、教育、搜索、电子商务、办公协作和企业客户服务等为一体的综合化信息平台。

20 世纪 70 年代初，柏拉图系统(PLATO System)即时通信形态的雏形被研发出来。20 世纪 80 年代的 BBS(Bulletin Board System)迎来了发展的高峰期。美国在线于 1988 年开发了 AOL Instant Messager(America Online IM)即时通信软件。

1996 年 7 月，由 4 名以色列青年成立 Mirabilis 公司，推出了一款即时通信软体——ICQ，名称取自英文中“I seek you”的谐音，意思是“我找你”。1998 年，当 ICQ 的注册用户数达到 1200 万时，被 AOL 以 2.87 亿美元的天价收购。1999 年 2 月，腾讯正式推出了第一个即时通信软件——腾讯 QQ。

即时通信行业经历了大浪淘沙，无数的即时通信软件经过市场的自由竞争相继被淘汰，仍活跃于网络的即时通信软件要么独具特色，要么颇具实力，如 QQ 和 MSN 等具备雄厚实力的大型 IT 企业。随着数字技术的发展，即时通信技术的商业化步伐也紧随其后，一些电

① 看天下 RSS 阅读器功能简介. http://ww.donews.com/content/200602.

子商务网站为了进一步扩大企业的市场影响力、建设企业团队、开发市场潜在用户群,紧密结合自身业务、整合优势资源,推出了一些颇具特色的即时通信服务,例如飞信、Skype、阿里旺旺和新浪 UC 等都是为了配合其特色和服务范围而推出的。

综观即时通信行业,其服务的对象也不仅仅局限于个人,还可以为企业、商务机构,以及行业提供实时协作平台,具有巨大的市场潜力和应用空间。即时通信行业的发展充满了机遇,只要继续朝着增值服务丰富、功能强大、产业链平滑、以用户为导向的方向发展,该行业的发展势头是不可估量的。

5. SNS

SNS 有多种不同的翻译,如 Social Network Site——社交网站; Social Network Software——社会性网络软件。它是一种基于 P2P 技术构建的个人网络基础软件。而更通识的说法是,Social Networking Services——社会性网络服务,旨在帮助人们构建社会性网络的互联网应用服务。

1967 年,哈佛大学的心理学教授 Stanley Milgram(1934—1984)创立了六度分割理论。简单地说:“你和任何一个陌生人之间所间隔的人不会超过 6 个,也就是说,最多通过 6 个人你就能够认识任何一个陌生人。”按照六度分割理论,每个个体的社交圈都不断放大,最后成为一个大型网络,这是对社会性网络(Social Networking)的早期理解。后来有人根据这种理论,创立了面向社会性网络的互联网服务,通过“熟人的熟人”来进行网络社交拓展,比如 ArtComb、Friendster、Wallop、Adoreme 等。

但“熟人的熟人”,只是社交拓展的一种方式,而并非社交拓展的全部。因此,现在一般所谓的 SNS,则其含义还远不及“熟人的熟人”这个层面。比如根据相同话题进行凝聚(如贴吧)、根据爱好进行凝聚(如 Fexion 网)、根据学习经历进行凝聚(如 Facebook)、根据周末出游的相同地点进行凝聚等,都被纳入 SNS 的范畴。①

与传统网站相比,SNS 网站的优势显著:在语音传输速率方面是 Skype 的 8 倍以上,无需为解决服务器和带宽的集中投入任何费用,SNS 的网络计划模式利于建立事前搜索和事后用户快速访问的搜索引擎,依据现实中的银行或保险公司实现电子商务交易,易实现实名制等。使用 SNS 网站可以让用户享受更丰富的网络生活:创建个人网站、创建个人网络电台、创建个人网络电视频道、创建个人商店、创建个人社会网络、创建个人工作流、玩 SNS 游戏、看网络电视和视频、SNS 模式的电子邮件,以及诸如虚拟咖啡厅等其他社会生活化的娱乐。

目前,SNS 网络已经成为网络多媒体产业发展的一剂强心针,拓展了人与人沟通的新途径。采用网络虚拟平台构建真实的人类社会网络,彼此共享信息,具有类似属性或相同兴趣的人组成小社区或群体。建立 SNS 网站,可以最大限度地突破时空的限制,以满足人们沟通的需求。从 SNS 发展至今的网络访问量和发展规模来看,SNS 很有市场前景。而高真实度与低成本的双重优势则令 SNS 网站成为网络多媒体产业的新宠儿。

6. IPTV

国际电信联盟下属的远程通信标准化小组曾对 IPTV(Internet Protocol Television)做出了如下定义:IPTV 是在 IP 网络上传送的包含电视、视频、文本、图形和数据等,提供

---

① 国内 SNS 社交网站整体行业发展趋势分析. http://chanye.uuu9.com/2010/201004/130009.shtml.

QOS(服务质量)/QOE 安全、交互性和可靠性的可管理的多媒体业务。具体来说，IPTV 是一种多媒体的业务电视，视频、语音、文本、图像、数据等业务都是 IPTV 的一种表现形式。而从技术层面看，IPTV 即交互式网络电视，是一种集互联网、多媒体、通信等多种技术于一体，向家庭用户提供包括数字电视在内的多种交互式服务的崭新技术。

目前，普通用户可以通过两种模式接入 IPTV 服务：第一种是利用计算机接入网络进行收看，第二种是采用“网络机顶盒＋普通电视机”的模式。IPTV 的接收终端包括电视机、计算机、手机、移动电视、iPad 等设备。由于计算机和互联网的联系最为紧密，通过计算机收看 IPTV 也成为最主要途径之一，目前也已进行了商业化运营。

1999 年，英国 Video Networks 公司就推出了世界上最早的 IPTV 服务，随后世界各地电信运营商都纷纷开展 IPTV 业务。而对 IPTV 的研究则始于 20 世纪 80 年代中期。当时美国的 GTE、Ameritech，以及 Bell Atlantic 等电信公司在光纤和 DSL 上进行了视频传输的相关实验。IPTV 在欧洲的发展最为迅速。欧洲最大的 IPTV 运营商——Fastweb 公司，2005 年的 IPTV 用户就接近 20 万。

尽管美国是 IPTV 最早的试验田，并且中途出现许多 IPTV 的服务提供商，但是受到政策监管方面的影响，美国 IPTV 的发展并不一帆风顺。Verizon 公司自从部署 IPTV 网络以来，也仅在加利福尼亚、佛罗里达、德克萨斯和维吉尼亚等州区获得了相关业务许可证。亚太地区不仅有经济雄厚的日本参与，韩国、马来西亚、泰国、新加坡以及中国台湾等国家和地区也进行了 IPTV 业务的相关部署。

国内的 IPTV 业务起步较晚，早期仅有极个别的电视台和电信运营商尝试过合作，由于各种因素没有完成。除了电视内容和网络融合方面的业务拓展设想外，真正启动 IPTV 业务始于 2004 年。以成都电信为例，1998 年，成都电信曾尝试推广宽带电视，但这样的构想和举措最终搁浅，经过 7 年的卧薪尝胆，双方才有机会重新就业务合作坐到了谈判桌的两边。

2001 年，由新华社上海分社和上海市电信有限公司合资组建的“上海新华社电信网络电视公司”，旨在打造全媒体化的大型媒体，但由于政策环境和技术的壁垒，没有产生较大的影响。2005 年 4 月，上海文广(上海文广新闻传媒集团)获取了国内首张 IPTV 牌照，凭借其雄厚的传统媒体资源，通过与中国电信、中国网通等移动通信运营商合作，积极探索新型的战略合作模式，在全国多个地区布设 IPTV 业务网络，效果显著。2005 年 5 月，新华社、中央人民广播电台、中国国际广播电台、北京人民广播电台等传统官方新闻媒体高调宣布进军 IPTV 领域。此外，中国香港特别行政区在 IPTV 领域也一直处于先行者的地位，著名的电信盈科是全球 IPTV 业务开展最好的运营商之一，截至 2005 年 6 月，电信盈科的 NOW 宽带电视用户已经达到 44.1 万。

综上所述，以有线电视网、通信网和互联网为代表的三网融合趋势已渐明朗化，IPTV 作为融合趋势下的代表，正成为其最具潜力的产业亮点之一。立足于用户需求、实现部门间的高效协作、管理政策的扶持和有效的监管机制，IPTV 产业必将呈现出更为广阔的发展前景。

7. 搜索引擎

根据中国互联网中心《第 27 次中国互联网络发展状况统计报告》的相关数据显示，网络搜索在互联网应用排名中占据第一位。搜索之所以能够成为第一大应用，得益于互联网向现实生活的深入渗透。面对网络上的海量信息,网民唯有借助搜索引擎工具,才能实现对信息进行查找、辨别和应用。搜索引擎用户规模 3.75 亿,使用率达到 81.9%,增长 8.6%,跃居网民各种网络应用使用率的第一位,成为网民上网的主要入口,而互联网门户的地位也由传统的新闻门户网站转向搜索引擎网站。

网络用户登录网站后,在具体某个网页的停留时间、消费偏好以及上网的“足迹”都会被记录下来,整个过程对于用户而言是完全透明、无法感知的。搜索引擎用户对某些关键字的搜索,为用户的消费倾向和喜好的判断提供了极高的参考价值,这正是广告商所需要的重要数据,因为只有对用户更深入、更透彻的了解,才能够为用户提供更为方便、更为周到的服务。

2007 年,中国搜索引擎市场形成了以百度、谷歌和雅虎为代表的三足鼎立的格局。随着“谷歌中国”的推出,以及雅虎进入中国市场的阶段性水土不服,2008 年后,国内的搜索引擎主要以百度和谷歌平分秋色,二者整体的市场份额逾九成。

2008 年以来,生活服务类的搜索引擎立足于用户的刚性需求,积极挖掘相关数据信息,优化搜索模式。雅虎口碑网、赶集和 58 同城等生活服务类网站引起了用户的普遍关注,也获得了较好的市场效益。以 58 同城为例,它为用户提供的信息服务类别更加详细,仅生活服务类就有 27 个大项,205 个小项。

搜索引擎作为互联网高速发展的应用服务之一,已经成为用户参与网络行为过程中必不可少的一部分,搜索引擎借助高效的引擎技术,以满足用户需求为目的,特别是以用户查找的关键字为核心对搜索的模式和算法进行进一步优化。随着网络带宽和接入技术的发展,用户对搜索引擎的认知度和接受度也在稳步提升。搜索引擎以用户体验为中心和多元化的服务为趋势,将会促使搜索引擎在网络世界持续发威,创造更大的价值。

14.5 移动多媒体产业

14.5.1 移动多媒体产业概述

随着移动通信技术的不断发展,移动多媒体作为最具应用前景的全新产业,已经开始在社会、文化、经济等各个领域崭露头角。用户对个性化服务的内在诉求催生了移动多媒体产业的发展。也许在十多年前,利用无线移动技术进行市场化研究仅仅停留在通信交互,那么今天的移动多媒体则是全方位满足用户需求,基于移动平台,构建立体式的多媒体应用框架。

目前,移动多媒体产业需要铺设完备的无线通信网络,而国内的无线通信网络的使用权主要被中国移动、中国联通和中国电信三大通信运营商所管制,尽管高度的集中对于市场的发展并非最优化的方式,但是面对当前全球金融大环境以及移动多媒体业务所处的阶段,只要能合理规划、有效管理,并联合相关领域的部门和媒体机构,以用户的需求为前提进行有步骤的投入。配合国家出台的一系列扶持政策,移动多媒体产业不仅能在较短的时间内创造大量价值,同时还能为文化发展做出应有的贡献。

14.5.2 移动多媒体产业应用

1. 移动电视

关于移动电视,可以从两个层面来对其定义。狭义上讲,移动电视是指用户在可移动载体内，如公交汽车里通过电视终端收看电视节目的一种技术或应用；广义上说，指一切以移动方式收看电视节目的技术或应用。

一般来讲，移动电视可采用无线数字广播电视网(Digital Multimedia Broadcasting，DMB)、蜂窝移动通信网、Wi-Fi 和 WiMax 等方式。目前，我国多采用 DMB、蜂窝移动通信网(GPRS 或 CDMA)以及国内自主研发的 CMMB(China Mobile Multimedia Broadcasting)技术。CMMB 适用于 30MHz 到 3000MHz 频率范围内的广播业务频率，通过卫星或地面无线发射电视、广播、数据信息等多媒体信号的广播系统，实现全国漫游。

近年来，CMMB 在中国获得了迅速的发展。2006 年底，完成地面补点试验网建设，进行系统的实验；2007 年，完成地面补点示范网建设，开始商用实验；2008 年上半年，启用卫星系统，形成全国网络，正式开始运营；2006 年 7 月，在 37 个大中城市正式推出 CMMB 业务，市民可以通过移动终端接收 CMMB 信号收看奥运会的精彩赛事。在北京奥运会期间，多达 145 家产业链终端企业陆续推出了主要类型为手机移动电视、移动数字电视的接收终端及借助其他载体实现相关功能的移动电视棒等。多达数百款的移动电视产品，价格从 300 元左右到 4000 元不等。奥运会后，加速二线城市的无线网络建设，预计完成 324 个城市的信号覆盖，支持多种类型的移动终端随时随地接收新闻、资讯、娱乐等电视节目。

以移动电视为例，截止到 2007 年 2 月，我国已经有 40 多个城市陆续开始了在公交车移动电视。到 2011 年，中国车载视听系统终端的累计数量将会达到 54.6 万台。由 AC 尼尔森和央视—索福瑞所提供的数据表明，上海公交每天平均接载乘客 700 多万人次，每天有 310 万人次收看移动电视。

相对于传统媒体，一方面，移动电视可以被安装在很多公共场所，可以面向众多受众进行传播，因此传播范围很广；另一方面，移动电视与楼宇电视的传播方式很相似，采用强制传播，对于乘坐公交车、地铁等交通工具的受众，强制性地反复播放对受众的影响是潜移默化而深刻的，传播具有较好的效果。但是移动电视也存在许多先天不足。例如移动电视受到硬件设备的影响显著，信号的稳定性也直接关乎移动电视的最终接收效果；另外，由于移动电视的受众不能长时间观看节目，因此，移动电视的节目必须控制时长。

总体来说，移动电视这种新型的电视媒体形式，不仅拓展了电视的业务领域和传播范围，也创新了电视机构的运营模式。在信息数字化的当下，移动电视必将成为全新的产业增长点。

2. 手机电视

手机电视(Mobile TV)就是利用具有操作系统和流媒体视频功能的智能手机以及现在支持 HTTP 或者 RTSP 的非智能手机观看电视的业务。虽然手机电视业务前景是美好的，但其发展历程也不可能一马平川。仔细分析一下以往移动数据业务的发展历程，就能发现所走的路几乎都是曲折的。综合考虑技术、市场、内容与用户等多方面的因素，国内手机电视业务在发展过程中将主要面临政策、认知、终端、操作、内容、标准、网络和资费等几方面的障碍。

手机电视指以手机等便携式手持终端为设备，传播视听内容的一项技术或应用。手机电视具有电视媒体的直观性、广播媒体的便携性、报纸媒体的滞留性以及网络媒体的交互性等特点。手机电视是一种新型的数字化电视形态，为手机增加丰富的音频和视频内容。

手机电视不仅能够提供传统的音视频节目，利用手机网络还可以方便地完成交互功能，更适合于多媒体增值业务的开展。

3. 微博

微博(Micro Blog,微博客)与博客有着较为深厚的渊源,甚至博客技术的创始人亦是推动微博发展的先驱。但微博更具特色,更凸显人性化的关注功能、评论功能以及搜索功能。此外,微博可以随时随地参与,并且可与手机同步使用,进行快速传播。笔者罗列了部分微博和博客之间的异同,如表 14-1 所示。

表 14-1 微博与博客的异同

项　　目	微　　博	博　　客
发送类型	文字、图片	文字、图片、音乐、视频
字数	约 140 字	远高于
平台	网络平台、手机移动平台	互联网平台
转载功能	有	有
实时性	高	中

从上表可以看出,微博除了在传送文字信息的字数以及发送类型方面不如博客外,其更具人性化的移动平台操作和较高的实时信息更新能力正是微博被广泛应用的主要原因。

总而言之,微博是一个基于用户关系的信息分享、传播以及获取平台。用户可以通过 Web、WAP 以及各种客户端组建个人社区,以 140 字左右的文字更新信息,并实现即时分享。

2006 年 3 月,由博客技术的先驱 Evan · Williams(图 14-7(a))所创建的公司——Obvious,正式推出了一项服务——Twitter,意为小鸟的唧唧喳喳声——向好友的手机发送简短的文字信息,图 14-7(b)为 Twitter 的 Logo。根据相关公开数据,截至 2010 年 1 月,该产品在全球已经拥有 7500 万注册用户。Twitter 还被 Alexa① 网页流量统计评定为最受欢迎的 50 个网络应用之一。正是由于 Twitter 的出现,世人开始将眼球投向这个叫做“微博”的新领域中来。具体来说,Twitter 是一个社交网络及微博客服务。用户可以经由 SMS、即时通信、电子邮件、Twitter 网站或 Twitter 客户端软件,输入最多 140 字的文字内容。由于微博信息更新及时、可移动的特性,很快被推广起来。2009 年,“微博”一词击败“奥巴马”、“甲流”等关键词,一举成为当年全球最流行的词汇。行业及公众对微博的关注度,可见一斑。

(a)

(b)

图 14-7 Twitter 创始人埃文 · 威廉姆斯及其 Logo

① Alexa 是一家专门发布网站世界排名的网站。以搜索引擎起家的 Alexa 创建于 1996 年 4 月(美国),目的是让互联网网友在分享虚拟世界资源的同时,更多地参与互联网资源的组织。Alexa 每天在网上搜集超过 1000GB 的信息,不仅给出多达几十亿的网址链接,而且为其中的每一个网站进行了排名。可以说,Alexa 是当前拥有 URL 数量最庞大,排名信息发布最详尽的网站。

截止2011年10月，国内各类主题微博以及名人微博过万，并且每天都有海量的信息数据流。国内四大门户网站：新浪、搜狐、腾讯、网易均推出了微博业务。尤其是新浪微博已经渐成气候，它不仅是国内最早尝试微博服务，并进行相关网络布局的企业，同时也是国内微博服务运用最成功的企业之一。根据新浪截至2011年6月30日的第二季度财务报告显示，新浪微博注册用户数已于近期突破2亿大关，而新浪微博的影响力也在进一步提升。

网易微博的知名度略逊色于新浪微博，但是网易微博的发展则更具"网易风格"。截至2011年6月30日，网易微博注册用户数约为5250万，环比增长32.9%。在第二季度网易还推出了两款微博产品："微争议"和"微活动"，并升级了"微生活"主页。

网易微博将会与网易通行证进行整合，用户在注册网易通行证（含邮箱）的同时将获得网易微博账号，已开通用户也可以在邮箱页面操作微博。网易微博和网易通行证打通之后，网易微博将会和"商城"、"邮箱"、"相册"等网易产品一起出现在通行证登录页面。

拥有7亿QQ用户的腾讯，在微博平台发展上虽然起步稍慢，但是其发展势头却不可小视。从腾讯最新发布的财报中可以看出，腾讯微博的注册账户数在今年第二季度末环比增长59.4%，达到了2.33亿，成为国内微博用户数量最多的企业。虽然QQ的活跃用户数在2011年第二季度出现了下滑的态势，但是通过QQ平台转换得到的微博用户数量却在快速的增长，这也为腾讯公司在新的业务增长点上找到了方向。此外，腾讯还积极寻求与媒体间的合作，目前已与TVB及英皇娱乐签署了相关合作协议，为它们旗下的艺人提供平台。

对搜狐而言，正如张朝阳自己说的："不会放弃微博的相关业务，继续寻求更好的切合点，结合搜狐的视频资源，利用微博平台开展多种推广模式。"

尽管各方对微博还处于探索研究阶段，但是微博的市场潜力已经毋庸置疑，微博将会是网络多媒体产业中最闪亮的盈利点之一。

14.6 数字出版产业

14.6.1 数字出版产业概述

随着数字媒体技术和3G无线网络技术的进一步发展，大众传统的阅读兴趣和阅读方式都发生了巨大变化。出版产业加紧了数字化进程，以及时满足受众的需要。由新闻出版总署发布的《关于加快我国数字出版产业发展的若干意见》一文中，对数字出版给出了明确的界定：数字出版是利用数字技术进行内容编辑加工，并通过网络传播数字内容产品的一种新型出版方式。其主要特征为：内容生产数字化、管理过程数字化、产品形态数字化和传播渠道网络化。数字出版产品的传播途径包括有线互联网、无线通信网和卫星网络等。数字出版产品形态主要有：电子图书、数字期刊、数字报纸、数字音乐、网络动漫、网络游戏、网络原创文学、网络地图、网络教育出版物、数据库出版物、手机出版物（彩信、彩铃、手机报纸、手机期刊、手机小说、手机游戏）等。

14.6.2 数字出版产业应用

数字出版涉及版权、发行、支付平台和最后具体的服务模式，它不仅仅指直接在网上编辑出版内容，也不仅仅指把传统印刷版的东西数字化，又或者把传统的东西扫描到网上就叫做数字出版，真正的数字出版是依托传统的资源，用数字化这样一个工具进行立体化传播的方式。

根据国际数字出版论坛(International Digital Publishing Forum，IDPF)和美国出版商协会(American Academy of Pediatrics，AAP)的联合统计，2009年第三季度美国电子书零售额为4650万美元，是2008年第三季度的3.35倍。2008全年电子书零售销售额为5350万美元，是2007年的1.68倍。

2009年5月，全球最大在线图书零售商亚马逊继推出了第二代电子书阅读器Kindie 2后，签下作家塞拉·库福尔的小说《遗物》的全球英语版权，并推出精装版、有声书和电子书，迈出了其进军内容出版的关键步伐。而全球最大搜索引擎提供商Google的"图书搜索"也已经与70多个国家和地区的2.5万多家出版社合作了180万种图书，加上图书馆扫描的图书，其图书总量已经超过700多万种。

数字出版产业的兴起，不仅吸引了诸如同方知网、万方数据等专业数字出版内容供应商，一些传统出版机构，如国家图书馆、高等教育出版社、人民日报报业集团等也有条不紊地将数字出版业务铺展开来。2009年，国内各大电信运营商推出的3G无线，快速催生了电子书阅读器以及移动数字出版的发展。根据中国出版科学研究所《2007—2008中国数字出版产业年度报告》的统计，2002年我国数字出版产业整体收入15.9亿元，2006年为213亿元，2007年为362.42亿元，2008年为530亿元。

2010年4月，中国出版科学研究所发布了第七次全国国民阅读调查最终成果，调查数据显示，2009年我国18～70周岁国民中，接触过数字化阅读方式的国民比例达24.6%。其中，有16.7%的国民通过网络在线阅读，有14.9%的国民接触过手机阅读；另外，有4.2%的国民使用PDA、MP4、电子词典等进行数字化阅读。同时，在接触过数字化阅读方式的国民中，有52.1%的读者表示能够接受付费下载阅读，91.0%的读者阅读电子书后就不会再购买此书的纸质版。2009年我国数字出版产业的整体营业规模超过750亿元，与2008年530亿元的市场规模相比增加了41.5%。

中南大学中国文化产业品牌研究中心于2011年5月推出了《2011：中国文化品牌报告》。该报告中的数据显示，从2000年数字出版总产出15.9亿元到2010年突破1000亿元，中国用10年的时间实现了"收入增长45倍"。在2010年中国数字出版总产出构成中，如图14-8所示，2010年度中国网络广告总产出达276.7亿元，中国网络游戏总产出达336.2亿元，手机出版总产出则达到414亿元，这部分包括手机音乐、手机游戏、手机动漫和手机阅读，如图14-8所示。

2011年7月，中国新闻出版研究院发布了《2010—2011中国数字出版产业年度报告》。该报告的数据表明，在数字出版行业分类中，2010年国内数字出版产业总体收入规模达到1051.79亿元(图14-9)，比2009年增长31.97%。

尽管两个研究机构的数据存在一些出入，但是从整体上来看，基于网络游戏、互联网广告以及手机移动媒体正在成为数字出版产业的生力军。

2011年4月20日，新闻出版总署公布了《新闻出版业"十二五"时期发展规划》。该规划还指出，未来5年我国新闻出版业发展的重点任务之一是"顺应数字化、信息化、网络化趋势，推进新闻出版业转型和升级"。到"十二五"期末，力争实现数字出版总产值达到新闻出版产业总产值的25%，整体规模居于世界领先水平。在全国形成10家左右各具特色、年产

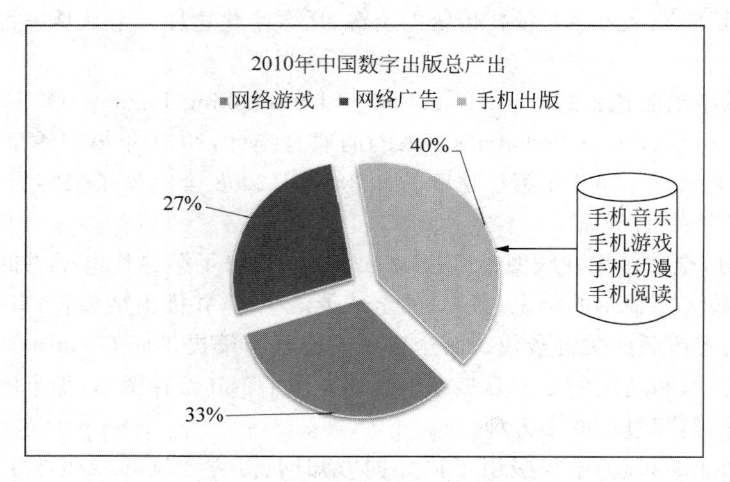

图 14-8　2010 年中国数字出版总产出

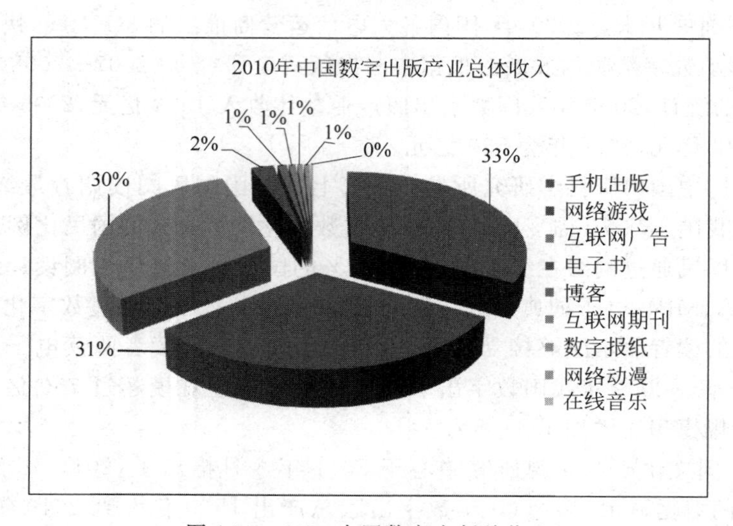

图 14-9　2010 中国数字出版总收入

值超百亿的国家数字出版基地或国家数字出版产业园区，建成 5～8 家集书报刊和音像电子出版物于一体的海量数字内容投送平台，形成 20 家左右年主营业务收入超过 10 亿元的具有国际竞争力的数字出版骨干企业。

2011 年 7 月，中国互联网信息中心发布了《第 28 次全国互联网络发展状况统计报告》，其研究数据表明，截至 2011 年 6 月，中国网民规模达到 4.85 亿，较 2010 年底增加了 2770 万人；互联网普及率攀升至 36.2%，较 2010 年提高 1.9%。我国手机网民规模为 3.18 亿，较 2010 年底增加了 1494 万人。手机网民在总体网民中的比例达 65.5%，成为中国网民的重要组成部分。《2011：中国文化品牌报告》的数据也表明，截至 2010 年底，中国手机阅读用户的比例占到总体手机网民的 83.4%。易观国际的数据显示，2011 年第二季度中国手机阅读市场活跃用户数达 2.69 亿。

数字化正成为提升我国传统出版业实现跨越式发展的必然趋势。除了读者群的需求，国家对数字出版行业也十分鼓励。今年新闻出版总署多次提出“发展数字出版等非纸介质战略性新兴出版产业"的任务和"运用高新技术促进产业升级,推进新闻出版产业发展方式转变和结构调整"的要求,从政策的高度为数字出版的发展保驾护航。

随着中国经济在世界比重的不断增加,以及互联网技术的不断发展,预计在未来5年中,世界各地将有1万左右的图书馆和学校建立中文数字阅览室。如果每个阅览室读者达到1000人,将会使许多中文阅读期刊发行量达到1000万份。在收入方面,如果每个期刊在每个阅览室可以达到20美元,平均可以获得200万元的净利润,这个市场是以前几乎没有的。和传统出版并驾齐驱的数字出版,必将成为中国出版产业的重要经济支柱,这一事实是不以任何出版人的意志为转移的。出版产业面对数字出版的时代呼唤,不用害怕数字出版抢去了传统出版的市场,同时,数字出版产业要做强做大,最根本的是把内容和质量搞上去,一旦拥有了强大的内容资源,数字出版产业将成为中国文化走向世界的"助推器"。[①]

与传统出版相比,数字出版以出色的快速查询、海量的存储、低廉的成本、方便的编辑以及更加环保等特点,一时间风光无限。数字出版作为一个新兴的产业,对传统出版业产生了不小的冲击。有的人甚至认为传统出版行业在数字出版的影响下将再无生机可言。相反,笔者认为数字出版的出现会促进传统出版行业积极立足于数字化、信息化的背景,充分调动自身优势,重新整合相关资源,从标准规范、服务范围、业务拓展领域等全面调整发展策略,并最终完成与数字出版的接轨。

14.6.3 数字版权

随着全球信息化进程的推进,数字出版产业的发展已经是大势所趋。而数字阅读设备的流程化工艺使得其制造成本下降,普通大众拥有数字阅读设备已经成为可能。经过几年的发展,数字阅读设备呈现出便于移动、多媒体兼容、呈现效果逼真等特性,潜移默化地改变着人们的阅读习惯。有预测数据显示,到2020年,我国网络出版的销售额将占到出版产业的50%,而到2030年,九成的图书都将成为网络版本。

不容忽视的是,数字化的产品同样具有相应的版权问题,但是由于过去我们国内对数字版权问题的忽视和国民自身对版权意识的淡薄,使得我国的数字盗版行为十分猖獗。随着全球经济一体化脚步的迈进,世界各国都将数字版权作为各自进行信息化建设的重要环节加紧改革实施步伐。

数字版权也就是各类出版物、信息资料的网络出版权,可以通过新兴的数字媒体传播内容的权利。其中,包括制作和发行各类电子书、电子杂志、手机出版物等的版权。

1. 数字版权管理

数字版权管理(Digital Rights Management,DRM),一般翻译为数字版权保护或数字版权管理,是指对数字化信息产品在网络中交易、传输和利用时所涉及的各方权利进行定义、描述、保护盒监控的整体机制,是数字化信息环境可靠运行和不断发展的基本保障之一。DRM分为两类:一类是多媒体保护,例如加密电影、音乐、音视频、流媒体文件;另外一类是加密文档,例如Word、Excel、PDF等。DRM主要通过技术手段来保护文档、电影、音乐不被盗版。这项技术通过对数字内容进行加密和附加使用规则对数字内容进行保护,其中,使用规则可以断定用户是否符合播放条件。

① 刘潇潇,郭娜.中国信息化.2006年6月5日《趋势》栏目.

2. 数字版权管理的主要方法

➢ 数字水印

数字水印是在图像、声音等多媒体数据中埋入某种信息，并使其隐蔽起来。采用这种技术埋入的信息，不会被人们直接感知，只能通过数据压缩、过滤等方法才能检测出埋入的信息。水印信息可以是作者的序列号、公司标志、有特殊意义的文本等，可用来识别文件、图像或音乐制品的来源、版本、原作者、拥有者、发行人、合法使用人对数字作品的拥有权。

➢ 数据加密

采用加密方法创建和核查依靠算法函数产生"公共密钥"和"私人密钥"这两套不同但在数学上相关的对应互补的"非对称密码系统"，他人很难在可靠的非对称密码系统的管制下通过公共密钥推知私人密钥，从而起到保护版权的作用。按作用的不同，数据加密技术主要分为数据传输、数据存储、数据完整性以及密钥管理技术等四种。

➢ 电子签名

电子签名是附加于数据电讯中的，或与之有逻辑联系的电子形式的数据，它可用来证明数据电讯签名者同意数据电讯中所包含的信息内容。

➢ 电子认证

电子签名的认证是指特定的机构对电子签名及签名者的真实身份进行验证的过程。

➢ 数字指纹

数字指纹技术具有隐形性、鲁棒性、确定性、数据量大和抗合谋攻击能力等特点。以客体为标准，数字指纹技术可分为数字指纹和物理指纹；以检测灵敏度为标准，可分为完美指纹、统计指纹和门限指纹；以嵌入方法为标准主要有识别、删除、添加和修改等类型；以指纹值为标准可分成离散指纹和连续指纹。数字指纹技术多用于网络服务中的版权保护，它主要是为那些需要向多个用户提供数字产品，同时希望确保该产品不会被不诚实的用户非法再分发的发行者所采用。

数字版权管理是数字出版产业进入市场的前提和保障，数字出版产业能否健康稳定地发展，其中一个最重要的环节就是对数字出版产品或服务本身进行版权的管理。这方面不仅需要国家出台匹配的政策规定、行业定制完善的规章制度，更需要投入大量人力、物力、财力进行版权管理方面的技术研发，为数字出版产业的振兴打下夯实的基础。

第15章　数字媒体与文化创意产业

15.1　文化创意产业概述

随着全球进入数字化、信息化、网络化的新时期，人类在迎来工业化进程高度的繁荣后，经济结构中具有文化属性的知识型经济异军突起，其中最有代表性的就是文化创意产业。据统计，文化创意产业在全球发展迅速，已经逐步成为金融业中主要支柱产业之一。

当前，文化创意产业发展的健康与否已经成为衡量一个国家经济发展的重要指标之一。综观人类发展，唯有掌握核心价值资源、遵循科学发展规律才能走出一条经济可持续的发展之路。就中国而言，要想尽快地、彻底地摆脱贫穷落后的现状，在全球新兴文化经济中立于不败之地，就必须结合创意型、知识型的经济发展理念，加强文化经济建设，尤其是文化创意产业的发展。

著名文化经济理论家理查德·凯夫斯从文化经济学的角度上把文化创意产业定义为：提供具有宽泛含义的与文化、艺术或娱乐价值相联系的产品和服务的产业。具体的创意产业包括：书刊出版、视觉艺术（绘画与雕刻）、表演艺术（戏剧、格局、音乐会和舞蹈）录音制品、电影电视，以及时尚、玩具和游戏[①]。托斯则认为，创意产业的产出包括音乐、戏剧、卡通、唱片、无线电、电视、建筑、软件设计、玩具、书籍、传统、旅游、广告、时装、工艺、摄影和电影，这些东西都是国民生产值或国际贸易平衡的一部分。

"世界创意产业之父"约翰·霍金斯(John Howkins)在其著作《创意经济》中就曾提到："全世界创意经济每天创造220亿美元的价值，并以5%的速度递增"。文化创意作为知识经济的核心内容是当代经济的重要表现形式，囊括了众多与知识经济相关的行业类别。

由北京市质监局积极参与制定的《文化创意产业类别划分地方标准》(以下简称"文化产业地方标准")中将北京市文化创意产业分成了9个大的分类。

- 文化艺术包括文艺创作、表演及演出场所，文化保护和文化设施服务等5个中类以及文化艺术经纪代理等12个小类。
- 新闻出版包括新闻服务，书、报、刊出版发行等4个中类以及报纸出版，影像制作等18个小类。
- 广播、电视、电影包括广播、电视服务，广播电视传输，电影服务3个中类以及有线广播电视传输服务，电影放映等7个小类。
- 软件、网络及计算机服务包括软件服务、网络服务、计算机服务3个中类以及基础软件服务、互联网信息服务等7个小类。

---

① 凯夫斯.创意产业经济学.北京：新华出版社，2004.

- 广告会展服务包括广告服务和会展服务两个中类以及广告业、会议及展览服务两个小类。
- 艺术品交易包括艺术品拍卖服务和工艺品销售两个中类以及工艺美术品及藏品零售等 3 个小类。
- 设计服务包括建筑设计、城市规划和其他设计 3 个中类以及规划管理等 3 个小类。
- 旅欧休闲娱乐服务包括旅游服务和休闲娱乐服务两个中类以及旅行社等 11 个小类。
- 其他辅助服务。

根据“文化产业地方标准”,文化创意产业均是以创意思维为核心,提供服务或开展相关的业务,是一种知识型经济。知识经济往往多涉及无形资源的经济价值,并受到相关经济约束。然而随着计算机网络和数字通信技术发展与普及,许多优秀传统文化、历史遗产被大范围地盗用,大量商业秘密、文件、商标、设计作品被非法地披露、公开,甚至肆意地拷贝,对文化资源的发展造成了重大的破坏。文化创意产业的经济形态独具特点,在其产业链条上的各类产品的价值与实物相比,更难以确切估算。例如同样的文化创意产品在不同文化地区所具有的价值大小不同,从历史的角度或艺术的角度看待相同文化创意产品的价值也不尽相同。因此,英国等以创意作为发展重点的发达国家对其经济价值的评估和测算模式也仍在不断的探索之中,没有形成像工业化时代清晰的战略框架、完整的产业链和成熟的商业模式。

总之,目前尚没有标准对文化创意产业的经济效益、社会价值进行全面客观的评估与判别,仍需要进一步实践、分析与研究。

15.1.1 文化创意产业的定义

文化创意理念已经成为世界各国经济文化发展的共识,文化创意产业亦如雨后春笋,各文化创意阶层更是茁壮崛起。梳理和厘清文化创意产业的基本概念,认识并总结各国文化创意产业的发展规律,对于进一步深化文化创意产业的发展具有深刻而重大的意义。

对文化创意产业的定义,世界不同国家和地区的组织机构都给出了不同的表述。如 2002 年,中国台湾地区对文化创意产业给出了解释:“文化创意产业是源于创意或文化累积,透过智慧财产的形式与运用,具有创造财富与就业机会潜力,并促进整体生活提升的行业。” 2006 年 12 月,北京市统计局、国家统计局北京调查总队联合制定发布《北京市文化创意产业分类标准》,将文化创意产业定义为“是以创作、创造、创新为根本手段,以文化内容和创意成果为核心价值,以知识产权实现或消费为交易特征,为社会公众提供文化体验的具有内在联系的行业集群”。

1. 国外文化创意产业的发展状况

早在 1997 年 5 月,为了振兴国家经济,布莱尔在当选英国首相后马上成立了“创意产业的特别工作小组”。英国文化媒体体育部 2001 年发表的《创意产业专题报告》,认为创意产业:“源于个人创造性、技能与才干,通过开发和运用知识产权,具有创造财富和增加就业潜力的产业。”同时,英国将建筑、电视广播、电影、音乐、表演艺术、广告、艺术和文物、工艺品、设计、时装设计、互动休闲软件、出版、软件 13 个行业划入创意产业范畴。公布的各类数据表明,英国已经从制造型向创意服务型转变,在众多的创意产中,新兴的软件业于 2002 年取代传统的服装行业成为英国最大的创意产业。许多享誉国际的外国品牌产品，如苹果的iPod、宝马 MINI 汽车的创意灵感均出自英国设计师。

法国从社会民主的立场出发，以扩大和增加社会民众享受机会为目标制定了相关的文化政策。美国在文化产业发展的推行方面从来都是不遗余力的。其主流的文化创意产业包括核心版权、交叉版权、部分版权、边缘支撑等，并冠以"版权产业"之名；另一种文化创意产业的定义，则颇具实践意义。由美国密苏里州经济研究与信息中心发布的《创意与经济：密苏里州创新产业的经济影响的评估报告》对创意产业有过这样的定义：文化创意产业是指雇佣大量艺术、传媒、体育从业人员的产业。产业对艺术的依赖度是通过计算工作在产业内所占的比例确定的，这些工作属于"艺术、设计、体育和传媒行业"类。

加拿大对文化创意产业的分类显得更加务实，不仅包括实质的文化产品、虚拟的文化服务，还包括知识产权基本概念在内的艺术与文化活动的定义。亚太地区的日本一直以来高度关注创意产业。2000 年，日本在电影与音乐方面的创收分别列居世界第二位，电子游戏软件则位居世界第一。同时，日本还是世界上最大的动漫制作和输出国，全世界动漫市场超过六成产自日本。随着数字技术和网络的发展，日本以传统的动漫产业为基础，加大对电影、音乐及相关周边产业的软硬件投入，逐渐形成了庞大的动漫文化产业体系。韩国政府还出台了《文化艺术振兴法》，为文化创意产业的发展奠定了法律基础，并规定文化创意产业："指用产业手段制作、公演、展示、销售文化艺术作品及用品，并以此为经营手段的产业。"

联合国教科文组织对文化创意产业也给出了界定，即依靠创意人的智慧、技能和天赋，借助于高科技对文化资源进行创造与提升，通过知识产权的开发和运用，产生出高附加值产品，具有创造财富和就业潜力的产业就是文化创意产业，它包括文化产品、文化服务和智能产权三项内容。另外，据 Strategy Analytics[①] 发布最新的研究报告《全球数字媒体和娱乐市场预测 2004—2012》显示，全球数字媒体收入在 2008 年第一次超过电影娱乐收入（电影娱乐收入包括电影院和家庭影碟收入）。全球媒体和娱乐市场总收入（包括电视、电影娱乐、录制的音乐、游戏软件和广告）在 2008 年超过 8450 亿美元，其中约 900 亿美元的收入来自于在线和移动数字媒体渠道，相比之下，2008 年全球电影娱乐市场规模为 831 亿美元。该研究预测，在 2009 年到 2012 年期间，来自在线渠道的总收入将保持年均 18%的增长速度，而同一时期，传统渠道收入的年均增长率将仅为 3%。

2. 国内文化创意产业的发展状况

早在改革开放初期，中国立足社会主义市场经济体制，积极推进第三产业发展，探索中国文化创意产业发展的全新模式。2000 年 10 月，党的十五届五中全会将文化产业正式列入中国国民经济和社会发展战略的重要组成部分。在 2003 年 6 月召开的全国文化体制改革试点工作会议以来，北京、上海、重庆、广东、浙江、深圳、沈阳、西安、丽江 9 个省市和 35 个文化宣传单位进入了文化体制改革试点。党的"十六大"报告又明确指出："发展文化产业是市场经济条件下繁荣社会主义文化、满足人民群众精神文化需求的重要途径。""十一五"期间，我国提出了建设创新型国家的目标，核心就是要把增强自主创新能力作为发展经济的重要战略基点。作为创新载体的创意产业/创意经济（Creative Industry/Creative Economy）是生产力发展到较高程度和消费结构达到较高层次的融合，注重提高产品的文化

---

① Strategy Analytics, Inc. http://www.strategyanalytics.com/solutions.html.

和精神内涵，是知识、智慧与灵感的特定产业或行业中的物化表现，具有知识密集、技术密集、高附加值、高融合渗透性、高端性等特征。[①] 在十七大精神指引下，按照中央部署建设一个全面发展的创新型中国，大力提高我国的科技创新能力、内容创新能力、艺术文化原创能力、集成融合创新能力，这些均为我国未来发展的重要内容。创意中国，内容中国，文化中国，创新型中国，是我国未来发展的主导方向。党的十七届六中全会审议通过了《中共中央关于深化文化体制改革、推动社会主义文化大发展大繁荣若干重大问题的决定》。在提出建设社会主义文化强国的宏伟目标之后，财政部、证监会、保监会等部委相继召开会议，结合资本市场改革和发展实际进行了认真研究，陆续出台配套措施扶持文化产业发展，推进文化体制改革。在文化创意产业方面，"十二五"文化产业发展规划将积极培育新的文化重点项目和骨干文化企业，提高国家文化产业的规模化、集约化、专业化水平。

随着国家对文化创意产业的重视，用户对文化创意产品和服务的渴求，越来越多的企业投入到文化创意产业发展的大潮中。因此，对文化创意产业的发展模式、生产规律等方面的问题亟待学界和行业的深入研究。目前，国内有两种具有代表性观点。

(1) 上海市社会科学院部门经济研究所所长厉无畏，在其著作《创意创业导论》中，将创意产业定义为："创意产业内涵的关键是强调创意和创新，从广义上讲，凡是由创意推动的产业均属于创意产业，通常我们把以创意为核心增长要素的产业或缺少创意就无法生存的相关产业称为创意产业。"

(2) 中国人民大学金元浦教授认为文化创意产业是全球化条件下，以消费时代人们的精神文化娱乐需求为基础，以高科技技术手段为支撑，以网络等新传播方式为主导，以文化艺术与经济的全面结合为自身特征的跨国跨行业跨部门跨领域重组或创建的新型产业集群。它是以创意为核心，向大众提供文化、艺术、精神、心理、娱乐产品的新兴产业。该定义尤为重视"文化"及"文化精神"在文化创意产业中的作用，强调文化创意产业的文化属性。

综上所述，在国际层面上，对于创意产业、内容产业或版权产业的表述较多，尽管各国对文化创意产业的定义不尽相同，但对文化创意产业所涵盖的内容均已达成共识，如文化产业、创意产业和创新科技都属于文化创意产业的范畴。但是，各国从自身出发从不同角度看待文化创意产业的事实，也说明了关于文化创意产业的内涵还没有一个具有普遍认同的定义。

15.1.2 文化创意产业的特征

文化创意产业符合当前文化经济发展规律，相关新兴文化传播技术亦方兴未艾，显示出无限的生命力。文化创意产业跨越了传统产业链条中不可逾的鸿沟，将抽象的、无形的创意、思路、想法等资源进行高效整合，彻底颠覆了传统产业中资本与劳动力的实体经济发展模式，展现了其所独有的特征。

1. 创新性

文化创意产业最显著的特征就是创新性，这也是它与其他产业相比最大的区别和优势。文化创意产业的核心就是创新，如技术创新、设计创新、文化元素创新、市场模式创新等。一个好的创意比产品本身制作的成本更可贵。在以买方为核心的市场中，完美的创意能够令

---

① 陈汉欣. 中国文化创意产业的发展现状与前瞻. 经济地理. 2008 年 9 月：728.

用户眼前一亮，虏获了受众就等于在市场经济中占得了先机，也就意味着可以收获相应的社会效益和经济效益。

2. 产业发散效应

文化创意产业整合了多种无形与有形的资源，与众多的行业都存在可结合的发展点，从高新科技、生产流程、文化服务等各个方面，向不同的行业领域延伸，极大地开拓了经济的发展空间。以高新科技为例，文化创意产业可以通过核心的高新科技快速而有效地发散到周边产业，利用高新科技的优势，进行产品型、业务型、服务型，甚至市场型的发散，最终完成与其他产业的再次或多次整合。

3. 全面而灵活的产业链结构

文化创意产业的形态属于知识密集型，代表着一个国家"软实力"的综合表现。经济社会能否健康稳定地发展，不仅仅需要坚实的物质基础，精神方面的基础往往更为重要。以物质文明建设带动精神文明建设，以文化促发展，正是文化创意产业所秉承的理念。世界各国普遍意识到文化创意产业在不久的将来必将在国民经济产业结构中占据重要的地位。文化创意产业的产业链条是全面而灵活的。它不但具备了从创意到生产，再到销售、消费的完整环节，还立足于用户的需求，为产业链增加并完善了更为人性化、智能化的服务。将用户的因素加入产业链的组织结构中，更加符合市场的需要和用户的需求。文化创意产业链在总结传统第二、第三产业链的基础上进行更细致的优化。

文化创意产业强调以文化的、艺术的元素为载体进行创意风暴，进而加入到产业生产环节，将文化和艺术因素作为创意产业链上的重要连接点。一方面，创意必须有一定的文化基础，富有艺术美感；另一方面，好的创意本身就是优质文化的聚合，是一种美。文化创意产业的产业链非常灵活，对各产品和服务的价值点不作固定地限定，这也是文化、艺术和设计的特点，只要产品和服务能够满足一部分用户的需求，有创造价值的可能就可以及时推出。同时，由于文化创意产业是以创新性为核心，因此，产业链上的产品只要能凸显出创意，那么，其制作流程，甚至进入市场的策略亦可根据满足创意的表达做灵活的变更。

15.1.3 文化创意产业的发展前景

据统计，世界文化创意产业的市值从2000年初的8310亿美元增加到2005年的1.3万亿美元，文化创意产业的年增长率也连续超过了其他行业的平均增长率。由于文化创意产业的一枝独秀，世界各国的经济结构也发生了深刻的变化，各国纷纷出台了产业结构的调整政策，重新整合配置资源，制定切实可行的文化发展规划和文化保护政策，把注意力投向了文化创意产业。

文化创意产业是一个拥有巨大市场空间和潜力的新兴产业，在世界各国的经济结构中充当着越来越重要的地位。在英国、美国等发达国家，文化创意产业在国民经济中的比例将继续增大，并已经逐步成为其经济主导产业。

1. 文化创意产业集群化发展

集群化是产业呈现区域集聚发展的态势。目前，文化创意产业的集群化已出现端倪。在一些具备经济基础的特定区域，以文化创意为核心的企业、园区或基地密集地聚合在同一空间地带，代表着介于市场和机制之间的一种新的空间经济组织形式，它是当今世界经济发展的新亮点。它不仅可以成为区域经济发展的主导，而且也成为提高文化创意产业国际竞争力的新力量。文化创意产业的集群化发展趋势非常明晰。如英国的旗舰街、美国的好莱坞和百老汇大道、中国的798艺术区等都已初具规模，将自身的文化和艺术元素，按照一定的组织形式和规制聚集在一起。在集群区域内，各文化创意产业企业和组织便于相互沟通学习，保持同步发展，还能取长补短进行进一步的创新，发挥集群化后“1＋1＞2”的产业效能。

2. 文化创意产业融合化发展

产业融合的概念可从两方面来理解：从狭义角度讲，文化创意产业融合适应产业增长而发生的产业边界的收缩或消失，这个定义局限于以互联网为标志的计算机、通信和广播电视业的融合；从广义角度讲，产业融合就是不同产业或同一产业内的不同行业通过相互交叉、相互渗透，逐渐融为一体，形成新产业属性或新型产业形态的动态发展过程[①]。

余东华认为产业融合的本质是在技术创新的推动下对传统产业组织形态的突破和创新，是产业组织结构变迁的一种动态过程。而厉无畏、陈柳钦等认为，产业融合就是不同产业或同一产业内的不同行业通过相互交叉、相互渗透，逐渐融为一体，形成新产业属性或新型产业形态的动态发展过程。

文化创意产业融合作为一种经济现象，最早源于数字技术的出现而导致的信息行业之间的相互交叉[②]。以信息技术为代表的高新科技迅速发展，加快了产业结构优化升级，促进了第一、第二、第三产业之间相互渗透，趋于融合。用信息技术和信息产业的发展充实物质生产部门的基础，并在商业中加以运用，正成为推动世界经济发展的一大趋势。

文化创意产业融合化发展亦是社会生产力进步和产业结构高度化的必然趋势。产业间的关联性和对效益最大化的追求是产业融合发展的内在动力。从当今世界产业融合的实践看，推动产业融合的因素是多方面的。首先，作为新兴主导产业的信息产业，近几年来以每年30％的增长速度发展，信息技术革命引发的技术融合已渗透到各产业，导致了产业的大融合。其次，跨国公司根据经济整体利益最大化的原则参与国际市场竞争，在国际一体化经营中使产业划分转化为产业融合，正在将传统认为的“国家生产”产品变为“公司生产”产品。可以说，跨国公司是推动产业融合发展的主要载体。最后，为了让企业在国内和国际市场中更有竞争力，产品占有更多的市场份额，一些发达国家放松管制和改革规制，取消和部分取消对被规制产业的各种价格、进入、投资、服务等方面的限制，为产业融合创造了比较宽松的政策和制度环境。

产业融合的主要方式有4种。一是高新技术的渗透融合。即高新技术及其相关产业向其他产业渗透、融合，并形成新的产业。如生物芯片、纳米电子、三网融合(计算机、通信和媒体的融合)。二是信息技术产业化以及农业高新技术化、生物和信息技术对传统工业的改造(比如机械仿生、光机电一体化、机械电子)、电子商务、网络型金融机构等。三是产业间的延伸融合。即通过产业间的互补和延伸，实现产业间的融合。这类融合通过赋予原有产业新的附加功能和更强的竞争力，形成融合型的产业新体系。如现代农业生产服务体系、工业中服务比例上升、工业旅游、农业旅游等。四是产业内部的重组融合。重组融合主要发生在具有紧密联系的产业或同一产业内部不同行业之间，是指原本各自独立的产品或服务在同一

---

① 厉无畏，王振. 中国产业发展前沿问题. 上海：上海人民出版社，2003.

② 周振华. 产业融合拓展化：主导因素及基础条件分析. 社会科学，2003(3)：45～48.

标准元件束或集合下通过重组完全结为一体的整合过程。通过重组型融合而产生的产品或服务往往是不同于原有产品或服务的新型产品或服务。①

3. 文化创意产业的数字化发展趋势

从麦克卢汉提出“地球村”,随着全球经济一体化的发展,各类产业在数字技术和网络技术的作用下,都不同程度地迈向了数字化发展。数字技术的快速发展使得文化创意产业日新月异。

文化创意产业立足于创意点,在文化层面上进行产业化生产。数字新技术的发明创造,让文化创意产业的发展如虎添翼。从其产业链来看,前端的创意点设计和研发可以通过数字设计平台或软件进行,既节省成本,又能尽快看到设计效果,事半功倍;在产业链的中间部分,数字技术和网络技术更是其进行推广、销售的重要渠道;在产业链的末端,用户所使用的数字接收终端、产品服务的最终呈现都需要数字技术的支持。

15.2 数字媒体与文化创意产业

15.2.1 数字媒体对文化创意产业的轴心加速作用

数字媒体之于文化创意产业,就如核动力之于航天飞机。数字媒体对文化创意产业的发展起着强大的轴心加速作用。

(1) 数字媒体对文化创意产业的技术轴心加速作用。

文化创意产业的深度发展需要高新科技的支撑,数字媒体正是现今科技含量极高的热点领域。文化创意产业选取不同的轴向就需要相应的数字媒体技术来支撑。简单地说,文化创意产业是以高新科技为基础的。计算机网络和数字技术的崛起,对文化艺术的传播起到了积极的作用。高新技术的运用,不仅带来了文化艺术作品本身的成功,而且也带动了巨大的经济市场。进入数字媒体传播时代以来,多元化传播渠道为人们的文化交流提供了多种可供选择的平台,也为文化创意产业的发展提供了广阔的施展空间。

(2) 数字媒体对文化创意产业的文化传播加速作用。

在数字媒体传播时代以前,文化的传播不仅要受到传播者所处地域的限制,同时,由于传播技术的落后,信息无法被及时而准确的记录,一些很好的文化创意不能为受众实时接收,而这些文化创意的价值则更无从说起。

(3) 数字媒体对文化创意产业链的加速作用。

从文化创意产业的整体产业链来看,数字媒体对文化创意产业发挥着强大的促进作用。纵观文化创意产业链的前、中、后三个阶段,数字媒体一直在创意的平台构建、传输和应用服务等方面起着重大的作用,全面而深入地参与到产业链各个环节中。受众通过数字媒体的方式享受到了更加满意的产品和服务。简而言之,数字媒体直接作用于文化创意产业的整个产业链。

15.2.2 文化创意产业为数字媒体提供良好的发展平台

数字媒体的发展需要适宜的环境、匹配的平台,才能进行价值的充分释放。文化创意产

---

① 陈柳钦.未来产业发展的新趋势:集群化、融合化和生态化.经济与管理研究.2006,01.

业的产业链正好为数字媒体的发展提供了适应的舞台。文化创意产业的核心是创意,将创意进行加工并产品化输送到产业链条之上。如何抢占先机,花最少的代价获取最大的产值成为数字媒体积极探索与实践的问题。当然,与其他方式相比,数字媒体的确是一种效率高、成本低的方式。

(1) 文化创意产业对数字媒体技术的促进作用。

文化创意产业的核心是文化创新,这必须借助数字媒体技术的不断革新来达成。文化创意产业的发展对数字媒体技术提出越来越高的要求,而数字媒体技术必须不断创新,才能满足文化创意产业发展需要,为其提供有力的保障。以视音频为例,在文化创意产业中较为突出的数字电影需要大量运用数字媒体技术来完成电影素材的修整、编辑、特效,以及编码压缩。受众对数字电影这种文化产业具有巨大需求,庞大的市场更召唤着方便迅捷的数字电影制作流程、更为赏心悦目的声画效果和更为安全可靠的数据传输。总之,数字媒体技术需要不断更新。换句话说,数字媒体技术在文化创意产业中有立足之地,更有用武之地,产业发展、市场壮大及受众的需求促使数字媒体技术必须快速发展,以化解两者间不能协同发展所产生的矛盾。

(2) 文化创意产业为数字媒体产品化提供有效的市场。

数字媒体所涉及的数据类型包括数字图像、数字音频、数字视频、数字存储、数字动画、数字游戏、网络多媒体和移动多媒体等。不同类别的数字媒体产品内容各异、形式多样,在产品与受众的对接方面,需要必要的渠道来完成接通。文化创意产业以创新为要义,充分发挥产品差异性和低成本的特点。与文化创意产业嫁接,对数字媒体而言,等于寻找到了适于成长和发展的土壤,无疑为其拓展了市场。

总之,随着全球经济的大融合,数字化、信息化、网络化进程的不断深入,数字媒体和文化创意产业的联系将更加紧密,完美地把创意、文化与科技三者交融于产业线上,发挥更大的商业价值和社会效能。

15.3 数字媒体创意人才的培养

20 世纪 90 年代以来,文化创意产业在高新科学技术的大力推动下有了长足的发展,吸引了一批从事文化创意和数字媒体工作的人员。尽管国内的文化创意产业仍处于上升期,但与国外发达国家相比仍存在较大差距和问题。对于当前中国文化创意产业存在的问题,这里引用安徽省文化厅副厅长李修松的观点,他指出在"大好形势下的我国文化创意产业也存在一系列问题,诸如缺乏资金、机制创新、政策支持,市场体系不健全等。并将当前我国文化创意产业存在的问题概括为:"'浅'、'泛'、'滥'、'抄'、'乏'五大问题。"当然,这对于国内的文化创意产业来说都是应当重视的问题。但是随着数字媒体与文化创意产业的进一步发展,数字媒体创意行业还存在大量的人才缺口,换句话说,创意人才的极端匮乏将成为阻碍中国文化创意产业发展的最大瓶颈。数字媒体创意的精髓是人的创造力,因此,要发展创意产业,人才是第一位的。

由于从前国人对数字媒体和文化创意产业给予的关注度不够,在人才培养方面亦没有经验,多是沿袭国外的教育培养模式。虽有一定的成效,但是难以培养出针对当前中国数字媒体创意产业发展的专门人才。

随着工业化的发展和后工业化社会的进步，国内外在教育、文艺、制造、金融、管理等诸多领域从事创意活动的人数在总人口中所占的比重逐年增加。大力培养专业的创意人才是发展文化创意产业的基础，亦是捷径。

美国著名文化经济学家理查德·弗罗里达（Richard Florida）在其2002年出版的《创意阶层的崛起》（*The Rise of the Creative Class*）一书中指出：创意在当代经济中的异军突起表明了一个职业阶层的崛起[①]。他认为，社会已分化成4个主要的职业群体：农业阶层、工业阶层、服务业阶层和创意阶层。创意阶层包括一个"超级创意核心"，这个核心由从事科学和工程学、建筑与设计、教育、艺术、音乐和娱乐的人们构成，他们的具体工作是创造新观念、新技术和新内容。

现阶段，人力资本已成为推动文化创意产业发展的核心要素，必须优化创意产业的人力资本配置，进一步促进创意产业人力资本的提升。数字媒体创意人才合格及优质与否，将直接影响着国家文化创意产业的快速健康发展。

15.3.1 数字媒体创意人才的含义及特征

1. 数字媒体创意人才的含义

创意产业是"源于个人创意、技巧及才华、通过知识产权的开发和运用，具有创造财富和增加就业潜力的行业"[②]。随着创意产业的深度发展，从事创意工作的人才数量难以满足产业自身快速发展的需求已经成为创意产业发展过程中遇到的最大瓶颈之一。对数字媒体创意人才的培养也已成为提升产业竞争力的核心环节。

尽管创意人才匮乏已经是不争的事实，但是对创意人才的基本含义及特征，目前国内外的创意产业、行业和学界尚未形成统一共识。关于创造性人才的定义，在《简明大不列颠百科全书》里有这样的描述："与常人相比，他们有时显得很幼稚，有时则很文雅；有时有破坏性，有时则很有建设性；有时更疯狂，有时更理智……"这一描述不一定适合每一个创意人才，但能够基本概括创意人才的群体特征。

美国心理学家吉尔福特将富有创造性的人才的人格特征从以下8个方面进行了归纳总结：①有高度的自觉性和独立性，不肯雷同；②有旺盛的求知欲；③有强烈的好奇心，对事物的运动机理有深究的动机；④知识面广，善于观察；⑤工作中讲求理性、准确性与严格性；⑥有丰富的想象力、敏锐的直觉，喜欢抽象思维，对智力活动与游戏有广泛兴趣；⑦富有幽默感，表现出卓越的文艺天赋；⑧意志品质出众，能排除外界干扰，长时间地专注于某个感兴趣的问题之中。

国内学者从不同的角度或学科范畴对创意人才的定义给出不同的解释。有的人认为创意人才就是"创造性思维＋创造性人格"[③]。所谓创造性思维，即创造性人才的智力因素，它有5个特点：①创造性活动是新颖、独特且有意义的；②思维加想象是创造性思维的两个重要成分；③在创造性思维过程中，新形象和新假设的产生带有突然性，常常称为灵感；④在思维的清晰性上，创造性是分析思维和直觉思维的统一；⑤在创造性思维的形式上，它是

① 文昌. 创意挑战商业霸权. 新经济导刊，2011年9月.

② 厉无畏. 创意改变中国. 北京：新华出版社，2009.

③ 林崇德. 培养和造就高素质的创造性人才. 河南教育，2003(5).

发散思维与复合思维的统一。所谓创造性人格,即创造性人才的非智力因素。健康的情感、坚强的意志、积极的个性意识倾向(特别是兴趣、动机和理想)、刚毅的性格、良好的习惯是创造性人格的5个较明显的特点及其表现。

也有的人认为创意人才就是具有创新意识、创新精神、创新思维、创新能力和创新人格,并能够取得创新成果的人才。创新型人才是与那些常规思维占主导地位,创新意识、创新精神、创新能力不强,习惯于按常规方法处理问题的常规人才相对应的一种人才类型。仅仅具备创新精神和创新能力的人才还不能算是创意人才,创意人才首先是全面发展的人才。人的全面发展包括生理与心理两个方面的发展。全面发展包括智力发展、品德发展、身体发展、审美发展,创意人才的基础是人的全面发展。人的个性和创造性的发展是创意人才发展的前提。个性的发展是受教育者的高层次的需要,也是其使命感、事业心、创造性的源泉。创造性和个性有密切的关系。①

还有人认为,所谓创意人才,是指具有独创能力,能够提出问题、解决问题、开创事业新局面的人才。其素质特征有三:一是超常的健康人格(理想、信念、动机、兴趣、性格、意志、人生观等)。二是很强的创造性思维和能力倾向。三是良好的社会适应性和充沛的精力(或体力)。②

完整的文化创意人才链包括"创意的生产者、创意生产的引导者和创意产品的经营者③"三大类。第一类是文化内容的提供者,即原创人员,是一个文化创意团队原创力的来源。第二类是创意生产的管理者和组织者,最主要的是所谓的技术人才。第三类是在创意产品的商品化中既通晓创意产业内容,又擅长经营的专门人才。在精通经营之道的同时,又能深刻地认识到创意产业的文化属性和商品属性,负责起创意产品的经营,如项目经理、经纪人、中介人等,这一类是让创意最终产业化的推动力量。

本书笔者兼顾各种对创意人才的定义,认为数字媒体创意人才是指以数字技术、网络技术为手段,使"创新"在数字媒体及文化范畴内得到价值化的人才。数字媒体创意人才极具创新意识、创新精神和创新能力,他们需要进行大量的脑力活动,进行与数字媒体相关的产品设计、研发及应用,并涉及数字媒体的整个产业链。

2. 数字媒体创意人才的特征

1) 创新性

应该说,创新性是所有创意人才的核心特征。创新思维作为人类心理活动的高级层次,亦是创新力的核心。创新性思维有以下5个重要的标志:①有积极探索、自强不息的精神;②有不甘落后、竞争向前的决心;③有勤于思考、善于思索的习惯;④有强烈的内驱力,自觉填补知识空白;⑤能形成合理灵活的计算方法和解题思路。当然,所有创意人才的创新性都存在一定的差别,往往在创新的内容、方式、程度和贡献大小等方面的情况也互不相同。

2) 发散性

对于数字媒体创意人才来说,另一个特征就是发散性,正是有了发散的特性才使得数字媒体创意人才可以全身心投入到数字媒体创意中来。发散性对数字媒体创意人才来讲主要

---

① 刘宝存. 说明是创新人才,如何培养创新人才?. 中国教育报,2006.

② 卢宏明. 试论创新人才的素质特征. 科学进步与对策,2000(10).

③ 厉无畏. 创意改变中国. 北京:新华出版社,2009.

体现在思维发散方面。数字媒体属于全新的交叉行业，涉及众多的行业和学科门类，在医学生化、核能物理、海洋气象、天文地理都有巨大的应用潜能，并随着三维视觉化技术的发展，未来各行各业都可能会与数字媒体相结合。届时对数字媒体的从业者也提出了更高的要求，而要想在数字媒体行业内进行再创意，其创意人才不仅需要掌握不同学科门类的知识，更需要具备能将不同知识领域的思维方式融为一体的发散性思维。

3）专一性

在大多创意人才的自述中，“专一”一词出现的频率较高，数字媒体创意人才的专一性特质也是至关重要的。首先，专一可以让研究者或从业人员专注于某一活动，不会分散注意力。其次，专一性能够充分调动参与者主观能动性，全身心投入到工作当中。再次，专一性超过一定的度会模糊与偏执的界限。不可否认，一些创意天才在从事相关工作时都或多或少地表现出一定的偏执个性。最后，专一性也是创意人才进一步投身工作的稳定因素之一。但凡创造性人才，都有独特的专一个性特质，专一而持久地进行创造活动，提高了创造的效率。

总之，具备创新性、发散性、专一性是从事数字媒体行业创意人才所具备的基本特征，三者之间存在冲突，但又相辅相成。数字媒体创意人才以创新性为根本，发挥发散性的思维方式，进而专注于具体的创意活动。明确数字媒体创意人才的特征，将有助于我们更好地对数字媒体创意人才进行培养和培育。

15.3.2 数字媒体创意人才的培养

有关统计数据显示，纽约文化创意产业人才占所有工作人口总数的12%、伦敦为14%、东京为15%。而目前，北京、上海等地的创意产业从业人员占总就业人口的比例还不足1‰。[①] 预计“十二五”期间，国内的创意产业人才缺口将达到5000万。

随着数字媒体产业的发展，数字媒体创意人才的缺口不断加大，这已经成为制约整个产业的主要因素之一。“创意产业的发展不仅需要有价值的创意，更离不开能够将艺术、技术、市场融为一体的复合型创意人才。面对我国创意产业从业人员中缺少具有文化原创力的高端创意人才，在引进国外创意人才时，更重要的是加强本土创意人才的培养工作。”[②]能否培养出优秀的数字媒体创意人才关乎国家文化发展战略能否顺利实施，在国家文化创意产业领域是否能占有一席之地。笔者认为数字媒体创意人才的培养应当从学校和社会两方面来考虑。一方面，进一步加大高校对创意人才培养力度。高校是向社会输送人才的主要渠道，将培养创意人才制定在高校的培养计划中。高校应当在深入调研市场的基础上，总结归纳出企业对创意人才的具体要求，从学生就业的角度整合优势教育资源，重新制定教学计划，以培养适应市场需要、企业标准及行业未来发展所需的人才。近年来教育部门批复了数字媒体艺术、动漫及游戏类等众多与文化产业相关的新兴专业，为文化创意产业人才的培养做出了巨大的努力。但不可否认的是，在动漫游戏类专业遍地开花的情况下，也出现了不少问题。例如，许多学校没有很好地调研市场，特别是对本地的市场需求知之甚少，盲目跟风开设了相关的专业，致使部分专业的学生在毕业后面临巨大的就业困难。如此这般反而不利

① http://news.163.com/10/0913/01/6GE5QB1L00014AED.html.

② 殷宝良.文化创意人才培养模式的探讨.社会科学家，2009(10).

于文化产业的良性发展。另外,高校在设立文化创意类专业方面,应当加大师资队伍建设,以及相应的软硬件设施投入。为高校创意人才培养构建良好的教育环境。高校不仅要在校内从专业设置、教学计划、课程设置,及其他教育方面加强对文化创意人才的培养,还应为学生提供与市场、企业互通的平台,为学生进入社会,进行文化创意生产或创作活动作好提前的实践教学工作。

以中国传媒大学动画与数字艺术学院为例,该学院实行开放式办学,广泛吸纳国内外动画教育资源,一直坚持每学年第一个学期的前两周,组织二年级和三年级本科学生开展小学期创作实践活动。集中时间、力量,以团队合作的形式创作了一批动画和数字媒体艺术作品。近年来已与德国波兹坦影视学院、加拿大谢里丹学院、法国高布兰动画学院、挪威沃尔达大学、加拿大阿比蒂比特米斯卡明魁北克大学、香港理工大学、韩国国立艺术综合大学、韩国中央大学、英国伯恩茅斯大学、美国高科思科技大学、伦敦艺术大学等知名大学建立了长期的教育合作项目,为构建该学院国际合作网络奠定了基础①。动画和数字艺术学院从2005年开始和德国波茨坦大学成立了中德夏季学院,每年轮流派出十余名师生开展国际合作创作活动。融汇中西方青年人的热情与思考,结合两校教学的模式与手法,在两国的媒体中播出,受到了好评。该学院在专业方向、课程设置问题上与业界进行广泛地讨论,有的放矢地进行前瞻性的专业方向设置。部分优秀学生创作组由教师带队进入业界一流制作单位进行学习和创作,接触并应用最新的创作思路和创作手段,完成创作实践与业界对接。此外,中国传媒大学动画与数字艺术学院还与央视动画公司、上海美术电影制片厂、水晶石、三辰动画公司、杭州文广集团、广州漫友文化科技发展有限公司、无锡国家动画基地、安瑞索思等数十家业界知名相关单位签署实习基地协议。

中国传媒大学不仅为与文化产业相关的动画、数字游戏、数字媒体艺术、影视艺术、文化经济、制片管理等一系列专业构建了教学实践平台,还率先成立了文化产业研究所,加强以文化产业发展为首的校企合作,通过文化力量提高民企"软实力",也为高校文化科研成果的转化提供平台。需要说明的一点,对学生培养不仅仅针对高等学校,同时也包括职业专科学校和民办院校。

另一方面,发挥地域经济、文化优势,构建创意人才培养基地,积极探索创意人才培养模式。全国各地的经济基础和文化资源不同,在国家良好的政策环境下,各地必须在认真调研、分析自身具体情况的基础上,首先制定出符合其特点的文化创意产业发展规划,进而统筹规划、合理布局、优化资源配置,带动全国文化创意产业又好又快地发展。

当前,全国各地政府和文化部门对文化创意产业的重视度逐步加大。北京、上海、天津、广州、杭州、南京、青岛、西安等城市都在经过充分市场调研和专家论证基础上,重新对该城市的文化资源进行了整合规划,建立了一批文化创意产业园区,以实现文化创意的产值化。当前的文化创意产业园,按照其性质,可划分为5种类型②。

(1) 产业型。一是独立型的。园区内,产业集群发展相对比较成熟,有很强的原创能力,产业链相对完整,形成了规模效应。如深圳大芬村,以绘画艺术为主,也已经形成一定的产业链条及规模效应,但原创能力不强,而且这是我国此类文化创意产业园普遍存在的问

---

① http://animation.cuc.edu.cn/channel.v2?id=2c90943227f186ba0127f18a2aa50005.

② 樊盛春,王伟年.文化创意产业园理论问题探讨.企业经济,2008(10).

题。二是依托型的。依托高校发展，也形成了一定的产业链条。如上海虹漕南路创意产业园，同济大学周边的现代设计产业园区等。

(2) 混合型。这种类型的文化创意产业园往往依托科技园区，并结合园区内的优势产业同步发展文化产业，但园区内并未形成文化产业链条。如张江文化科技创意产业基地、香港数码港等。

(3) 艺术型。这种类型的园区也是创作型园区，原创能力强，但艺术产业化程度还较弱。目前国内最有名的艺术园区有北京大山子艺术园区、青岛达尼画家村等。

(4) 休闲娱乐性。这类文化创意产业园区主要满足当地居民及外来游客的文化消费需求。最有代表性的是上海的新天地、北京长安街文化演艺集聚区等。

(5) 地方特色。如北京高碑店传统民俗文化创意产业园、潘家园古玩艺术品交易区等。

此外，按照影响范围来分又有国际型、国内型和地区型，还可按园区最初的形成分为自发形成和政府运作形成的文化创意产业园。众多的文化创意产业园都设立了相关的创意人才培养基地，通过企业实训和相关的深度项目参与，让创意人才在实际的项目中得到锻炼，让创意点更快地转化为价值。

在文化创意人才培养的模式方面，以文化为基点，以创意为核心，有针对性地进行创意人才培养，先要为创意人才构建适宜的生存土壤，让创意人才能够拥有更加广阔的驰骋空间。

此外，国家各部门及各地方政府应建立文化创意人才库的长效机制，为文化创意人才建立信息数据库。民间的各种文化资源，有一部分被收入到"非物质文化遗产"名单中，对于这部分文化资源，不仅要做好资源信息的备份，还应对相关的文化人才及文化继承人进行定期追踪，帮助并扶持其进入市场，进行文化再生产。同时，组织高校、研究所等相关文化研究机构的人员对非遗文化进行市场价值的分析，将文化价值再放大的效能充分发挥出来。对于另一部分仍尚未发现的文化资源，应积极进行探索发展工作。通过对不同类别的文化资源进行整合、研究、宣传，进一步为创意人才提供交流学习的机会。

15.4 数字媒体产业发展战略

15.4.1 进一步完善相关政策法规和监管机制

针对数字媒体产业的发展现状，现有的政策规定、监管机制还难以满足数字媒体产业高速发展的内在需要。同时，国内数字媒体企业在与国外同类行业竞争过程中暴露出的诸如缺乏核心技术、软实力匮乏、无精英团队等问题，如何完善数字媒体产业领域的相关政策法规和监管机制已经迫在眉睫。国家应积极主动地规范信息市场、把关传播途径，努力构建健康的产业发展环境。

为进一步规范文化产业和文化市场，促进文化产业的发展，党的十七届六中全会审议通过了《中共中央关于深化文化体制改革、推动社会主义文化大发展大繁荣若干重大问题的决定》，研究了深化文化体制改革、推动社会主义文化大发展大繁荣等重大问题。将加强文化建设提到了国家发展的战略高度，进一步强调了文化在综合国力竞争中的重要地位和作用，明确提出了"建设社会主义文化强国"的长期战略发展目标，着重强调推进社会主义核心价值体系建设，在深化文化体制改革、发展文化事业与文化产业、建设宏大人才队伍等方面作出了全面部署。《决定》提出了新形势下文化改革发展的指导思想、重要方针、目标任务、政策措施，是当前和今后一个时期指导我国文化改革发展的纲领性文件。

数字媒体产业的健康快速发展离不开国家政策法规的保驾护航，只有在良好的法制环境下，数字媒体产业才能够迸发出朝气，并最终实现全面发展。

15.4.2 积极探寻技术和产业的下一个突破口

数字媒体产业具有一定的技术门槛，需要相关的企业具备相应的技术基础。综观历史，新媒体行业发展都伴随着相关新传播技术、新工具的出现，数字媒体产业发展与技术有着千丝万缕的联系，技术的发明创造推进了数字媒体产业的进一步发展。技术的出现以市场中用户的需求为动力，满足用户需要的技术才能具备市场的必要性。但是相关的技术研发与应用实现、技术标准的制订，以及在行业内的宣传推广，都为技术的创新和市场化带来了诸多问题。如何进一步实现数字媒体产业的大发展，积极探寻技术的突破口、契合产业发展的赢利点，都是今后数字媒体产业发展战略部署中亟待解决的关键性问题。

15.4.3 以市场为导向的数字媒体人才培养

如果将政策和技术工具比作数字媒体产业发展策略的左膀右臂，那么对于数字媒体人才的培养则是整个发展策略的心脏。正如前面篇章所述，文化创意产业的核心是创新，而创新的主体是人，必须由具备创新能力的人去完成。唯有如此才能推动整个产业的发展，这也是该产业的特点。

数字媒体是一个涉及面极广的新兴文化创意领域，对人才的需求量大、要求高，不仅需要具备基本计算机技术能力，还要有良好的艺术鉴赏和设计能力。除此之外，作为一名优秀的数字媒体行业经理人，还要对整个数字媒体产业的发展状况了然于心，对经济、会计、市场、营销、管理等领域的知识都需要掌握。

面对未来日益激烈的竞争，数字媒体人才必须以市场为导向，根据行业的定位、需求，有计划性地进行专业学习和训练，以能满足市场需要。将自我的创新意识、创意精神和创造力发挥到市场需要的领域。相关教育单位和组织在对相关人员进行教育培训时，不仅要教授基本的数字技术，培养综合艺术素质，还应牢固树立以市场为导向的教育理念。

参考文献

[1] 廖祥忠.数字艺术论(上).北京:中国广播电视出版社,2006.

[2] 廖祥忠.数字艺术论(下).北京:中国广播电视出版社,2006.

[3] 贾秀清.重构美学:数字媒体艺术本性.北京:中国广播电视出版社,2006.

[4] 约翰·V·帕夫利克.新闻业与新媒介.北京:新华出版社,2005.

[5] 孙镜.解读甘尼特的数字化改革.中国记者,2007(3).

[6] 艺恩咨询.2010年中国动漫产业投资研究报告.http://www.dongman.gov.cn/cygc/2011-01/19/content_24107.htm.

[7] 姚俊锋.三维数字创意产业核心技术.北京:科学出版社,2010.

[8] 顾江.文化产业研究.第2辑.南京:东南大学出版社,2008.

[9] 崔保国.中国传媒产业发展报告2007—2008.北京:社会科学文献出版社,2008.

[10] 崔保国.中国传媒产业发展报告:2009年.北京:社会科学文献出版社,2009.

[11] 陈永东.版内容平台发展趋势分析.出版广角.2011,11.

[12] 林雨.动画设计创作流程.北京:化学工业出版社,2009.

[13] 祁述裕.中国文化产业国际竞争力报告(Report on International Competitiveness of China's Cultural Industry).北京:社会科学文献出版社,2004.

[14] 彭吉象.影视美学.北京:北京大学出版社,2002.

[15] 方太平,代晓蓉.游戏设计概论.北京:电子工业出版社,2010.

[16] 李四达.数码影像概论.北京:清华大学出版社,2010.

[17] 尹定邦.设计学概论(Design: An Introduction).长沙:湖南科学技术出版社,2010.

[18] 路希·史密斯,彭萍.二十世纪视觉艺术.北京:中国人民大学出版社,2007.

[19] 张迈曾.传播学引论.西安:西安交通大学出版社,2002.

[20] 王长潇.新媒体论纲.广州:中山大学出版社,2009.

[21] 李强等.多媒体技术及应用.北京:机械工业出版社,2010.

[22] 刘光然.虚拟现实技术.北京:清华大学出版社,2011.

[23] 穆强等.数字化摄影技术.北京:机械工业出版社,2008.

[24] 郑建启,胡飞.艺术设计方法学.北京:清华大学出版社,2009.

[25] (美)汀·伯勒,迈克尔·麦迪伯格著.张健译.数字艺术设计基础.北京:人们邮电出版社,2010.

[26] 杨先艺.设计概论.北京:清华大学出版社,北京交通大学出版社,2010.

[27] 李四达.交互设计概论.北京:清华大学出版社.2009.

[28] 丁剑超,王剑白.VI设计.北京:中国水利水电出版社,2006.

[29] 刘声远,张国峰,韩宇.三维动画设计与制作——Maya.北京:人们邮电出版社,2011.

[30] 高文胜.三维图形设计与制作.北京:清华大学出版社,2008.

[31] 贾云鹏.三维动画制作基础.北京:海洋出版社,2006.

[32] 叶丹,戴远程.微博大爆发 腾讯、新浪注册用户均超2亿.http://tech.sina.com.cn/i/2011-08-25/09155978329.shtml.

[33] 王宏,陈小申,张星剑.数字技术与新媒体传播.北京:中国传媒大学出版社,2011.

[34] 姚晓濛.电影美学.北京:人民出版社,1991.

[35] 孙立军,贾云鹏.三维动画设计.北京:人民邮电出版社,2008.

[36] 庄春华,王普.虚拟现实技术及其应用.北京:电子工业出版社,2010.

[37] 刘立新,刘真,郭建璞.多媒体技术基础及应用.第2版.北京:电子工业出版社,2011.

[38] 周苏,陈祥华,胡兴桥.多媒体技术与应用.北京:科学出版社,2005.

[39] 郑阿奇,刘毅.多媒体使用教程.北京:电子工业出版社,2009.

[40] 冯晗.中国数字出版产业发展模式研究.北京:北京邮电大学工商管理硕士专业学位论文,2010.

[41] 刘茂福等.多媒体应用设计师考试辅导.北京:清华大学出版社,2007.

[42] 李才伟.多媒体技术基础.北京:清华大学出版社,2009.

[43] 刘惠芬.数字媒体应用教程.北京:机械工业出版社,2008.

[44] (美)Ernest Adams,Andrew Rollings 著.王鹏杰,董西广,霍建同译.游戏设计基础.北京:机械工业出版社,2009.

[45] 肖永亮,方太平,代晓容.游戏设计概论.北京:清华大学出版社,2010.

[46] 胡绍民.游戏设计概论.第2版.北京:清华大学出版社,2008.

[47] 姚俊锋.三维数字创意产业核心技术.北京:科学出版社,2010.

[48] 顾江.文化产业研究.第2辑.南京:东南大学出版社,2008.

[49] 贾否,路盛章.动画概论.北京:中国传媒大学出版社,2008.

图书资源支持

感谢您一直以来对清华版图书的支持和爱护。为了配合本书的使用，本书提供配套的资源，有需求的读者请扫描下方的“书圈”微信公众号二维码，在图书专区下载，也可以拨打电话或发送电子邮件咨询。

如果您在使用本书的过程中遇到了什么问题，或者有相关图书出版计划，也请您发邮件告诉我们，以便我们更好地为您服务。

书圈

我们的联系方式：

地　　址：北京市海淀区双清路学研大厦A座701

邮　　编：100084

电　　话：010-83470236　010-83470237

资源下载：http://www.tup.com.cn

客服邮箱：2301891038@qq.com

QQ：2301891038（请写明您的单位和姓名）

扫一扫，获取最新目录

课程直播

用微信扫一扫右边的二维码，即可关注清华大学出版社公众号“书圈”。

质检5